下垫面变化条件下设计洪水修订技术研究与实践

主　编　户作亮

副主编　张建中　韩瑞光

·北京·

内 容 提 要

本书利用大量的图表数据分析了海河流域下垫面变化趋势，揭示了下垫面变化影响产汇流的机理，阐述了对下垫面要素变化与暴雨产汇流模型结构的关联模式，提出了设计洪水成果与平原除涝模数的修订方法，分析了城市化对城市沥涝水的影响，给出了城市暴雨洪水的模拟方法。本书结合海河流域实际，在流域下垫面变化对洪水影响方面进行了有益的探索。

本书适合从事水利科研和规划的设计人员使用，也可供相关领域的工作人员参考。

图书在版编目（CIP）数据

下垫面变化条件下设计洪水修订技术研究与实践 / 户作亮主编. -- 北京 : 中国水利水电出版社, 2017.12
ISBN 978-7-5170-6085-7

Ⅰ. ①下… Ⅱ. ①户… Ⅲ. ①海河－流域－下垫面－影响－径流－洪水水文学－研究 Ⅳ. ①P33

中国版本图书馆CIP数据核字(2017)第294689号

书　　名	**下垫面变化条件下设计洪水修订技术研究与实践** XIADIANMIAN BIANHUA TIAOJIAN XIA SHEJI HONGSHUI XIUDING JISHU YANJIU YU SHIJIAN
作　　者	主　编　户作亮 副主编　张建中　韩瑞光
出版发行	中国水利水电出版社 （北京市海淀区玉渊潭南路1号D座　100038） 网址：www.waterpub.com.cn E-mail：sales@waterpub.com.cn 电话：(010) 68367658（营销中心）
经　　售	北京科水图书销售中心（零售） 电话：(010) 88383994、63202643、68545874 全国各地新华书店和相关出版物销售网点
排　　版	中国水利水电出版社微机排版中心
印　　刷	北京瑞斯通印务发展有限公司
规　　格	184mm×260mm　16开本　18印张　427千字　1插页
版　　次	2017年12月第1版　2017年12月第1次印刷
印　　数	0001—1000册
定　　价	**76.00**元

凡购买我社图书，如有缺页、倒页、脱页的，本社营销中心负责调换

版权所有·侵权必究

Preface

前　言

海河流域是洪涝灾害比较严重的流域，1963年大洪水曾造成平原区50%以上土地面积受淹、1000多万人无家可归的严重局面。1963年以来，流域内经济社会快速发展，水资源尤其是地下水资源的过度开发、山区林草植被保护、耕地灌溉化、城市化以及工程建设等诸多因素，导致流域下垫面发生剧烈的变化。海河流域下垫面变化后，流域性洪涝水明显减少，城市沥涝水有所增加，1963年以后，海河流域一直未发生流域性大洪水。下垫面变化改变了洪水产生的界面条件，使得海河流域洪涝水形势发生了巨大变化，如何适应流域下垫面变化带来的改变，是流域水利规划和防洪减灾方面亟待解决的主要问题。下垫面变化洪水影响机理以及设计洪水修订技术是诠释洪水变化的水文基础科学，开展相关研究具有迫切性和必要性。

2009年由水利部立项的“下垫面变化条件下设计洪水修订技术研究”（编号200901029）公益性行业科研专项经费项目，针对流域下垫面变化条件下径流和洪水变化，以海河流域为研究对象，开展了下垫面变化对产汇流机理影响、反映下垫面变化特点的产汇流模型以及设计洪水下垫面影响修订方法等关键技术研究，提出了适合我国北方地区特点的设计洪水下垫面一致性修订技术和方法，并对海河流域主要控制站设计洪水成果进行了修订，为下垫面变化比较强烈地区的设计洪水成果修订做了有益的探索。

本书是在上述项目研究报告的基础上编写而成的。全书概述了海河流域下垫面变化进程及未来发展趋势；论述了下垫面相关要素变化对产汇流的影响机理，提出了设计洪水成果的修订技术方法，对相关分析法和水文模型法在下垫面影响一致性修订中的应用，特别是下垫面要素变化与水文模型结构的关联模式进行了全面介绍和论述；以大清河、子牙河、北四河等主要控制站为典型，详细介绍了设计洪水成果下垫面变化影响的修订步骤和方法；以海河平原典型易涝区为典型，介绍了利用水文模型法修订平原除涝模数的步骤和方法；对海河流域主要控制站设计洪水成果和典型易涝区的除涝模数修订成果进行了简要说明；分析了城市化对城市沥涝水的影响，给出了城市暴雨洪水的模拟方法，并在北京市典型地区进行了应用。

全书共11章。第1章介绍了流域下垫面要素变化条件下的设计洪水成果一致性修订过程中涉及的技术问题，毛慧慧编写；第2章分析了流域下垫面状况及变化趋势，毛慧慧编写；第3章分析了流域典型站的暴雨特征、洪水特征及产汇流特征，黄学伟、韩瑞光、李建柱编写；第4章提出了设计洪水下垫面变化影响一致性修订的方法，毛慧慧编写；第5章构建了洪水系列下垫面影响一致性修订的水文学模型，黄学伟、韩瑞光编写；第6章提出了洪水系列下垫面影响一致性修订的相关分析方法，于翚编写；第7章构建了平原区的产流模型，王白陆、刘江侠编写；第8章提出了子牙河系、大清河系以及北四河系典型控制站的设计洪水下垫面影响修订成果，刘江侠、李致家、胡春岐、于翚、杜龙刚编写；第9章对流域内典型排涝区的排涝模数进行了修订，王白陆、刘江侠编写；第10章以北京市典型地区为例阐述了城市化对暴雨洪水的影响，杜龙刚编写；第11章给出了全书的主要结论及建议，黄学伟、毛慧慧编写。全书由户作亮、张建中和韩瑞光统稿。

在项目研究和图书编写的过程中得到了许多学者和专家的帮助，参考了国内一些相关研究成果，引用了有关文献和资料，在此一并表示感谢。

作　者

2017年6月

Contents

目　录

第1章 概 论

1.1 流域下垫面要素及人类活动的影响

1.1.1 地球水循环与流域下垫面要素

1. 地球水循环

水循环是地球上各种形态的水，在太阳辐射、重力等作用下，通过蒸发（植物蒸腾）、水汽输送、降水、下渗和径流等环节，不断发生相位转换和周而复始运动的过程。水循环作为地球上最基本的物质大循环和最活跃的自然现象，是水文现象变化的根源，它深刻地影响到全球的地理环境、生态平衡、水资源的开发利用。

依据水循环的过程和尺度，可将自然界的水循环分为大循环和小循环两种类型。大循环，就是从海洋上蒸发的水汽被气流带到大陆上空，在适当的条件下凝结，以降水的形式降落到地表，然后，小部分被植被拦截后散发，其余一部分直接形成地表径流注入江河，另一部分渗入地下，或以表层壤中流和地下径流形式进入河道，或贮于地下的水一部分上升至地表供蒸发，一部分则进一步向深层渗透，在一定的条件下以泉水形式溢出地表。地表水和返回地面的地下水，最终沿着江河水系或地下水系注入海洋。这样，就完成了地球上的水分大循环，又称海陆水循环或全球水循环。小循环分为海洋小循环和陆地小循环两种形式。海洋小循环是从海洋表面蒸发的水汽，在海洋上空成云致雨，然后再降落到海洋表面上，这样在海洋及其上空的局部水循环过程，称为海洋小循环。陆地小循环则是从陆地表面蒸发的水汽，在内陆上空成云致雨，然后再降落到大陆表面上的局部水循环过程。

实际上，大循环和小循环是交错并存的，海洋环流及其海温变化、陆地的下垫面条件以及大气环流均对水文循环过程产生影响。水循环过程中蒸发、水汽输送、凝结降水、入渗以及径流等均是水循环中的重要环节，其中入渗以及径流过程是陆地水循环有别于海洋水循环的重要组成部分，其循环过程受到流域下垫面影响，因此陆地水循环比海洋水循环要复杂得多。

地球水循环过程示意图见图1-1。

蒸发：水分子从物体表面向大气逸散的现象称为蒸发。在有水分存在的条件下，蒸发现象的发生是地球水循环的首要环节。自然界中的主要蒸发面有水面、植物叶面、裸土层面、岩石及人工构筑物表面、冰雪面等。如按蒸发类型分，蒸发可分为水面蒸发、土壤蒸发、植物散发、冰雪蒸发等，从流域级别上衡量，流域内所有蒸发的集合统称流域蒸散发。蒸发也是热循环现象，蒸发率的大小取决于四个条件：一是蒸发面上储存的水分多少；二是水分向蒸发面输送的速度；三是蒸发面上获得的蒸发能量的多少；四是蒸发面上空水汽输送的速度。

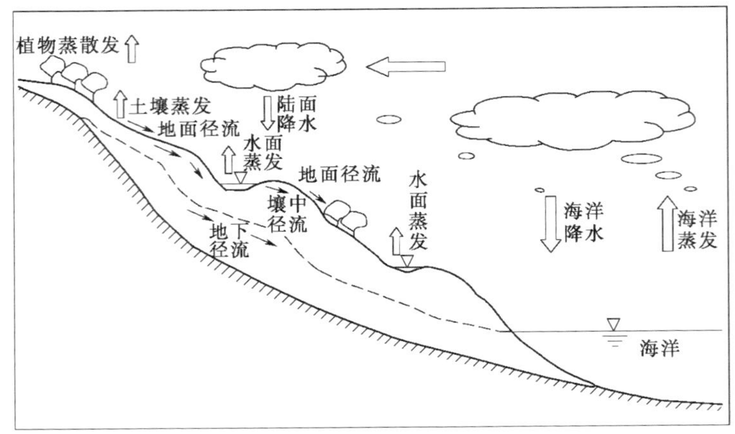

图 1-1 地球水循环过程示意图

降雨（水）：在水循环中是与蒸发相对应的过程，空气中的水分凝结成水滴降落到地面的现象称为降雨（水）。蒸发吸收能量，凝结释放能量。大气中有足够的水汽，具有水汽凝结成液（固）态水的动力条件，以及大气中具有吸水性微粒——凝结核，是降水形成的物理条件。按动力条件，降雨可分为气旋雨、对流雨、地形雨和台风雨。海河流域超过80％的降雨为气旋雨。

入渗：是水渗入岩土的现象，降雨入渗也是重要的水循环过程，对入渗规律的研究在水文学中占有重要地位。按水分受力状况分为三个阶段：一是湿润阶段，水分受分子力作用，入渗水呈土颗粒吸附的薄膜水，直至土壤含水量达到最大分子持水量为止，此阶段入渗率最大；二是渗漏阶段，水分受毛管力和重力的作用，不断填充毛管孔隙，直至达到饱和含水量为止，本阶段入渗强度逐渐减小；三是渗透阶段，毛管力消失，水在重力的作用下向下渗透，土壤含水量不再增加，入渗水流呈饱和稳定状态，该阶段入渗率最小。实际入渗过程比较复杂，第一和第二入渗阶段往往不易区分，一般将前两个阶段称为初始入渗阶段，最后一个阶段称为稳定入渗阶段。入渗受土壤空隙度、地下孔穴和裂缝、岩土组成和厚度，土壤前期含水量、降水强度、地面坡度和地下水位等多种因素的影响。

径流：为水循环中的另一重要环节，它是降雨扣除蒸发、地表截留和填洼以及填充包气带土壤水分后的产流，在重力的作用下沿地表或地下流动。按运动方式划分，径流分为地表径流和地下径流。径流包括水量大小和过程两种特征。影响产流的因素包括流域蒸散发、地表植被截留和填洼作用、降雨入渗、包气带厚度及其含水量，以及地貌特征、流域坡度、河网密度等流域下垫面条件。

2. 流域下垫面要素

流域下垫面是指影响流域产流及汇流的多种因素的综合体，地形及地表附着物为其主要表征，同时还包括地表以下产流影响岩土层，它是地球表层的水循环界质。流域下垫面可以从产汇流形成机理的不同环节进行要素分类，涉及影响蒸散发量的因素，包括地面附着植被类型、植物体蓄积量、海拔高度与位置等；影响降雨入渗的因素，包括土壤岩性、

土地利用类型等；影响流域蓄水能力的因素，包括水土保持工程规模、灌溉耕地、小型蓄水工程、地下水位以上包气带厚度等；影响汇流的因素，包括地面坡度、微地形特征、河网状况等。上述下垫面要素，有些是人类活动可以改变的，有些是固有特性，不会随人类活动影响发生变化。从流域下垫面构成因素看，又可大致分为地质、地貌、植被和人工构筑物四类要素。地质类要素指的是地表覆盖物中各类岩石、土壤、土层、水体以及与地下水埋深直接关联的包气带厚度；地貌类要素指的是地表覆盖物的表面形态和高度；植被类要素指的是植物种类、大小、密度等；人工构筑物要素指的是各类房屋、道路、广场、水库、梯田、农田灌溉工程等。

3. 水文分区

在生产实践中，可根据流域下垫面状况和地形条件进行水文分区。海河流域迎风山区一般可分为Ⅰ、Ⅱ、Ⅲ、Ⅳ四个分区，其中Ⅰ区为石质深山区，Ⅱ区为一般山区，Ⅲ区为浅山丘陵区，Ⅳ为岩溶山区；海河平原也分为Ⅰ、Ⅱ、Ⅲ、Ⅳ四个分区，其中Ⅰ区为山前平原区，Ⅱ区为中部平原上游区，Ⅲ区为中部平原下游区，Ⅳ区为滨海平原区。

随着卫星遥感技术的发展，卫星遥感数据的获取变得更加容易，可借助遥感数据全面掌握流域下垫面要素区域分布数据，这为水文分区的进一步细化提供了可能。综合地表岩性、不透水盖度、地形坡度、土地利用类型等，可在传统水文分区的基础上进一步细化分区，如浅山丘陵区（Ⅲ），可进一步分为石质浅山区（$Ⅲ_1$）、丘陵坡地林草区（$Ⅲ_2$）、丘陵坡地耕作区（$Ⅲ_3$）、河谷盆地耕作区（$Ⅲ_4$）。

借助卫星遥感数据，依据地表岩性、植被覆盖度、土地利用状况等，也可进行集合分类，针对研究区域再进行水文响应单元区划，并据此进行水文模型分区参数调试。图1-2为拒马河流域水文响应单元区划图。

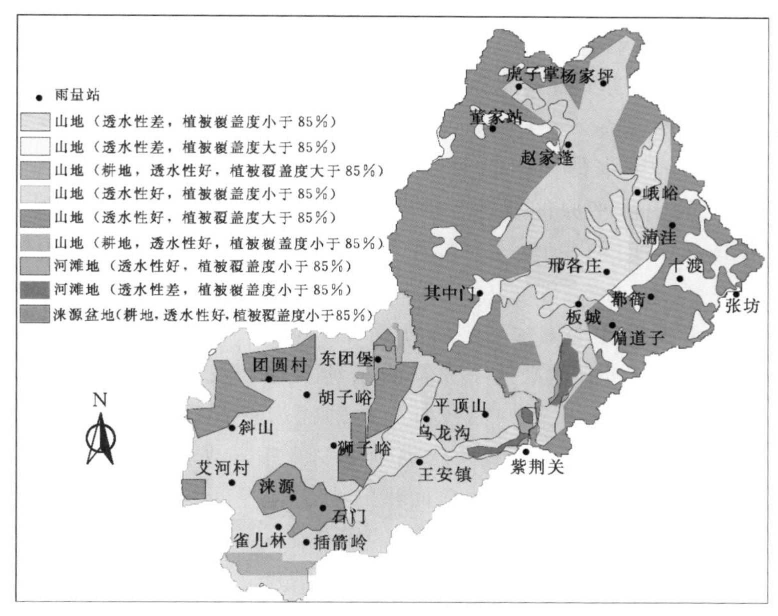

图1-2　拒马河流域水文响应单元区划图

1.1.2 人类活动对下垫面要素的影响

1. 土地开发利用对下垫面要素的影响

土地利用类型的改变是人类活动对下垫面要素影响的主要形式。乡村发展为城市，山区坡耕地变为梯田，林地或草地开垦为耕地，沼泽、湖泊围垦为耕地，兴建道路或工业设施占用耕地，这些都是土地利用类型改变的主要形式。对于土地利用类型数据，一般采用遥感数据进行分析。根据1980—2010年相同时间段卫星遥感数据分析，1980—2010年的31年间，海河流域建筑用地变化最大，增加了285%；林草用地呈小幅增加，增加了11.9%；耕地面积和未利用土地大幅度减少，减少了21.7%、36.3%。2010年，耕地和林草地利用类型占比分别为44.7%和42.3%，而变化最大的建筑用地，仅占总土地面积的10.4%。尽管在局部区域或小流域尺度上，土地利用类型的改变，会对产流条件产生较大影响，但是从海河流域土地利用类型之间的转换整体数字看，在七大河系级别的流域尺度上分析，近年来土地利用类型的变化尚不是海河流域径流或洪水减少的主要因素。

2. 地下水开发对地下水埋深（包气带厚度）的影响

潜水地下水位以上至地表之间的土层称为包气带，它是流域蓄水容量的决定因素，包气带厚度的变化会对降水入渗产生显著影响。海河流域平原区是我国乃至世界范围内地下水开采强度最高的地区。20世纪50年代中期，海河流域平原区地下水开采量约为60亿m^3，地下水基本处于自然平衡状态，其地下水埋深动态主要受到降雨、蒸发和地下水排泄条件等自然要素控制。在山前平原和中东部平原的绝大部分地区，地下水埋深在1～3m；一般洼地及湖泊周边，以及滨海平原的大部分地区在1m左右。20世纪70年代以来，流域地下水开采量持续增大，到2005年全流域浅层地下水开采量已经增加到228亿m^3，远远超过第二次水资源评价分析确定的地下水可开采量178亿m^3。地下水超采导致地下水埋深持续增加，至2005年流域山前平原区大部分区域地下水埋深已超过20m，一些区域已达到30～40m；流域中部平原地下水淡水分布区域的地下水埋深大部分已超过10m；中东部咸淡混合区地下水埋深在6～10m；东部及滨海平原地下水埋深在1～6m。经分析，海河流域平原区浅层地下水位以上包气带的储水容积已达1100亿m^3左右，仅地下水埋深超过20m以上的山前平原区就达800亿m^3左右。海河流域山前及中部平原区产流条件已发生根本改变，山前平原及中部平原的多数地区已很难出现包气带全蓄满的条件。

3. 水利工程及水土保持措施对下垫面的影响

新中国成立以来，海河流域兴建了大量的水利工程，极大地改变了流域下垫面状况，使得多数河流的水文条件发生变化。经统计，海河流域已兴建了大中型蓄水工程148座，兴利蓄水容积139亿m^3；小型水库及蓄水塘坝19200座，兴利蓄水库容9.7亿m^3。在流域山区，大型水库控制面积已占到流域总面积的84%。

水土保持措施也是改变流域下垫面状况的因素之一。梯田工程、果树坪、谷坊坝等微地形改造与拦蓄工程，以及植树、封禁等植物措施，均会对流域下垫面产生影响。截至2007年，海河流域已综合治理水土流失面积累计达9.55万km^2，占流域山区总面积的50%，水土保持治理区下垫面发生了一定改变。特别是近二十几年来，农民收入

水平的提高，原来生活必需的薪柴多数已由燃气和煤炭取代，加上禁牧措施的实施，山地的植物量大大增加，这也自然地改变了流域下垫面状况。据有关文献，利用1982—2006年卫星遥感数据分析，海河流域植被状况明显改善。用表征地表植被特征的重要参数——归一化植被指数（normalized difference vegetation index，NDVI）分析，在1982—2006年的25年研究期内，大部分区域植被总体呈改善状态，其中河北省中部地区NDVI增长每10年超过3%，河北省东南部每10年也超过2.5%，只有天津市和河北省东部地区变化较小。海河流域山区NDVI均呈增大趋势，每10年增加趋势为1.0%～2.5%。

4. 灌溉工程对下垫面的影响

旱地改为灌溉耕地，由于土地平整，使原来的自然地势发生了改变，同时灌溉畦梗的蓄水作用，使流域蓄水能力大大增加。1955年，海河流域耕地面积19200万亩（1亩=0.0667hm^2），灌溉面积3245万亩，耕地灌溉率仅为16.9%。到2005年，耕地面积17400万亩，灌溉面积11196万亩，灌溉面积是1955年的3.45倍。2005年全流域耕地灌溉率为64%，其中平原区达到了79%。由于平原区70%的灌溉面积通过地下水源灌溉，地下水位的下降和灌溉工程的保水作用，使得海河流域大部分平原区耕地已经多年没有成规模径流产生。平原区灌溉工程对产汇流产生很大影响。

1.2 流域下垫面变化对径流和蒸散发的影响

1.2.1 下垫面变化对径流的影响

下垫面要素的变化对蒸散发、地表入渗和包气带蓄水能力的影响，最终将由径流变化反映出来。在《海河流域水资源综合规划》❶中，对下垫面变化对径流的影响进行了评价分析，在单站径流还原计算的基础上，点绘了面平均年降水量与天然年径流深的相关图，或考虑上一年降水量影响的面平均年降水量与天然年径流深相关图，相关图显示，在同量级降水条件下，1980年以前大多数点据位于右边，1980年以后大多数点据位于左边，表明年径流量呈衰减态势，见图1-3。

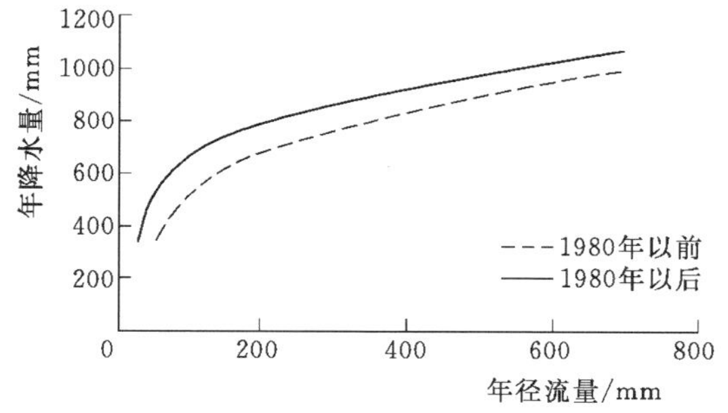

图1-3 漫水河阜平站1980年前后降雨径流相关线对比图

对各代表站1980年前后两时段点据分别定线，然后用修订年降雨量对应的径流系数的差别，对1980年以前年径流量进行下垫面一致性修订。海河流域28个山区主要径流控制站1980年以前径流平均修订幅度为6.1%～31.5%。北三河山区的戴营站平均修订幅度最小，为6.1%，年际间修订幅度为3.5%～16.1%；次小为位于子牙河山区的小觉站，平均修订幅度为9.5%，年际间修订

❶ 《海河流域水资源综合规划》，水利部海河水利委员会，2006年。

幅度为2.9%～27.2%。位于子牙河山区的临城水库站年均修订幅度最大，为31.5%，年际间修订幅度为6.1%～100%；次大为位于北三河山区的张家坟站，平均修订幅度为27.9%，年际间修订幅度为23.3%～38.1%。见表1-1。

表1-1 海河流域山区主要控制站1980年以前年径流修订幅度

站 名	历年修订幅度/%			站 名	历年修订幅度/%		
	最小	最大	平均		最小	最大	平均
下堡	13.4	55.7	25.5	安格庄水库	9.5	93.0	25.2
三道营	11.9	47.2	18.1	紫荆关	5.9	39.4	17.4
张家坟	23.3	38.1	27.9	张坊	4.5	38.7	18.6
戴营	3.5	16.1	6.1	漫水河	5.0	63.0	22.4
密云水库	3.3	37.1	20.0	城头会	12.0	31.7	21.4
苏庄	2.7	34.4	16.6	朱庄水库	8.3	98.2	26.1
张家口	13.8	35.6	22.5	南庄	4.3	29.6	12.4
响水堡	11.5	22.3	15.0	地都	9.4	20.8	17.2
石匣里	6.4	23.8	16.2	小觉	2.9	27.2	9.5
册田水库	5.2	21.6	16.1	临城水库	6.1	100	31.5
官厅水库	0.3	23.1	14.2	黄壁庄	5.1	24.5	13.3
横山岭水库	11.6	100	25.7	漳泽水库	0.4	29.2	10.0
王快水库	10.2	72.9	22.8	天桥断	7.5	37.7	20.9
西大洋水库	8.6	48.2	19.4	观台	4.2	33.2	16.2

1.2.2 下垫面变化引起的蒸散发变化

流域蒸散发量（ET）变化是下垫面变化的水文反映，通过分析蒸散发量的变化可以揭示下垫面综合变化趋势。

根据《海河流域水资源综合规划》降水量和径流系列评价成果，可以分析蒸散发量的变化趋势。海河流域山区降雨量、蒸散发量和径流量变化趋势见图1-4和表1-2。

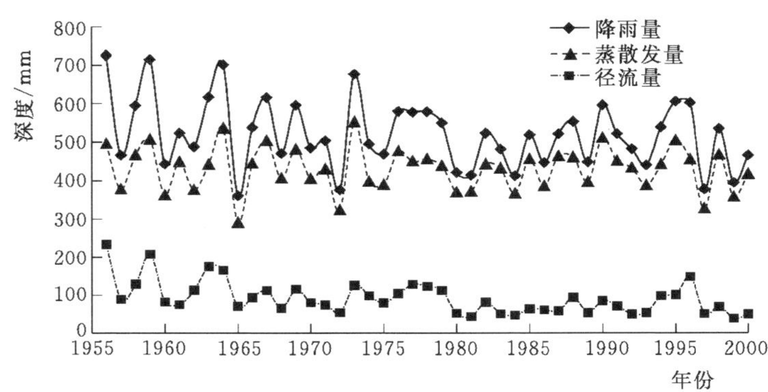

图1-4 海河流域山区降雨量、蒸散发量和径流量变化趋势图

表 1-2　　1980 年前后海河流域山区蒸散发量变化趋势

类别		滦河山区	北三河山区	永定河山区	大清河山区	子牙河山区	漳卫河山区	海河流域山区
1956—2000 年径流深/mm		97.4	114.2	38	140.2	101.4	110	91.7
年降雨量/mm	350～450（1980 年以前）			395				
	350～450（1980 年以后）			401				
	400～500（1980 年以前）	449	455	462	468	458		447
	400～500（1980 年以后）	433	441	423	453	441		435
	450～550（1980 年以前）	497	488		492	491	508	498
	450～550（1980 年以后）	486	468		504	513	505	503
年均蒸散发量/mm	350～450（1980 年以前）			355				
	350～450（1980 年以后）			374				
	差值			19				
	400～500（1980 年以前）	387	381	415	363	376		368
	400～500（1980 年以后）	399	402	430	409	408		396
	差值	12	21	15	46	33		28
	450～550（1980 年以前）	420	400		377	404	421	410
	450～550（1980 年以后）	430	420		414	435	450	440
	差值	11	20		37	31	28	30
下垫面对径流影响幅度/%		12	18	45	30	30	25	30

注　为便于对比，已将 1980 年以后 ET 值修定为与 1980 年以前相同降雨量 ET 值。

从图 1-4 中可以看出，蒸散发量与降雨量相关关系比较密切，蒸散发量随降雨量的变化而变化，但相同量级降雨量产生的蒸散发量有随着年代变迁而增大的趋势。据分析，年降雨量 400～500mm 量级，海河流域山区 1980 年以前出现了 10 年，平均年降雨量为 447mm，年均蒸散发量为 368mm；同样量级降雨 1980 年以后也出现 10 年，平均年降雨量为 435mm，年均蒸散发量为 386mm，折算为 1980 年以前相同降雨量后，年均蒸散发量为 396mm，与 1980 年以前相比相同降雨量产生的年蒸散发量增加了 28mm，相当于多年平均径流深的 30%。年降雨量 450～550mm 量级，选取海河流域山区 1980 年以前 10 年降雨，平均年降雨量为 498mm，年均蒸散发量为 410mm；同样量级降雨 1980 年以后也选取 10 年，平均年降雨量为 503mm，年均蒸散发量为 440mm，折算为 1980 年以前相同降雨量后，年均蒸散发量为 436mm，与 1980 年以前相比相同降雨量产生的年蒸散发量增加了 26mm，相当于多年平均径流深的 28%。

从各河系蒸散发量增加趋势看，1980 年以后相同降雨水平下，大清河山区的蒸散发量增加最多，达到了 46mm；其次为子牙河山区，为 33mm；滦河山区最小，为 12mm。蒸散发量增加量即为地表径流的减少量，因此可将蒸散发变化量占年径流量的百分比看作下垫面变化对径流量的影响程度。从表 1-2 可以看出，与 1980 年以前相比，海河流域山区下垫面变化对径流影响平均达到了 30%，影响最为严重的是永定河系山区，其影响程度达到了 45%，其次为大清河和子牙河山区，影响程度为 30%左右，影响程度最小的为

滦河山区，影响程度为 12%。

1.3　流域下垫面变化对洪水的影响

1.3.1　下垫面变化对山区洪水的影响

海河流域山区径流多数是由汛期暴雨产生的洪水形成的，下垫面变化对洪水和径流的影响是相互关联的，洪水是径流在洪水期时段的体现，通过下垫面变化对径流的影响结果可大致判断其对洪水的影响程度。但是，由于洪水在时间上的集中特性，尚不能直接用对径流的影响结果代替其对洪水的影响结果，需通过洪水要素的变化数据进行专门分析。洪峰流量、洪量是衡量洪水的两个重要指标，通过分析不同时期次暴雨与洪峰流量和洪量的相关关系变化，发现海河流域山区多数地区下垫面变化对洪水产生了显著影响。

（1）水土保持措施对洪水的影响。水土保持措施引起植被覆盖量的增加以及梯田、谷坊等引起的流域蓄水能力的增加，农林生产措施引起植被和地面蓄水能力变化也可归为水土保持措施的作用。海河流域山区现状植被条件与 1980 年以前比较，植被 NDVI 已增加了 10%～30%，而植被的蒸散发能力与 NDVI 呈线性相关关系，因此流域蒸散发量将有所增加，由此将导致洪水期洪水总量相应减少。梯田、谷坊工程增加了流域的蓄水能力或填洼容积，也将减少汇集到流域出口的洪水量。

（2）地下水开发利用对洪水的影响。地下水开发引起地下水位下降，浅层地下水开采使得山区盆地、河谷地带包气带增厚，包气带蓄水能力增加，深层地下水开采引起水文地质条件变化，也可使流域深层入渗能力增加。按实际用水资料分析，海河流域山丘区及山间盆地地下水年开采量达到了 40 亿～43 亿 m^3，折合水深为 22～24mm。山丘区地下水的开采主要集中在山间盆地和河谷地带，地下水开采将使地下水位在汛前出现一定的降幅，汛期接受降雨和径流补给后恢复天然状态，在一些区域地下水开采量已大于多年平均补给量，地下水常年处于超采状态。山区及丘陵区，地表土层颗粒较粗，透水性好。一般强度的降雨量，在覆盖层区域很难产生超渗产流，降雨量首先补给覆盖层的水量亏缺，这对汛期初期的降雨产水量产生明显影响。

（3）土地利用方式变化对洪水的影响。土地表面上的附着物变化是对流域下垫面最直接的改变，耕地、林地、草地相互转化，建设用地和居住用地增加，对湿地或沼泽的开发利用等，均直接影响下渗、蒸散发等水文过程，进而影响洪水的时间和空间变化。耕地转化为林地，增加了地表生物量，使蒸散发有所增加，有使洪水减少的趋势；建设用地和居住用地的增加，增加地表不透水面积，径流系数和汇流速度均有所增加，对洪水有增大作用，但海河流域山区城镇建成区面积不到山区总面积的 3%。因此，从流域尺度上看，海河流域山区城镇建成区面积变化对洪水影响不大。

（4）水利工程对洪水的影响。大型、中型、小型水库及塘坝蓄水工程具有拦蓄洪水和消减洪峰流量的作用，对洪水影响是非常明显的。在设计洪水分析中，对于大型工程及影响比较明显的中型工程，一般是将蓄水工程的影响通过还原方法进行工程影响一致性处理；对于小型工程，由于其数量较多，且无正式水文观测资料，一般归为流域下垫面变化

中进行考虑。

1.3.2　下垫面变化对平原沥涝水的影响

海河流域平原区耕地面积的灌溉化以及浅层地下水开采，极大地改变了其原有的产汇流条件。现状条件与20世纪六七十年代比较，相同降雨产生的沥涝水量，流域内各区域均有减少的趋势，其影响程度与地下水埋深状况密切相关。

海河流域平原区耕地面积占土地面积的60%～70%，耕地面积的灌溉率为80%左右；林地面积占土地面积的10%～20%，林地面积的灌溉率为40%左右。经灌溉实验分析，中西部平原耕地耕作层以下土层的灌溉稳定入渗率为30～120mm/h，黑龙港中下游平原区灌溉稳定入渗率为10～15mm/h。一般灌溉畦埂的临时蓄水深度为100mm以上。按以上条件分析，在浅层地下水超采区内的灌溉耕地和林地区域，在地下水位以上的包气带土层蓄满以前，已很难出现产生沥涝水的水文地质条件。

在海河流域中西部平原区的地下水全淡区现状地下水埋深均已超过10m，已不能重现20世纪六七十年代大涝年份全面蓄满产流的情景。20世纪80年代以来的30多年间，海河流域平原区没有出现过成规模大范围的沥涝水产生，下垫面变化在中西部平原区产生的影响最为明显。东部平原区以及流域中部蓄洪洼地及其周边地区，下垫面变化的影响要小于西部地区。经分析，相同暴雨产生的沥水总量出现了明显减少的趋势。东部滨海平原区，地下水埋深较浅，下垫面变化主要表现为灌溉耕地面积的增加，这一变化对常遇暴雨的产流影响较大，对于5年一遇以上致涝暴雨影响较小。

对城市建成区，由于硬化面积的增加，城市沥涝水有明显增加的趋势。

1.4　设计洪水成果下垫面一致性修订涉及的技术问题

1.4.1　流域下垫面变化调查及主要变化因素识别

分析流域下垫面变化产生的洪水影响，首先应对流域下垫面变化情况进行调查分析。对小型水利工程和水土保持措施，应分年代对水利工程及水土保持措施建设数量及规模进行调查了解，分析不同时期的工程数量差异。对于地下水开发影响，山丘区重点调查开采量变化，平原区及山间盆地还应调查地下水位和埋深的变化情况。对于土地利用类型的变化，可通过卫星遥感数据进行分析，在土地利用分类对比分析时，要关注反映植被覆盖状况的一些参数（覆盖度、叶面指数）的变化。通过流域下垫面变化调查，分析出影响洪水变化的主要下垫面要素。

1.4.2　水文系列变异性问题

用数理统计法计算设计洪水，其基本假定是历史上已经出现的洪水和未来将要出现的洪水出现的时机和大小都是随机的，要求用于统计计算的洪水系列值是在同一产流和汇流条件下形成的，洪水系列没有受外界影响而发生连续性或突发性变化，这一要求称为洪水系列的一致性要求。在人类活动较为活跃的流域，实测得到的洪水系列已很难保证其一致性。实测得到的洪水系列实际为两种因素综合影响的结果，一种是随机性因素，另一种是确定性因素。洪水系列的随机性因素主要受气候、地质等因素的影响，其变化趋势需要一个漫长的时期甚至地质年代尺度才能显现，对于设计洪水来说，其随机性因素可以认为是

具有一致性的。洪水系列中的确定性因素主要受人类活动影响，包括工程影响和下垫面变化影响，其变化趋势可以在较短的工程年代里发生缓慢的渐变或剧烈的突变。

水文系列的变异性问题，是设计洪水成果下垫面一致性修订的主要原因。变异是指水文系列的统计规律在纳入统计的整个系列时间范围内发生显著变化。测站上游兴建的引水、蓄水等工程设施，可以直接引起洪水系列的突变，这一类型引起的水文系列的变化可以利用调查或实测资料，通过还原的方法将实测系列还原到变化前的自然状态，这一处理方法称为水文系列的还原。人类活动引起的下垫面变化，对水文系列的影响往往是渐变性的，但渐变性累积有时也会表现为突变效应。由于影响因素较为复杂，下垫面变化一般不能通过简单的还原或还现方法进行一致性修订，需要根据变异性下垫面要素对水文特征的影响机理建立水文模型或确定性模式进行修订。

1.4.3 洪峰流量、洪量系列一致性修订方法

对于设计洪水成果下垫面变化影响修订来说，最关键的是找到能够满足精度要求的洪水系列或场次洪水的下垫面影响修订方法。对于暴雨洪水的产汇流来说，下垫面变化使得流域蓄水容量、蒸散发能力和汇流速度发生改变。对历史实际出现的洪峰、洪量修订，可以选择统计相关模式和水文模型模式进行修订，统计相关模式又分为单因素相关法和多因素相关法；水文模型模式又分为集总式概念模型法和具有物理概念的分布式水文模型法。方法选择主要视资料条件、技术能力和修订的精度综合确定。

洪峰流量、洪量系列修订精度的评价也是设计洪水成果下垫面一致性修订涉及的技术问题之一。在水文预报中，降雨径流预报以实测值20%的差异作为许可误差，当预报值在20%的许可误差范围时认为预报值合格，当按多次预报作业统计的合格率大于70%时，认为预报精度为良好以上的预报方案。洪峰流量、洪量修订可认为是历史场次暴雨在现代下垫面条件下的产汇流预报，可参照水文预报的精度评价方法评定选择洪水系列修订方法是否可行。

1.4.4 设计洪水成果一致性修订方法

对于设计洪水成果的修订，可采用两种途径：一种途径是先对设计洪水计算中采用的洪量和洪峰流量系列进行一致性修订，然后根据一致性处理后的洪水系列，进行频率适线，根据适线参数计算不同频率的设计值，得到下垫面变化后的设计洪水成果；另一种途径是采用前述的洪量和洪峰流量系列的一致性修订方法，根据实测暴雨径流资料，建立现状与下垫面变化前两种模型参数体系或统计相关关系，然后参照不同等级洪水典型年的修订成果，直接对不同频率的设计成果进行修订。前一种途径称为系列修订法，后一种途径称为直接修订法。

这两种方法均存在各自的优势与问题。系列修订法，对洪水系列进行逐年修订，符合设计洪水计算规范中对系列一致性要求，修订流程规范直观。其缺点是修订计算工作量比较大，且对于下垫面连续变化的流域，下垫面变化分期不易确定，存在修订幅度不连续的问题；另外，在设计洪水系列的还现处理中，小洪水修订幅度相对较大，大洪水修订幅度相对较小，频率适线时会出现由于 C_V 值增大导致稀遇频率设计值变大的不合理现象。直接修订法，直接对不同频率的设计成果进行修订，计算工作量比系列修订法要小，由于其只考察现状下垫面和初始下垫面两种条件，分期较为容易。直接修订法设计频率洪水修订

幅度是由典型年暴雨洪水修订幅度确定的，而典型年的选择不具有唯一性，这使得修订成果准确定量存在问题。不论采用哪种方法进行设计洪水修订，修订的对象应是流域或河道防洪标准以内洪水，对于稀遇频率洪水，下垫面变化对设计时段洪量及洪峰流量影响的程度要比常遇洪水小得多，在实测资料中也很难找到相当级别的场次暴雨洪水，除非特殊需要，一般不应进行专门修订。

第 2 章　海河流域下垫面状况及变化趋势

2.1　流域概况

2.1.1　河流水系

海河流域西以山西高原与黄河流域接界，北以蒙古高原与内陆河接界，南界黄河，东临渤海。流域地跨北京、天津、河北、山西、山东、河南、辽宁和内蒙古等 8 个省（自治区、直辖市），总面积约 32.06 万 km^2，占全国总面积的 3.3%。

全流域总的地势是西北高、东南低，大致分高原、山地及平原三种地貌类型。流域的西部为山西高原和太行山区，北部为蒙古高原和燕山山区，山地和高原面积 18.96 万 km^2，占 59%；东部和东南部为广阔平原，面积 13.1 万 km^2，占 41%。燕山、太行山等山脉自东北至西南形成一道高耸的屏障，环抱平原，平原地势自西、北、西南三面向渤海湾倾斜。山脊高程多在 1400～2000m，最高点五台山主峰高程 3061m。流域山地和平原近乎直接相交，丘陵过渡段甚短。平原坡降变化较大，其坡降由山前平原的 1‰～2‰，渐变为东部平原的 0.1‰～0.3‰。

海河流域包括滦河、海河和徒骇马颊河三个水系。滦河水系位于流域东北部，流域面积 5.55 万 km^2。海河水系的漳卫河、子牙河、大清河、永定河及北三河（潮白河、北运河、蓟运河）呈扇形分布，历史上集中于海河干流入海。1963 年大水后，漳卫河、子牙河、大清河、永定河、潮白河都开辟或扩大了单独入海河道，海河干流主要排泄大清河、永定河的部分洪水。黑龙港地区开挖了单独入海的南、北排河。海河水系流域面积 26.34 万 km^2。徒骇马颊河位于水系南部平原，毗邻黄河，单独入海，流域面积 2.99 万 km^2。

海河流域的河流分为两种类型：一种类型是发源于太行山、燕山背风坡的河流，如漳河、滹沱河、永定河、潮白河、滦河等，这些河流源远流长，山区汇水面积大，水系集中，比较容易控制，河流泥沙较多；另一种类型是多发源于太行山、燕山迎风坡的河流，如卫河、滏阳河、大清河、北运河、蓟运河等，其支流分散，源短流急，洪峰高、历时短、突发性强，难以控制，此类河流的洪水多是经过洼淀滞蓄后下泄，泥沙较少。两种类型的河流呈相间分布，清浊分明。

2.1.2　暴雨洪水特征

1. 暴雨特征

(1) 年内集中。海河流域降水量年内分配非常集中，汛期（6—9 月）雨量占全年降水量的 75%～85%，全年降水量的多少常取决于一场或几场暴雨。暴雨发生的时间主要在 7 月、8 月两个月，尤其是 7 月下旬至 8 月上旬为最多。

(2) 年际变化大。海河流域是我国暴雨年际变化最大的地区之一，以年最大 24 小时

暴雨为例，其变差系数（C_V）达到0.6～0.8。单站年最大24小时暴雨量最大年与最小年的比值达8.6～22.4。

(3) 暴雨强度大。据点雨量记录统计，我国（不包括香港特别行政区、澳门特别行政区和台湾省）50分钟和7天最大降雨记录均发生在海河流域。24小时、3天历时最大暴雨接近全国纪录。汛期暴雨日雨量常在100mm左右，超过200mm的也不罕见，个别地区24小时雨量可达到600～900mm。如1891年7月23日北京市西直门站日雨量达600mm，1964年8月12日易县富岗24小时雨量达500.5mm，1973年6月18日阳原县段庄日雨量达600mm，1974年7月30日尚义县大山进沟日雨量达620mm。1963年8月海河特大暴雨，内丘县獐狉站24小时雨量高达951.5mm，3天连续降雨1457mm，7天降雨2050mm，为我国（不包括香港特别行政区、澳门特别行政区和台湾省）已有记录的最高值。国内暴雨"时—面—深"记录7天暴雨量中，1000km^{2}以下以海河流域"63·8"为最大，1000km^{2}以上海河流域为次大。

海河流域"63·8"獐狉站7日暴雨笼罩面积100km^2、300km^2、1000km^2、3000km^2、10000km^2、30000km^2、100000km^{2}的平均降雨深度分别达到1805mm、1720mm、1573mm、1345mm、1020mm、800mm、510mm。

(4) 暴雨的空间分布受地形影响显著。根据流域内中心日降雨量等于和大于100mm的190次暴雨资料统计，其中心位置的分布，迎风山区占60.4%，平原区占34.2%，背风山区及高原区只占5.4%。海河流域沿着燕山、太行山迎风坡存在一条多年平均24小时降雨量大于100mm的弧形多雨带，它是流域的大暴雨区，也是全国的大暴雨区之一，其中分布着多个多年平均24小时降雨量大于120mm的暴雨中心，自东北向西南分别为遵化、良乡、司仓、狮子坪、獐狉、土圈等。由此带向西北（背风区）东南（平原区）降雨量都明显减少，平原区一般是80～90mm，徒骇马颊河较大，可达100mm，冀中较小，在80mm以下；背风山区一般是55～80mm，桑干河、洋河盆地较小，在55mm以下。

流域暴雨分布一般可以分为东西向和南北向两类。东西向分布的暴雨，雨区主要位于流域的北部，从保定西北山区往东沿燕山南坡经遵化、迁安一带，或北上经承德南部进入辽宁省，常造成滦河洪水。南北向分布的暴雨，雨区沿太行山的迎风坡呈带状分布，造成大清河、子牙河、漳卫河同时发生洪水。从近期和历史上的大洪水来看，海河流域的大洪水多是由这种南北向分布的暴雨形成的。

2. 洪水特征

(1) 洪峰高、洪量集中。太行山、燕山迎风区为大暴雨的集中地带，且地形陡峻，土层覆盖薄，植被差，使得发源于迎风坡的卫河、滏阳河、大清河等河系的众多支流洪水一般均以陡涨陡落、洪量集中、洪峰高、历时短的形式出现，极易造成特大洪水。背风山区产生大暴雨机会较少，洪水较山前区小。

(2) 洪水年内年际变化大。海河流域洪水由暴雨形成，洪水发生的时空分布和特点与暴雨基本一致，但变差系数更大。海河流域洪水发生时间多出现在7月、8月两个月。最大30天洪量一般占汛期（6—9月）洪水总量的60%～90%，5天洪量可占30天洪量的50%～80%。年际变化大，变差系数一般在1.0左右，大清河、滏阳河可达1.5～2.0，为全国最高区。

（3）洪水预见期短且突发性强。由于海河流域山地与平原的丘陵过渡带较短，河道源短流急，洪水流速大，传播时间短，从山区降雨到河道出山口出现洪水，最长不过 1～2 天，短的仅几个小时，洪水灾害具有突发性。如永定河官厅山峡洪水预见期只有 4 个小时。

（4）连枯连丰。据史料统计，海河流域降雨具有连枯连丰的特点。1483—1948 年的 465 年间可划分为 4 个以水灾为主的年段和 4 个以旱灾为主的年段。水灾为主的年段中，常发生连续性大水，如 1652 年、1653 年和 1654 年连续三年大水，1822 年和 1823 年连续两年大水。1953—1964 年有 7 年发生大水，其中 1953 年、1954 年、1963 年和 1964 年均发生连续性洪涝。流域内还常出现长时期的连续枯水年，历史上如 1637—1643 年（明朝崇祯十年至十六年）曾出现连续 7 年的大旱。以水灾为主的年段会伴有旱灾，以旱灾为主的年段会发生突发性大洪水，20 世纪 80 年代以来的海河流域连续干旱期，曾出现 1988 年丰水年和 1996 年大水。随机发生的洪水，又具有一定重现性，如海河南系 1963 年 8 月和北系 1939 年大洪水分别与 1668 年和 1801 年发生的大洪水在成因和地区分布上十分相似。

2.2　海河流域经济社会与水资源开发利用情况

2.2.1　人口变化趋势

20 世纪 80 年代以来，海河流域人口一直保持持续增长趋势。1980—2010 年，流域总人口由 9721 万人增加到 14580 万人，增长了 50.0%。年均人口增长率呈降低的趋势，1980—1990 年年均人口增长率为 16.9‰，1990—2000 年为 11.9‰，2000—2010 年为 12.0‰。全流域近 10 年人口自然增长率为 6‰左右，外来人口占人口增长量的 50%左右，说明海河流域人口积聚能力比较强。城镇人口增加较快，由 1980 年的 2289 万人增加至 2010 年的 7823 万人，增加了 2.4 倍。城镇化率由 1980 年的 24%增加至 2010 年的 54%，增加了 30 个百分点。

据有关部分预测，未来海河流域人口和城市化率仍呈现持续增长趋势。

2.2.2　经济发展趋势

海河流域国内生产总值（GDP）从 1980 年的 587 亿元增加到 2010 年的 5.58 万亿元，增长了 94 倍。粮食总产量从 1980 年的 2655 万 t 增加到 2010 年的 6000 万 t，增长了 56%。见表 2-1。2010 年全流域人均 GDP 3.83 万元，相当于 6000 美元。

表 2-1　海河流域人口和 GDP 统计表

年份	流域人口	北京	天津	河北	山西	河南	山东	内蒙古	辽宁	全流域
1980	总人口/万人	886	751	5036	888	851	1226	63	19	9721
	城镇人口/万人	572	512	669	194	217	117	7	1	2289
	GDP/亿元	139	104	217	46	41	37	2	1	587
1990	总人口/万人	1032	871	6029	1008	1051	1418	69	21	11499
	城镇人口/万人	717	606	1145	268	351	261	15	2	3364
	GDP/亿元	501	311	888	167	162	205	5	2	2242

续表

年份	流域人口	北京	天津	河北	山西	河南	山东	内蒙古	辽宁	全流域
2000	总人口/万人	1382	1001	6634	1147	1193	1489	70	22	12939
	城镇人口/万人	1072	721	1750	418	464	399	18	2	4844
	GDP/亿元	2479	1639	5056	586	790	1054	23	6	11633
2010	总人口/万人	1961	1299	7110	1235	1268	1587	96	23	14580
	城镇人口/万人	1686	1034	3123	582	626	724	46	2	7823
	GDP/亿元	14114	9224	20737	3198	3754	4526	217	23	55793

2.2.3 水资源状况及其变化趋势

海河流域1956—2000年水文系列多年平均水资源总量为370亿m^3，其中地表水资源量为216亿m^3，1980—2000年多年平均地下水资源量为235亿m^3。与第一次评价成果（采用1956—1979年系列）相比，地表水水资源量变化较大，1956—2000年系列评价成果全流域多年平均年径流量（采用）比1956—1979年系列评价成果减少了25.0%。海河流域地表水资源量成果对比，见表2-2。

表2-2　海河流域地表水资源量成果对比

二级区	水资源量均值/亿m^3				本次评价与第一次评价相差/%		
	第一次评价	本次评价					
	1956—1979年	1956—1979年	1980—2000年	1956—2000年	1956—1979年	1980—2000年	1956—2000年
滦河及冀东沿海	59.7	62.0	43.0	53.1	3.8	−28.0	−11.1
海河北系	66.9	58.0	41.3	50.2	−13.3	−38.2	−24.9
海河南系	145	119	75.2	98.7	−17.7	−48.1	−31.9
徒骇马颊河	16.5	16.7	11.0	14.0	1.0	−33.2	−15.0
流域合计	288	256	171	216	−11.1	−40.8	−25.0

2.2.4 水资源开发利用状况及其变化趋势

2010年海河流域用水总量为370.20亿m^3，其中当地地表水为76.64亿m^3，引黄河水为45.90亿m^3，地下水为237.33亿m^3。1980年以来间隔5年的供水量统计数据见表2-3。从表中的统计数据看，全流域供水总量在344亿～402亿m^3之间变化，其中2000年供水量最大，1985年最小，由于水资源偏少，2000年以来，各年的供水总量均维持在400亿m^3以下水平。

全流域1995—2010年年均地表水资源量为147亿m^3，年均当地地表水供水量为99亿m^3，地表水开发利用率为67%，地表水开发利用率远远超过了国际公认的40%的合理上限。平原区1995—2010年平均浅层地下水资源量为141亿m^3，平均年开采量为172亿m^3，浅层地下水开发利用率为122%。

表 2-3　　海河流域不同水源供水量　　单位：亿 m^3

年份	当地地表水	引黄河水	地下水		非常规水源	合计
			小计	深层承压水		
1980	149.06	42.32	205.10	29.66	0	396.48
1985	103.74	33.37	206.95	26.96	0	344.05
1990	111.55	32.89	223.23	31.99	0.01	367.68
1995	110.92	44.80	237.07	35.52	2.40	395.20
2000	99.06	37.35	263.58	37.35	2.32	402.32
2005	87.65	37.27	253.01	36.90	5.31	383.24
2010	76.64	45.90	237.33	38.62	10.33	370.20

2.3　海河流域下垫面变化趋势

2.3.1　流域土地利用变化趋势

1.1980 年以来土地利用变化

在水利部公益性科研项目“海河流域下垫面因素变化及暴雨洪水演变趋势研究”中采用卫星遥感数据，对 1980 年、1990 年、2000 年和 2010 年四年的土地利用数据进行分析。参照海河流域 1∶10 万分类系统和 1984 年全国农业区划委员会发布的《土地利用现状分类及含义》，确定了土地利用一级分类标准，将全流域土地利用按耕地、林地、草地、水域、建筑用地以及未利用土地等 6 种类型统计。海河流域 1980 年以来各代表年土地利用分类面积对比见表 2-4，土地利用分布图见图 2-1～图 2-4。

表 2-4　　海河流域 1980 年以来各代表年土地利用分类面积对比

土地利用类型	面积占比/%			
	1980 年	1990 年	2000 年	2010 年
耕地	57.1	48.8	47.0	44.7
园地	0.3	0.4	0.7	0.9
林地	18.8	27.0	27.4	28.2
草地	18.7	14.2	13.9	13.2
建设用地	2.6	6.7	8.1	9.9
交通用地	0.1	0.1	0.3	0.5
水域	1.4	2.0	2.0	1.9
未利用地	1.1	0.8	0.7	0.7

根据表 2-4，海河流域 2010 年主要土地利用类型为耕地，占总面积的 44.7%，其次为林地，占总面积的 28.2%，草地排第三位，占总面积的 13.2%，建筑用地占总面积的 10.4%，水域占总面积的 1.9%。通过解译和分析 1980 年与 2010 年的遥感图像，得出 31 年间海河流域土地利用总体变化情况：①耕地面积由 1980 年的 183068km^2 减少到 2010

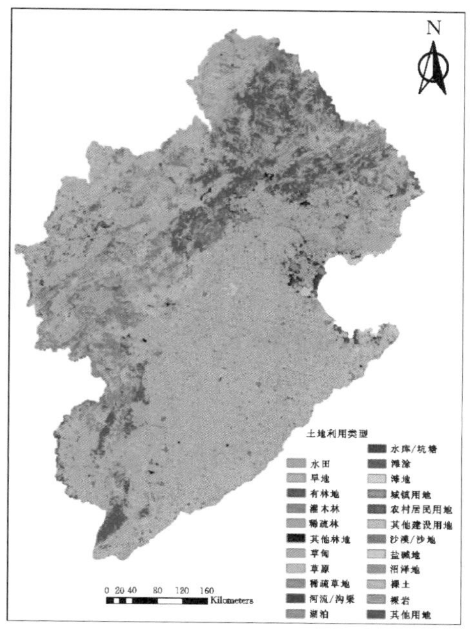

图 2-1　1980 年海河流域土地利用分布图

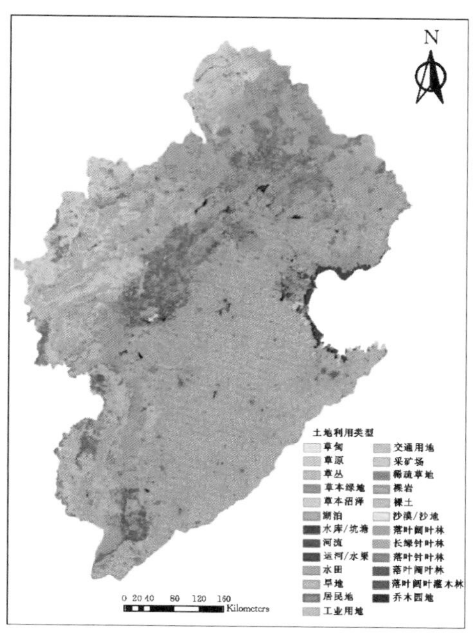

图 2-2　1990 年海河流域土地利用分布图

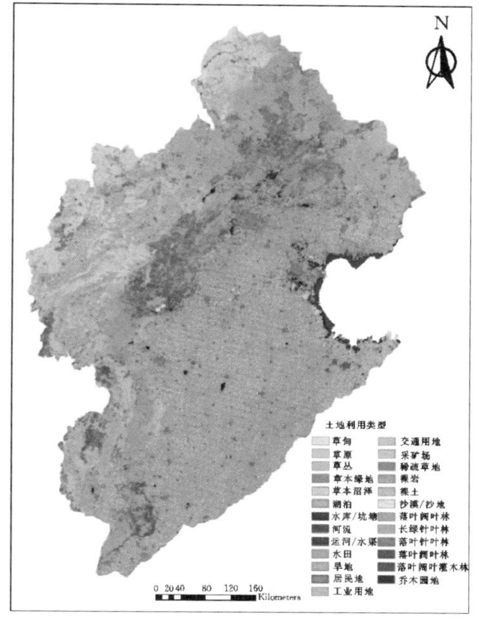

图 2-3　2000 年海河流域土地利用分布图

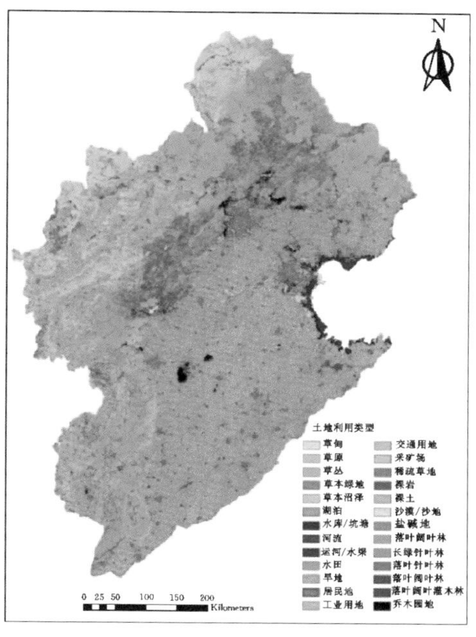

图 2-4　2010 年海河流域土地利用分布图

年的 143308km^2，减少 39754km^2，年均减少速率为 1282km^2/a；②林地面积由 1980 年的 60273km^2 增加到 2010 年的 90409km^2，增加 30136km^2，年均增加速率为 972km^2/a；③草地面积由 1980 年的 59952km^2 减少到 2010 年的 42319km^2，减少 17633km^2，年均减

少速率为 569km²/a；④建筑用地面积由 1980 年的 8656km²，增加到 2010 年的 33342km²，增加 24686km²，年均增加速率为 796km²/a。

2. 灌溉面积演变趋势

随着经济社会发展和人口的增加，海河流域土地利用状况发生了巨大变化。据《海河流域规划要点》中 1955 年调查数据，20 世纪 50 年代中期，耕地面积 19200 万亩，其中平原区耕地面积 14000 万亩；灌溉面积 3245 万亩，其中平原区灌溉面积 2650 万亩。当时尚有一定数量未利用的荒地，主要分布在沼泽化的湖泊洼地、河流泛滥形成的沙丘地带以及盐渍化的滨海盐土地区。据海河流域综合规划修编工作调查统计，2005 年海河流域耕地面积 17400 万亩，其中平原区耕地面积 11300 万亩；灌溉面积 11196 万亩，其中平原区灌溉面积 8900 万亩。海河流域耕地及灌溉面积变化趋势见表 2－5 及图 2－5。1955 年以来全流域耕地面积变化不大，但农田灌溉面积发生了很大变化，2005 年灌溉面积是 1955 年的 2.43 倍。2005 年全流域耕地灌溉率为 64%，其中平原区为 79%。

表 2－5　　海河流域耕地及灌溉面积变化趋势

年份	耕地面积/万亩	有效灌溉面积/万亩	灌溉率/%	年份	耕地面积/万亩	有效灌溉面积/万亩	灌溉率/%
1955	19200	3245	17	1995	17511	9713	55
1980	17978	8413	47	2000	17465	10163	58
1985	17747	8619	49	2005	17400	11196	64
1990	17527	9052	52				

注　1980—1995 年耕地面积按土地普查数字进行了修订。

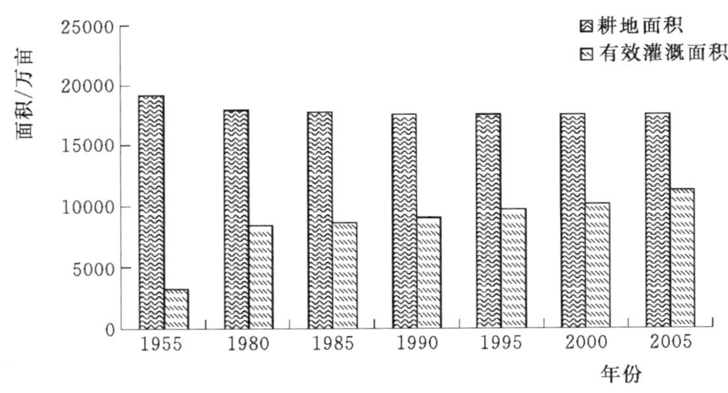

图 2－5　海河流域耕地及灌溉面积变化趋势图

2.3.2　地下水开采量及埋深变化趋势

海河流域地下水开采主要集中在平原区。20 世纪 50 年代中期海河流域平原区地下水开采量约为 60 亿 m³，地下水基本处于自然平衡状态，其地下水埋深动态主要受到降雨和蒸发的控制。在山前平原和中东部平原的绝大部分地区，地下水埋深为 1～3m；黄庄洼、文安洼、白洋淀、千顷洼、大陆泽、宁晋泊、永年洼与湖泊周边，以及滨海平原的大部分地区在 1m 左右；山前冲积扇的扇间地带、滹沱河冲积扇的晋州～辛集一带，以及邯郸邢

台淦阳河东部平原为3～5m；一些排泄条件较好的山区边缘局部区域为5～10m。从上述地下水埋深的分布看，在20世纪50年代中期多数平原地区具备蓄满产流的条件，遇到大暴雨，地下水位很容易达到地面，这也是历史上渍涝灾害频发的原因。

20世纪80年代以来流域地下水开采量持续增大，全流域1980年地下水开采量175亿m^3，到2005年已经增加到228亿m^3，远远超过水资源评价分析确定的地下水可开采量178亿m^3。1960年以来海河流域浅层地下水开采量随年代变化趋势见图2-6。

自20世纪中期以来，海河流域地下水就进入全面超采状态，地下水埋深持续增加，至2005年流域山前平原区大部分区域地下水埋深已超过20m，一些区域已达到30～40m；流域中部平原地下水淡水分布区域的地下水埋深大部分已超过10m；中东部咸淡混合区地下水埋深在6～10m之间；东部及滨海平原地下水埋深在1～6m之间。

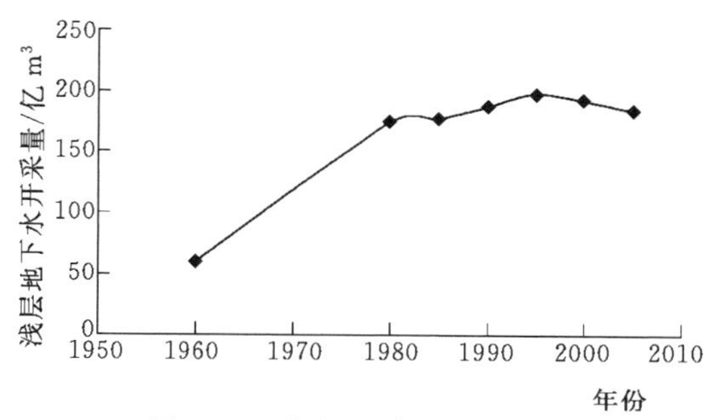

图2-6　海河流域浅层地下水开采量随年代变化趋势图

经分析，海河流域平原区浅层地下水位以上包气带的储水容积已达1100亿m^3左右，仅地下水埋深超过20m以上的山前平原区就达800亿m^3左右，达到了海河流域"63·8"洪水总洪量的2.7倍。平原区地面平缓，耕地比例大，大部分降雨量可下渗到地面以下存储，包气带存储容积的增加，改变了平原区过去蓄满产流模式，使得平原区降雨产流量大为减少，地下水开采已从根本上改变了海河流域平原地区的产流条件。

山丘区及山间盆地的地下水开采对径流的影响也到了不能忽视的程度。2000—2005年山丘区及山间盆地地下水年开采量达到了40亿～43亿m^3，折合径流深已达22～24mm。山丘区地下水的开采主要集中在山间盆地和河谷地带，在一些区域地下水开采量已大于多年平均补给量，地下水常年处于超采状态。大同、忻（州）定（襄）、蔚（县）阳（高）盆地的一些区域地下水埋深已达20～30m、张（家口）宣（化）、涿（鹿）怀（来）、长治等盆地地下水埋深在10m左右。

2.4　海河流域蒸散发量、水面蒸发能力及比值分析

2.4.1　蒸散发量

流域蒸散发量（ET）包括地表和植物表面的水分蒸发，以及植物表面和植物体内的水分蒸腾。它是土壤-植物-大气系统中一项非常重要的能量、物质的转换和输送过程，影响着陆地表面降水和辐射能的重新分配，是极其重要的水循环要素过程。流域蒸散发量是流域下垫面的综合反映。中国科学研究院遥感所应用遥感ETWatch方法估算了2003年、2004年和2006年海河流域的ET值，2003年海河流域逐月蒸散发量见表2-6。各区域ET年内变化过程类似，1—3月较低，ET小于30mm，从4月开始ET快速增大，6月稍有降低，7—8月达到峰值，9月开始快速下降，11—12月ET低于15mm。从空间分布

看，各年 ET 均有如下特点：从西北到东南有增大的趋势，沿海区域 ET 值最大，城区 ET 最小。平原耕地区有两个明显的高耗水区，一个是山区太行山冲积平原区域，另一个是南部引黄灌区。

表 2-6　　海河流域逐月蒸散发量

年份	逐月蒸散发量/mm												
	1月	2月	3月	4月	5月	6月	7月	8月	9月	10月	11月	12月	全年
2003	4.1	10.3	19.8	43.6	79.2	80.0	92.7	110.4	74.0	34.3	8.6	8.0	565.0
2004	6.0	11.3	25.4	43.5	64.1	60.2	104.5	94.4	62.9	21.5	10.0	6.4	510.2
2006	5.3	9.9	25.6	44.6	75.9	71.1	91.4	97.6	52.6	18.0	10.9	8.5	511.4

2.4.2 水面蒸发量

利用蒸发皿实测资料对海河流域 2003 年、2004 年和 2006 年的年、月蒸发资料进行了统计分析。对站点数据进行空间插值，统计得到不同时间段的水面蒸发量。2003 年、2004 年和 2006 年水面蒸发量分别为 904mm、1004mm 和 998mm。各年 6—9 月蒸发量占全年蒸发量的 49%、46% 和 43%，10—12 月蒸发量年际差异最小，占全年蒸发量的 14%。2003 年降雨量大，空气相对湿度大，不利于蒸发，蒸发能力相对平水年和枯水年要小。不同年份水面蒸发量统计结果见表 2-7。

表 2-7　　不同年份水面蒸发量统计结果

时间段	2003 年		2004 年		2005 年	
	蒸发量/mm	占比 /%	蒸发量/mm	占比 /%	蒸发量/mm	占比 /%
1—5 月	330.0	36	424.2	42	391.2	39
6—9 月	446.6	49	438.9	44	462.8	46
10—12 月	127.7	14	141.3	14	144.3	14
全年	904.2	100	1004.4	100	998.3	100

2.4.3 陆面蒸发与水面蒸发比值分析

陆面蒸散发量 ET 与实测蒸发能力 EP 比值 k 称为陆面蒸散发比值系数，它是水文模拟中的重要参数。利用 2003 年、2004 年和 2006 年的遥感 ET 和实测蒸发量空间分布数据，对海河流域蒸散发系数在空间上的分布情况分 1—5 月、6 月、7 月、8 月、9 月和 10—12 月进行了逐时段分析，供水文模拟中参考实用。

海河流域不同时段蒸散发系数见表 2-8，汛期耕地及林地逐月蒸散发系数见表 2-9。6—9 月蒸散发量占全年的 60%以上，8 月是植被最茂密的时期，植被区温度较水面温度低，地气温差大，植被蒸腾作用强烈，实际蒸散发大于水面蒸发，其蒸散发系数最大达到 1.0 以上。

从 2003 年、2004 年和 2006 年 8 月的蒸散发系数等值线结果看出，太行山和燕山浅山及丘陵区和东部平原地区实际 ET 大于水面蒸发量，太行山和燕山深山区以及永定河和滦河高原区域实际 ET 小于水面蒸发量。

表 2-8　　海河流域不同时段蒸散发系数

时间段	2003年	2004年	2006年	三年平均	时间段	2003年	2004年	2006年	三年平均
1—5月	0.48	0.36	0.42	0.42	9月	0.94	0.68	0.56	0.73
6月	0.58	0.47	0.48	0.51	6—9月平均	0.81	0.74	0.69	0.75
7月	0.84	0.91	0.86	0.87	10—12月	0.4	0.27	0.26	0.31
8月	1.03	0.96	1.02	1.00	全年均值	0.56	0.46	0.46	0.49

表 2-9　　海河流域汛期耕地与林地逐月蒸散发系数

时间段	耕　地			林　地		
	2003年	2004年	2006年	2003年	2004年	2006年
6月	0.50	0.56	0.44	0.58	0.50	0.50
7月	0.85	0.97	0.91	0.87	0.97	0.93
8月	1.23	1.08	1.14	1.10	1.02	1.11
9月	1.09	0.81	0.68	1.01	0.75	0.63

2.5　小结

（1）1980年以来海河流域土地利用发生一定变化，2010年与1980年比，主要表现为耕地面积减少、建设用地面积和林地面积增加，其中耕地减少了21.7%，建设用地增加了285%，林草用地面积增加了11.9%。耕地面积中灌溉面积增加也是土地利用中的主要特点，2005年海河流域耕地灌溉率为64%，其中平原区为79%。

（2）水利和水土保持工程建设以及经济社会用水对流域下垫面产生了较大影响。20世纪50年代中期，海河流域平原区地下水开采量约为60亿m^3左右，地下水基本处于自然平衡状态，其地下水埋深动态主要受到降雨和蒸发的控制；20世纪80年代以来，海河平原浅层地下水处于全面超采状态，2010年流域平原区浅层地下水位以上包气带的储水容积已达1100亿m^3左右，仅地下水埋深超过20m以上的山前平原区就达800亿m^3左右。地下水超量开采对流域下垫面产生剧烈影响。

（3）未来海河流域经济社会仍将呈现持续增长趋势，经济社会的用水量也将持续增加，人类活动对下垫面影响仍将持续。

第3章　海河流域暴雨洪水变化特征

3.1　暴雨洪水特征变化趋势分析方法

3.1.1　变化趋势分析方法

3.1.1.1　Mann - Kendall 非参数秩次相关检验法

在时间序列趋势分析中，Mann - Kendall 检验法是世界气象组织推荐并已广泛使用的非参数检验方法。该方法最早是由 Mann 提出、并经过 Kendall 完善发展起来的一种非参数检验方法。从 1945 年以来已经被许多学者不断应用来分析降水、径流、气温和水质等要素时间序列的趋势变化。Mann - Kendall 检验法不需要样本遵从一定的分布，也不受少数异常值的干扰，适用于水文、气象等非正态分布的数据。Mann - Kendall 检验法具有计算简便，检测范围宽，定量化程度高等特征。

Mann - Kendall 方法是在水文气候序列平稳的条件下，对于具有 n 个样本量的时间序列 x，构造一秩序列 $d_k=\sum_{i=1}^{k} r_i(2\leqslant k\leqslant n)$，$r_i$ 表示第 i 个样本 x_i 大于第 j 个样本 x_j（$1\leqslant j\leqslant i$）的累计值。

$$E[d_k]=\frac{k(k-1)}{4} \tag{3-1}$$

$$\mathrm{Var}[d_k]=\frac{k(k-1)(2k+5)}{72} \quad (2\leqslant k\leqslant n) \tag{3-2}$$

在时间序列随机独立的假设下，定义统计变量：

$$UF_K=\frac{d_k-E(d_k)}{\sqrt{\mathrm{Var}[d_k]}} \quad (k=1,2,\cdots,n) \tag{3-3}$$

一般的显著性检验过程是给定一个原假设，寻找与假设有关的统计量及其所遵从的概率分布函数，用具体的一次抽样的样本数据代入统计量，在给定的显著性水平下（通常取 95%，即 $\alpha=0.05$）做出对原假设的否定和接受的判定。若显著性水平给定 $\alpha=0.05$ 时，则 $U_{0.05}=\pm1.96$。当 $|UF_K|>U_\alpha$ 时，表明序列存在明显增长或减小趋势，所有 UF_K 将组成一条曲线 UF。将同样的方法引入到反序列中去，将得到另一条曲线 UB，将统计曲线 UF、UB 和 ±1.96 两条曲线均绘在同一张纸上，如果 UF 值大于 0 则表示序列呈现上升趋势，小于 0 则表示呈现下降趋势，但它们超过临界直线时，表明上升或下降趋势显著，超过临界线的范围确定为出现突变的时间区域。如果 UF 和 UB 两条曲线出现交点，且交点在临界线之间，那么交点对应的时刻便是突变开始的时间。

3.1.1.2 线性趋势回归分析法

线性趋势回归分析法是一种最常见的数理统计方法，它可直观反映序列定性的变化趋势，很早就被广泛用来分析各种序列的趋势变化。在降水、径流、气温和水质等要素时间序列的趋势变化分析中也得到广泛应用。设水文序列由趋势成分 P_t 和随机成分 ε_t 组成，即

$$x_t = p_t + \varepsilon_t \tag{3-4}$$

趋势成分 p_t 可由多项式来描述

$$p_t = a + b_1 t + b_2 t^2 + \cdots + b_m t^m \tag{3-5}$$

式中　　a——常数；

b_1，b_2，$\cdots$，b_m——回归系数。

实际工作中 p_t 可能是线性的也可能是非线性的，一般先用图解法进行试配。式（3-4）可转化为多元线性回归模型并可用最小二乘法估计回归系数$\hat{a}$。当 $m=1$ 时变为线性趋势，a 和 b 的估计值$\hat{a}$和$\hat{b}$的方差为 $s_{\hat{b}}^2$。各计算公式如下：

$$\left.\begin{aligned} \hat{b} &= \frac{\sum_{t=1}^{n}(t-\bar{t})(x_t-\bar{x})}{\sum_{t=1}^{n}(t-\bar{t})^2} \\ \hat{a} &= \bar{x} - \hat{b}\,\bar{t} \end{aligned}\right\} \tag{3-6}$$

$$s_{\hat{b}}^2 = \frac{s^2}{\sum_{t=1}^{n}(t-\bar{t})^2} \tag{3-7}$$

其中　$s^2 = \dfrac{\sum_{t=1}^{n} q_t^2}{n-2}$，$\sum_{t=1}^{n} q_t^2 = \sum_{t=1}^{n}(x_t-\bar{x})^2 - \hat{b}^2\sum_{t=1}^{n}(t-\bar{t})$，$t = \dfrac{1}{n}\sum_{t=1}^{n} t$，$\bar{x} = \sum_{t=1}^{n} x_t$

在原假设 $b=0$ 时，统计量 $T=\hat{b}/s_{\hat{b}}$服从自由度为（$n-2$）的 t 分布。

原假设为非线性趋势，当给定显著性水平 α 后，在 t 分布表中查出临界值 $t_{\alpha/2}$，当 $|T|<t_{\alpha/2}$，接受原假设，认为回归效果是不显著的，即线性趋势不明显；当 $|T|>t_{\alpha/2}$，拒绝原假设，认为回归效果是显著的，即线性趋势显著。

3.1.2 突变点分析方法

水文序列受气候变化和人类活动的影响，改变其原来的变化趋势。为了区分人类活动和气候变化对水文序列的影响程度，尤其是量化人类活动的影响，研究中普遍使用的方法就是对序列进行趋势性检验，找到使得水文序列前后变化不一致的突变点。目前国内外对水文序列突变点的研究很多，研究者采用不同的方法对各自的研究区进行分析。早期研究者多采用定性的方法判断，其后采用单一检验方法进行统计分析，发展到提出采用水文序列变异点诊断系统进行对比判断，以及将现有的检验方法进行改进使用，这个过程显示了水文序列突变点研究在逐步地成熟和完善。

水文序列变异诊断分为初步诊断和详细诊断两个阶段：对水文序列进行初步分析时，

可以采用过程线法、累（差）积曲线和滑动平均等来检验序列的趋势性，判断序列是否存在变异。如果该序列可能存在变异，则运用检验方法进行详细诊断，结合流域水文过程可能突变点的成因分析，从而得到最可能突变点。

检验方法可分为参数检验和非参数检验，参数检验以总体分布和样本信息对总体参数作推断，对总体有特殊的要求，如 t 检验、F 检验等。非参数检验不需要利用总体的信息，以样本信息对总体分布作出推断，如秩和检验等。在水文序列检验时，非参数检验对总体分布所加的条件较少，较简单、实用，因此应用也相对较广，这也是水文时间序列突变点分析的主要方法。

3.1.2.1　有序聚类法

有序聚类法为在连续样本内根据样本间离差的大小进行分类的一种方法。其数学理论基础是用费希尔（Fisher，1958）提出来的分类算法，又称最优分割法。分类原则就是使同类之间离差平方和最小，而类与类之间离差平方和相对较大。因此，有序聚类分析法是用来提取水文序列突变点的一种有效方法，被广泛应用于降雨、径流和气温等水文时间序列的变异特征分析。

有序聚类分析法以有序分类来推求最可能的干扰点 τ_0，其实质是求最优分割，使同类之间的离差平方和较小，而类与类之间的离差平方和较大。对时间序列 $x_t(t=1, 2, \cdots, n)$，最优二分割点的要求是设最可能分割点（即突变点）为 τ，则分割前后离差平方和表示为

$$V_\tau = \sum_{t=1}^{\tau}(x_t - \overline{x}_\tau)^2 \tag{3-8}$$

$$V_{n-\tau} = \sum_{t=\tau+1}^{n}(x_t - \overline{x}_{n-\tau})^2 \tag{3-9}$$

其中$\overline{x}_\tau$ 和$\overline{x}_{n-\tau}$分别为分割点以内和以外的平均值，这样总离差平方和为

$$S_n(\tau)=V_\tau+V_{n-\tau} \tag{3-10}$$

最优二分割 $S_n^* = \min\limits_{1\leqslant\tau\leqslant-1}\{S_n(\tau)\}$ 满足上述条件的 τ 记为 τ_0，以此作为最可能的分割点。

3.1.2.2　双累积曲线法

在水文气象要素一致性及其长期演变趋势研究中，双累积曲线（Double Mass Curve，DMC）方法以简单、直观、实用而被广泛应用。它最早由美国学者 C F Merriam 在 1937 年用于分析美国 Susquehanna 流域降雨资料的一致性时对其做了理论解释，自 1948 年一直被美国地质调查局（U. S. Geological Survey）所使用，甚至应用于污水分析中。Searcy 等（1960）系统介绍了双累积曲线基本理论基础及其在降雨、径流、泥沙量序列长期演变过程分析中的应用，进一步推动了双累积曲线在水文气象（降雨、地表及地下水变化）资料校验，人类活动（城市化过程、水土保持、水库、森林采伐等）对降雨、径流及输沙量的影响等方面的广泛应用。

近 30 年来，我国学者应用该方法分析水文要素演变规律，特别是降水与径流关系方面取得了良好的效果。双累积曲线方法的理论基础是分析两个要素（或变量）应具有正比关系。故在应用时要注意分析的要素应该具有相同物理成因或具有明确的因果关系。所谓

双累积曲线就是在直角坐标系中绘制的同期内一个变量的连续累积值与另一个变量连续累积值的关系线，它可用于水文气象要素一致性的检验、缺值的插补或资料校正，以及水文气象要素的趋势性变化及其强度的分析。在降水与径流累积曲线图上，样本点据大体上沿一条直线分布排列。如果在某一时期流域内降水和径流的一些影响因素发生明显变化，则降水与径流双累积曲线可能会发生一定偏移。因此，可根据降水与径流双累积曲线发生偏移的时期，初步确定降雨产流规律及流域汇流规律发生突变的年代。

3.1.2.3 Lee－Heghinian 法

Lee－Heghinian 法是1977年Lee和Heghinian提出的基于贝叶斯理论的方法，可用于进一步检验水文时间序列突变点的位置。Lee－Heghinian 法突变点识别的原理为：对于径流序列 x_1，x_2，…，x_n，Lee和Heghinian在假设其总体为正态分布且可能突变点 τ 先验分布为均匀分布的情况下，推得出可能突变点 τ 的后验分布为

$$f(\tau/x_1,x_2,\cdots,x_n)=k[n/\tau(n-\tau)]^{1/2}[R(\tau)]^{-(n-2)/2} \quad (1\leqslant\tau\leqslant n-1) \tag{3-11}$$

$$R(\tau)=[\sum_{i=1}^{\tau}(x_i-\bar{x}_\tau)^2+\sum_{i=\tau+1}^{n}(x_i-\bar{x}_{n-\tau})^2]/\sum_{i=1}^{n}(x_i-\bar{x}_n)^2 \tag{3-12}$$

其中

$$\bar{x}_\tau=\frac{1}{\tau}\sum_{i=1}^{\tau}x_i \tag{3-13}$$

$$\bar{x}_{n-\tau}=\frac{1}{n-\tau}\sum_{i=\tau+1}^{n}x_i \tag{3-14}$$

$$\bar{x}_n=\frac{1}{n}\sum_{i=1}^{n}x_i \tag{3-15}$$

k 为比例常数，由后验分布得出满足 $\{\max\limits_{1\leqslant\tau\leqslant n-1}f(\tau/x_1,x_2,\cdots,x_n)\}$ 条件的 τ 记为 τ_0，作为最可能的突变点。

根据降雨洪水资料，对各典型流域进行分析，得到以年份为横坐标，以条件概率密度 $f(\tau/x_1,x_2,\cdots,x_n)$ 值为纵坐标的Lee－Heghinian法跳跃点检验图，根据检验图观察最大点，即为突变点。

3.1.2.4 非参数 pettitt 检验法

非参数pettitt检验法最早是1979年由A N pettitt提出的，该检验方法是在连续的数据中找出突变点，并检验该突变点前后两段数据的累积分布函数是否有显著差异。计算步骤说明如下。

把一连续序列看成由两个样本 x_1，…，x_t 和 x_{t+1}，…，x_T 组成，其中 T 为样本容量。定义一统计变量 $U_{t,T}$，其表达式为

$$U_{t,T}=U_{t-1,T}+V_{t,T} \tag{3-16}$$

$$V_{t,T}=\sum_{j=t}^{T}\operatorname{sgn}(x_t-x_j),\ t=2,\cdots,T \tag{3-17}$$

式中

$$\operatorname{sgn}(x)=\begin{cases}1, & x>0\\ 0, & x=0\\ -1, & x<0\end{cases}$$

当 $|U_{t,T}|$ 达到最大值时相对应的点即为突变点，其概率可以用下式计算：

$$p(t)=1-\exp\left(\frac{-6U_{t,T}^{2}}{T^{3}+T^{2}}\right) \tag{3-18}$$

由式（3－18）可以得出，$p(t)$ 值越接近 1 时，突变点的现象越显著。若令 a 为置信水平，当 $p(t)>1-a$ 时，表示存在突变点的趋势明显。若存在多个 $p(t)>1-a$ 的点，则认为 $p(t)$ 最大值对应的点即为突变点。

3.1.3　周期分析方法

水文时间系列所隐含的周期分析是研究水文现象随机性的重要手段。时间系列周期分析方法从最初的离散周期图、方差周期图、方差分析过渡到谱分析和小波分析，经历了从时间域到时频域的发展过程，特别是 1965 年傅立叶变换的出现，以及 20 世纪 80 年代计算机技术和数据分析技术的飞速发展，使时频域分析走向实用并迅速拓展。

谱分析方法把时间系列看成是多种不同频率的规则波正弦波或余弦波叠加而成，比较不同频率波的方差大小，从而找出波动的主要周期。水文时间系列谱分析的主要方法有功率谱法、最大熵谱分析法等。

对于各典型流域暴雨洪水的时域特征采用功率谱分析来识别暴雨和洪水的周期性。功率谱估计（PSD）是用有限长的数据来估计信号的功率谱，对于认识一个随机信号或者其他应用方面来讲都是很重要的，是数字信号处理的重要研究内容之一。功率谱估计可以分为经典谱估计（非参数估计）和现代谱估计（参数估计）。其中周期图法和 AR 模型法是用得较多且最具有代表性的方法。本次分析采用周期图法来分析各个代表区时间序列的周期特征。

设某一实测水文要素时间序列为 $X_t(t=1,2,\cdots,n)$，其距平序列为 x_t，其中 $x_t=X_t-\overline{X}_t$。采用周期图法（功率谱分析）对 x_t 进行周期分析。

功率谱分析是以傅立叶变换为基础的频域分析方法，将时间序列的总能量分解为不同频率上的分量，根据不同频率波的方差贡献判断序列隐含的显著周期。功率谱是应用极为广泛的一种周期分析方法。根据功率谱密度与自相关函数互为傅立叶变换的性质，可以通过自相关函数间接进行功率谱估计。

1. 计算自相关系数

对距平序列 x_t，最大时滞为 m 的自相关系数 $r(j)(j=0,1,2,\cdots,m)$ 为

$$r(j)=\frac{1}{n-j}\sum_{t=1}^{n-j}\left(\frac{x_t-\overline{x}}{S}\right)\left(\frac{x_{t+j}-\overline{x}}{S}\right) \tag{3-19}$$

式中　$\overline{x}$、S——序列的均值和标准差。

计算自相关系数首先要确定最大时滞 m。如果 m 取值过大，谱的峰值就多，会影响自相关函数和谱估计的稳定性。当 m 取值太小时，谱估计过于平滑，不易出现峰值，难以确定主要周期，而且得不到低频部分（长周期）的谱估计。因此 m 的选取十分重要，一般取 $n/10\sim n/3$。

2. 计算粗谱估计值

不同波数 $k(k=0,1,2,\cdots,m)$ 的粗谱估计值为

$$\hat{S}_k=\frac{1}{m}\left[r(0)+2\sum_{j=1}^{m-1}r(j)\cos\frac{k\pi j}{m}+r(m)\cos k\pi j\right] \tag{3-20}$$

3. 谱的平滑化

由式（3-20）得到的谱估计与真实谱存在一定的误差，因此需要进行平滑处理，消除粗谱估计的小波动。常用 Hanning 平滑系数进行平滑，即

$$\left.\begin{aligned}S_0&=0.5\hat{S}_0+0.5\hat{S}_1\\S_k&=0.25\hat{S}_{k-1}+0.5\hat{S}_k+0.25\hat{S}_{k+1}\\S_m&=0.5\hat{S}_{m-1}+0.5\hat{S}_m\end{aligned}\right\}\tag{3-21}$$

另外，在平滑过程中，由于端点 S_0 及 S_m 仅是两点等权重平滑，为保持权重的一致，对式（3-21）的平滑谱值在端点上乘以 1/2。

最后得到滑动功率谱密度的估计公式为

$$S_k=\frac{1}{m}\left[r(0)+2\sum_{j=1}^{m-1}r(j)\left(1+\cos\frac{k\pi}{m}\right)\cos\frac{k\pi j}{m}\right]\tag{3-22}$$

4. 作谱图

以波数 k 为横轴，平滑功率谱估计值 S_k 为纵轴作图。在谱图横轴上，同时可标出对应的周期或频率。它们与波数 k 的关系为

$$\omega_k=\frac{\pi k}{m},\quad T_k=\frac{2m}{k}\tag{3-23}$$

5. 谱估计的显著性检验

为了确定谱值在哪一个波段最突出并了解该谱值的统计意义，需要求出一个标准过程谱以便比较。红噪声标准谱为

$$S_{0k}=\overline{S}\left[\frac{1-r(1)^2}{1+r(1)^2+2r(1)\cos\left(\frac{\pi k}{m}\right)}\right]\tag{3-24}$$

其中，$\overline{S}$ 为 $m+1$ 个谱估计的均值。运用式（3-25）进行谱估计值的显著性检验，即

$$S_{0k}^1=S_{0k}\left(\frac{X_\alpha^2}{\upsilon}\right)\tag{3-25}$$

其中，X_α^2 为给定显著性水平 α 条件时自由度 υ 的 X^2 分布；$\upsilon=(2n-0.5m)/m$，若谱估计值 $S_k>S_{0k}^1$，则表明波数 k 对应的周期波动是显著的。

3.2 海河流域典型站暴雨特征变化分析

3.2.1 不同时段暴雨量变化趋势分析

3.2.1.1 Mann-Kendall 非参数秩次相关检验法

采用各水文类型分区典型流域建站年份至 2008 年的实测暴雨资料，计算其不同历时

暴雨及场次暴雨特征值系列，并采用 Mann - Kendall 检验法对石佛口、木鼻、西台峪、高屯、倒马关-中唐梅区间、阜平、大阁和冷口流域暴雨特征值的变化趋势进行判断。海河流域各分区典型流域暴雨特征 Mann - Kendall 秩次相关检验成果见表 3 - 1。

表 3 - 1　　海河流域各分区典型流域暴雨特征 Mann - Kendall 秩次相关检验成果

水文类型分区	典型流域	检验成果	最大 1h	最大 3h	最大 6h	最大 24h	次暴雨量
Ⅰ区	石佛口	统计量	2.518	1.564	0.477	0.427	0.343
		趋势性	上升	上升	上升	上升	上升
		是否显著	显著	不显著	不显著	不显著	不显著
Ⅱ区	木鼻	统计量	0.888	−0.649	−0.575	−0.888	−1.148
		趋势性	上升	下降	下降	下降	下降
		是否显著	不显著	不显著	不显著	不显著	不显著
Ⅲ区	西台峪	统计量	0.333	0.352	0.176	0.665	0.587
		趋势性	上升	上升	上升	上升	上升
		是否显著	不显著	不显著	不显著	不显著	不显著
Ⅳ区	高屯	统计量	−0.364	−1.052	−1.234	−1.598	−1.037
		趋势性	下降	下降	下降	下降	下降
		是否显著	不显著	不显著	不显著	不显著	不显著
Ⅴ区	倒马关-中唐梅区间	统计量	−0.544	−0.427	−0.343	−0.393	−0.326
		趋势性	下降	下降	下降	下降	下降
		是否显著	不显著	不显著	不显著	不显著	不显著
Ⅵ区	阜平	统计量	0.041	−0.577	−0.707	−1.113	−0.820
		趋势性	上升	下降	下降	下降	下降
		是否显著	不显著	不显著	不显著	不显著	不显著
	大阁	统计量	−0.2193	−0.788	−0.804	−0.885	−0.902
		趋势性	下降	下降	下降	下降	下降
		是否显著	不显著	不显著	不显著	不显著	不显著
Ⅷ区	冷口	统计量	0.071	−0.569	−1.013	−1.742	−1.884
		趋势性	上升	下降	下降	下降	下降
		是否显著	不显著	不显著	不显著	不显著	不显著

由表 3 - 1 可知，海河流域各水文类型分区典型流域Ⅰ区石佛口以上流域、Ⅲ区西台峪以上流域的不同历时暴雨及场次暴雨特征值均呈上升趋势，除Ⅰ区石佛口以上流域最大 1h 暴雨特征值上升趋势明显外，其他历时暴雨特征值上升趋势不明显；Ⅱ区木鼻以上流域、Ⅵ区阜平以上流域、Ⅷ区冷口以上流域的最大 1h 暴雨特征值呈上升趋势，其他区不同历时暴雨均呈下降趋势，但下降趋势不明显。由此可知，海河流域各水文类型分区典型流域的不同历时暴雨及场次暴雨的变化趋势不明显。

3.2.1.2　线性趋势回归分析法

采用各水文类型分区典型流域建站年至 2008 年的实测暴雨洪水资料，计算其次暴雨

量特征值系列，采用线性趋势回归分析法对次暴雨特征值的变化趋势进行判断（Ⅳ区高屯以上流域因次暴雨资料短缺，本次暂未分析）。海河流域各分区典型流域次暴雨量回归分析检验成果见表 3-2。

表 3-2 海河流域各分区典型流域次暴雨量回归分析检验成果

水文类型分区	典型流域	相关系数	相关系数临界值	趋势性	是否显著
Ⅰ区	石佛口	−0.0316	0.271	下降	显著
Ⅱ区	木鼻	−0.254	0.268	下降	不显著
Ⅲ区	西台峪	−0.1903	0.285	下降	显著
Ⅳ区	高屯	—	—	—	—
Ⅴ区	倒马关-中唐梅区间	−0.1783	0.279	下降	不显著
Ⅵ区	阜平	−0.2161	0.276	下降	不显著
	大阁	−0.3061	0.273	下降	显著
Ⅷ区	冷口	−0.3357	0.276	下降	显著

由表 3-2 可知，海河流域各水文类型分区典型流域的次暴雨量均呈下降趋势，除Ⅱ区木鼻以上流域、Ⅵ区大阁以上流域及阜平以上流域现象趋势不明显外，其他各区均呈明显下降趋势。

3.2.2 周期分析

由石佛口、西台峪、倒马关-中唐梅区间、阜平、大阁及冷口的次降雨量时间序列，用周期图法对这些时间序列分别进行周期分析。用 Matlab 软件编程计算，得到各时间序列的周期成果。观察功率谱周期分析图，若时间序列的滑动功率谱值超过红噪声标准谱值，此滑动功率谱值对应的波数 k，用公式 $T_k=2m/k$ 换算成周期，此周期即为所求周期。

图 3-1 为石佛口、西台峪、倒马关-中唐梅区间、阜平、大阁及冷口 6 个典型流域次降雨量时间序列的功率谱周期分析图。

由图 3-1 所示，石佛口次降雨量的滑动功率谱值超过红噪声标准谱值的波数 $k=2$、7，根据公式 $T_k=2m/k$，显著性周期分别为 18 年、5.14 年，由此得出石佛口流域次降雨量存在 3～6 年和 18 年长周期的周期振荡；西台峪流域次降雨量的滑动功率谱值超过红噪声标准谱值的波数 $k=2$，根据 $T_k=2m/k$，显著性周期为 16 年，得出西台峪次降雨量存在 16 年长周期的周期震荡；倒马关-中唐梅区间流域次降雨量的滑动功率谱值接近红噪声标准谱值的波数 $k=2$、7，根据 $T_k=2m/k$，显著性周期分别为 17 年、4.85 年，倒马关-中唐梅区间流域次降雨量存在 4～5 年和 17 年长周期的周期震荡；阜平流域次降雨量的滑动功率谱值超过红噪声标准谱值的波数 $k=2$、7、8，根据 $T_k=2m/k$，显著性周期分别为 17 年、4.85 年、4.25 年，得出阜平流域次降雨量存在 4～5 年和 17 年长周期的周期震荡；大阁流域次降雨量的滑动功率谱值超过红噪声标准谱值的波数 $k=7$，根据 $T_k=2m/k$，显著性周期为 4.85 年，得出大阁流域次降雨量存在 4～5 年的周期震荡；冷口流域次降雨量的滑动功率谱值超过红噪声标准谱值的波数 $k=2$，根据 $T_k=2m/k$，显著性周期为 17 年，得出冷口流域次降雨量存在 17 年长周期的周期震荡。

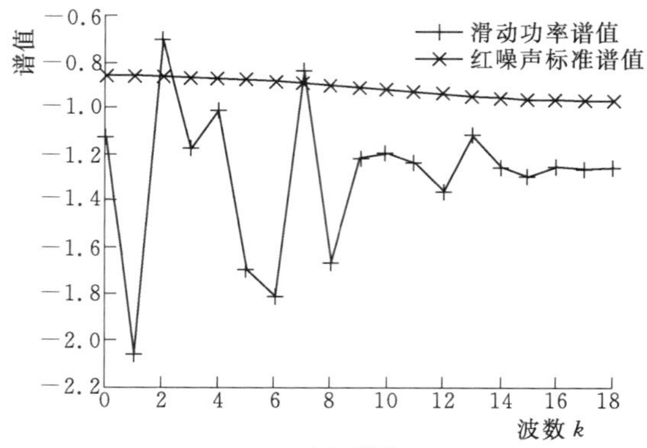

(a) 石佛口

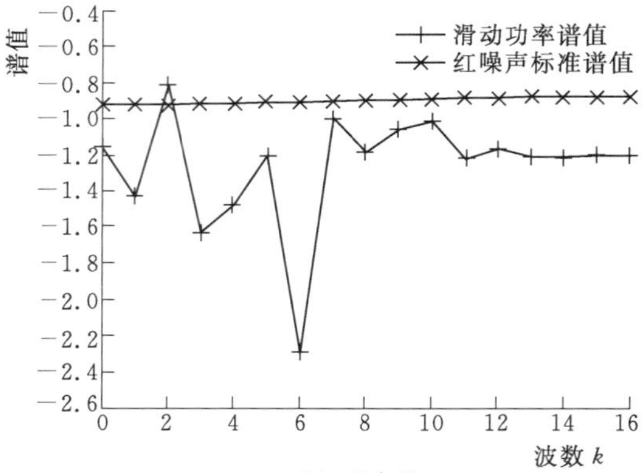

(b) 西台峪

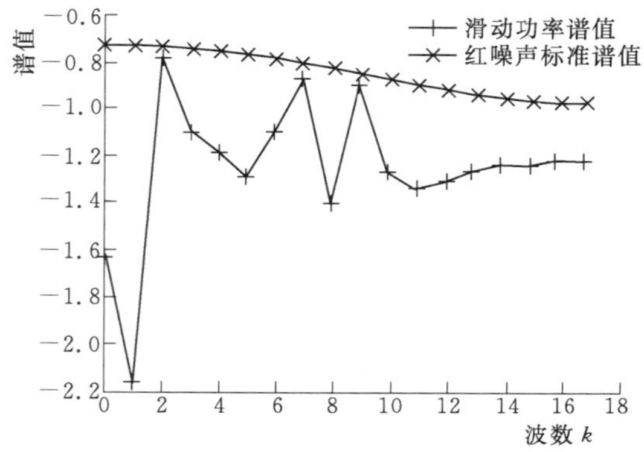

(c) 倒马关-中唐梅区间

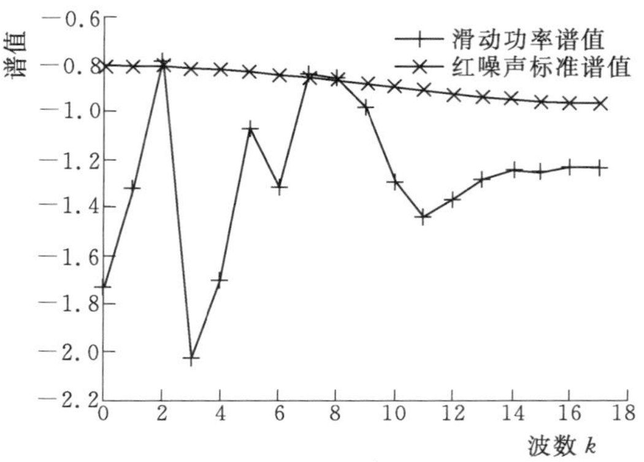

(d) 阜平

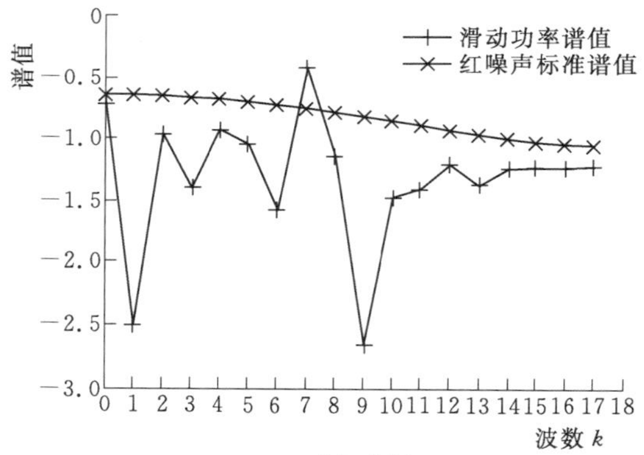

(e) 大阁

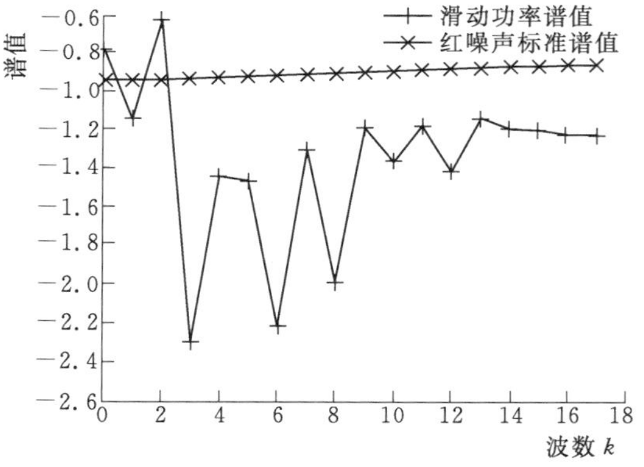

(f) 冷口

图 3-1　各典型流域次降雨量功率谱图

3.3　海河流域典型流域洪水特征变化分析

3.3.1　时段洪量及洪峰流量趋势分析

3.3.1.1　Mann-Kendall 非参数秩次相关检验法

采用各水文类型分区典型流域建站年份至 2008 年的实测暴雨洪水资料，计算其不同

时段最大洪量、场次洪水总量、最大洪峰流量及洪峰滞时等特征值系列，采用 Mann - kendall 方法对洪水特征值的变化趋势进行判断。海河流域各水文类型分区典型流域洪水趋势分析成果见表 3 - 3。

表 3 - 3　海河流域各分区典型流域洪水特征 Mann - Kendall 秩次相关检验成果

水文类型分区	典型流域	检验成果	最大 1 日	最大 3 日	次洪量	洪峰流量
Ⅰ区	石佛口	统计量	−2.317	−1.882	−1.966	−2.668
		趋势性	下降	下降	下降	下降
		是否显著	显著	不显著	不显著	显著
Ⅱ区	木鼻	统计量	−2.718	−2.295	−1.51	−3.986
		趋势性	下降	下降	下降	下降
		是否显著	显著	显著	不显著	显著
Ⅲ区	西台峪	统计量	−0.9	−0.646	−0.822	−1.330
		趋势性	下降	下降	下降	下降
		是否显著	不显著	不显著	不显著	不显著
Ⅳ区	高屯	统计量	−6.932	−6.958	−6.958	−6.958
		趋势性	下降	下降	下降	下降
		是否显著	显著	显著	显著	显著
Ⅴ区	倒马关-中唐梅区间	统计量	−2.334	−2.083	−1.347	−2.618
		趋势性	下降	下降	下降	下降
		是否显著	显著	显著	不显著	显著
Ⅵ区	阜平	统计量	−2.851	−2.591	−2.737	−3.501
		趋势性	下降	下降	下降	下降
		是否显著	显著	显著	显著	显著
	大阁	统计量	−3.761	−3.468	−3.501	−3.192
		趋势性	下降	下降	下降	下降
		是否显著	显著	显著	显著	显著
Ⅶ区	冷口	统计量	−2.418	−2.329	−2.435	−2.098
		趋势性	下降	下降	下降	下降
		是否显著	显著	显著	显著	显著

由表 3 - 3 可知，海河流域各水文类型分区典型流域不同时段最大洪量及次洪水总量均呈下降趋势，其中Ⅲ区西台峪以上流域最大 1 日、3 日和次洪量及Ⅰ区石佛口以上流域最大 3d 和次洪总量，Ⅱ区木鼻以上流域、Ⅴ区倒马关-中唐梅区间流域次洪量下降趋势不显著；其他水文类型分区典型流域不同时段洪量及次洪总量均下降趋势明显，其中Ⅵ区两个典型流域下降趋势最明显。由此判断，海河流域各水文类型分区的各时段洪量及次洪总量均呈下降趋势，且下降趋势明显。

海河流域各水文类型分区典型流域的洪峰流量均呈下降趋势，除Ⅲ区西台峪以上流域的洪峰流量下降趋势不明显外，其他各区典型流域的洪峰流量下降趋势均较明显，其中Ⅱ

区木鼻以上流域和Ⅵ区阜平以上流域及大阁以上流域的洪峰流量下降趋势最为明显。

3.3.1.2　线性趋势回归分析法

采用各水文类型分区典型流域建站年份至 2008 年的实测暴雨洪水资料，计算其次洪量、洪峰流量等特征值系列，采用线性趋势回归分析法对其变化趋势进行判断，海河流域各水文类型分区典型流域次洪量、洪峰流量趋势分析成果见表 3－4。

表 3－4　　海河流域各分区典型流域洪水特征回归分析检验成果

水文类型分区	典型流域	检验成果	次洪量	洪峰流量
Ⅰ区	石佛口	相关系数	－0.1803	－0.3314
		相关系数临界值	0.271	
		趋势性	下降	下降
		是否显著	不显著	显著
Ⅱ区	木鼻	相关系数	－0.1939	－0.5105
		相关系数临界值	0.268	
		趋势性	下降	下降
		是否显著	不显著	显著
Ⅲ区	西台峪	相关系数	－0.1170	－0.0346
		相关系数临界值	0.285	
		趋势性	下降	下降
		是否显著	不显著	不显著
Ⅴ区	倒马关-中唐梅区间	相关系数	－0.2170	－0.2983
		相关系数临界值	0.279	
		趋势性	下降	下降
		是否显著	不显著	显著
Ⅵ区	阜平	相关系数	－0.2321	－0.3548
		相关系数临界值	0.285	
		趋势性	下降	下降
		是否显著	不显著	显著
	大阁	相关系数	－0.3169	－0.3894
		相关系数临界值	0.273	
		趋势性	下降	下降
		是否显著	显著	显著
Ⅶ区	冷口	相关系数	－0.3262	－0.3102
		相关系数临界值	0.276	
		趋势性	下降	下降
		是否显著	显著	显著

由表 3－4 中的相关系数可以看出，各典型流域相关系数均为负值，因此，海河流域各水文类型分区典型流域次洪量的线性趋势均呈下降趋势，其中Ⅵ区大阁以上流域和Ⅶ区冷口以上流域次洪量的相关系数绝对值大于临界值，因此呈明显下降趋势。海河流域各水文类型分区典型流域洪峰流量线性趋势也呈下降趋势，除Ⅲ区西台峪以上流域相关系数绝对值小于临界值，下降趋势不显著外，其他各区典型流域洪峰流量相关系数均大于临界

值，因此，线性趋势均呈显著下降趋势。

3.3.2 突变点分析

3.3.2.1 有序聚类法

采用各水文类型分区典型流域建站年份至2008年的实测暴雨洪水资料，计算其次洪水总量和最大洪峰流量序列，采用有序聚类分析方法对次洪水总量和最大洪峰流量的变异特征进行分析。

图3-2为石佛口、木鼻、西台峪、高屯、倒马关-中唐梅区间、阜平、大阁及冷口8

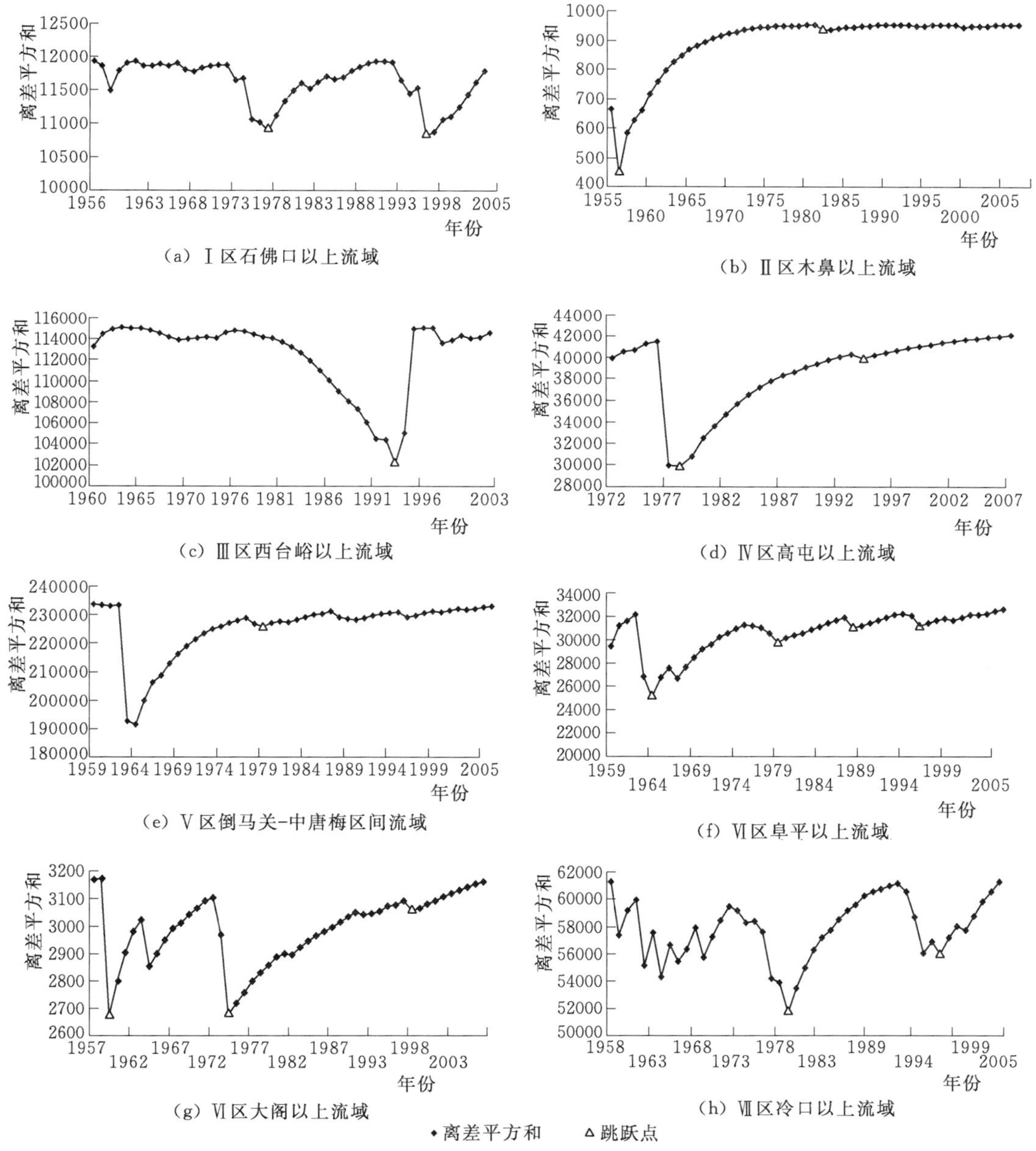

(a) Ⅰ区石佛口以上流域

(b) Ⅱ区木鼻以上流域

(c) Ⅲ区西台峪以上流域

(d) Ⅳ区高屯以上流域

(e) Ⅴ区倒马关-中唐梅区间流域

(f) Ⅵ区阜平以上流域

(g) Ⅵ区大阁以上流域

(h) Ⅶ区冷口以上流域

◆离差平方和　△跳跃点

图3-2 各典型流域次洪水总量序列有序聚类跳跃点检验图

个典型流域的次洪水总量时间序列的有序聚类跳跃点检验图。从图中可以看出：Ⅰ区石佛口以上流域次洪水总量序列有序聚类有两个明显跳跃点：一是 1979 年，次洪水总量达 935 万 m^3，为 1958—2008 年次洪水总量系列中均值略偏大的值，该跳跃点是次洪水总量变化的明显转折点；二是 1998 年，次洪水总量为 1977 万 m^3，为 1956—2008 年系列中第 4 位高值点，因此该跳跃点可认为是大值形成的跳跃点。

Ⅱ区木鼻站洪水总量系列因资料欠缺，分析成果仅供参考，洪水总量的跳跃点除 1956 年特大值形成外，另一个跳跃点在 1982 年，因此可简单认为 1982 年为洪水总量的转折点。

Ⅲ区西台峪站次洪水总量序列有一个明显跳跃点，即 1994 年，Ⅲ区西台峪以上流域次洪水总量的转折点为 1994 年。

Ⅳ区高屯以上流域洪水总量序列有两个跳跃点：一是 1978 年，汛期径流量 2268 万 m^3，该跳跃点是径流量变化的明显转折点；二是 1994 年，次径流量 1735 万 m^3，该跳跃点不明显。

Ⅴ区倒马关-中唐梅区间流域次洪水总量序列有两个跳跃点：一是 1963 年，特大值形成；二是 1979 年，次径流量 3323 万 m^3，该跳跃点是径流量变化的明显转折点。

Ⅵ区阜平以上流域次洪水总量有四个跳跃点：一是 1963 年特大值形成；二是 1979 年，次洪水总量 9172 万 m^3；三是 1988 年较大水年形成；四是 1996 年大水年形成。由以上分析可以判定，Ⅵ区阜平以上流域洪水总量转折点为 1979 年。Ⅵ区大阁以上流域次径流量序列有三个跳跃点：一是 1959 年特大值形成；二是 1974 年，次洪水总量 5902 万 m^3；三是 1998 年，次洪水总量 1365 万 m^3。

Ⅶ区冷口以上流域次洪水总量序列有两个跳跃点：一是 1979 年，次洪水总量 6300 万 m^3；二是 1998 年，次洪水总量 3415 万 m^3，Ⅶ区冷口以上流域次洪水总量转折点为 1979 年。

图 3-3 为石佛口、木鼻、西台峪、高屯、倒马关-中唐梅区间、阜平、大阁及冷口 8 个典型流域洪峰流量序列的有序聚类跳跃点检验图。从图中可以看出：Ⅰ区石佛口以上流域洪峰流量序列有序聚类有两个明显跳跃点：一是 1979 年，洪峰流量 183m^3/s，该站最大洪峰流量为 1959 年 434m^3/s，因此跳跃点是洪峰流量变化的明显转折点；二是 1998 年，洪峰流量 267m^3/s，为整个系列中第 4 位高值点，是自 1976 年以后的最大值，因此该跳跃点可认为是大值形成的跳跃点。

Ⅱ区木鼻站洪峰流量系列因资料欠缺，分析成果仅供参考，洪峰流量的跳跃点除 1956 年特大值形成外，另一个跳跃点在 1982 年，因此可简单认为 1982 年为洪峰流量的转折点。

Ⅲ区西台峪站洪峰流量序列有一个明显跳跃点，即 1994 年，Ⅲ区西台峪以上流域洪峰流量的转折点为 1994 年。

Ⅳ区高屯以上流域洪峰流量序列有序聚类有两个跳跃点：一是 1979 年，洪峰流量 29.6m^3/s，该站最大洪峰流量为 184 m^3/s，因此该点是洪峰流量变化的明显转折点；二是 1994 年，洪峰流量 45.5 m^3/s，跳越不明显。由以上聚类分析确定，暴雨量和洪水总量的转折点为 1978 年，洪峰流量的转折点为 1979 年。

Ⅴ区倒马关-中唐梅区间流域次洪峰流量序列有序聚类有两个跳跃点：一是 1963 年特

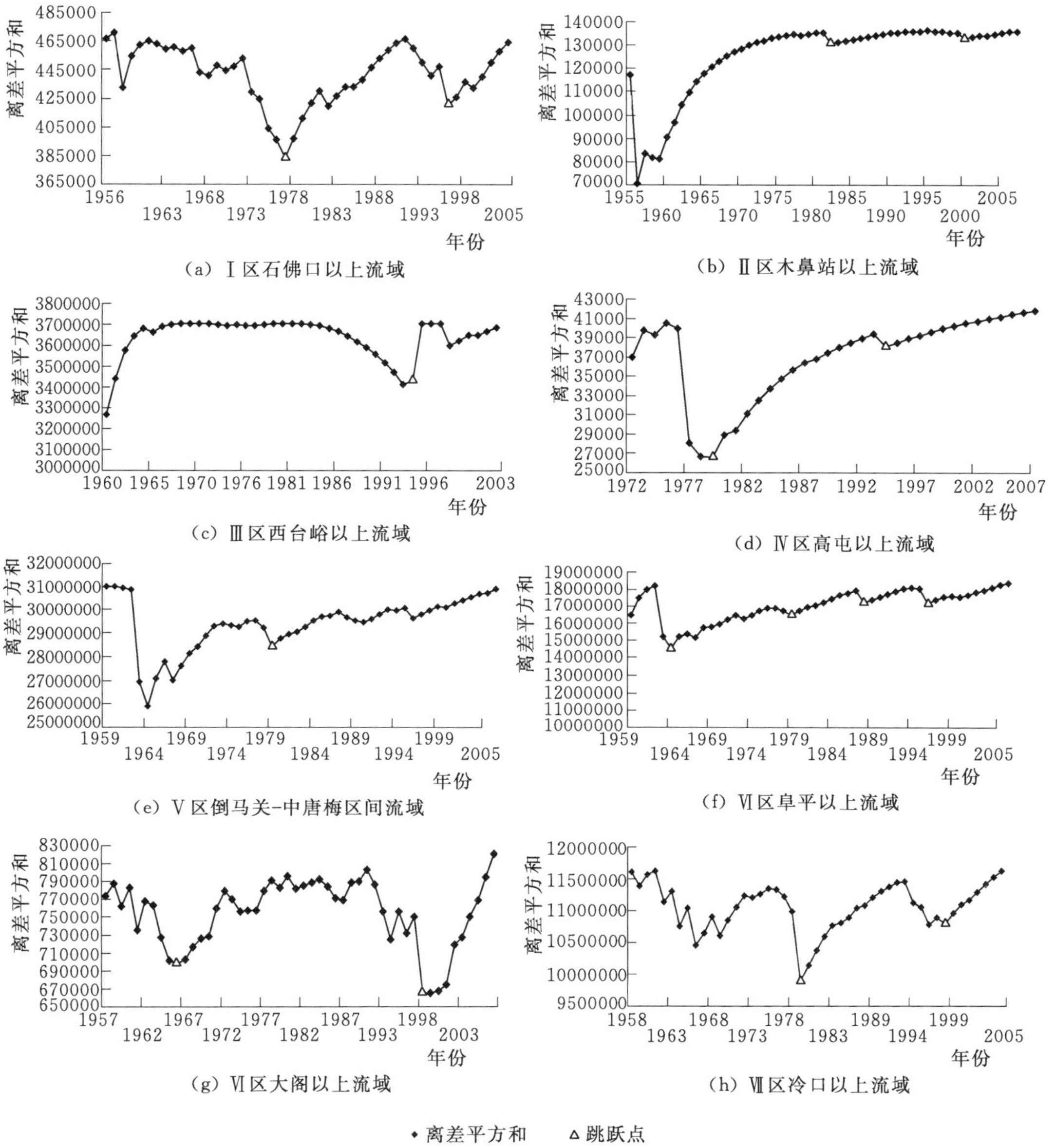

(a) Ⅰ区石佛口以上流域

(b) Ⅱ区木鼻站以上流域

(c) Ⅲ区西台峪以上流域

(d) Ⅳ区高屯以上流域

(e) Ⅴ区倒马关-中唐梅区间流域

(f) Ⅵ区阜平以上流域

(g) Ⅵ区大阁以上流域

(h) Ⅶ区冷口以上流域

◆ 离差平方和　　△ 跳跃点

图 3-3　各典型流域洪峰流量序列有序聚类跳跃点检验图

大值形成；二是 1979 年，洪峰流量 428m^3/s，该跳跃点是洪峰流量变化的明显转折点。由以上对次降水量、径流量和洪峰流量聚类分析确定，降水量和径流量及洪峰流量的转折点为 1979 年。

Ⅵ区阜平以上流域次洪峰流量有四个跳跃点：一是 1963 年特大值形成；二是 1979 年，洪峰流量 767 m^3/s；三是 1988 年较大水年形成；四是 1996 年大水年形成，由以上分析可以判定，Ⅵ区阜平以上流域洪峰流量转折点为 1979 年。Ⅵ区大阁以上流域洪峰流量序列有两个跳跃点：一是 1966 年，洪峰流量 297m^3/s；二是 1998 年，洪峰流量

567m³/s。由以上聚类分析可知，Ⅵ区大阁以上流域次暴雨、洪水总量和洪峰流量转折点为1998年。

Ⅶ区冷口以上流域次洪峰流量序列有两个跳跃点：一是1979年，洪峰流量2170m³/s；二是1998年洪峰流量379m³/s，Ⅶ区冷口以上流域洪峰流量转折点为1979年。

3.3.2.2 双累积曲线法

双累积曲线法是以流域降水量累加值和径流量的累加值或洪水总量累加值或洪峰滞时的累加值分别为纵、横坐标点绘的曲线。这些样本点大体上沿一条直线分布排列，如果由于流域内下垫面条件的变化，则双累积曲线可能会发生偏移。因此根据采用双累积曲线发生偏移的时期，可以分析确定降雨产流规律及流域汇流规律发生变化的年代。

对Ⅰ区石佛口流域次降水量和次径流量进行分析计算，点绘该流域双累积曲线，见图3-4，由图可见，该流域降雨产流双累积曲线斜率发生变化的年份为1980年，因此石佛口流域降雨产流规律及汇流规律发生变化的年份在1980年。

对Ⅱ区木鼻流域汛期降水量和汛期径流量进行双累积分析计算，并点绘双累积曲线，见图3-5，由图可见，该流域降雨产流双累积曲线斜率发生变化的年份为1997年，因此Ⅱ区木鼻流域降雨产流规律发生变化的年份在1997年。

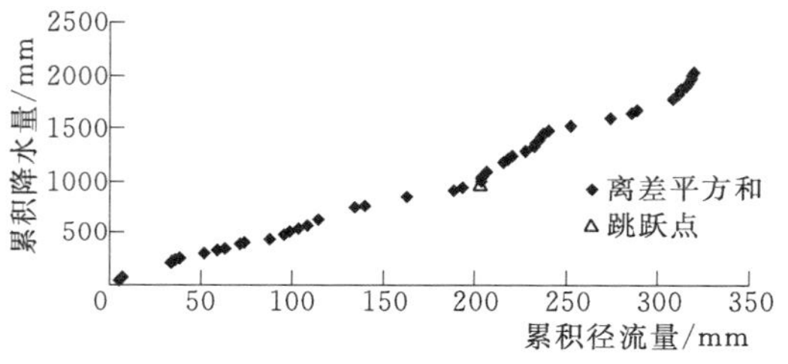

图3-4 Ⅰ区石佛口降水量～径流量双累积曲线

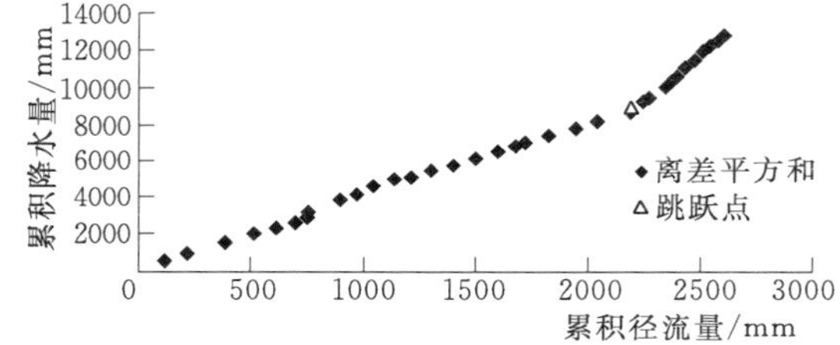

图3-5 Ⅱ区木鼻汛期降水量～汛期径流量双累积曲线

对Ⅲ区西台峪流域次降水量和次径流量进行分析计算，点绘该流域双累积曲线，见图3-6，由图可见，该流域降雨产流双累积曲线斜率发生变化的年份为1978年，因此Ⅲ区西台峪流域降雨产流规律发生变化的年份在1978年。

对Ⅴ区倒马关-中唐梅区间流域次降水量和次径流量进行分析计算，点绘该流域双累积曲线，见图3-7，由图可见，该流域降雨产流双累积曲线斜率发生变化的年份为1978年，

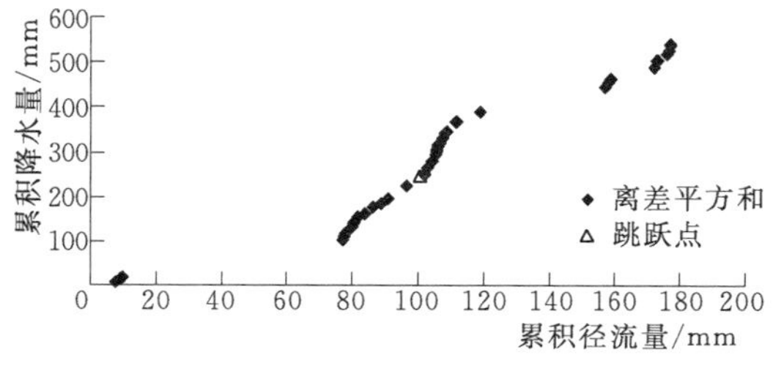

图3-6 Ⅲ区西台峪降水量～径流量双累积曲线

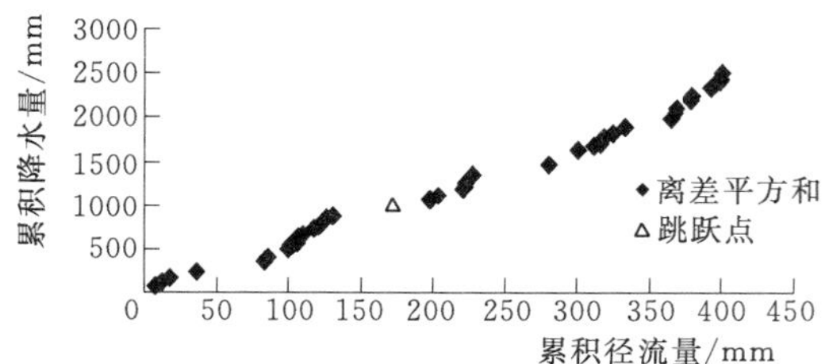

图3-7 Ⅴ区倒马关-中唐梅区间降水量～径流量双累积曲线

因此Ⅴ区倒马关-中唐梅区间流域降雨产流规律发生变化的年份在1978年。

对Ⅵ区阜平流域次降水量和次径流量进行分析计算，点绘该流域双累积曲线，见图3-8，由图可见，该流域降雨产流双累积曲线斜率发生变化的年份为1968年和1982年，因此Ⅵ区阜平流域降雨产流规律发生变化的年份在1982年。

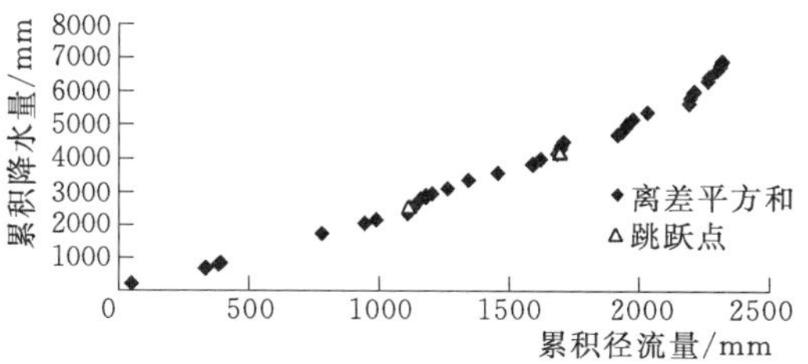

图3-8　Ⅵ区阜平降水量～径流量双累积曲线

对Ⅵ区大阁流域次降水量和次径流量进行分析计算，点绘该流域双累积曲线，见图3-9，由图可见，该流域降雨产流双累积曲线斜率发生变化的年份为1998年，因此Ⅵ区大阁流域降雨产流规律发生变化的年份在1998年。

对Ⅶ区冷口流域次降水量和次径流量进行分析计算，点绘该流域双累积曲线，见图3-10，由图可见，该流域降雨产流双累积曲线斜率发生变化的年份为1979年，因此Ⅷ区冷口流域降雨产流规律发生变化的年份在1979年。

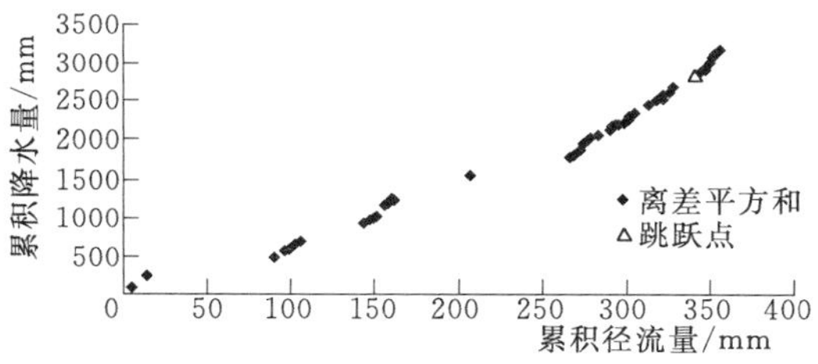

图3-9　Ⅵ区大阁降水量～径流量双累积曲线

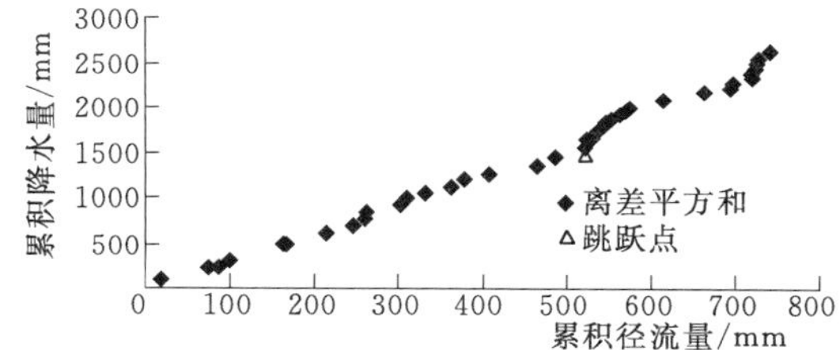

图3-10　Ⅶ区冷口降水量～径流量双累积曲线

3.3.2.3　Lee-Heghinian法

利用Lee-Heghinian法分析时间序列的变异特征，计算比较各时间点所对应的条件概率密度值，所画出的条件概率密度图效果直观，图中的峰值或明显的转折点就是序列的跳跃点。

图3-11为石佛口、木鼻、西台峪、倒马关-中唐梅区间、阜平、大阁6个典型流域的洪峰流量和洪量条件概率密度图。从图中可以看出：石佛口流域洪峰流量的$f(\tau)$值具有明显的峰值，发生在1977年，此年实测洪峰流量为$255m^3/s$，为历年最大值；洪量变异点发生在1998年，此年实测洪量值为$23.09\times10^6m^3$，接近历年最大值，基本符合实际变化情况。

木鼻流域洪峰的$f(\tau)$值具有明显的峰值，出现在1956年，此年实测洪峰流量为$240m^3/s$，为历年最大值；1982年洪量和洪峰流量的$f(\tau)$均有小峰值，此年洪量值为$9.85\times10^3m^3$，洪峰流量为$203m^3/s$，实测洪量为历年最大值，基本符合实际变化情况。

西台峪流域的$f(\tau)$值具有明显的峰值，洪峰流量和洪量的变异点出现在1963年，对照历史资料，1963年洪量值为$84.96\times10^3m^3$，洪峰流量为$3990m^3/s$，为历年最大值，符合实际变化情况。

倒马关-中唐梅区间流域的$f(\tau)$值具有明显的峰值，洪峰流量和洪量的变异点出现

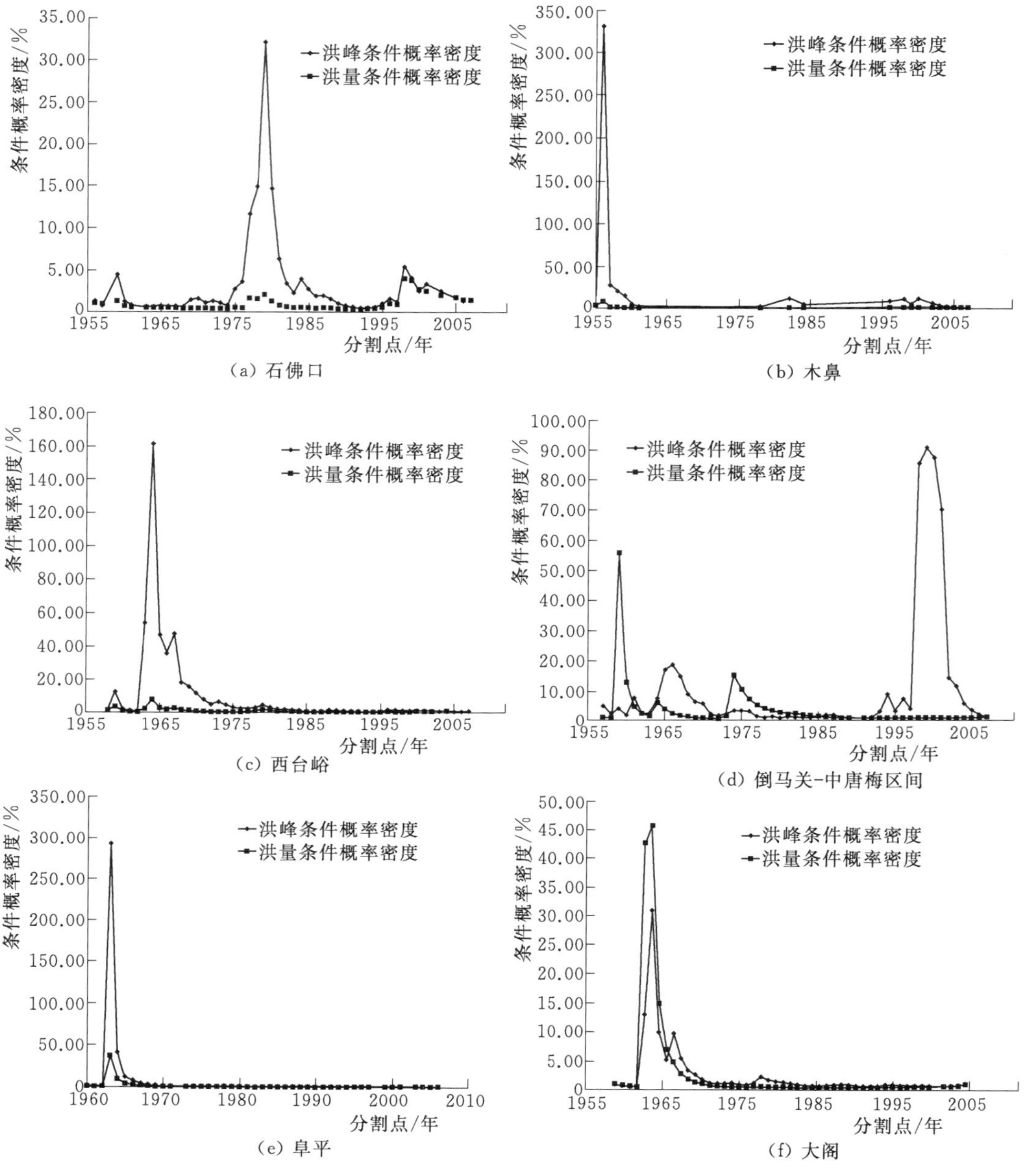

(a) 石佛口

(b) 木鼻

(c) 西台峪

(d) 倒马关-中唐梅区间

(e) 阜平

(f) 大阁

图 3-11　各典型流域洪峰流量和洪量 $f(\tau)\sim\tau$ 关系图

在 1963 年，对照历史资料，1963 年洪量值为 $416.83\times10^3\mathrm{m}^3$，洪峰流量为 $5400\mathrm{m}^3/\mathrm{s}$，为历年最大值，符合实际变化情况。

阜平流域的 $f(\tau)$ 值具有明显的峰值，洪峰流量和洪量的变异点出现在 1963 年，对照历史资料，1963 年洪量值为 $112.00\times10^3\mathrm{m}^3$，洪峰流量为 $3380\mathrm{m}^3/\mathrm{s}$，为历年最大值，符合实际变化情况。

大阁流域的 $f(\tau)$ 值具有明显的峰值，洪量变异点发生在 1959 年，此年洪量值为

$108.67\times10^6 m^3$，为历年最大值；洪峰流量变异点明显，发生在1998年，参照实测资料，1998年洪峰流量为$567m^3/s$，为历年最大值，符合实际变化情况。

3.3.2.4 非参数pettitt检验法

采用各典型流域建站年份至2008年的实测暴雨洪水资料，计算洪水特征的时间序列，经由非参数pettitt检验法得到流域洪水特征时间序列的突变点见表3-5。采取5%显著水平进行检验，通过检验值就说明变异明显。

表3-5　典型流域洪水特征非参数pettitt检验成果

典型流域	石佛口	西台峪	倒马关-中唐梅区间	阜平	大阁	冷口
洪量突变点年份	1979	1982	1964	1979	1982	1979
$p>0.95$，$\alpha=5\%$	0.99	0.82	0.75	0.96	0.98	0.99
洪峰流量突变点年份	1979	1982	1990	1979	1998	1979
$p>0.95$，$\alpha=5\%$	0.99	0.88	0.98	0.99	0.97	0.97

注　加粗字体部分表示通过显著性水平5%的检验，具有显著性差异。

从表3-5可知，石佛口流域的洪峰流量和洪量时间序列均发生明显变异，变异点年份均为1979年；西台峪流域洪峰流量和洪量时间序列变异不明显；倒马关-中唐梅区间流域的洪水总量变异不明显，洪峰流量变异明显，变异点年份为1990年；阜平流域洪峰流量和洪量时间序列均发生明显变异，变异点年份均为1979年；大阁流域洪峰流量和洪量时间序列均发生明显变异，变异点年份分别为1982年和1998年；冷口流域洪峰流量和洪量时间序列均发生明显变异，变异点年份均为1979年。

3.4 产汇流特征变化分析

3.4.1 径流系数变化趋势分析

3.4.1.1 Mann-Kendall非参数秩次相关检验法

根据表3-6可以看出，各典型流域径流系数普遍减小，但只有西台峪以上流域径流系数减小趋势显著，而大阁、阜平等其他流域径流系数呈不显著的下降趋势。

表3-6　海河流域各典型流域径流系数Mann-Kendall秩次相关检验（显著性水平$\alpha=0.05$）

典型流域	统计量u	临界值U_α	趋势性	是否显著
大阁	−0.9426	1.96	下降	不显著
阜平	−1.7516	1.96	下降	不显著
冷口	−0.2977	1.96	下降	不显著
木鼻	−1.2358	1.96	下降	不显著
石佛口	−0.3020	1.96	下降	不显著
西台峪	−2.4481	1.96	下降	显著
倒马关-中唐梅区间	−0.8130	1.96	下降	不显著

3.4.1.2 线性趋势回归分析法

表3-7为海河流域典型的径流系数线性趋势回归检验表。由表中可以看出，各典型

流域的径流系数的线性趋势均呈下降趋势；除大阁、木鼻和西台峪外的其他典型流域的径流系数序列没通过 95%显著性水平的检验，即线性趋势不明显，大阁、木鼻和西台峪的径流系数线性趋势明显。

表 3-7　海河流域典型流域径流系数线性趋势回归检验（显著性水平 $\alpha=0.05$）

典型流域	相关系数 r	相关系数的临界值 r_α	线性趋势性	是否显著
大阁	−0.3146	0.3044	下降	显著
阜平	−0.2191	0.2846	下降	不显著
冷口	−0.0837	0.276	下降	不显著
木鼻	−0.3033	0.2639	下降	显著
石佛口	−0.0949	0.2909	下降	不显著
西台峪	−0.3924	0.2875	下降	显著
倒马关-中唐梅区间	−0.2168	0.3044	下降	不显著

根据 1956—2001 年各典型流域的实测径流系数资料，选用线性趋势回归分析法，对各典型流域的径流系数变化情况进行统计，结果如图 3-12 所示。石佛口流域平均径流系数为 0.3328，序列呈线性下降趋势，其下降变化率为每年 0.001；木鼻流域平均径流系数为 0.1123，序列呈线性下降趋势，其下降变化率为每年 0.001；西台峪流域平均径流系数

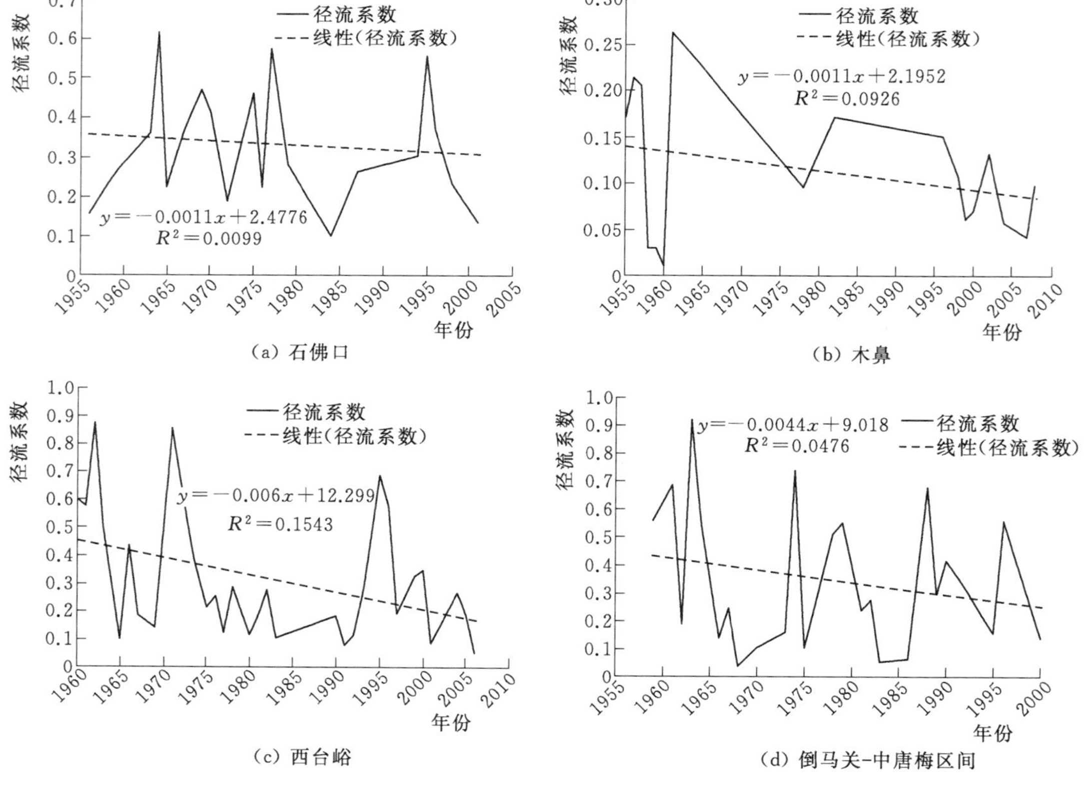

图 3-12（一）　各典型流域径流系数时间序列变化趋势图

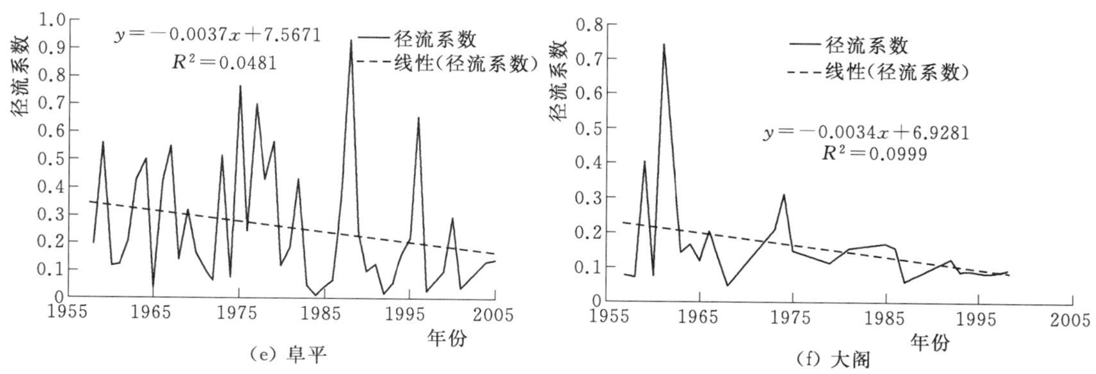

图 3-12（二） 各典型流域径流系数时间序列变化趋势图

为 0.3170，序列呈线性下降趋势，其下降变化率为每年 0.006；倒马关-中唐梅区间流域平均径流系数为 0.3454，序列呈线性下降趋势，其下降变化率为每年 0.004；阜平流域平均径流系数为 0.255，序列呈线性下降趋势，其下降变化率为每年 0.003；大阁流域平均径流系数为 0.1646，序列呈线性下降趋势，其下降变化率为每年 0.003。

3.4.2 洪峰滞时变化趋势分析

3.4.2.1 Mann - Kendall 非参数秩次相关检验法

表 3-8 为海河流域典型流域洪峰滞时 Mann - Kendall 非参数秩次相关检验表。由表中可以看出，阜平、冷口、木鼻及倒马关-中唐梅区间流域呈上升趋势，但上升趋势不显著，其他流域呈下降趋势，除大阁流域下降趋势显著外，其他流域趋势不显著。

表 3-8 海河流域典型流域洪峰滞时 Mann - Kendall 非参数秩次相关检验

(显著性水平 $\alpha=0.05$)

典型流域	统计量 u	临界值 U_α	趋势性	是否显著
大阁	-2.0340	1.96	下降	显著
阜平	0.8048	1.96	上升	不显著
冷口	0.2480	1.96	上升	不显著
木鼻	0.0824	1.96	上升	不显著
石佛口	-1.5098	1.96	下降	不显著
西台峪	-0.6818	1.96	下降	不显著
倒马关-中唐梅区间	0.2710	1.96	上升	不显著

3.4.2.2 线性趋势回归分析

表 3-9 为海河流域典型流域的洪峰滞时线性趋势回归检验表。由表中可以看出，除大阁流域和石佛口流域外其他流域的线性趋势均呈上升趋势；除阜平流域和木鼻流域外的其他流域的洪峰滞时序列没通过 95%显著性水平的检验，即线性趋势不明显，阜平流域和木鼻流域的洪峰滞时线性趋势明显。

根据 1956—2001 年石佛口、木鼻、西台峪、倒马关-中唐梅区间、阜平、大阁及冷口 7 个典型流域的实测洪峰滞时资料，选取线性趋势回归分析法，对各典型流域洪峰滞时的变化情况进行统计，结果如图 3-13 所示。石佛口流域平均洪峰滞时为 7.9h，序列呈线

表 3-9　　海河流域典型流域洪峰滞时线性趋势回归检验（显著性水平 $\alpha=0.05$）

典型流域	相关系数 r	相关系数的临界值 r_a	线性趋势性	是否显著
大阁	−0.1304	0.3044	下降	不显著
阜平	0.3225	0.2846	上升	显著
冷口	0.2569	0.276	上升	不显著
木鼻	0.3000	0.2639	上升	显著
石佛口	−0.1140	0.2909	下降	不显著
西台峪	0.0447	0.2875	上升	不显著
倒马关-中唐梅区间	0.1183	0.3044	上升	不显著

性下降趋势，其下降变化率为每年 0.022；木鼻流域平均洪峰滞时为 5.176h，序列呈线性上升趋势，其增加变化率为每年 0.028h；西台峪流域平均洪峰滞时为 3h，序列呈线性上升趋势，其增加变化率为每年 0.005h；倒马关-中唐梅区间流域平均洪峰滞时为 7.296h，序列呈线性上升趋势，其上升变化率为每年 0.055h；阜平流域平均洪峰滞时为 5.09，序列呈线性上升趋势，其上升变化率为每年 0.049h；大阁流域平均洪峰滞时为 2.95h，序列呈线性下降趋势，其下降变化率为每年 0.014h。

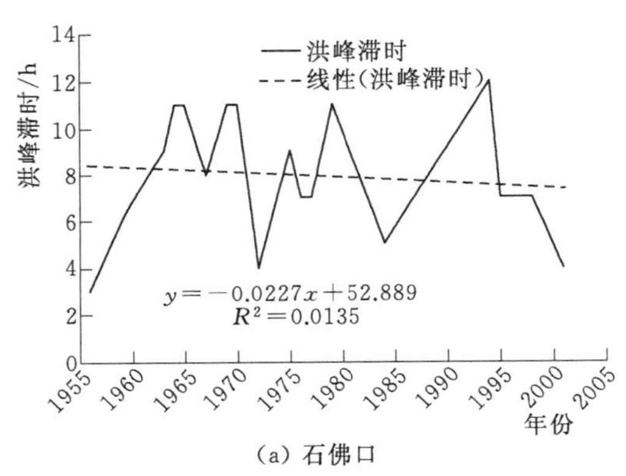

(a) 石佛口

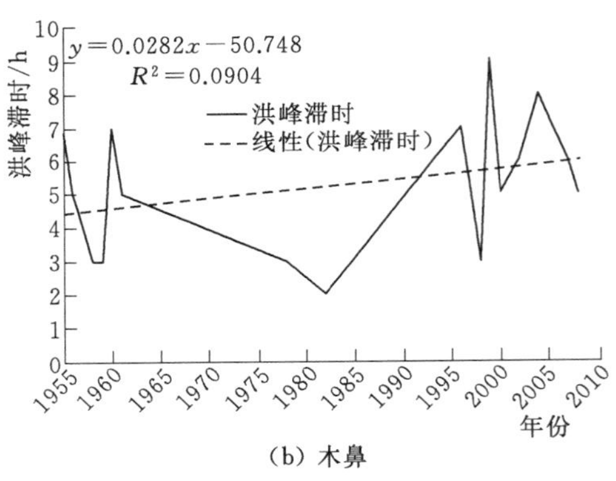

(b) 木鼻

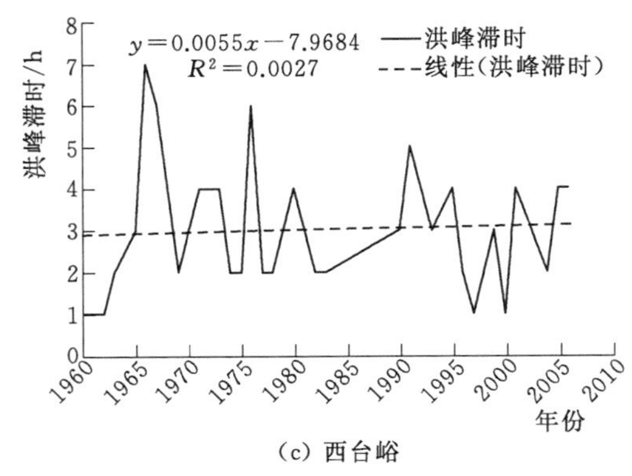

(c) 西台峪

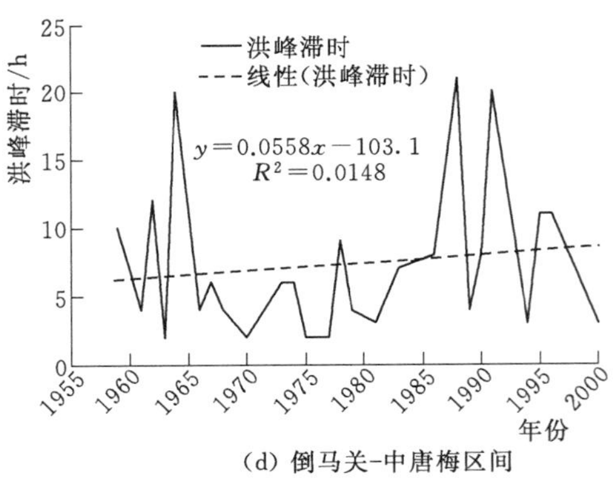

(d) 倒马关-中唐梅区间

图 3-13（一）　各典型流域洪峰滞时序列线性变化趋势图

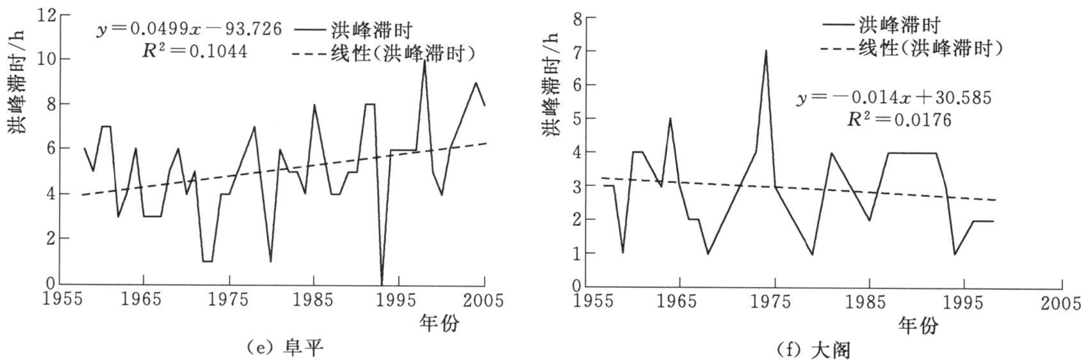

图 3-13（二）　各典型流域洪峰滞时序列线性变化趋势图

3.5　小结

（1）海河流域 7 个水文类型分区中的各典型流域次暴雨量变化趋势不明显，石佛口流域次降雨量存在 3～6 年和 18 年长周期的周期振荡，西台峪次降雨量存在 16 年长周期的周期震荡，倒马关-中唐梅区间流域次降雨量存在 4～5 年和 17 年长周期的周期震荡，阜平流域次降雨量存在 4～5 年和 17 年长周期的周期震荡，大阁流域次降雨量存在 4～5 年的周期震荡，冷口流域次降雨量存在 17 年长周期的周期震荡。

（2）海河流域 7 个水文类型分区中的各典型流域的不同时段最大洪量、次洪水总量和洪峰流量均呈下降趋势，除大阁和石佛口两个流域外，其他 5 个流域的洪峰滞时均呈增大趋势。

第4章　设计洪水下垫面变化影响修订理论与方法

4.1　设计洪水计算综述

设计洪水包括设计洪峰流量、不同时段设计洪量和设计洪水过程线三个要素。设计洪水是江河流域规划、水利水电工程规划和设计的主要依据，设计洪水大小直接关系到流域水利工程布局和单项工程的设计规模。按照《水利水电工程设计洪水计算规范》（SL 44—2006）规定，对于有实测流量资料的地区，应依据实测资料采用频率计算法计算设计洪水；对于无实测径流资料的地区，可采用暴雨资料间接推求设计洪水。实测径流资料的一致性，是采用频率法计算设计洪水时对洪水系列的基本要求，流域下垫面变化影响了实测资料系列的一致性，对于下垫面变化剧烈对洪水影响较大的地区，需要对洪水系列进行下垫面影响一致性修订。

4.1.1　由流量资料推求设计洪水

由流量资料推求设计洪峰及不同时段的设计洪量，可以使用数理统计方法，计算符合设计标准的数值。在由流量资料推求设计洪水时，一般先按一定的规则进行资料系列的选样，然后选取适宜的频率曲线线型和参数估计方法作频率分析，最后通过频率曲线确定设计洪峰流量或设计时段洪量。

在应用资料系列之前，首先要进行资料的可靠性与一致性审查，以及进行系列代表性分析，以了解所选用的样本系列情况，并可通过古洪水研究、历史洪水调查、考证历史文献和系列插补延长等，增加洪水系列的代表性。

在作频率分析时，国内的频率曲线线型一般采用P－Ⅲ型曲线。特殊情况，经分析论证后也可以采用其他线型。在洪水频率计算中，我国规范统一规定采用适线法。适线法有两种：一种是经验适线法（目估适线法）；另一种是优化适线法。适线法的原则是尽量照顾点群的趋势，使曲线通过点群中心，当经验点据与曲线线型不能全面拟合时，可侧重考虑上中部分的较大洪水点据，对调查考证期内为首的几次特大洪水，要做具体分析。用适线法估计频率曲线的统计参数分为初步估计参数、用适线法调整初估值以及对比分析三个步骤。

4.1.2　由暴雨资料推求设计洪水

我国大部分地区的洪水主要由暴雨形成。在实际工作中，中小流域常因流量资料不足无法直接用流量资料推求设计洪水，而暴雨资料一般较多，因此可用暴雨资料推求设计洪水。由暴雨资料推求设计洪水，其基本假定是设计暴雨与设计洪水是同频率的。主要内容有如下方面。

(1) 推求设计暴雨。根据实测暴雨资料，用统计分析和典型放大法求得。

(2) 推求设计洪水过程线。由求得的设计暴雨，利用产汇流方案推求设计净雨过程，利用流域汇流方案由设计净雨过程求得设计洪水过程。

当设计流域雨量站较多、分布较均匀、各站又有长期的同期资料、能求出比较可靠的流域平均雨量（面雨量）时，就可直接选取每年指定统计时段的最大面暴雨量，进行频率计算求得设计面暴雨量（即用直接法推求设计面暴雨量）。当设计流域内雨量站稀少或观测系列甚短，或同期观测资料很少甚至没有，无法直接求得设计面暴雨量时，只好用间接法计算，也就是先求流域中心附近代表站的设计点暴雨量，然后通过暴雨点面关系，求相应设计面暴雨量。建立暴雨的点面关系，常用的有定点定面和动点动面关系两种方法。

不同的设计暴雨时程分配，会产生不同的产汇流结果。我国常用的设计暴雨时程分配方法有基于设计流域资料分析而得的典型暴雨综合概化法、同频率相包雨型法和长历时同倍比放大雨型法等。

4.2 流域产流机制及下垫面变化影响机理

4.2.1 产流机制

产流机制，是指水分沿土层剖面的垂直运动中，在一定的供水与下渗条件下各种径流成分的产生和过程。河海大学于维忠把单点的产流机制归纳为 5 种。

4.2.1.1 超渗地表径流的产流机制——R_s 机制

超渗地表径流的产流机制是指供水与下渗相互作用后，发生于包气带上界面的产流机制。界面上的水量平衡方程为

$$R_s(t)=\int_0^t i\mathrm{d}t-\int_0^t i_n\mathrm{d}t-\int_0^t e\mathrm{d}t-\int_0^t S_d\mathrm{d}t-\int_0^t f\mathrm{d}t \tag{4-1}$$

式中 $R_s(t)$ ——t 时刻的地表径流量，mm；

i——降雨强度，mm/h；

i_n——截留率，mm/h；

e——蒸发率，mm/h；

S_d——填洼率，mm/h；

f——下渗率，mm/h。

超渗地表径流产生有两个必要条件，即要有供水，要有一个界面，即地表；还要有一个充分条件，即降雨强度大于下渗能力。

4.2.1.2 壤中流产流机制——R_{ss} 机制

壤中流产流是发生于非均质土壤或有层理土壤中易透水层与相对不透水层交界面上的产流机制，是土壤水分在这类土层中运行时，在分界层面上供水大于下渗的直接结果。设土层由两种不同质地的土壤构成，上层为粗质土壤 A 层，下层为细质地土壤 B 层。壤中流可以用 A－B 界面以上的水量平衡方程表示：

$$W(t)=W(0)+\int_0^t f_A\mathrm{d}t-\int_0^t f_B\mathrm{d}t-\int_0^t r_{ss}\mathrm{d}t \tag{4-2}$$

式中 $W(t)$、$W(0)$——为 A 层土壤在 t 时刻与起始时刻的含水量，mm；

r_{ss}——壤中流产水率，mm/h；

f_A、f_B——A、B 层土壤上界面的入渗率，mm/h。

当 A 土层含水量大于田间持水量时，便开始形成自由重力水，随着不断供水，在交界面以上形成水位逐渐升高的临时饱和带，对于有坡度的土层形成了侧向壤中流。随着积水量的增加和侧向流动，部分水流将流出坡面。也将壤中流流出地表的部分称回归流。

4.2.1.3　地下径流的产流机制——R_g 机制

当地下水位埋深较浅，包气带厚度不大，土壤透水性较强时，在连续降雨过程中，下渗锋面到达毛管水上缘，这时表层影响土层与地下水建立了水力联系，同时包气带含水量超过田间持水量后，产生自由重力水补给地下水，于是就产生了地下径流。

4.2.1.4　饱和地表径流的产流机制——R_{sat} 机制

在表层土壤（A 层）透水性很强，B 层相对于 A 层为相对不透水层，当天然情况下，绝大多数暴雨强度都不能满足上层土壤的下渗能力时，就具备了饱和地表径流的产流土层结构。随着降雨量增加，在满足上层土壤亏缺量后，在 A－B 交界面上会产生临时饱和带，随着积水的增加，临时饱和带会达到地表，此时后续降雨所形成的积水不再是壤中流，而是以地表径流的形式出现，这种地表径流成为饱和地表径流。控制地表饱和径流产生的主要因素是相对不透水层界面的下渗能力以及上层土壤的饱和含水量。

在不考虑蒸散发、截留和填洼的情况下，R_{sat} 产流机制上层土壤的水量平衡方程为

$$W(t)=W(0)+\int_0^t i\mathrm{d}t-\int_0^t f_B\mathrm{d}t-\int_0^t r_{ss}\mathrm{d}t-\int_0^t r_{sat}\mathrm{d}t \tag{4-3}$$

式中　r_{sat}——饱和地表径流产水率，mm/h；

其他符号同前。

由于长时间降雨，当地下水位上升到地表时，是饱和地表径流的产流的特例，此时 f_B、r_{ss} 均等于零。

4.2.1.5　回归流（R_r）

回归流是指壤中流渗出地面，并以地面径流形式归入河槽的那部分水流。它是由壤中流派生出来的径流成分，具有壤中流和地面流的性质，其汇入河槽的时间介于两者之间，在山坡流域可以形成一个单独的涨洪过程。它只有在山坡流域才能显示出它的存在及其对流量过程的造型作用。在一般流域中它很难构成独立的径流成分。

4.2.2　流域产流模式

4.2.2.1　单元产流模式

在天然情况的单元面积土层中，前面分述的各种径流生成机制并不一定同时存在，而是依照下垫面的构成特征形成不同的组合。决定这种组合的因素是包气带土层的土壤分布特性、地质结构、地下水位及植被等。各类下垫面条件下所构成的组合产流机制称之为产流模式。对于下垫面相同的流域水文单元，大致可分为以下 9 种产流模式：

（1）超渗地表径流型（R_s）。

（2）超渗地表径流和壤中流径流组合型（R_s+R_{ss}）。

（3）饱和地表径流和壤中流径流组合型（$R_{sat}+R_{ss}$）。

（4）超渗地表径流和地下流径流组合型（R_s+R_g）。

(5) 壤中流径流和地下水径流组合型 ($R_{ss}+R_g$)。

(6) 壤中流径流型 (R_{ss})。

(7) 超渗地表径流、壤中流径流和地下水径流组合型 ($R_s+R_{ss}+R_g$)。

(8) 饱和地表径流、壤中流径流和地下水径流组合型 ($R_{sat}+R_{ss}+R_g$)。

(9) 地下水径流型 (R_g)。

4.2.2.2 影响单元产流的因子

尽管产流类型可以划分为 9 种，但从影响产流量的因子来看只能归纳为两种情况：一是不受雨强影响的情况，影响因子包括降雨量 P，雨期流域蒸散发量 E，最大蓄水容量 WM 及其初始蓄水量 W_0；二是受雨强影响的情况，影响因子包括降雨量 P，雨期流域蒸散发量 E，最大蓄水容量 WM 及其初始蓄水量 W_0，以及降雨强度 i。因此，如着眼于影响产流量的因子，则自然界的产流只有两种基本模式："蓄满"产流模式和"超渗"产流模式。

4.2.2.3 流域产流模式

流域除了作为一个闭合的集水区这一属性外，从径流的形成方面讲，更重要的是它是一个由不同地质、地貌、土壤及植被单元所构成的复合体。对于一个固定的流域，它具有相对稳定的性质，是一个缓变因素。从另一个角度来看，它又是一些受时间和空间因素不断变化的相互作用下的综合体。这些因素有降雨、蒸发、土壤湿度、下渗及地下水位等，它们是动态因素。流域产流机制由这两类因素确定，流域的产流过程及产流量则是它们综合作用的最终结果。前一类因素决定了流域产流的基本特征，后一类因素决定着流域产流在不同时期的变化特点。这样便构成了流域产流机制的核心问题。

由于流域实际下垫面情况的复杂性，其产流模式不能像水文单元一样归纳为 9 种产流模式。但是对于一个实际流域，往往存在着一种在数量上占优势的主导型产流模式，它决定流域产流的基本特征。一般可将实际流域产流模式概括为以下 3 类。

1. 超渗地表产流 (R_s) 主导型流域产流模式

超渗地表产流 (R_s) 主导型流域产流模式即流域产流以地表径流为主。超渗产流主要发生于地下水埋藏深，包气带厚度大，且土壤透水性差、植被稀少及其他地区的非森林地带。其径流特征是只有超渗地表径流，而壤中流和地下径流则没有或很少。一次降雨的超渗产流过程取决于降雨强度过程与下渗强度过程的对比关系，其产流量为

$$R_s=\sum_{j=0}^{n}r_{sj}=\sum_{j=0}^{n}(i-f)_j \tag{4-4}$$

或

$$R_s=P-F \tag{4-5}$$

式中 R_s——地表径流量，mm；

r_{sj}——j 时段的地表径流量，mm；

i——第 j 时段的雨量，mm；

f——第 j 时段的下渗量，mm；

P——降雨量，mm；

F——累积下渗量，mm。

当起始土壤含水量已知时，则有

$$F=W_E-W_0 \tag{4-6}$$

式中　W_E、W_0——雨末和雨前的土壤含水量，mm。

在水文上常用经验方法来计算 R_s，即建立 R_s 与有关影响因素的经验相关关系，一般形式为

$$R_s=f(P,i,W_0,T) \tag{4-7}$$

式中　T——降雨历时，h；

其他符号意义同前。

2. 饱和地表产流（$R_{sat}+R_{ss}+R_g$）主导型流域产流模式

饱和地表径流主要发生在包气带较薄、植被良好、土壤透水性强的地区。这些地区的特点使土壤经常比较湿润，地下水埋藏较浅，毛管水带接近地表，土壤缺水量小，一次降雨的下渗锋面极易与毛管水带建立水力关系，包气带缺水量极易得到满足。当地下水位比较稳定时，这个缺水量有一个相对比较稳定的极限值 W_m。在这种产流条件下，由于一次降雨后的土壤蓄水量可以达到极限值 W_m，所以根据水量平衡原理，可以得出一次降雨的产流量计算公式：

$$R=R_{sat}+R_{ss}+R_g=P-(W_m-W_0) \tag{4-8}$$

或

$$R=f(P,W_0) \tag{4-9}$$

由式（4-8）和式（4-9）可以看出，此种产流模式的产流量，只与降雨量和流域前期缺水量有关系，而与降雨强度无关。

3. 先超渗产流后饱和地表产流模式（$R_s \Rightarrow R_{sat}+R_{ss}+R_g$）

这种类型的产流模式多发生在半湿润地区，这类地区的特点是：包气带厚度中等，约在 2～4m，土壤透水性中等，年内降雨主要集中在夏秋汛期，地下水位在汛期与枯水期变幅较大。在干旱期，地下水位较低，出现中间包气带，汛初遇有高强度暴雨，则以 R_s 型产流机制为主。进入汛期直到汛末，由于连续降雨，地下水位逐渐抬升，中间包气带消失，有时地下水位也可上升到地表，在这期间的降雨产流则以饱和坡面流为主。

这种产流类型的转换规律是：在年内，汛前、汛初以 R_s 型为主，汛期及汛后以 R_{sat} 型为主；对多年来讲，干旱周期多以 R_s 型为主，湿润、丰水周期多以 R_{sat} 型为主，其产流量的确定，可针对不同类型采取相应的计算方法。

4.2.3　下垫面要素变化影响产流的机理

土地开发利用（土地利用方式转换、城市化）、水利工程及水土保持措施、地下水开发引起的地下水埋深增加及农田灌溉工程等人类活动，使海河流域下垫面状况发生一些变化，这些都对流域的降雨产流产生了明显的影响。

对于实际流域来说，除降雨量及其强度外，流域蒸散发量、最大蓄水容量及其初始蓄水量，以及土层界面的入渗率是控制流域产流的主要因素。

4.2.3.1　人类活动对蒸散发量的影响

流域蒸散发是陆面蒸发、水面蒸发和植物散发的综合。气象因素、供水条件和植被条件是影响蒸散发的主要因素。从人类活动影响角度分析，一是植被覆盖度变化和植被种类

改变导致蒸散发变化。据有关文献分析，1982—2006年海河流域大部分区域植被指数有明显增加，太行山及燕山山区植被指数（NDVI）增加了3.0%～7.5%，在相同气候和供水条件下，最大日蒸散发量增加0.1～0.3mm左右。二是土地利用变化和地下水位下降导致土壤供水条件发生改变。耕地、林地等地表生长植被的土地转化为建设用地，蒸散发由植被散发和陆面蒸发两项，变为陆面蒸发一项，同时由于地面硬化阻断了原来土壤水分运行路径，也使陆面蒸发量大为减少。在平原地区和山区盆地区，由于地下水开采，使得地下水位下降，多数地区的包气带厚度已远大于毛管水的上水高度，使得地下水潜水蒸发量大大减少。

4.2.3.2 人类活动对流域蓄水容量的影响

广义的流域蓄水容量包括包气带内影响土层蓄水容量、地表填洼容量和植被截留量。

土层蓄水容量主要受到地下水开采利用量的影响。按2000年统计数据分析，北三河、永定河、大清河、子牙河4条河系的山区地下水开采量，折合所在分区全流域面上的开采深度分别为19.1mm、28.1mm、13.7mm、27.3mm，见表4-1。这些开采量中的潜水开采部分，其中的大部分直接加大了流域蓄水能力，并在汛期降雨给予回补。按典型调查资料分析，海河流域山丘区地下水开采量，在20世纪六七十年代不足现在的1/5。可见，地下水开采量对流域蓄水能力增加有显著的作用。

表4-1　海河流域典型河系山区地下水开采与小型蓄水工程拦蓄量

分　区	北三河山区	永定河山区	大清河山区	子牙河山区
灌溉面积/万亩	212	659	243	472
灌溉拦蓄量/万 m^3	28221	87845	32447	62931
土地面积/km^2	21630	45179	18807	30943
小型水库及塘坝兴利容积/万 m^3	7417	12700	5000	19200
小型工程拦蓄深度/mm	3.4	2.8	2.7	6.2
灌溉可拦蓄深度/mm	1.3	2.8	2.2	3.1
工程与灌溉拦蓄小计/mm	4.7	5.6	4.9	9.3
地下水开采量/万 m^3	41028	126849	25816	84601
地下水开采折合深度/mm	19.1	28.1	13.7	27.3

地表填洼能力包括小型水库、塘坝、谷坊坝蓄水能力，天然洼地蓄水能力以及灌溉耕地畦埂的蓄水能力等。小型蓄水工程和天然洼地具有汇集其集水区内地表径流的作用，灌溉耕地（含梯田）主要存蓄其当地的产流量。在20世纪50年代以前，流域山区蓄水工程很少，1958年以来，流域山区兴建了大量的蓄水工程，对流域产汇流产生了明显的影响。从表4-1可以看出，本次分析的4个河系山区小型蓄水工程和农田灌溉工程拦蓄能力在5～10mm之间。

植被截留能力主要与植被类型和植物量规模有关。国内外对于林地冠层对降雨的截留作用研究较多，可根据冠层情况建立降雨截留模型，对于无冠层资料的地区，可根据植被覆盖情况进行估算。一般情况下，覆盖较好的森林，一次降雨截留量可达5mm左右，一般林地可达3mm左右，灌木林地为2mm左右。与此同时，林地落叶有增加地表蓄水能力的作用。海河流域山区植被增加对增加流域蓄水能力有一定的作用。

4.2.3.3　人类活动对流域初始蓄水量和界面入渗率的影响

（1）对流域初始蓄水量的影响。在降雨量和其他气象条件一定的情况下，降雨前流域初始蓄水量（W_0）主要与降雨前期的蒸散发量有关，因此人类活动对蒸散发影响将间接影响到流域初始蓄水量。

（2）对界面入渗率的影响。场次降雨在界面的入渗率与入渗能力和供水量有关。荒地改变为耕地，使得地表土壤变得疏松，增加了地表入渗能力，而城镇化及建设用地的增加，将表层土壤硬化，降低了表层土的入渗能力。坡耕地整理为平整土地，旱地变为水浇地，以及山区水土保持措施，都使土壤表面供水能力增加从而增加入渗率。

4.3　流域汇流模式及下垫面影响机理

4.3.1　流域汇流模式

降落在流域上的雨水，从流域各处向流域出口断面汇集的过程称为流域汇流，包括坡地汇流和河网汇流两个阶段。一次降水过程经过坡面蓄渗转化为坡地地面径流、壤中径流及地下径流，经过坡地调蓄向河槽汇注，这一过程称为坡地汇流过程。汇注于河槽的坡地水流和降落到河槽中的雨水，经过河槽调蓄，汇集至流域出口的过程称为河网汇流过程。

一般说，河网长度远大于坡面长度，河网中的汇流速度也大于坡面汇流速度，因而河网汇流是汇流分析的重要内容。坡地汇流又有地表汇流和地下汇流两个途径。流域出口断面的水文过程，通常是由槽面降水、坡地表面径流、坡地地下径流（包括壤中流和地下径流）等水源汇集到流域出口断面形成的。不同水源由于汇集到流域出口断面所经历的时间不同，因此，在出口断面洪水过程线的退水段上表现出不同的终止时刻。槽面降雨形成的出流终止时刻最早，坡地地面径流的出流终止时刻较次，坡地地下径流形成的出流终止时刻最迟。同一种水源，位于流域上不同地点的水质点，由于路径及流速不同，也具有不同的汇流时间。因此在流域汇流的研究中，经常使用最大汇流时间、流域滞时及流域平均汇流时间等术语。

4.3.1.1　单元面积坡地汇流

1. 地表径流汇流

地表径流的坡地汇流一般多采用单位线法，也可以采用线性水库法。

若采用单位线，计算公式为

$$QS(t)=RS(t)*UH \tag{4-10}$$

式中　$QS(t)$——地面径流，m^3/s；

$RS(t)$——地面径流量，m^3/s；

UH——时段单位线，无因次；

$*$——卷积运算符。

若采用线性水库，计算公式为

$$QS(t)=CS\cdot QS(t-1)+(1-CS)\cdot RS(t)\cdot U \tag{4-11}$$

其中
$$U=\frac{F}{3.6\Delta t}$$

式中　$QS(t)$——地表径流，m^3/s；

CS——地面径流消退系数；

$RS(t)$——地表径流量，m^3/s；

U——单位换算系数；

F——流域面积，km^2；

Δt——计算时段，h。

若流域资料充分，单元面积坡地汇流也可采用一维运动波方程来描述，其形式为

$$\frac{\partial q}{\partial x}+\frac{\partial h}{\partial t}=rc(t) \tag{4-12}$$

$$s_f=s_0 \tag{4-13}$$

式中　q——单宽流量，m^2/s；

x——距离，m；

h——水深，m；

t——时间，min；

$rc(t)$——净雨过程，mm；

s_f——摩阻比降；

s_0——坡面坡度。

当摩阻比降用曼宁（Manning）公式描述时，式（4－13）可改写为

$$q=\frac{1}{n}h^{\frac{5}{3}}s_0^{\frac{1}{2}} \tag{4-14}$$

式中　n——曼宁糙率系数。

若令 $\beta=\frac{5}{3}$，$\zeta=\frac{1}{n}s_0^{\frac{1}{2}}$，则式（4－14）可改写为

$$q=\zeta h^{\beta} \tag{4-15}$$

将 $q=vh$ 代入式（4－15），则

$$v=\zeta h^{\beta-1} \tag{4-16}$$

式中　v——坡面流流速，m/s。

由式（4－12）和式（4－16）两式可解得一阶拟线性偏微分方程为

$$\zeta\beta h^{\beta-1}\frac{\partial h}{\partial x}+\frac{\partial h}{\partial t}=rc(t) \tag{4-17}$$

式（4－17）中仅当 $rc(t)$ 为常数时才有解析解。在坡面降雨产流过程中，因雨强和下垫面条件的不均匀性，$rc(t)$ 变化很大，不为常数，因而只能求其数值解。数值解的方法很多，最常用的有 Preissmann 差分格式。根据选用的差分格式和坡面流计算的初始条件和边界条件即可进行模拟计算。

2. 壤中流汇流

表层自由水侧向流动，出流后成为表层壤中流进入河网。若土层较厚，表层自由水还可以渗入到深层土，经过深层土的调蓄作用才进入河网。壤中流汇流一般采用线性水库模

拟，计算公式为

$$QI(t)=CI\cdot QI(t-1)+(1-CI)\cdot RI(t)\cdot U \tag{4-18}$$

式中　$QI(t)$——壤中流，m^3/s；

CI——消退系数；

$RI(t)$——壤中流径流量，mm。

3. 地下径流汇流

地下径流汇流一般采用线性水库法，计算公式为

$$QG(t)=CG\cdot QG(t-1)+(1-CG)\cdot RG(t)\cdot U \tag{4-19}$$

式中　$QG(t)$——地下径流，m^3/s；

CG——消退系数；

$RG(t)$——地下径流量，mm。

4.3.1.2　单元面积河网汇流

河网汇流实质上是河流洪水波的形成和运动过程。由于天然河网由大小不同的支流交汇构成，降雨时坡面漫流沿各个支流相继汇入干流河道，各支流汇入处洪水波又会相互干扰。加之河网具备一定调蓄能力，可使部分水量暂时滞蓄于河网中，因而河网汇流十分复杂。河网的洪水波形成可理解为河网的调蓄过程，洪水运动过程可理解为河网蓄泄过程。

单元面积河网汇流一般采用滞后演算法模拟，计算公式为

$$Q(t)=CR\cdot Q(t-1)+(1-CR)\cdot QT(t-L) \tag{4-20}$$

式中　$Q(t)$——单元面积出口流量，m^3/s；

CR——河网蓄水消退系数；

L——滞后时间，h。

需要指出的是，单元面积河网汇流计算在很多情况下可以简化。这是由于单元流域的面积一般不大而且其河道较短，对水流运动的调蓄作用通常较小，将这种调蓄作用合并在前面所述的地面和地下径流中一起考虑所带来的误差通常可以忽略。只有在单元流域面积较大或流域坡面汇流极其复杂的情况下，才考虑单元面积内的河网汇流。

4.3.1.3　单元面积以下河道汇流

从单元面积以下到流域出口是河道汇流阶段。河道汇流计算水文学方法一般采用马斯京根法进行分段连续演算，参数有槽蓄系数 $KE(h)$ 和流量比重因素 XE，各单元河段的参数取相同值。为了保证马斯京根法的两个线性条件，每个单元河段取 $KE\approx\Delta t$。已知 KE、XE 和 Δt，求出 C_0、C_1 和 C_2，即可用式（4-21）进行河道演算：

$$Q(t)=C_0\cdot I(t)+C_1\cdot I(t-1)+C_2\cdot Q(t-1) \tag{4-21}$$

式中　$Q(t)$、$I(t)$——出流量和入流量，m^3/s。

水力学方法有一维非恒定流法。天然河道里的洪水波运动属于非恒定流，其水力要素随时间、空间而变化。最早描述非恒定流的基本方程组是法国 Barre'de Saint - Venant 于 1871 年提出的，即人们熟知的圣维南方程组。当无旁侧入流时其形式为

$$\frac{\partial A}{\partial t}+\frac{\partial Q}{\partial L}=0 \tag{4-22}$$

$$-\frac{\partial Z}{\partial L}=S_f+\frac{1}{g}\frac{\partial v}{\partial t}+\frac{v}{g}\frac{\partial v}{\partial L} \tag{4-23}$$

式中 A——过水断面面积，m^2；

Q——过水断面的流量，m^3/s；

L——沿河道的距离，m；

Z——水位，m；

v——断面平均流速，m/s；

g——重力加速度，m/s^2；

S_f——摩阻比降，用曼宁公式计算，通常表示为 Q^2/K^2，K 为流量模数。

式（4-22）称为连续方程，反映质量守恒；式（4-23）称为动力方程，是以牛顿第二定律为基础建立起来的，反映能量守恒。$-\frac{\partial Z}{\partial L}$为水面比降，表示为河底比降（$S_0$）与附加比降$\left(S_\Delta=-\frac{\partial h}{\partial L}, h\text{ 是水深}\right)$之和。$S_f$ 为摩阻项，表示沿程摩阻损失，克服阻力做的功。$\frac{1}{g}\frac{\partial v}{\partial t}+\frac{v}{g}\frac{\partial v}{\partial L}$为惯性项，说明流速随时间和沿程的变化，反映动能的变化。

对于一般的河道与滩地水流，采用式（4-22）和式（4-23）的河道一维非恒定流圣维南方程组来描述是足够了。该方程组是非线性的，它的解析求解是极其困难的。随着计算机技术的发展，数值解得到了广泛的应用。一维常用有限差分方法，常用的差分格式是 Preissmann 隐格式。对方程离散化，然后结合内、外节点和边界条件解代数方程组。

4.3.2 下垫面要素变化影响汇流的机理

土地开发利用、水土保持、植树造林、水利工程、城镇化建设等诸多方面人类活动的长期作用，引起了流域下垫面的变化，在对流域产流影响的同时，也将对坡地和河网汇流产生一定的影响。例如，随着农业技术的不断发展，土地开发利用程度的不断提高，耕作方式的不断改进，大大减缓了原地面的坡度，增加了地表糙率，从而增加了流域下渗量和蒸散发量，增加了流域初损值，使降雨产生的径流减少，同时也延长了汇流时间，削减了洪峰流量，使流量过程线变得平缓。再如水库、淤地坝、水窖等蓄水工程，增大了水面面积，造成流域蒸散发量的增加，同时也拦蓄了地表径流，削减了洪峰流量。地下水开采造成河道断流及河床干化，使汇流初期入渗量增加，也会对河网汇流产生影响。

4.4 设计洪水下垫面影响一致性修订方法

按照《水利水电工程设计洪水计算规范》（SL 44—2006）规定，对于有实测流量资料的地区，应采用实测资料计算设计洪水。实测资料的一致性，是采用频率法计算设计洪水时对洪水系列的基本要求。在人类活动日益广泛的现代社会，在较大尺度的流域范围内已经很难找到不受人类活动影响的实测流量系列了。在水文断面以上水利工程对径流的调节（拦蓄、泄水）、引入、引出、调蓄水体的蒸发、渗漏等对洪峰、洪量的影响，一般通过还原到人类活动影响前天然状态的还原方法进行洪水系列的一致性修订。地表植被的变化、土地利用用途的改变、包气带蓄水能力增加，以及水土保持工程、小型塘坝影响等，这些对洪峰流量、洪量的影响很难根据当时的条件进行还原定量的影响要素，称为对洪水系列一致性影响的下垫面要素。流域下垫面变化影响了实测资料系列的一致性，在一些地区到

了不得不进行修订的程度。流域下垫面情况比较复杂，不同下垫面要素对洪水影响机理也有所不同。一般情况下，设计洪水进行下垫面一致性修订涉及下述技术环节。

4.4.1　流域下垫面变化影响因素识别及下垫面条件变化分期界定

1. 流域下垫面变化影响因素识别

分析设计流域下垫面变化产生的洪水影响，首先应对流域下垫面变化情况进行调查分析。对小型水利工程和水土保持措施，应分年代对其建设数量及规模进行调查了解，分析不同时期的工程数量差异。对于地下水开发影响，山丘区重点调查开采量变化，平原区及山间盆地还应调查地下水位和埋深的变化情况。对于土地利用类型的变化，可通过卫星遥感数据进行分析，在土地利用分类对比分析时，山丘区要关注反映植被覆盖状况的一些参数（植被指数、叶面指数）的变化，平原区要关注建成区面积和灌溉耕地的变化。通过流域下垫面变化调查，分析出影响洪水变化的主要下垫面要素。

2. 下垫面条件变化分期界定

在进行流域下垫面条件调查分析取得较为全面的第一手资料的基础上，对流域下垫面条件变化趋势及其对水文过程的影响机理进行分析，判别流域下垫面条件变化对径流量变化的贡献程度。利用流域典型代表区的历史水文资料系列，可采用双累积曲线法及降雨径流相关法，对下垫面条件变化引起流域产汇流规律变化的突变年份进行分析判别，确定下垫面条件变化突变点（年份），进行下垫面影响分期。20 世纪 80 年代初，由于我国农村全面推行了家庭联产承包责任制，海河流域农业、林业生产和农村生活条件发生了很大变化，小流域成片治理、封山育林和以发展林果产业为主的经济开发活动迅速发展，灌溉耕地面积迅速增加，由此引起流域下垫面条件发生明显变化。经分析，对海河流域多数地区，1980 年可作为下垫面条件明显变化的分界点，可划分为 1980 年前和 1980 年后两个时期。

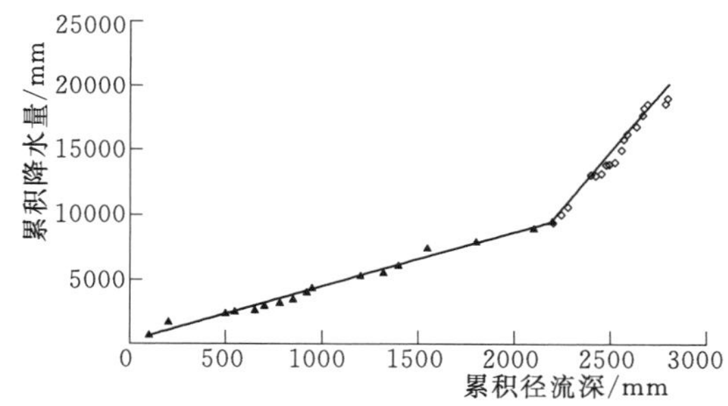

图 4-1　龙门水库以上流域 1956 年以来累积降水量与累积径流量关系曲线

对于下垫面变化对洪水影响变化的分界点，可从汛期降水量和汛期天然径流量累积相关线转折点寻找。图 4-1 为大清河水系支流漕河龙门水库以上流域 1956 年以来累积降水量和累积径流量关系曲线。从图中可以看出，相关线在 1980 年呈现出明显的转折点，表明由于流域下垫面条件的变化，在相同降雨情况下，20 世纪 80 年代以后产生的径流较 20 世纪 80 年代以前有明显减少的趋势。对于下垫面变化比较大，且连续性比较强的流域，可将降雨径流点据直接点绘到坐标纸上，然后根据点据趋势直接进行下垫面影响分期。

下垫面要素变化的连续性与洪水系列修订时的分期操作，实际上是对下垫面变化影响的一种简化处理。地表植被的变化、耕地灌溉率的增加等一些下垫面要素往往是逐渐变化的，采用水文模型研究下垫面要素的影响，可将当年的实际下垫面数据输入模型进行其他参数的率定。在采用相关分析方法时，可根据下垫面要素变化幅度，多分

几个时期进行降雨径流相关分析，通过现状条件与不同时期关系线对比，修订下垫面变化的影响。

4.4.2 水文模型法进行洪水系列下垫面影响一致性修订

水文模型在我国洪水及径流预报中已经得到广泛应用。水文模型与常规相关分析方法比，由于其构筑了反映产汇流机理的数学模型结构，能够用较多参数模拟产汇流过程的各个环节。模型中反映蒸散发、产流及汇流过程的参数，均能通过参数取值变化在一定程度上体现下垫面变化的影响。选用现状下垫面条件下实测暴雨洪水率定的模型参数，模拟下垫面变化前的历史暴雨在现状条件下的产流量，模拟结果与实际洪水差异可以认为是下垫面变化对洪峰流量和洪量的影响。

1. 下垫面变化在水文模型中的响应

现有水文模型的模型结构适应性问题是水文模型法进行洪水系列下垫面影响一致性修订中需要研究的关键问题。

（1）产流的模拟。大致可分为蓄满产流模式、超渗产流模式和先超渗后蓄满的混合产流模式。蓄满产流模式以新安江模型为代表，超渗产流模型以陕西模型为代表，先超渗后蓄满的混合产流模式实际是新安模型的发展，国内许多单位进行了探索应用，在海河流域河北模型应用的比较成熟。超渗产流模式在海河流域适应性较差，其产流特征以蓄满产流和混合产流模式为主。现有水文模型能否将水文下垫面各种要素的变化在模型中客观的反映出来，是否有适宜的模型结构模拟下垫面要素变化引起的流域蒸散发、蓄水能力、填洼能力等变化，这些都是利用模型方法进行下垫面影响修订需要解决的问题。

（2）植被蒸散发变化模拟。为了适应海河流域下垫面变化特点，对流域蒸散发模式进行改进，在新安江三层蒸散发模式的基础上，纳入了归一化植被指数（NDVI）参数，建立了蒸散发量与NDVI相关模式。

（3）水利及水土保持工程引起填洼能力变化模拟。设计洪水断面上游大中型水利工程对洪水的影响，需要根据实际工程的控制面积和洪水调蓄，逐个工程进行还原分析。小型水利及水土保持工程，由于数量较多，且缺乏实测水文资料，在模型中概化为地表径流的填洼过程，通过在模型中设置填洼容量和填洼集水面积比例参数，并使其与实际工程的调查数据建立联系，有控制地模拟小型水利及水土保持工程对产流的影响，从二元水循环角度解释下垫面变化对产流的影响。本次在新安江模型和河北模型中均增加填洼结构，实现了对填洼过程的控制模拟。

（4）山丘区地下水开采对产流的影响模拟。地下水开采增加了包气带厚度，使流域蓄水能力增加。山丘区地下水开采集中在山间盆地、河道两侧台地和山脚坡地覆盖层深厚的区域，其分布具有明显的不均匀性。模型模拟地下水影响可按两种情景考虑：一是在流域蓄水能力中考虑，通过增加流域最大蓄水容量 WM 来模拟流域面上分散地下水开采对产流的影响；二是在模型中设置地下水库，模拟由于地下水开采引起的坡地汇流和河网汇流中的地下水补给量。

（5）植被截留量模拟。植被截留量可看作流域蓄水能力的一部分，植被变化引起的降水截留量的增减，可通过流域最大蓄水容量的增减来实现，其增减量应在蒸发模型中的上层蓄水量中反映。

2. 水文模型法进行洪水系列下垫面一致性修订的主要步骤

（1）开展人类活动影响调查，分析主要下垫面要素变化趋势。

（2）根据现状下垫面状况及其变化对洪水系列影响的分析结果，确定下垫面影响修订时期。

（3）利用水文模型，依据实测降雨和径流资料，对实测场次洪水进行参数率定，其中反映下垫面影响的参数，如与植被相关的蒸散发参数，与小型水利工程建设相关的地表填洼参数，与地下水开发利用状况相关的地下水库参数，可根据其与时间系列的相关程度，在参数率定时建立其与时间序列相关模式。根据洪水模拟成果，分析模型模拟精度和效率，判断采用模型方法由降雨资料模拟洪水的可行性。

（4）根据流域下垫面变化趋势，选定现状下垫面条件的模型参数率定期，根据率定期内的实测降雨径流资料，率定现状下垫面条件下的模型参数。

（5）采用现状下垫面条件率定的模型参数，利用水文模型对修订期的降雨径流过程进行模拟，并据此得到现状下垫面条件下的模拟洪峰流量和时段洪量。

（6）洪水系列下垫面影响修订。在水文模拟成果的基础上，可根据模型的模拟精度，采用下列两种方法之一，分析确定设计洪水修订系列。

1）当模型模拟精度较高时，可直接将依据现状下垫面参数模拟的修订时期的洪峰流量、洪量作为下垫面影响修订后的模拟洪峰流量、洪量，与不需要修订的近期洪水系列共同组成设计洪水系列进行设计洪水频率计算。

2）当模型模拟精度较差时，将根据现状下垫面参数模拟的修订时期的洪峰流量、洪量，与根据当年率定参数模拟的洪峰流量、洪量进行对比，两种模型参数模拟计算的差值作为下垫面影响的修订值，据此修订实测洪峰流量和洪量。

4.4.3　相关分析法进行洪水系列下垫面影响一致性修订

4.4.3.1　洪量修订

降雨径流相关图是由降雨推测洪水的最基础方法。以饱和地表径流为主导的产流机制地区，影响产流量大小的因素，除降雨外，还与降雨前的初始土壤含水量有关，一般采用 $P+P_a \sim R$（降雨径流量相关图）、$P \sim P_a \sim R$（降雨量、前期影响雨量、径流量相关图）两种相关形式。对于流域面积比较大的控制站，由于全流域出现全面产流的机会较少，也可按暴雨中心位置分类建立相关关系图；在超渗产流和蓄满产流混合产流区，除降雨量和雨前土壤含水量影响产流外，还与降雨强度有关，由于流域内往往存在多个雨量站，这也增加了降雨强度综合难度，且降雨入渗强度影响因素较多，加入雨强因素后，往往不能提高相关线的精度，因此混合产流区采用 $P+P_a \sim R$、$P \sim P_a \sim R$ 两种相关形式仍较普遍。

降雨径流相关法由于相关因子较少，不像水文模型法那样对各类下垫面变化影响给出响应，一般分年代建立相关线，通过不同时期相关图的差异来分析下垫面变化的影响。在进行降雨径流关系分析前，应对下垫面变化分期进行分析判断，并对一些相关因素的变化趋势进行分析。

1. 流域最大蓄水容量 WM 变化趋势分析

流域最大蓄水容量 WM 是指包气带中影响土层的最大蓄水容量，当其取值为毛管断裂含水量以上的相对含水量时即为 P_a。采用实测历史水文资料，按水量平衡方法进行分

析，即在实测历史暴雨洪水资料中，选取久旱不雨后的较大或全流域产流的暴雨洪水资料，采用式（4-24）计算：

$$W_m = P - R - F_c \cdot T_c - E \tag{4-24}$$

式中 P——流域次平均降雨量，mm；

R——次降雨产生的径流量，mm；

F_c——稳定下渗率，mm/h；

T_c——稳定下渗历时，h；

E——蒸发量，mm。

因分析选用的资料为流域前期十分干旱情况下的场次暴雨洪水资料，认为雨前包气带土层中的土壤含水量近似为零，通过以上公式计算的 WM 为流域最大蓄水容量，并认为该 WM 值表示流域的平均值。表 4-2 为大清河流域典型站 WM 随年份变化趋势成果，可见大清河流域山丘 WM 具有随年代明显增加的趋势，在进行分年代点绘降雨径流关系线时应注意 P_a 限值的影响。

表 4-2　　大清河代表站 *WM* 变化趋势

紫荆关	年份	1956	1963	1977	1988	1996	
	WM/mm	110	110	126	131	138	
阜平	年份	1959	1963	1973	1979	1995	1996
	WM/mm	100	107	109	121	120	121
龙门	年份	1963	1977	1982	1988	1989	1996
	WM/mm	120	137	133	144	133	145

2. 蒸散发变化对土壤水含水量消退系数分析

土壤含水量的日消退系数 K 是计算降雨前期影响雨量 P_a 的折算系数。土壤前期影响雨量用式（4-25）计算：

$$P_{a,t+1} = K(P_{a,t} + P_t) \tag{4-25}$$

式中 P_t——第 t 日的降雨量，mm；

$P_{a,t}$——第 t 日的前期影响雨量，mm；

$P_{a,t+1}$——第 $t+1$ 日的前期影响雨量，mm，应小于等于流域最大蓄水量 WM。

流域土壤含水量消退系数 K（折减率）是反映流域土壤含水量因蒸散发而随时间衰减速度的指标。土壤含水量消耗与蒸散发是个复杂的过程，它与土壤水分向上输送的机制有密切关系，当整个土层的含水量在田间持水量以上时，土壤中存在重力水，这时土壤中的水分可以源源不断的供给流域蒸散发，此阶段流域蒸散发接近于流域蒸散发能力，大而稳定；当土壤含水量小于田间持水量时，随着土壤含水量的减小，土层中毛管的连续状态开始逐步受到破坏，从土层中向上供水也随之逐步减少，以致流域蒸散发开始逐步减少；当土壤含水量小于毛管含水量时，毛管将不再呈连续状态存在于土层中，由毛管向上输送水分的机制完全遭到破坏，只能以膜状水或气态水扩散形式向蒸发面输送水分，这时流域蒸散发量小而稳定。

土壤含水量的消退系数 K 的分析有两种方法：一是采用实测土壤含水量分析确定；

另一是由气象因子来分析确定。鉴于一般地区缺乏土壤含水量实测资料，故多采用气象因子分析法进行计算。

K 值是与土壤蒸散发有关的系数，土壤蒸散发又随土壤的湿润状况和气候条件而变化，当表层土壤十分湿润时，供水充分，土壤的蒸散发率可达最大，即达到蒸散发能力 E_m。因实测土壤蒸散发资料不易得到，认为土壤蒸散发能力与水面蒸发能力相近，并用水面蒸发的实测值代替。K 值计算公式为

$$K=1-\frac{E_m}{W_m} \tag{4-26}$$

当植被变化导致蒸散发变化时，可对折算系数进行修订，其修订后的 K 值为

$$K=1-\frac{E_m \pm \Delta E}{W_m} \tag{4-27}$$

式中　ΔE——由于下垫面变化导致的蒸散发量变化值。

3. 利用下垫面变化前后降雨径流相关图修订洪量系列

当根据流域实测水文资料，建立下垫面变化分期前后的降雨径流相关图（$P+P_a \sim R$ 或 $P \sim P_a \sim R$）后，由需修订年份次洪量对应的 $P+P_a$ 值，在下垫面变化前后的两条相关线上查取径流深，其径流深的差值作为下垫面变化影响修订值。为便于计算，可根据两条相关线制作 $P+P_a$ 与径流深修订幅度相关曲线，见图 4-2。

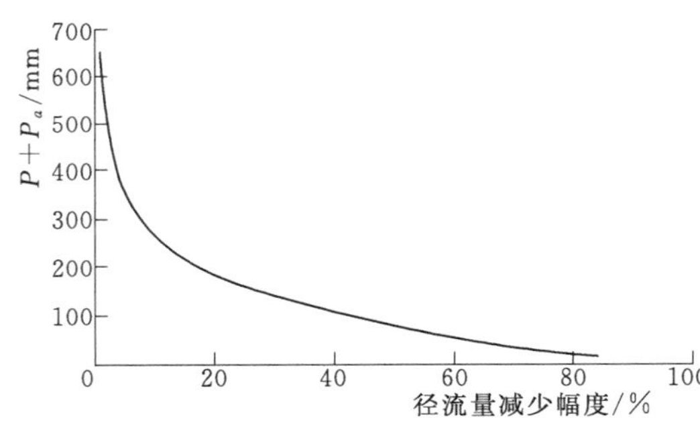

图 4-2　$P+P_a$ 与径流深修订幅度相关曲线图

相关分析法与水文模型比较具有快捷简便的优点，是水文模型法的有益补充，尤其是对于小水点据，主要为局部产流，模型模拟也很难得到较高的精度，为了节省计算工作量，可直接采用相关分析法修订。

4.4.3.2　洪峰流量修订

形成洪峰流量的因素要比洪量更复杂，可利用降雨量、前期影响雨量以及降雨强度等要素，建立与洪峰流量的相关关系。经实际资料验证，流域组成比较简单的小流域精度要高些，流域面积比较大的多支流复杂流域精度要差些，总体看，相关分析法用其他要素推测洪峰流量的精度都不高。在实际修订工作中，对于流域面积较小的控制站，可建立次径流深或次洪量与洪峰流量的相关关系，通过洪量的变化间接修订下垫面变化对洪峰流量的影响。对于流域面积较大的控制站，可采用单位线法修订洪峰流量。采用常规分析或水文模拟法，得到下垫面变化前后净雨深过程，采用洪水单位线（或其他汇流方法），对各时段净雨深影响量（ΔR）进行汇流计算，分析洪水过程中径流深修订值在洪峰时段的流量影响。汇流单位线法修订洪峰流域示意图见图 4-3。

4.4.3.3　历史特大洪水的下垫面变化影响修订

设计洪水计算时，有些设计断面在频率定线时，参考了一些历史特大洪水点据，因此存在对历史特大洪水的下垫面变化影响修订问题。对于历史特大洪水，由于无详细的降雨

资料，无法采用模型法或降雨径流相关法进行模拟修订，因此历史洪水修订只能进行近似处理，可根据实测系列洪量和洪峰流量的修订成果，建立洪量或洪峰流量与修订幅度的相关图，根据相关图外延趋势分析确定其修订幅度。

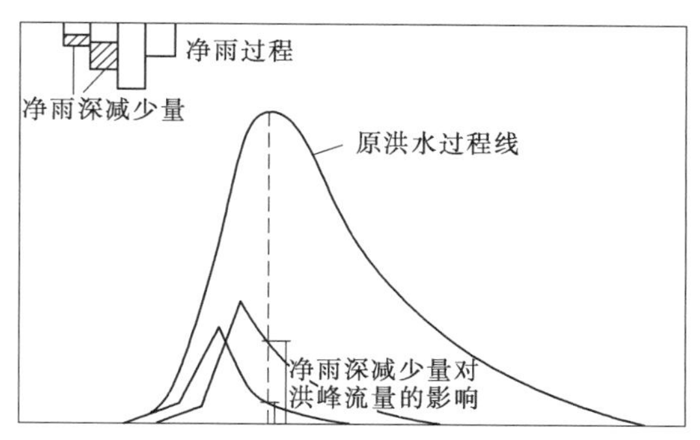

图 4-3　汇流单位线法修订洪峰流域示意图

4.4.4　设计洪水成果下垫面影响修订

对于设计洪水成果下垫面影响的一致性修订，可采用两种途径。一种途径是先对设计洪水计算中采用的洪量和洪峰流量系列进行一致性修订，然后根据一致性处理后的洪水系列，进行频率适线，根据适线参数计算不同频率的设计值，得到下垫面变化后的设计洪水成果。另一种途径是采用前述的洪量和洪峰流量系列的一致性修订方法，依据实测暴雨径流资料，建立现状与下垫面变化前、后两种模型参数体系或统计相关关系，对于不同等级洪水选择与其量级相似的典型年场次暴雨洪水，采用模型法或相关分析法对典型场次洪水进行修订，然后参照不同等级洪水典型年的修订成果，直接对不同频率的设计成果进行修订。前一种途径称为系列修订法，后一种途径称为直接修订法。

这两种方法均存在各自的优势与问题。系列修订法，需对洪水系列进行逐年修订，符合设计洪水计算规范中对系列一致性要求，修订流程规范、直观。其缺点是修订计算工作量比较大，且对于下垫面连续变化的流域，下垫面变化分期不易确定，存在修订幅度不连续问题；另外在设计洪水系列的还现处理中，小洪水修订幅度相对较大，大洪水修订幅度相对较小，频率适线时会出现由于 C_V 值增大导致稀遇频率设计值变大的不合理现象。直接修订法，直接对不同频率的设计成果进行修订，计算工作量比系列修订法要小，由于其只考察现状下垫面和初始下垫面两种条件，分期较为容易。直接修订法设计频率洪水修订幅度是由典型年暴雨洪水修订幅度确定的，而典型年场次暴雨洪水选择不具有唯一性，这使得修订成果准确定量存在问题。

不论采用哪种方法进行设计洪水修订，修订的对象应是流域或河道防洪标准以内洪水，对于稀遇频率洪水，下垫面变化对设计时段洪量及洪峰流量影响的程度要比常遇洪水小得多，在实测资料中也很难找到相当级别的场次暴雨洪水，除非特殊需要，一般不应进行专门修订。

4.5　小结

（1）在总结产流、汇流机制的基础上，对流域下垫面变化对产汇流的影响机理进行了系统分析，提出了人类活动对蒸散发量（E）、流域蓄水容量（WM）、流域初始蓄水量（W_0）和界面入渗率等产流要素的影响机理。

（2）对设计洪水修订方法进行了归纳和概述，可用汛期降雨径流双累计曲线法、降雨径流相关法分析下垫面变化分期；选用相关分析法或水文模型法修订设计洪水洪量系列；

对于洪峰流量系列的修订，大洪水年份可依据洪量修订成果，采用经验单位线法进行修订，一般洪水年份，可采用峰量相关法或峰量同倍比缩放法，依据洪量修订成果修订洪峰流量。

（3）对于设计洪水成果下垫面影响的一致性修订，可根据资料条件选择系列修订法或直接修订法修订设计洪水。系列修订法，先对设计洪水计算中采用的洪量和洪峰流量系列进行一致性修订，然后根据一致性处理后的洪水系列进行频率适线，根据适线参数计算不同频率的设计值得到下垫面变化后的设计洪水成果。直接修订法，依据实测暴雨径流资料，建立现状与下垫面变化前、后两种模型参数体系或统计相关关系，采用模型法或相关分析法对典型场次洪水进行修订，然后参照不同等级洪水典型年的修订成果，直接对不同频率的设计成果进行修订。

第5章　洪水系列下垫面影响一致性修订的水文模型方法

5.1　水文模型概论

5.1.1　水文模型发展历程

水文模型是对自然界中复杂水文现象的概化和模拟，是水文水资源科学中的重要研究领域。水文模型雏形是概化的产汇流模式，1932年Sherman的单位线概念、1933年Horton的入渗方程、1948年Penman的蒸发公式等，都是水文模型的理论基础。进入20世纪50年代以后，随着水文学的发展，特别是计算机在水文流域的应用，水文学家可以把水循环过程作为一个整体来研究，提出流域水文模型概念。1959年美国建立了Stanford模型；随后的20世纪七八十年代是概念性水文模型蓬勃发展的时期，国外先后建立了多个有代表性的水文模型，如美国斯坦福流域水文模型（SWM）、萨克拉门托模型（SAC）、日本的水箱模型（Tank）以及我国的新安江模型等。20世纪80年代，随着地理信息系统和遥感技术在水文领域的应用，开始出现半分布式和分布式模型、欧洲的SHE模型和TOPMODEL模型、美国的SWAT模型和VIC模型等。进入21世纪，我国在分布式模型研究方面也进行了积极的探索，如新安江模型的半分布式应用，中国水利科学研究院开发的二元水循环模型在黄河及海河流域的研究应用等。

水文模型研究与应用，朝着两个明显的方向发展：一是用于径流预报和洪水预报；二是用于水文机理研究、气候变化和下垫面变化对水文过程的影响研究等。

在用于洪水预报的降雨～径流水文模型研究方面，国际上进行了三次有代表性的比较研究：第一次是在1974年，世界气象组织（WMO）曾对当时有代表性的10个模型进行验证对比，参与的模型有概念性模型和黑箱模型如萨克拉门托模型（SAC）、包夫顿模型以及CLS模型等第一代的水文模型，比较的主要结论是，在湿润流域大部分模型都可以很好的模拟降雨径流过程，在半干旱与干旱流域大部分模型的精度比较差，具有土壤含水量结构的模型模拟效果要好一些。第二次是在20世纪90年代中期，从实时洪水预报的角度对水文模型进行过比较研究，该比较结论之一是采用水文资料可率定水文模型参数最多是4～6个。2000年以来，分布式模型得到了大量应用。为研究分布式水文模型实用性，2002—2004年，美国天气局水文办公室（National Weather Service，Office of Hydrologic Development，NOAA）开展了分布式模型的比较研究工作（distributed model intercomparison project，DMIP）。参加该比较的分布式水文模型有13个，能够用于洪水预报的有8个，如美国天气局的基于SAC模型的HL-RMS、美国Utah大学开发的基于TOPMODEL的TOPNET、丹麦的MIKE 11、Massachsetts大学开发的tRIBS、加拿大Waterloo 大学开发的 WATERFLOOD，选择了 7 个流域，流域面积 65～2484km^2，在流域内还有实测的流量站，以便于比较，流域年降雨量均为 1200mm，属于湿润地区，另外，测雨天气雷达覆盖了这些流域，流域内有 4km×4km 的网格雷达测雨资料。经过比较研究有以下主要结论：①按照现在的标准，虽然对于大多数情况集总模型优于分布式模型，但是率定过的分布式模型优于或者至少相当于率定过的集总模型；②通过模型率定可以发挥分布式水文模型的优点；③分布式水文模型不但可以预报流域出口的流量过程，也可以预报流域内某个没有率定的子流域的流量过程；④对于精度较高的雨量资料，分布式水文模型能够得到很好的预报成果。

从水文学的产汇流机制发展过程来看，有两个重要的发展阶段：一是 20 世纪 20—30 年代的霍尔顿产流理论和谢尔曼经验单位线；二是 20 世纪 60—70 年代以来西方国家开展的野外山坡水文机理实验，揭示了非饱和侧向流、壤中流和饱和地面径流多种产流机制的存在。

结合水文模型的发展历史，可以看出第一代的降雨～径流经验预报是与霍尔顿产流理论和谢尔曼单位线联系在一起的。第二代以后的水文模型与山坡水文学的理论联系在一起。20 世纪 70 年代初，水文模型的发展就沿着两个方向进行：一是为了进行洪水预报而设计的概念性模型，如美国的 SAC 模型、日本的 TANK 模型、中国的新安江模型、瑞典的包夫顿模型和 MIKE 系列中的产流 NAM 模型；二是根据山坡水文学构造的基于物理基础的分布式水文模型，如英国水文学家 Freeze 和 Harlan 在 1969 年提出了分布式水文模型的构造框架：考虑各向异向土壤一、二维产流，三维的地下水和一维具有侧向和下渗的明渠非恒定流模型。这个框架的实质就是对于壤中流采用达西定律以及采用微分形式的质量和能量守恒方程。MIKE SHE 就是按照这个框架构造的。

英国著名的水文学家 Beven 在 2002 年 Hydrological Processes 上发表的论文提到，由于土壤的各向异性以及由于大孔隙而形成的某个方向的壤中流，实际上很难采用微分形式的达西定律进行计算。1996 年把 MIKE SHE 模型在丹麦和法国进行了应用比较发现，模拟的结果具有很大的不确定性。为此 Beven 在 20 世纪 80 年代设计了 TOPMDEL 模型，该模型是一个大大简化的、基于物理基础的半分布式水文模型。

综上可以看出，近十几年来围绕着基于物理基础的分布式水文模型一直是国际上水文学家研究的热点，虽然有不少争论和分歧，但有以下方面还是可以肯定的：①由于土壤的各向异性，Freeze 和 Harlan 提出的基于物理基础的分布式水文框架应当被屏弃或者至少被修改，应当考虑采用积分形式的控制体积的物质和能量守恒方程作为物理基础的框架；②分布式水文模型的参数与单元流域尺度有关，目前还没有找到不同尺度之间的转换规律；③分布式水文模型的变量是单元流域的平均量，如土壤含水量、壤中流流速等，目前水文学上还没有测量单元土壤含水量和单元流域壤中流流速的方法，能够测量的只有点的地下水位、河道断面流量和水位，因此，分布式水文模型的率定主要还是依赖于流域出口实测的水位；只有在水文上可以进行单元流域的水文变量的测量时才能对分布式水文模型单元模拟精度进行准确评价；④分布式水文模型能够用于洪水预报，包括概念性的降雨～径流模型和基于物理基础分布式的汇流模型；⑤在国内生产实际应用中，多为基于概念的半分布式模型，鉴于资料条件和计算效率问题，基于物理基础的纯分布式模型在生产实际

中广泛应用尚受到一定限制。

5.1.2 水文模型分类

流域水文模型中，很多模型因为其基本的假设相同，因而结构相似，但也有一些模型结构有明显的区别。根据对流域水文的过程描述、模型尺度以及模型的求解方法等可以对流域模型进行分类。

1. 以过程为基础的分类

一个水文模型包括五个部分：流域几何特性、模型输入、控制方程、初始及边界条件和模型的输出。根据模型的类型，这几个部分可以选择性地结合。根据对水文过程的描述，结合流域的特征，模型可分为集总式和分布式模型，确定性、随机性与混合模型。

集总式模型可由普通的微分方程表达，但它没有考虑水文过程、输入、边界条件及流域几何特征的空间变化（见表 5-1）。对于大多数的集总式模型，水文过程一般可由基于简化的水力学公式的微分方程描述，另一些过程则由经验的代数公式（如 HEC-1 等模型）描述。

表 5-1　集总式和分布式水文模型特征

输　入	系统特征	水文过程	控制方程	输　出	模型类型
集总式	集总式	集总式	常微分方程	集总式	集总式
集总式	集总式	分布式	微分方程	分布式	分布式
分布式	分布式	分布式	微分方程	分布式	分布式
分布式	集总式	分布式	微分方程	分布式	分布式

分布式模型，其特征是考虑了过程、输入、边界条件及流域几何特征的空间变性。实际中，由于实测或者实验资料的缺乏，妨碍了分布式模型的使用。在一些情况下，系统特征是集总的，部分过程是集总的，输入及部分边界条件也是集总的，但一些直接联系到输出的环节是分布的，如降雨～径流过程，该类模型可称为半分布式水文模型。半分布式水文模型是介于集总式模型和分布式模型之间的一种模型。其典型代表是以地形为水文过程空间变异性基础的 TOPMODEL 模型。分布式模型有 SHE、IHM、SWMM 和 NWSRFS 模型。

根据模型的结构，过程描述的模型同样可分为确定性模型、随机性模型和混合模型。

2. 以时间尺度为基础的分类

根据时间尺度，流域水文模型可分为连续时间或事件模型、日模型、月模型和年模型。如果模型结构需要短时间段，如一个小时或更短，便可称为短历时模型。当然，时段的选择是基于模型的需要。

3. 以空间尺度为基础的分类

根据空间尺度，流域水文模型可分为小流域模型、中等流域模型和大流域模型。但对小流域的定义还有些模糊。通常，流域的面积在 $100km^2$ 或更小范围内的称为小流域，面积在 100～$1000km^2$ 的称为中等流域，面积大于 $1000km^2$ 的称为大流域。流域的产流分两个阶段：坡面漫流及河道汇流。每个阶段有自己的特点，大流域河网发达，蓄水主要集中在河道，这样的流域对短历时或大强度的降雨不很敏感。相反，小流域主要是坡面漫流，河道调蓄作用小，对大强度、短历时降雨很敏感。

如果认为三种类型的流域在空间上相同，就会有相似的水文特性，那么流域的分类就没有实际意义了。对于实际流域其水文特征很少是各向同性的，所以土壤和土地利用特性很重要，从这个意义上说没有一个流域是小流域。

4. 以求解方法为基础的分类

流域水文模型按求解方法和技术可分为数值解模型、模拟模型和分析解模型。其中数值解模型又可根据数学求解方法分为有限差模型、有限元模型、边界元模型、贴边界坐标模型和混合模型。

5.1.3　模型尺度及其影响

1. 模型尺度问题

在水文模拟中一般分为实验室尺度、坡面尺度、集水区尺度、流域尺度等四种尺度，不同尺度的建模思路是不同的。水文模型是用参数描述整个流域过程的，而反映流域特征的数据是在一些点收集到的，点的数据很难转化成为面的数据。由此引起的问题是，什么样的尺度最适合于水文模拟？随着空间尺度由小到大，流域的响应会变得越来越不敏感。一方面，如流域具有较大的各向异性，模型的尺度最好要小。模型的空间尺度由引起水文响应变化的流域的物理、植被和地形特征的变异决定。这样就定义一个流域的尺度为：一个单元流域或者一个子流域，流域内是均匀的。这个尺度不能太小，不然局部的物理特征控制了水文过程；也不能太大，不然忽略了各向异性导致的流域特征的空间变化。最好的流域尺度取决于水文响应过程及可得到的水文数据。

2. 水文模型的分块

水文模型有下面的几种分块方法：①按照自然子流域划分，如可以根据分水岭勾画出子流域；根据流域数字高程数据，采用数字化技术划分出自然子流域；②基于网格划分，一般是基于正交的网格；③根据雨量站分布采用泰森多边形进行流域分块或者等权重分块。

5.1.4　模型参数的率定方法和资料要求

概念性水文模型的参数分为物理参数与过程参数两类。物理参数代表着流域可以测量的物理特性，如流域面积。过程参数代表着流域不能直接测量的物理特性，过程参数需根据实测水文资料率定。

1. 参数优化方法

模型参数的率定有人工试错法和自动优化法。人工试错法率定模型参数，即根据实测与模拟的过程，主观地评估模拟结果，挑选模拟效果较好的一组模型参数值作为优选的参数值，这样确定的参数，可能不是最优的模型参数，并且这种方法调试时间长，参数的率定因人而异，在很大程度上依赖调试人员的经验，增加了模型的不确定性。随着计算机技术的发展和人们对数学方法的进一步应用，模型参数自动优化方法逐渐发展起来。优化方法采用数学优化技术进行自动寻优计算，按照事先给出的优化准则自动完成整个寻优过程，具有寻优速度快、寻优结果客观等优点。

应用于模型参数自动优化的方法很多，主要可以分为局部优化方法和全局优化方法。常见的局部优化方法有单纯形法和 Rosenbrock 法等。由于流域水文模型大多都是非线性的，在参数范围中具有很多使函数值“局部最小”的点，而局部优化方法受起始点的影响，对于不同的起始点，会在不同的点结束运算，即找到函数的“局部最优解”。赵人俊在对新安江模型进行参数率定时发现，由于参数之间的相关最优不是一个点，而是一个面。Duan 等人于 1992 年研究发现在概念性流域水文模型 SAC 模型的函数响应面上有成百上千个函数局部最优解，如果这个结果对于其他的水文模型也适用的话，局部最优化方法将明显不适于此类模型的率定而必须用全局最优化方法进行计算，为此研究了参数的全局优化方法（SCE－UA）。

针对新安江模型参数率定的问题，赵人俊提出了把系统优化技术与水文概念结合起来，促使参数独立的分层率定的概念和方法，并成功地对新安江模型的参数进行了率定。有的学者尝试把全局优化方法 SCE－UA 用到新安江模型的参数率定中。

2. 优化所需资料

将水文模型用于实际流域前先要进行参数率定，并对率定的模型进行检验。这样需要把水文资料分为两组：一组用于率定，另一组用于检验。一般对 60%～70%的资料进行率定，30%～40%用于检验。资料的长度和多少的度量要具有代表性，代表性的要求是能够反映流域的水文特性，如是日模型，要有反映丰、平和枯水年的资料；如是洪水模型，要有大、中和小洪水的资料。至于资料的长度，对于湿润地区，一般需要 8 年资料和 35 次左右的洪水。对于半干旱流域有时冬季可能会结冰，全年的日模型模拟可能会有问题，可能很难找到 20 次以上的大、中洪水，只能尽可能利用全部的洪水资料。如果可用的资料比较少，就只能全部用来率定，检验只能等待新的资料。

5.1.5 模型不确定性问题

利用水文模型进行洪水模拟和预报存在下列三个方面的不确定性问题。

1. 水文气象资料引起的误差

模型率定时需要雨量、蒸发能力和流量等水文资料。由于水文资料问题引起的水文模型的不确定性可以从两方面进行分析。

1）水文资料的代表性问题。资料的代表性涉及时间和空间的代表性。水文模型有多种参数如涉及蒸散发、产流、地下水的，需要不同种类的水文资料来率定。水文资料的代表性涉及两个方面：一是要多种水文资料，如率定蒸散发的参数，就需要以日为时段完整的水文年资料，如果只是次洪水资料，就很难可靠的率定涉及蒸散发的参数。二是对于一种水文资料要有足够的代表性，如涉及深层蒸散发的参数一定要有连续的枯水资料才能率定。资料的空间代表性主要是指流域内要有一定数量的站网，对于雨量站网，要能控制暴雨中心和走向。

2）水文资料的误差。资料的误差包括水文资料的观测误差等。关于资料观测误差引起模型的不确定性在 21 世纪 80 年代之前有过很多研究，这里不再细述。

2. 水文模型的结构

典型水文模型结构问题是蓄满产流模型没有考虑超渗产流，如每年第一场洪水，由于久旱之后，雨强较大时预报的洪峰流量可能偏小。关于模型结构引起预报的不确定性在

20 世纪有过很多研究，这里也不在细述。

3. 水文模型的参数

水文模型参数引起预报的误差及不确定性是一个综合的问题，一方面是由上面提出的资料问题引起的，另一方面是由模型结构引起的，典型的如异参同效问题，即不同参数组合可以得到同样的模拟结果，新安江模型和美国 SAC 模型都有类似的问题；再者是由模型率定方法引起的误差，对数学优化方法，如上所述，对于局部优化方法如单纯形法可能得到的不是全局最优解，而是局部最优解。

对于模型不确定性（或者可靠性）分析至少有三种方法：①美国水文学者 C S Melching 提出的模型可靠性估计方法，该方法主要采用蒙特卡落方法（MCS）对模型输出的结果进行一、二阶矩分析；②美国 Krzysztofowicz R 等学者采用贝叶斯估计方法对模型进行的不确定性分析；③英国学者 K Beven 采用综合最大似然估计（Generalized Likelihood Uncertainty Estimation，GLUE）方法分析模型的不确定性。

5.1.6　设计洪水成果下垫面影响修订中的模型选择问题

对于洪水的下垫面变化影响研究，分布式模型可以较好地反映土地利用等人类活动影响的变化及其在流域上的分布，是较好的模型工具。但是对分布式模型技术的掌握以及所需的资料条件，要比集总式或半分布式模型要求更高、更复杂，尤其是在国内，多数模型还处于研究阶段，在基层设计单位推广的难度还比较大，同时在模拟精度上也没有明显的优势。

概念式集总水文模型及半分布式水文模型概念明确，对资料的要求相对简单，在我国得到了比较广泛的应用。与此同时，分自然小流域或分块的半分布式模型，能够结合 DEM 地形和遥感资料进行下垫面分区，根据下垫面区划数据进行分块调试模型参数，也可以将下垫面变化分布数据在分块的模型参数中反映，因此，半分布式水文模型也是分析设计洪水成果下垫面影响的比较实用的工具。当流域面积较小时，也可以直接利用集总式水文模型分析下垫面变化影响。

模拟下垫面要素的变化对设计洪水成果的影响，主要是面对生产应用，按照简单、实用和资料易获得的原则，在水利部公益性行业科研专项经费项目“下垫面变化条件下设计洪水修订技术研究（编号：200901029）”项目中，选用了在国内应用比较广泛的半分布式概念性模型用于设计洪水成果下垫面影响修订研究。因此，本书重点对概念性半分布式模型用于设计洪水成果的下垫面影响修订给予介绍。

5.2　数字流域技术

5.2.1　流域数字化

5.2.1.1　概述

为了研究和掌握水文学、地形学及地形生态学的机理，学者们往往需要对流域进行数字化，以获得流域的面积、水系、形状以及其他的一些地貌特征。对于降雨～径流模拟而言，流域的地貌特征起着十分重要的作用，是水文模型必须要考虑的因素。随着 GIS 的应用与计算机能力的提高，利用 DEM 数字化流域和提取流域地貌特征的技术已得到了深

入的研究，技术水平及手段逐渐提高，DEM在水文模拟和预报中的应用也日益广泛。随着网络的普及，当研究流域没有现成的地形图和立体图像时，可以从互联网上方便地下载到不同精度的DEM数据，这在一定程度上也促进了流域数字化技术的发展。目前可以下载到的全球DEM数据有两种精度：①空间分辨率为1km（30″），提供该精度数据的有美国国家地球物理数据中心（National Geophysical Data Center，NGDC）与美国联邦地质调查局（U.S. Geological Survey，USGS）；②空间分辨率为90 m（3″），由美国太空总署（NASA）与美国国防部国家测绘局（NIMA）联合提供。

由于流域信息种类很多、数据量大，利用现代测量技术和相关方法进行流域地貌特征自动提取具有十分重要的意义。在实际应用中，时常需要借助一些GIS软件来提取流域河网水系、坡度、坡向等地貌特征，在此基础上构建水文模型进行模拟计算。本章详细介绍了基于DEM的流域数字化相关算法以及提取流域地貌特征的处理过程，并对算法进行了实例验证。

目前可以获得的或是下载的DEM数据一般都为方形矩阵的形式。利用DEM提取流域的基本水文特征信息，首先是要对原始DEM矩阵进行预处理以消除洼地，然后再根据最陡坡度原则确定出每个栅格点的水流方向，由此得出每个栅格点的上游集水区，在此基础上，再依据给定生成河网水系的阈值确定属于水系的栅格点，接着按照水流方向矩阵由水系的源头开始搜索出整个水系并进行自然子流域的划分，最后确定出研究流域的边界。在流域边界确定后，可以提取研究流域的一些地貌特征，如研究流域内部栅格单元的坡度、坡向、流径长度与地形指数等。基于DEM的流域数字化流程见图5-1。

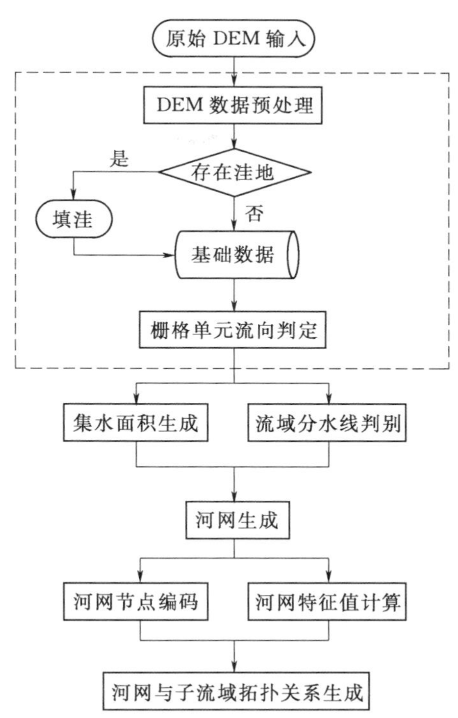

图5-1　基于DEM的流域数字化流程图

5.2.1.2　DEM预处理

在原始DEM矩阵中，平坦区域和洼地的存在是一种普遍现象。在水流方向计算时，平坦区域和洼地的存在会造成有些水不能流出洼地边界，从而使提取的水系具有很大的误差或不能计算出合理的结果。为了使提取的水系在流经平坦区域和洼地部位时，有一个明确的水流方向，需要在提取水系之前对DEM中的平地和洼地部位的高程数据进行处理，以便使它们成为斜坡的延伸部分，经过处理之后，DEM数据中所有的地形都由斜坡构成。这样才能够保证从DEM数据中提取的自然水系是连续的。这种将DEM中的平坦区域和洼地改造成斜坡的处理过程称为DEM预处理。

本书中所采用的方法是Jenson与Domingue提出的DEM预处理方法，其基本思路就是假设所有的洼地都是由高程计算值偏小带来的，都是属于伪地形，处理方法包括洼地填平处理与平坦栅格增高处理两个部分。

1. 洼地填平处理

步骤 1：在原始 DEM 矩阵中逐个判断栅格单元，若与其相邻的 8 个栅格高程（图 5-2）都不低于该栅格的高程，则认为是洼地栅格。

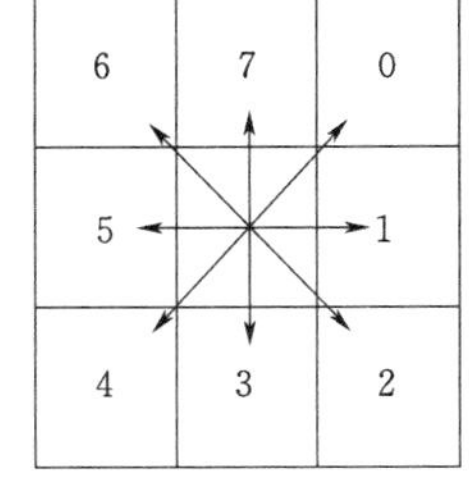

图 5-2　栅格流向代码

步骤 2：建立以洼地栅格为中心的 3×3 窗口，首先标定与其相邻 8 个单元。

步骤 3：扫描窗口内的所有栅格，如果沿着陡坡或平地能够流入洼地栅格，则对其进行标定，否则不标定。

步骤 4：原始 DEM 矩阵中已被标定的栅格组成洼地集水区。判断洼地集水区中是否具有潜在的出流点，该出流点应该是已被标定的栅格，并且在它相邻单元内至少能找到一个比它高程低的未标定的栅格。如果不存在潜在出流点，或者存在任何洼地集水区的边界栅格，其高程低于最低的潜在出流点，那么表明标定还没结束，需扩大窗口，重复步骤 3。

步骤 5：确定出最低的潜在出流点后，比较它和已标定洼地栅格的高程。若出流点高程高，那么认为该洼地是一个凹地，否则是一个平地。对于凹地而言，用出流点的高程填平洼地集水区内所有低于该高程的栅格。这样凹地就成为了平地，并标定平地内所有栅格。

2. 平地增高处理

该处理主要是人为对平地栅格增加一定的高程值以便使平地变为斜坡，能够使水流顺利的流出。其基本步骤如下。

步骤 1：确定平地区域边界上不需要附加高程增量的栅格点，并去掉标定。这样的栅格点满足以下条件：①带有平地标记；②与其相邻的栅格点中，存在不带平地标记的栅格点，且它的高程较平地栅格点高程要低。

步骤 2：重新扫描平地区域内的所有栅格，将带有平地标记的栅格单元叠加一个很小的高程增量（一般可选取 DEM 数据垂直分辨率的 1/10）。反复进行步骤 1 和步骤 2，直至所有平地标记都被去掉［图 5-3（a）、（b）］，算例中高程增量为 0.01m。

5.2.1.3　水流方向确定

DEM 栅格单元流向的确定方法是流域数字化的基础，在目前的研究中，流向确定大多是建立在 3×3 的窗口上，虽然进行流向判断的方法有单流向法和多流向法之分，但单流向法因其确定简单、应用方便而被广泛采用，而且单流向法也能满足水文模型的精度需求。本书在确定栅格单元水流方向时所采用的是单流向 D8 法：假设每个栅格单元的水流只有八种可能的流向，即只流入与之相邻的八个栅格其中的一个。用最陡坡度法来确定水流的方向，即在 3×3 的窗口上，见图 5-3，计算中心栅格与各相邻栅格间的距离权落差（即两个栅格中心点的高程落差除以栅格中心点之间的距离［式（5-1）］，取距离权落差最大的栅格点为中心栅格的出流方向（出口点的流向标记为 8），该方向即为中心栅格的流向，在流向矩阵中八个方向用不同的数字表示，见图 5-3（c）。

$$\tan\theta=\frac{Z_i-Z_j}{\alpha \cdot D} \tag{5-1}$$

式中 $\tan\theta$——栅格间的距离权落差；

Z_i——需确定流向的栅格单元高程，m；

Z_j——与之相邻的栅格单元高程，m；

α——距离权重，对角线栅格取$\sqrt{2}$，其他正向栅格取 1；

D——栅格单元的边长，m。

4	4	4	4	4	4	4
4	3	3	3	3	3	4
4	3	3	3	3	3	4
4	3	3	3	3	3	4
4	3	3	3	3	3	4
4	4	4	2	4	4	4
4	4	4	1	4	4	4

(a) 初始 DEM 矩阵

4	4	4	4	4	4	4
4	3.03	3.03	3.03	3.03	3.03	4
4	3.02	3.02	3.02	3.02	3.02	4
4	3.01	3.01	3.01	3.01	3.01	4
4	3.01	3	3	3	3.01	4
4	4	4	2	4	4	4
4	4	4	1	4	4	4

(b) 填洼后 DEM 矩阵

2	3	3	3	3	3	4
1	3	3	3	3	3	5
1	3	3	3	3	3	5
1	2	3	3	3	4	5
1	1	2	3	4	5	5
0	7	2	3	4	7	6
8	8	1	8	5	8	8

(c) 栅格流向矩阵

1	1	1	1	1	1	1
1	4	2	2	2	4	1
1	6	3	3	3	6	1
1	8	4	4	4	8	1
1	4	17	5	17	4	1
1	1	1	40	1	1	1
1	1	1	45	1	1	1

(d) 累积汇水面积矩阵

0	0	0	0	0	0	0
0	1	0	0	0	1	0
0	1	0	0	0	1	0
0	1	1	1	1	1	0
0	1	1	1	1	1	0
0	0	0	1	0	0	0
0	0	0	1	0	0	0

(e) 水系矩阵

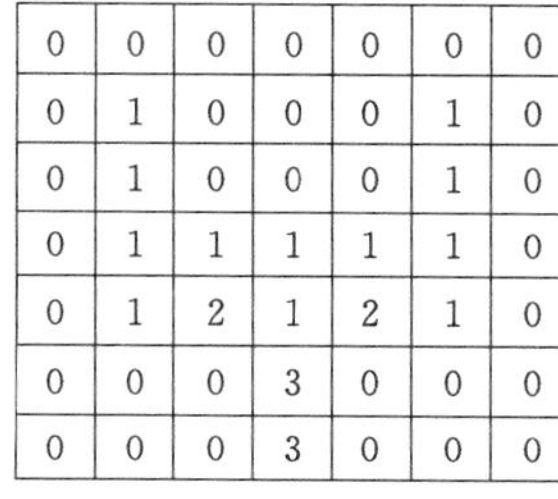

0	0	0	0	0	0	0
0	1	0	0	0	1	0
0	1	0	0	0	1	0
0	1	1	1	1	1	0
0	1	2	1	2	1	0
0	0	0	3	0	0	0
0	0	0	3	0	0	0

(f) 水系分级矩阵

图 5-3 DEM 矩阵与相关计算结果示意图

5.2.1.4 水系生成与分级

在生成水系之前，需建立累积汇水面积矩阵，矩阵中每个值代表上游汇流区内流入当前栅格的栅格总数，即将每个栅格单元沿流向逐个累加，计算出任一栅格的上游汇水面积，以栅格数目表示［图 5-3（d）］。当集水面积达到某一阈值时，才能形成河网，在河道栅格矩阵中，根据给定的阈值，不低于此阈值的栅格标记为 1，否则标记为 0。标记为 1 的河道栅格点即构成河网水系［图 5-3（e）］，河道栅格矩阵中阈值为 4。

水系的分级是建立在流向矩阵与河道栅格矩阵之上，根据 Strahler 的水系分级系统对河流进行分级，即把最细的、位于顶端的且不再有分支的细沟称为第一级河流，由两个或两个以上的第一级河流组成第二级河流，如果由两个或两个以上不同级的河流汇成，其级别取其最高级的支流，依此类推。该算法首先创立一个初始化为 0 的河流分级矩阵，用于存放各栅格的 Strahler 等级。然后依次扫描流向矩阵，如果扫描到不从相邻的河道栅格接收水流的单元即认为是一级河流的上游端点。从该端点出发，沿着水流方向进行追踪，直到遇到河流交点。该交点是指从不止一个相邻的河道栅格点接收水流的栅格。在该河流上的所有栅格等级均赋为 1。一旦 1 级河流追踪完毕，就开始追踪下一级河流。当遇到一个河道栅格的等级为当前追踪等级，且流向自己的相邻河道栅格均已赋予一个较低的等级时，则认为该栅格是当前追踪等级的河流上游端点。从该上游端点出发，沿着水流方向进行追踪，将追踪路线上的栅格等级赋为当前追踪等级。在遇到交点时要进行判断。若交点的等级高于当前追踪等级，则当前追踪停止，而不改变交点等级。若流向交点的相邻河道栅格点没有全部赋予等级，当前追踪停止，否则交点的等级为当前追踪等级，继续沿流向追踪。一旦当前等级的河流全部追踪完毕，就可以开始追踪下一等级的河流。重复以上过程，直到没有更高等级的河流为止［图 5－3（f）］。

5.2.1.5　自然子流域划分

在提取子流域之前，需先给定一个自然子流域累积汇水面积阈值（以栅格数目表示）以及一个初值为 0 的子流域号矩阵。然后划分 1 号子流域：根据前面生成的累积汇水面积矩阵，搜索出具有最大汇水面积的栅格；从该栅格出发，搜索流经该点的邻近河道栅格，分别判断这些河道栅格点是否为河流交点，如果不是，则该点赋值为当前划分的流域号，如果是交点，再判断流经该点的邻近河道栅格的汇水面积值是否大于给定的阈值，如果其中任意一个大于阈值，则停止该条流径的追踪，否则按照上面的方法继续追踪下去，直到属于当前子流域的栅格全部被赋值为止；增加子流域号，根据累积汇水面积矩阵，找出没有被标记流域号的且具有最大汇水面积的栅格，按照前面的方法继续赋值，直到矩阵内没有子流域可以追索为止。

5.2.1.6　泰森多边形（TP）划分子流域

基于流域 DEM，按自然流域进行流域单元面积的划分，其仅考虑了流域下垫面的空间差异性，无法较好地处理降雨空间分布不均的问题。所以本书除了提供基于自然流域（数字高程）划分子流域，还提供了传统的以雨量站为中心的泰森多边形法。

泰森多边形法，又称垂直平分法。方法原理是在图上将相邻雨量站用直线连结而成若干个凸三角形，而后对各连线作垂直平分线，连接这些垂线的交点，得若干个多边形，各个多边形内各有一个雨量站，即以该多边形面积作为该雨量站所控制的面积。泰森多边形法的最大优点是原理简单，计算方便，各单元面积都有相对应的雨量代表站。其主要是从考虑雨量代表性出发的，即尽可能采用直线距离最近的雨量站作为代表站。

5.2.2　流域地貌特征提取

5.2.2.1　栅格单元坡度与坡向

坡度和坡向是两个最常用的基本地形因子，是描述地貌特征信息的两个重要指标，不但可以间接地反映地形的结构和起伏形态，而且是水文模型、土壤侵蚀、土地利用规划等地貌学分析模型的基础数据。地表上任一点的坡度 S 和坡向 A 是地形曲面 $z=f(x,y)$ 在东西（Y 轴）、南北（X 轴）方向上高程变化率的函数：

$$S=\arctan\sqrt{f_x^2+f_y^2} \tag{5-2}$$

$$A=270°+\arctan(f_y/f_x)-90°f_x/|f_x| \tag{5-3}$$

式中　f_x——南北方向上高程的变化率；

f_y——东西方向上高程的变化率。

求解流域某点的坡度和坡向，主要就是求解 f_x 和 f_y。基于 DEM 的栅格单元坡度坡向的提取还是要建立在 3×3 的窗口上，通过数值微分或局部曲面拟合的方法进行。本书所采用的方法是三阶反距离平方权差分法，以图 5－3 为例，令 z 为窗口内栅格点的高程，则有：

$$f_x=\frac{z_6-z_4+2(z_7-z_3)+z_0-z_2}{8d} \tag{5-4}$$

$$f_y=\frac{z_2-z_4+2(z_1-z_5)+z_0-z_6}{8d} \tag{5-5}$$

式中 d——DEM 栅格单元的边长，m。

求出每一个栅格单元对应的 f_x 和 f_y，也就可以计算出每个栅格单元的坡度和坡向。

5.2.2.2 地形指数

地形指数 $\ln\left(\frac{a}{\tan\beta}\right)$ 自提出以来，在水文模拟中已得到了广泛的应用，并成为了一些物理性水文模型的重要参数。地形指数中的 a 为单宽集水面积，反映了径流在流域中的累积趋势，$\tan\beta$ 表示的是局部地表坡度。对于地形指数的计算，无论何种方法都是先分别计算 a 与 $\tan\beta$ 值。而 a 值的获得首先要判断流向，计算出某点以上集水面积 A 和该流向垂直等高线宽度 L，然后有 $a=A/L$。$\tan\beta$ 也需要根据流向进行计算，本书采用 Quinn 等人提出的多流向计算地形指数的方法。

多流向计算地形指数的方法是按照一定的权重将集水面积分配给所有高程小于中心点的栅格单元，普遍建立在 3×3 的窗口上。该方法把中心点的 8 个方向分为正向［图 5-3（c）中的 1、3、5、7 方向］和对角方向［图 5-3（c）中的 0、2、4、6 方向］，对应的垂直等高线权重分别为 0.5 和 0.35。该方法还认为进入每一个顺坡方向的集水面积和该方向的径流梯度成比例，故梯度较大的方向所对应的栅格将得到较多的累计面积。每一顺坡方向的累计面积可表示为

$$\Delta A_i=\frac{A(\tan\beta_i L_i)}{\sum_{j=1}^{n}(\tan\beta_j L_j)} \tag{5-6}$$

式中 n——顺坡方向的总数；

ΔA_i——进入第 i 个下坡单元的累计面积，km^2；

A——欲计算地形单元的上游累积汇水面积，km^2；

$\tan\beta_i$——与第 i 个下坡栅格间的梯度；

L_i——与第 i 个下坡方向垂直的等高线长度，m。

同时假定栅格单元的局部地表坡度为各顺坡方向坡角的加权平均，即：

$$\tan\beta=\frac{\sum_{j=1}^{n}(\tan\beta_j L_j)}{\sum_{j=1}^{n}L_j} \tag{5-7}$$

最终可推导得到栅格单元的地形指数：

$$\ln\left(\frac{a}{\tan\beta}\right)=\ln\left[\frac{A}{\sum_{j=1}^{n}(\tan\beta_j L_j)}\right] \tag{5-8}$$

5.2.2.3 流径长度与栅格汇流演算次序

初始化一流径长度矩阵，属于研究流域内的栅格全部赋值为 0，依次扫描，逐步累加它在沿着水流方向流往出口点时每经过一段的路径长度，最终即可获得流径长度矩阵。该矩阵内的每一个值代表的是每一个栅格流到出口点所经过的距离。若想获得任意一条河流的长度，只需要读取流经长度矩阵内河流源头所在栅格的值即可；若想获得不同级别河流

之间的长度，只要找到不同级别的起始点，用对应的流径长度相减即可。

栅格汇流演算次序，即是分布式水文模型在逐栅格进行汇流演算时所需要用到的栅格间演算优先次序。计算的具体步骤如下。

步骤 1：初始化栅格演算次序矩阵，属于研究流域内的栅格单元全部赋值为 0，在累计汇水面积矩阵的基础上，对于矩阵内属于研究流域的且栅格值为 1 的，栅格演算次序也赋值 $n=1$（n 代表栅格演算次序）。

步骤 2：叠加 $n=n+1$，逐个扫描次序为 0 的栅格，假设当前栅格为 i，则根据流向矩阵判断，如果流向 i 的相邻栅格中，演算次序均非 0，则 i 的演算次序为 n，否则为 0。

步骤 3：重复步骤 2，直至研究流域的出口栅格演算次序已被赋值。

5.2.3　应用实例

以大清河支流沙河阜平站以上流域（简称阜平流域）为例，采用美国地质调查局（USGS）GTOPO30 公共域免费提供的 1km 精度的 DEM 数据，对该流域进行了数字化，提取了该流域的相关信息。图 5-4 为阜平流域数字化及信息提取过程图。

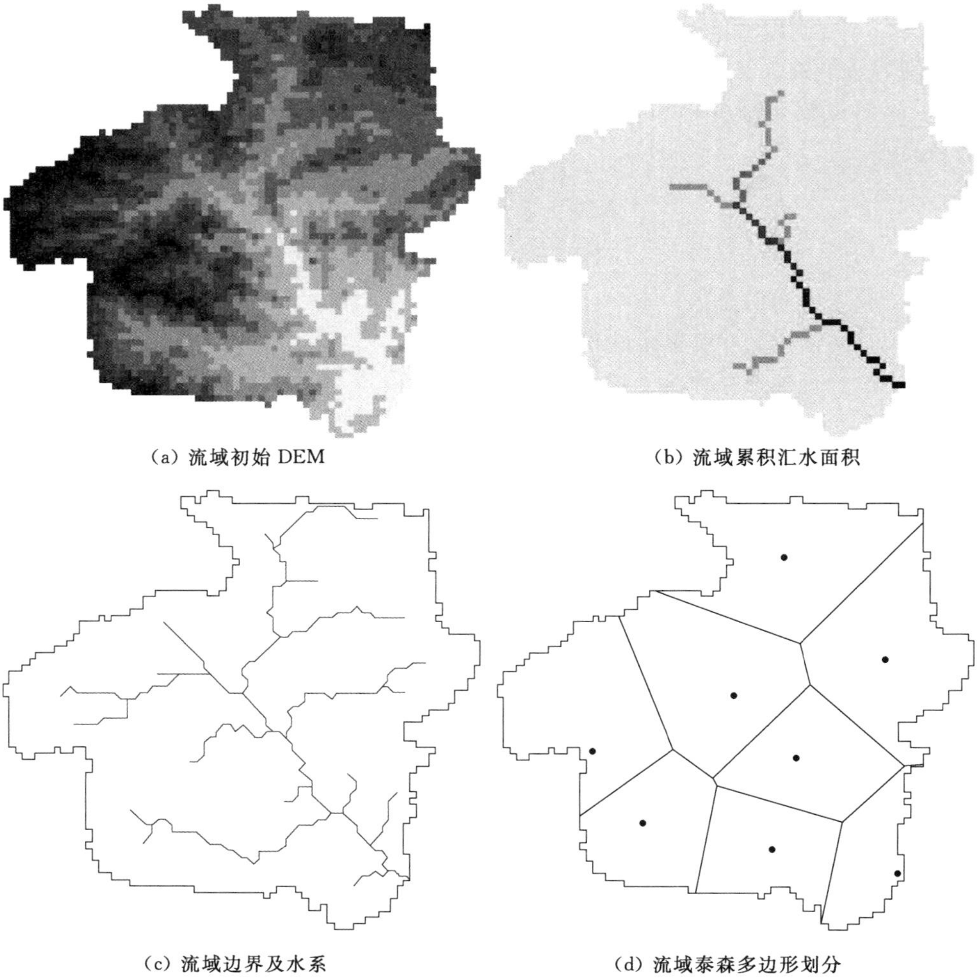

(a) 流域初始 DEM　　(b) 流域累积汇水面积

(c) 流域边界及水系　　(d) 流域泰森多边形划分

图 5-4（一）　阜平流域数字化及信息提取过程图

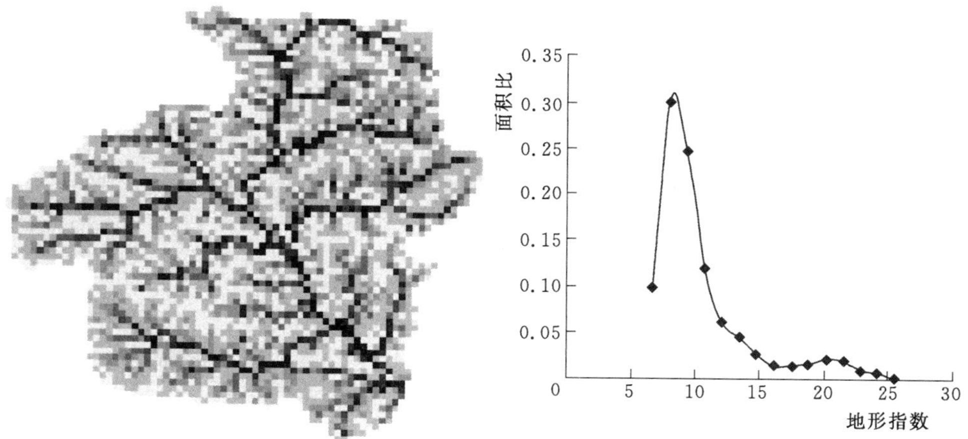

(e) 地形指数空间分布　　(f) 地形指数分布曲线

图 5-4（二） 阜平流域数字化及信息提取过程图

5.3 新安江模型及新安江-海河模型

5.3.1 模型基本结构

新安江模型是一个分散参数的概念性模型。根据流域下垫面的水文、地理情况将其流域分为若干个单元面积，将每个单元面积预报的流量过程演算到流域出口，然后叠加起来即为整个流域的预报流量过程（模型结构见图 5-5）。

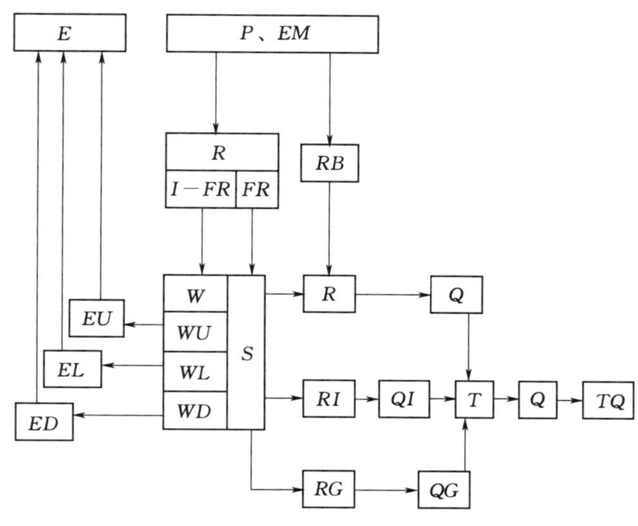

图 5-5 新安江模型结构图

单元流域水文模拟结构：产流采用蓄满产流机制，蒸散发分为上层、下层和深层三层，水源分为地表、壤中和地下径流三种水源，汇流分为坡地、河网汇流两个阶段。

5.3.2　模型变量与参数

1. 模型变量

模型输入：面平均雨量 P，量测的蒸发器观测值 EM。模型输出：出流量 TQ，实际蒸发量 E（分为三层：EU、EL 和 ED）。状态变量有流域平均张力水蓄量 W（分为三层：上层 WU、下层 WL 和深层 WD），平均自由水蓄量 S。FR 是产流面积，RB 是不透水面积上的直接径流量。R 是透水面积上的产流量（分为地表 RS、壤中 RI 和地下 RG），通过坡地、河网汇流转化为 QS、QI、QG，单元总出流是 Q。

2. 模型的参数

河网汇流计算有滞后演算法和马斯京根法等。本模型采用滞后演算法，总共有 15 个参数。根据其物理意义与在模型中的作用可以分为 4 类。

（1）蒸发参数：K、WUM、WLM、C。其中 K 为蒸散发折算系数，WUM 为上层张力水蓄水容量，WLM 为下层张力水蓄水容量，C 为深层散发系数。

（2）产流参数：WM、B、IM。其中 WM 为张力水蓄水容量，B 为张力水蓄水容量曲线指数，IM 为流域不透水面积。

（3）划分水源的参数：SM、EX、KG、KI。其中 SM 为自由水蓄水容量，EX 为自由水蓄水容量曲线指数，KG 为地下水出流系数，KI 为壤中流出流系数。

（4）汇流参数：CG、CI、CS、L。其中 CG 为地下水消退系数，CI 为壤中流消退系数，CS 为河网水流消退系数，L 为单元流域汇流滞时。

对于单元流域的新安江模型，有 7 个参数比较敏感，它们是 K、SM、KG、KI、CG、CS、L。

3. 参数的率定

根据已有的应用经验，WUM、WLM、C、IM、CI 一般都认为是不敏感参数，取一般常用值即可，WM 与 B 有关，根据其物理概念，WM 为 100～200mm，则 B 为 0.1～0.4，都不敏感。SM 与 EX 有关，EX 变化不大，可取定值 1.5。CG 可根据枯季退水资料直接求得。剩下尚有 K、SM、KG、KI、L、CS。由于采用了蓄满产流概念，参数率定可按照蒸散发—产流—分水源—汇流的顺序进行，各类之间的参数基本上是相互独立的。

据此，新安江模型参数的率定可以归纳如下步骤：①确定各个参数的初值；②用日模型优化 K 与 WM；③用日模型优化 SM 与 KG，采用结构性约束 $KG+KI=0.7$；④用次洪优化 L 与 CS。此外，由于 SM 受降雨在时段内被均化处理的影响，用日模型率定出的参数值将偏小，需在次洪模型的应用中重新率定。

5.3.3　新安江模型在海河流域的改进研究

针对海河流域小型水利开发和地下水开采等人类活动对产汇流影响比较突出等特点，同时为适应模型方法对流域下垫面变化对洪水影响的模拟需要，对新安江产流结构进行修订，在模型中增加反映人类活动影响的结构和参数，提出了新安江-海河模型，在 2011 年初提出了第一版的模型，随着研究工作的深入，提出了最新的新安江-海河模型（称为第二版）。下面进行简单的介绍。

5.3.3.1 新安江-海河模型一版（XAJ-H1）

基于新安江模型，考虑下垫面变化如流域内蓄水工程、水利工程的拦蓄与向地下水深层的渗漏以及河道的下渗，在新安江模型三水源划分模块中，增加流域拦蓄模块，具体通过分水源后地表、壤中与地下径流按一个比例因子进入流域拦蓄水库，见图5-6。考虑到由于北方河流前期河道比较干，另外有的河道如官厅到三家店河道有明显的渗漏，因此在模型中加入河道初损或者渗漏。由于是在研究海河流域水文问题以及借鉴了海河流域相关的研究成果，故取名为新安江-海河模型，简记为XAJ-H。第一版的新安江-海河模型，简记为XAJ-H1。

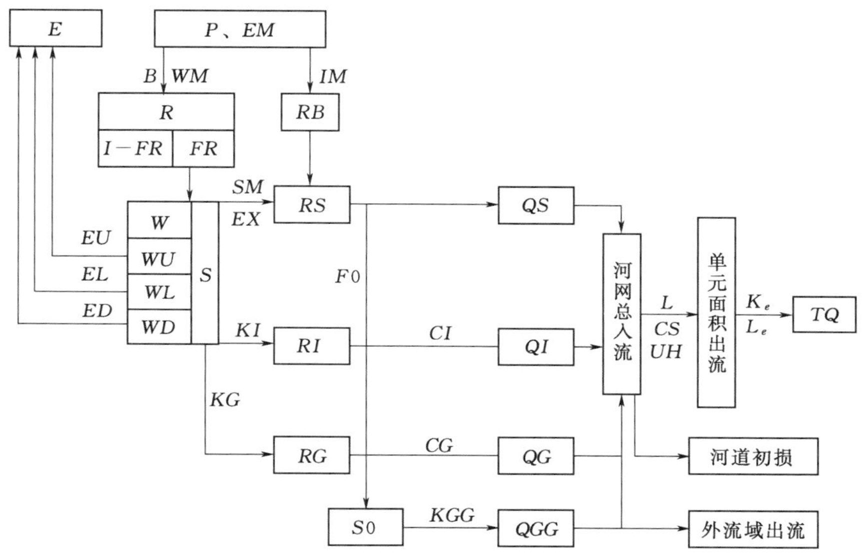

图5-6 新安江-海河模型一版结构图

1. 模型基本结构

根据流域下垫面的水文、地理情况将其流域分为若干个单元面积，将每个单元面积预报的流量过程演算到流域出口，并全部叠加起来，形成整个流域的预报流量过程。

模型有蒸散发、产流、分水源和汇流4个模块，其中蒸散发与产流模块与新安江模型相同，增加了表层拦蓄水库与河道初损部分模块。

2. 模型的参数

该模型采用滞后演算法计算河网汇流，共有19个参数。根据其物理意义与在模型中的作用可以分为5类：

(1) 蒸发参数：K、WUM、WLM、C。其中K为蒸散发折算系数，WUM为上层张力水蓄水容量，WLM为下层张力水蓄水容量，C为深层散发系数。

(2) 产流参数：WM、B、IM。其中WM为张力水蓄水容量，B为张力水蓄水容量曲线指数，IM为流域不透水面积。

(3) 划分水源的参数：SM、EX、KG、KI、KGG。其中SM为自由水蓄水容量，EX为自由水蓄水容量曲线指数，KG为地下水出流系数，KI为壤中流出流系数，KGG

为表层拦蓄水库出流系数。

(4) 流域拦蓄水库：$F0$、$S0$。$F0$ 为流域拦蓄水库的补给比例系数，$S0$ 为流域拦蓄水库容量。

(5) 汇流参数：CG、CI、CS、L。其中 CG 为地下水消退系数，CI 为壤中流消退系数，CS 为河网水流消退系数，L 为单元流域汇流滞时。

3. 分水源与流域拦蓄水库模块

分 4 种水源，即地面径流 RS、壤中流 RI、地下径流 RG 和流域拦蓄水库出流 RGG。表层自由水蓄水容量对地下水的出流系数 KG、壤中流的出流系数 KI 及深层地下水的出流系数，按 $F0$ 的比例补给，当累计到 $S0$ 时就不再补给。所用公式为

$$RS=RS_0\cdot(1-F0) \tag{5-9}$$

$$RI=S\cdot KI\cdot FR\cdot(1-F0) \tag{5-10}$$

$$RG=S\cdot KG\cdot FR\cdot(1-F0) \tag{5-11}$$

$$RGG=KGG\cdot S0 \tag{5-12}$$

式中　RS_0——新安江模型计算出的地表径流。

4. 河道拦蓄

河道拦蓄主要分为河道填洼与下渗损失。河道损失量有多种计算方法，对于不同的断面资料情况，需要采取不同的处理方法。

(1) 断面资料条件很好，有多个断面的资料。若断面资料条件很好，有多个断面的资料，可采用下渗公式计算河道拦蓄损失。下渗公式中计算出来的下渗量是单点的平均下渗量，而在洪水演进过程中河道下渗是以“面”的形式在河床底部下渗的，河段下渗量是下渗率与下渗面积的乘积。

假设 $n-1$ 时刻，河段 $J-1$ 的上、下断面的水面宽度分别为 B_{J-1}^{n-1} 和 B_J^{n-1}，实际下渗率为 $f(n-1)$。当只考虑垂向下渗时，下渗流量可通过式 (5-13) 计算：

$$Q_{J-1}^{n-1}=\frac{1}{2}(B_{J-1}^{n-1}+B_J^{n-1})Lf(n-1) \tag{5-13}$$

经过 t 时间后，n 时刻上下断面的水面宽度分别为 B_{J-1}^{n} 和 B_J^n，实际下渗率为 $f(n)$。下渗流量为

$$Q_{J-1}^{n}=\frac{1}{2}(B_{J-1}^{n}+B_J^{n})Lf(n) \tag{5-14}$$

则 t 时间内总的下渗量为

$$W_n=\frac{1}{2}(Q_{J-1}^{n-1}+Q_{J-1}^{n})\Delta t=\frac{1}{2}\left[\frac{1}{2}(B_{J-1}^{n-1}+B_J^{n-1})Lf(n-1)+\frac{1}{2}(B_{J-1}^{n}+B_J^{n})Lf(n)\right]t \tag{5-15}$$

当计算时段 t 较小时，可近似认为 $f(n-1)\approx f(n)$、$B_{J-1}^{n-1}\approx B_{J-1}^{n}$、$B_J^{n-1}\approx B_J^n$，于是：

$$W_n=\frac{1}{2}(Q_{J-1}^{n-1}+Q_{J-1}^{n})t\approx\frac{1}{4}[B_{J-1}^{n-1}+B_J^{n-1}+B_{J-1}^{n}+B_J^{n}]Lf(n-1)t \tag{5-16}$$

$$W_n \approx \frac{1}{2}(B_{J-1}^{n-1}+B_J^{n-1})Lf(n-1)t \tag{5-17}$$

通过这一简化近似处理，要计算（$n-1$）～n 时段的（$J-1$）～J 河段的下渗量 W_n，只需通过断面资料预先算出 Q～B 关系后，由 Q_{J-1}^{n-1}和 Q_J^{n-1} 插值算出 B_{J-1}^{n-1}和 B_J^{n-1} 即可。

若次洪共有 m 个时段，则次洪河道总拦蓄量为

$$W_0 = \sum_{n=2}^{m} W_n \tag{5-18}$$

（2）断面资料较少，仅有上下游两个断面的资料。若断面资料较少，仅有上下游两个断面的资料，则可根据实测河流上下游流量直接推求河道拦蓄量。在河流上下游段各测一断面流量，分别为 Q_1^{n-1} 和 Q_2^{n-1}，则河流的渗漏量 $Q_{河渗}^{n-1}$为

$$Q_{河渗}^{n-1} = Q_1^{n-1} - Q_2^{n-1} \tag{5-19}$$

可得（$n-1$）～n 时段总的下渗量为

$$W_n = Q_{河渗}^{n-1} t \tag{5-20}$$

次洪河道总拦蓄量 W_0 计算公式见式（5-18）。

当测流范围内存在支流时，应测定支流入口处的流量，计算时必须考虑到支流的流量。

（3）无断面资料。对于无断面资料的河道，只能依据所研究河道历史上各场洪水的资料或经验，估算次洪下渗总量 W_0。下渗总量 W_0 与洪水量级存在一定的关系，洪水量级越小，下渗量占洪水总量的比例就越大；与洪水发生时间存在一定的关系，每年汛期第一次洪水 W_0 较大。估算的 W_0 应符合此规律。

5.3.3.2 新安江-海河模型二版（XAJ-H2）

针对海河流域小型水利开发和地下水开采等人类活动对产汇流影响比较突出等特点，对新安江-海河模型一版继续进行修订，在模型中增加反映人类活动影响的结构和参数。新安江-海河模型一版统一考虑地表拦蓄与地下拦蓄，用一个流域拦蓄水库表示，分水源后地表、壤中与地下径流按一个比例因子进入流域拦蓄水库，现在分开考虑。对于小型蓄水塘坝以及谷坊、鱼鳞坑、梯田等水土保持工程的影响，在模型中增加了地表径流填洼参数。对于山丘区地下水开采额外增加的包气带蓄水容积，可以按两种方式处理：一是通过加大流域蓄水容量（WM）数值来体现；二是在模型中增加地下水开发引起的附加容量参数，存储部分壤中流和地下水汇流损失量。对于植被变化引起的蒸散发变化，模型中增加了反映植被生物量多少的归一化植被指数参数（NDVI），并构建了 NDVI 与现有分层蒸散发模型计算的蒸散发量相关模式。修订的新安江模型结构见图 5-7，取名为新安江-海河模型二版，简记为 XAJ-H2。

1. 植被指数与蒸散发量相关模式

经有关文献研究表明，流域蒸散发量与植被指数参数和植被盖度均呈现正相关关系，图 5-8 为某典型区利用遥感数据分析得出的日蒸散发量与 NDVI 相关关系。

流域植被变化引起的蒸散发量变化按式（5-21）计算：

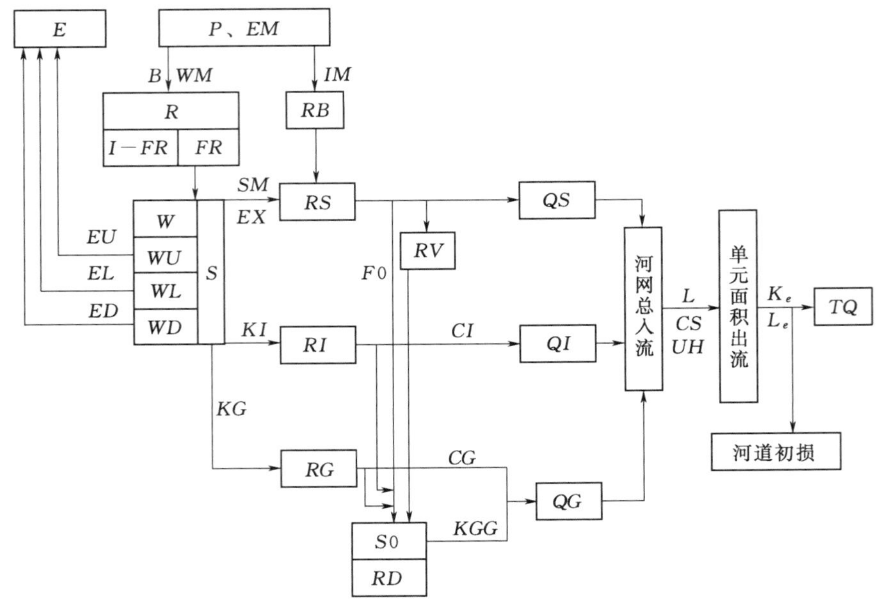

图 5－7　新安江-海河模型二版结构图

$$\Delta E=\alpha(NDVI_P-NDVI_0) \tag{5-21}$$

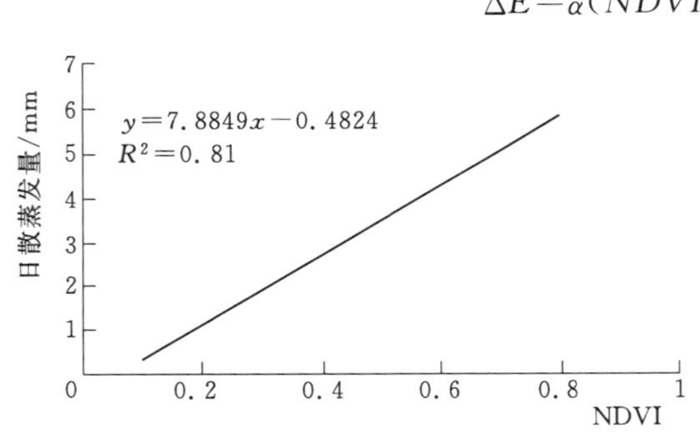

图 5－8　日蒸散发量与 NDVI 相关关系图

式中　ΔE——植被覆盖变化引起的蒸散发变化量，mm；

$NDVI_P$、$NDVI_0$——现状及前期修订年份的植被指数；

α——蒸散发量与 NDVI 相关性修订系数。

2. 流域地表径流拦蓄量的模拟

新中国成立以来，海河流域兴建了大量的水利工程，截至 2005 年，已兴建大中型蓄水工程 148 座，兴利蓄水容积 139 亿 m^3；小型水库及蓄水塘坝 19200 座，兴利蓄水容积 9.7 亿 m^3。海河流域太行山和永定河山区，还兴建了大量的小型蓄水塘坝以及谷坊、鱼鳞坑、梯田等水土保持工程。这些蓄水工程极大地改变了流域下垫面状况。在设计洪水分析中对于大型工程及影响比较明显的中型工程，一般是将蓄水工程的影响通过还原方法进行工程影响一致性处理；对于小型蓄水塘坝以及谷坊、鱼鳞坑、梯田等水土保持工程，由于数量较多不好单独处理，一般归为流域下垫面变化中进行考虑。

新安江-海河模型二版采用地表水填洼能力参数对小型水利及水土保持工程的拦蓄能力影响进行模拟。在模型参数率定前，可对流域小型蓄水工程的控制面积、蓄水容量进行调查，给定初始值，而后再进行参数率定；也可通过日模型演算，获得初始值。模拟单元

一次洪水过程的地表径流填洼量采用式（5-22）估算：

$$R_v=\min\left(R_{vm}-R_0,\frac{F_v}{F_t}\cdot R_s\right) \tag{5-22}$$

式中　R_{vm}——地表填洼蓄水能力，mm；

R_0——初始填洼量，mm；

F_v、F_t——模拟单元内小型蓄水工程控制面积及模拟单元总面积，km^2。

3. 流域地下径流拦蓄量的模拟

海河流域秋冬季降雨较少，用水量较多，地下水开采量大于补给量，地下水位下降。汛期刚开始时，地下水埋深较深，径流坡地汇流过程中不断渗漏，补充地下水，抬升地下水面。

新安江-海河模型二版设立地下拦蓄水库，模拟这种现象。分水源后地表、壤中与地下径流按某一比例因子补给地下水库。地下水库设有阈值 R_d，水库蓄水量小于 R_d 时，不出流，全部蓄积于水库内；大于 R_d 时，超过部分按地下径流出流，参数直接借用地下径流参数。

5.4　河北模型及其改进形式

河北模型于1995年开始研制，历经3年多的时间，于1998年底研制成功，经过两年的测试和试运行，于2000年正式发布并投入实际应用。河北模型是结合河北省的流域特性和地理特点，根据已有的流域产汇流成果和预报经验，在对本地区的产汇流条件和特性进行专门分析研究的基础上，研制出适合于河北省特点的洪水预报模型。目前，该模型已在北方半干旱、半湿润地区应用，效果较好，尤其是在这些地区中等流域的大、中洪水预报的应用中，效果更好，在湿润地区应用的不多。

1980年以后，人类活动影响增大，下垫面变化显著，地下水位持续下降，降雨径流关系也随之改变。鉴于此，同新安江-海河模型一样，在河北模型中增设流域拦蓄水库，地表径流与地下径流在汇流过程中不断向流域拦蓄水库渗漏，以此反映人类活动对产汇流的影响。

在本书中仅使用河北模型的产流计算方法，流域汇流使用与新安江模型相同的坡面与河网汇流的线性水库汇流方法及河道汇流的马斯京根法。

5.4.1　河北模型的基本结构

河北模型原为两水源产、汇流综合模型，该模型把天然径流分为地表径流和地下径流两种水源，当降雨强度大于下渗强度时产生地表径流，下渗部分满足土壤缺水以后产生地下径流，两者经过流域汇流成为流域出口断面的流量过程，模型结构如图5-9所示。

5.4.2　河北模型的原理和计算公式

河北模型的产流过程可认为降雨首先满足植物截留、填洼等初损，而后当降雨强度大于下渗强度时产生地表径流，入渗水量参与包气带水量的再分配，部分产生地下径流，部分水量湿润包气带土壤。产流顺序为先地表后地下，故称为“先超后蓄产流模型”。

1. 下渗曲线

根据团山沟试验成果拟合出了包顿型下渗曲线计算公式：

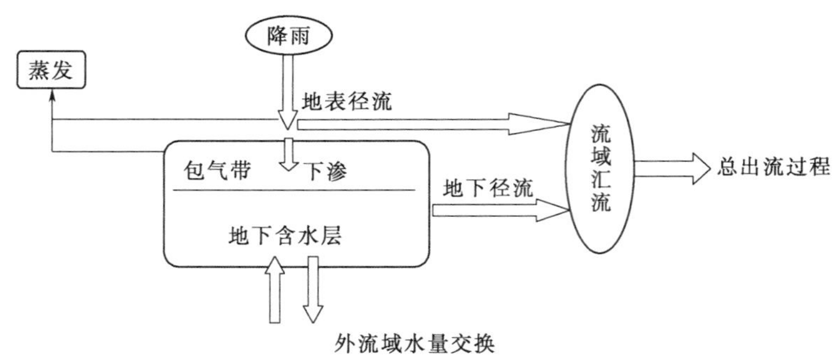

图5-9 河北模型基本结构

$$f=f_c+f_0 e^{-um} \tag{5-23}$$

$$m=F+kP_a \tag{5-24}$$

式中 f——下渗率，mm/h；

f_c——稳定下渗率，mm/h；

f_0——初始下渗率，mm/h；

u——指数；

m——表层土湿，mm；

k——系数，表示土壤表层厚度与包气带厚度的比值，取值范围为0～1；

P_a——前期影响雨量，mm；

F——累积下渗量，mm。

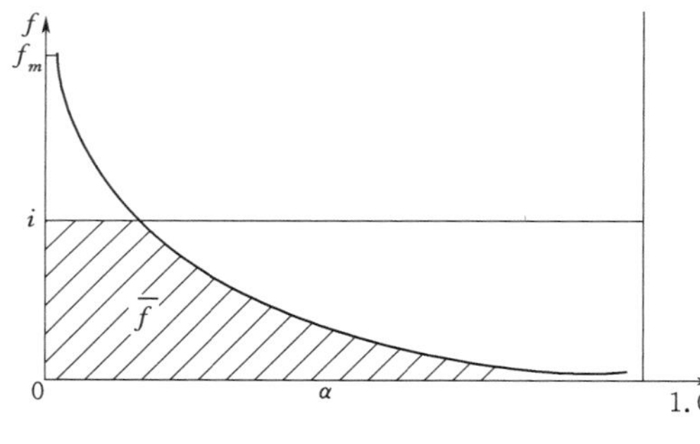

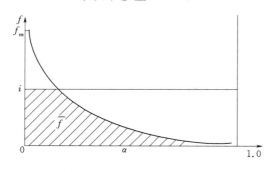

图5-10 下渗能力分配曲线

下渗曲线的计算式说明流域前期影响雨量与累积下渗量对下渗率的影响程度不同。作为整个包气带含水量的前期影响雨量只是部分起作用，而作为下渗峰面可到达土层的含水量，即累积下渗量，则全部起作用。

2. 下渗能力分配曲线

由于流域内各点的下渗能力不均，客观上存在一个不同下渗能力所占流域面积的分配曲线，即下渗能力分配曲线。通过分析和验证，河北模型采用抛物线型分配曲线（图5-10），即

$$\alpha=1-\left(\frac{f}{f_m}\right)^n \tag{5-25}$$

式中 α——小于或等于某一下渗率的面积占总流域面积的比值；

f_m——流域内最大点下渗率，mm/h；

f——流域内某一点的下渗率，mm/h；

n——指数。

则相应于降雨强度 i 的流域平均下渗率见式（5-26）。

$$\left.\begin{aligned} &\text{当 } i<f_m \text{ 时} \quad \overline{f}=i-\frac{i^{(1+n)}}{(1+n)f_m^n} \\ &\text{当 } i\geqslant f_m \text{ 时} \quad \overline{f}=f_m-\frac{f_m}{1+n} \end{aligned}\right\} \tag{5-26}$$

式中 $\overline{f}$——流域平均下渗率，mm/h。

其他符号物理意义同前。

3．蓄水容量分配曲线

计算地下径流的流域蓄水容量曲线采用抛物线型，即与新安江模型相同。

4．下渗曲线与下渗能力分配曲线组合

认为下渗能力分配曲线随土壤湿度的增加，f_m 不变，分配曲线按比例减小进行变化，则可推导出考虑下渗分配不均的，受控于流域表层土壤湿度的下渗曲线，即河北模型下渗曲线：

$$f=\left(i-\frac{i^{(1+n)}}{(1+n)f_m^n}\right)e^{-un}+f_c \tag{5-27}$$

式中各符号意义同前。

5．地表径流计算

首先计算时段下渗量。当设计算时段为 1 小时，则第 i 时段的下渗量为

$$\overline{f_i}=\frac{f_0 e^{-um}(1-e^{u\overline{f_i}})}{u\overline{f_i}}+f_c \tag{5-28}$$

式中 $\overline{f_i}$——第 i 小时的下渗量，mm。

其他符号物理意义同前。

当计算时段为 t 小时，则时段下渗量为

$$F_t=\sum_{i=1}^{t}\overline{f_i} \tag{5-29}$$

时段地表径流计算公式为

$$R_s=P_t-F_t \tag{5-30}$$

式中 R_s——时段地表径流深，mm；

P_t——时段有效降水量，mm；

F_t——时段下渗量，mm。

6．地下径流计算

根据时段下渗量和流域蓄水容量分配曲线，则时段地下径流计算公式见式（5-31）和式（5-32）。

$$\text{当 } P'_a+F_t<W'_m \text{时} \quad R_g=F_t+P_a-W_m+W_m\left(1-\frac{F_t+P'_a}{W'_m}\right)^{(1+b)} \tag{5-31}$$

$$\text{当 } P'_a+F_t\geqslant W'_m \text{时} \quad R_g=F_t+P_a-W_m \tag{5-32}$$

式中 R_g——时段地下径流，mm；

P_a——流域平均前期影响雨量，mm；

W_m——流域平均蓄水容量，mm；

P'_a——与流域平均蓄水量相应的蓄水容量曲线的纵标，mm；

W'_m——流域最大点蓄水容量，mm；

b——蓄水容量曲线的指数；

其他符号意义同前。

5.4.3　河北模型的改进

1. 流域分块

为了考虑降雨分布不均和下垫面分布的不均匀性，采用自然流域划分法或泰森多边形法将计算流域划分为 N 块单元流域，在每块单元流域内至少有一个雨量站；单元流域大小适当，使得每块单元流域上的降雨分布相对比较均匀，并尽可能使单元流域与自然流域的地形、地貌和水系特征相一致，以便于能充分利用小流域的实测水文资料；若流域内有水文站或大中型水库，通常将水文站或大中型水库以上的集水面积单独作为一块单元流域；单元流域出口与流域出口用河网连接。

对划分好的每块单元流域分别进行蒸散发计算、产流计算和汇流计算，得到单元流域出口的流量过程；对单元流域出口的流量过程进行出口以下的河道汇流计算，得到该单元流域在全流域出口的流量过程；将每块单元流域在全流域出口的流量过程线性叠加，即为全流域出口总的流量过程。

2. 添加流域拦蓄水库

改进的河北模型仍为两水源产汇流综合模型，该模型把天然径流分为地表径流、地下径流两种水源，当降雨强度大于下渗强度时产生地表径流 RS，下渗部分满足土壤缺水以后产生地下径流 RG，流域拦蓄水库的渗漏量（RGG）以地下径流的形式汇入河网。模型结构如图 5-11 所示。

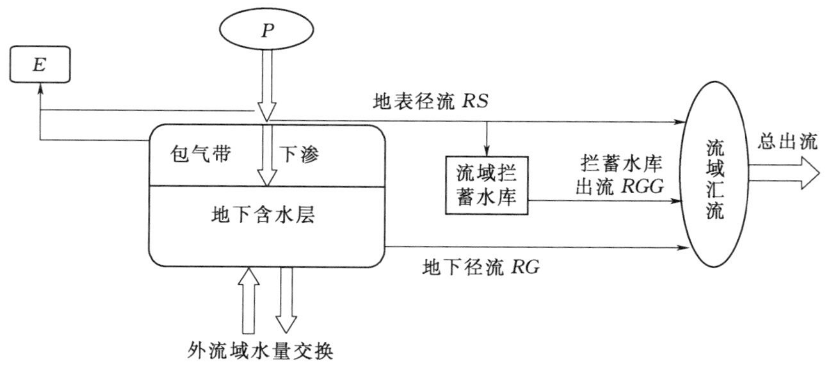

图 5-11　河北模型改进结构

添加流域拦蓄水库，需有与之相应的拦蓄水库出流计算。地表径流与地下径流产生后，不断向流域拦蓄水库渗漏，流域拦蓄水库当前时段蓄水量计算公式如下。

当 $S_0+R_s+R_g<S0$，即流域拦蓄水库未蓄满时：

$$\begin{aligned}&S=S_0+R_s+R_g\\&R'_s=0\\&R'_g=0\end{aligned}\tag{5-33}$$

当 $S_0+R_s+R_g\geqslant S0$，即流域拦蓄水库已蓄满时：

$$R_s' = \frac{(S_0 + R_s + R_g - S0)R_s}{R_s + R_g}$$

$$R_g' = \frac{(S_0 + R_s + R_g - S0)R_g}{R_s + R_g} \tag{5-34}$$

$$S = S_0$$

流域拦蓄水库的出流系数为 KGG，计算公式为

$$RGG = S \cdot KGG \tag{5-35}$$

本时段末下时段初流域拦蓄水库蓄水量为

$$S_0' = S \cdot (1 - KGG) \tag{5-36}$$

式中 S——流域拦蓄水库蓄水量，mm。

S_0——本时段初流域拦蓄水库蓄水量，mm；

$S0$——流域拦蓄水库蓄水容量，mm；

R_s'——经流域拦蓄水库调蓄后的地表径流量，mm；

R_g'——经流域拦蓄水库调蓄后的地下径流量，mm。

3. 线性水库与马斯京根河道汇流方法

不计地表径流的坡地汇流时间，直接进入河网，则

$$QS(t) = R_s'(t) \cdot U \tag{5-37}$$

式中 U——单位转换系数，U=流域面积/[3.6Δt (h)]。

地下径流的坡地汇流用线性水库模拟，其消退系数为 CG，出流进入河网，计算公式为

$$QG(t) = CG \cdot QG(t-1) + (1 - CG) \cdot R_g'(t) \cdot U \tag{5-38}$$

地下水蓄水库的出流形成深层地下径流，出流系数为 KGG，计算公式为

$$RGG(t) = S \cdot KGG \tag{5-39}$$

深层地下径流的坡地汇流同样用线性水库模拟，其消退系数为 CGG，出流进入河网，计算公式为

$$QGG(t) = CGG \cdot QGG(t-1) + (1 - CGG) \cdot RGG(t) \cdot U \tag{5-40}$$

河道流量演算采用马斯京根分段连续演算法，参数有槽蓄系数 $K(h)$ 和流量比重因素 X，各单元河段的参数取相同值。为了保证马斯京根法的两个线性条件，每个单元河段取 $K \approx \Delta t$。已知 K、X 和 Δt，即可求出 C_0、C_1 和 C_2，公式如下：

$$C_0 = \frac{0.5\Delta t - Kx}{0.5\Delta t + K - Kx}$$

$$C_1 = \frac{0.5\Delta t + Kx}{0.5\Delta t + K - Kx}$$

$$C_2 = \frac{-0.5\Delta t + K - Kx}{0.5\Delta t + K - Kx}$$

$$Q_t = C_0 \cdot I_t + C_1 \cdot I_{t-1} + C_2 \cdot Q_{t-1} \tag{5-41}$$

式中 Q、I——出流和入流量，m^3/s。

河网汇流采用滞后演算法，计算公式为

$$Q(t) = CS \cdot Q(t-1) + (1 - CS) \cdot QT(t - L) \tag{5-42}$$

$$QT(t)=QS(t)+QG(t)+QGG(t) \tag{5-43}$$

式中　L——河网汇流滞时；

CS——河网水流消退系数。

5.5　TOPMODEL 模型

5.5.1　流域变动产流理论

流域变动产流理论（Variable Source Area Concept，简称 VSAC）是构成 TOPMODEL 模型产流机制的理论基础，是将动态非均匀的、复杂的水文物理现象概化为简单直观的水文过程的理论依据。图 5-12 是 TOPMODEL 模型物理概念示意图。

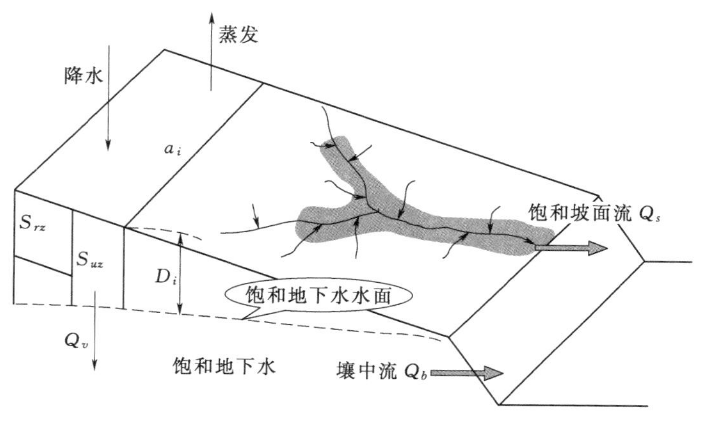

图 5-12　TOPMODEL 模型物理概念示意图

在该理论中，流域内任何一点的包气带被划分为三个不同的含水区：①植被根系区，用 S_{rz} 表示；②土壤非饱和区，用 S_{uz} 表示；③饱和地下水区，用饱和地下水水面距流域土壤表面的深度 D_i 来表示，亦可理解为缺水深。若将流域划分为若干个单元网格，那么对于每一个单元网格，其水分运动规律见图 5-13。降水满足植物冠层截留和填洼以后，首先下渗进入植被根系区来补给该区的缺水量，储存在这里的水分部分参加蒸散发运动，直至枯竭；而当植被根系区土壤含水量达到田间持水量时，多余的水分将下渗进入土壤非饱和区来补充其土壤含水量。在非饱和区中，水分以一定的垂直下渗率 q_v 进入饱和地下水区。在饱和地下水区中，水分通过侧向运动形成壤中流 q_b（亦称为基流）。q_v 的下渗与 q_b 的流出使饱和地下水水面不断发生变化，当部分面积的地下水水面不断抬升直至地表，形成饱和面，此时便会产

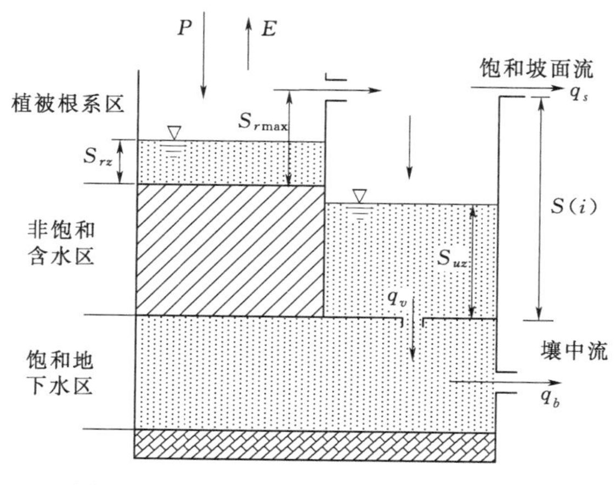

图 5-13　单元网格土壤水分运动示意图

生饱和坡面流 q_s。q_s 只发生在这种饱和地表面积，或者叫做源面积上。将 q_b、q_s 分别在整个流域上积分，得到 Q_b 和 Q_s。因此，在 TOPMODEL 模型中，流域总径流 Q 是壤中流和饱和坡面流之和，表达式为

$$Q=Q_b+Q_s \tag{5-44}$$

在整个计算过程中，源面积是不断变化的，亦称变动产流面积。源面积的位置受流域地形和土壤水力特性两个因素的影响。当地下水向坡底运动时，将会在地形平坦的辐合面上汇集，而地形辐合的程度决定给定面积上坡面汇水面积的大小，平坦面积的坡度影响水继续坡向运动的能力。土壤水力特性、水力传导度和土壤厚度决定了某一地点的导水率，从而影响水分继续坡向运动的能力。源面积一般位于河道附近，随着下渗的持续，饱和面积向河道两边的坡面延伸，这种延伸同时受到来自山坡上部的非饱和区壤中流的影响 。所以，在一定意义上，变动产流面积可看作河道系统的延伸，见图 5-14。

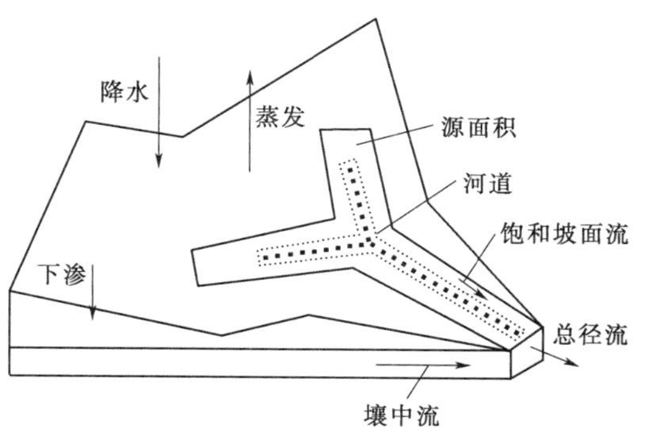

图 5-14 源面积发展示意图

TOPMODEL 模型主要通过流域含水量（或缺水量）来确定源面积的大小和位置。而含水量的大小可由地形指数 $\ln\left(\frac{a}{\tan\beta}\right)$ 来计算，并借助于地形指数 $\ln\left(\frac{a}{\tan\beta}\right)$ 来描述和解释径流趋势及在重力排水作用下径流沿坡向的运动。因此 TOPMODEL 模型也被称为以地形为基础的半分布式流域水文模型。

5.5.2 模型计算原理

由以上对 TOPMODEL 模型的基本介绍可知，该模型是降雨径流模式之一，水文过程主要用水量平衡和达西定律来描述。它采用变动产流理论，地表径流的产生主要是由于降雨使土壤达到饱和，而饱和区域的面积是受流域地形、土壤水力特性和流域前期含水量控制的。下面将对该模型中的基本方程及公式推导和计算流程做详细介绍。

5.5.2.1 基本方程

1. *蒸发计算*

在流域内的任何一点 i 处，实际蒸发量 E_a 发生在植被根系区，由式（5-45）计算：

$$E_{a,i}=E_p\left(1-\frac{S_{rz,i}}{S_{r\max,i}}\right) \tag{5-45}$$

式中 $S_{rz,i}$——i 点处植被根系区缺水量，mm；

$S_{r\max,i}$——i 点处植被根系区最大容水量，mm；

E_p——蒸发能力，mm。

2. *非饱和区水分下渗运动方程*

通常都假定土壤非饱和区中的水分运动是完全垂向的，即只考虑重力排水补给饱和地下水的那一部分水分运动，而且采用非饱和区排水通量的经验函数来描述这种流动。在以往的 TOPMODEL 模型中采用过两种形式。Beven 和 Wood（1983）提出对于任一点 i，

下渗率 $q_{v,i}$ 的函数形式可用缺水量表示为

$$q_{v,i}=\frac{S_{uz,i}}{SD_i \cdot t_d} \tag{5-46}$$

式中　$S_{uz,i}$——i 点处的非饱和区土壤含水量，mm；

t_d——时间参数，h；

SD_i——该区要满足重力排水的缺水量，跟地下水埋深有关，m。

Beven 在达西定律的基础上提出了第二种形式：

$$q_{v,i}=\alpha K_0 e^{-fZ_i} \tag{5-47}$$

式中　α——有效地垂向水力梯度；

K_0——地表的饱和传导度，m^2/h；

Z_i——i 点处地下水埋深，m。

式（5－46）是一个带有时间常数 $SD_i \cdot t_d$ 的线性蓄水等式，且时间常数随着地下水埋深的增加而增加。式（5－47）是以传导性为基础的流体运动方程式。所建模型中采用方程式（5－46），并认为 SD_i 等于地下水表面距流域地表深度 D_i。整个流域的总下渗率 Q_v 通过加权平均计算求得：

$$Q_v=\sum_{i=1}^{n} q_{v,i}A_i \tag{5-48}$$

式中　A_i——第 i 类地形指数占总流域面积的百分比，此值由地形指数在全流域的分布来决定。

3. 饱和产流面积的确定及饱和坡面流的计算

在 TOPMODEL 模型中，流域内某饱和地下水水面距流域表面的深度，即缺水量 D_i 决定了源面积的大小和位置。$D_i \leqslant 0$ 的位置所占有的面积即为饱和源面积，在这些面积上将产生饱和地表径流。TOPMODEL 模型采用了三个基本假定。

第一个基本假定：饱和地下水的水力梯度近似于局部表面地形坡度 $\tan\beta$。在绝大多数情况下，地下水的运动都符合达西线性渗透定律。因此，壤中流速率 q_i 可表示为

$$q_i=T_i \tan\beta_i \tag{5-49}$$

式中　q_i——i 点处壤中流速率，m/d；

T_i——i 点处导水率，m/d；

$\tan\beta_i$——i 点处地形坡度。

一般情况下，潜水面不是水平的，而是向排泄区倾斜的曲面，起伏大致与地形一致而较缓和，所以这个假定比较符合饱和地下水的实际情况。但饱和表面上的地表径流却不一样，因此该模型将地表、地下径流分开计算。

第二个基本假定：导水率是饱和地下水水面深度的负指数函数，即

$$T_i=T_0 e^{-D_i/S_{zm}} \tag{5-50}$$

式中　T_0——土壤刚达到饱和时的导水率；

S_{zm}——非饱和区最大蓄水深，m。

第三个基本假定：饱和地下水区的壤中流始终处于稳定状态，即任何地方的单位过水宽度的壤中流速率 q_i 等于上游来水量，即

$$q_i = j \cdot a_i \tag{5-51}$$

式中 j——流域单位面积上的产流速率，假定在全流域均匀分布；

a_i——单宽集水面积，km^2。

联立式（5-49）、式（5-50）和式（5-51），得出：

$$j \cdot a_i = T_0 \cdot \tan\beta_i \cdot e^{-D_i/S_{zm}} \tag{5-52}$$

从式（5-52）可以解出：

$$D_i = -S_{zm} \cdot \ln\left(\frac{j \cdot a_i}{T_0 \cdot \tan\beta_i}\right) \tag{5-53}$$

在整个对地下水位有贡献的流域面积上对上式积分可得平均地下水面深度 $\overline{D}$：

$$\overline{D} = \frac{1}{A}\int_A D_i \mathrm{d}A = \frac{S_{zm}}{A}\int_A \left[-\ln\left(\frac{a_i}{T_0 \cdot \tan\beta_i}\right) - \ln j\right]\mathrm{d}A \tag{5-54}$$

式中 A——流域总的面积。

由式（5-52）可推求出 $j = \frac{T_0 \cdot \tan\beta_i}{a_i} e^{-D_i/S_{zm}}$，将其代入式（5-54）中，得

$$\overline{D} = S_{zm}\left[-\frac{1}{A}\int_A \ln\left(\frac{a_i}{T_0 \cdot \tan\beta_i}\right)\mathrm{d}A + \frac{D_i}{S_{zm}} + \ln\left(\frac{a_i}{T_0 \cdot \tan\beta_i}\right)\right] \tag{5-55}$$

由式（5-55）得

$$D_i = \overline{D} - S_{zm}\left[\ln\left(\frac{a_i}{T_0 \cdot \tan\beta_i}\right) - \frac{1}{A}\int_A \ln\left(\frac{a_i}{T_0 \cdot \tan\beta_i}\right)\mathrm{d}A\right] \tag{5-56}$$

TOPMODEL 模型通常假设饱和导水率在全流域是均匀分布的，所以式（5-55）中的 T_0 可以消掉，则有：

$$D_i = \overline{D} - S_{zm}\left[\ln\left(\frac{a_i}{\tan\beta_i}\right) - \lambda\right] \tag{5-57}$$

其中

$$\lambda = \frac{1}{A}\int_A \ln\left(\frac{a_i}{\tan\beta_i}\right)\mathrm{d}A$$

式中 λ——流域地形指数空间分布的均值。

从式（5-57）中可以看出，流域内某点饱和地下水水面深 D_i 主要由该点处的地形指数 $\ln\left(\frac{a_i}{\tan\beta_i}\right)$ 来控制，所以地形指数相同的地方，D_i 也相同，即具有相同的水文响应。因此在计算饱和坡面流时，应首先计算出流域地形指数 $\ln\left(\frac{a}{\tan\beta}\right)$ 的分布曲线。

若式（5-57）算出的结果为负值或 0，即饱和地下水水面深 $D_i \leqslant 0$，则将产生源面积，出现饱和坡面流，从而得出饱和坡面流的计算公式为

$$Q_s = \frac{1}{\Delta t}\sum_i \max\{[S_{uz,i} - \max(D_i, 0)], 0\} A_i \tag{5-58}$$

式中 Q_s——饱和坡面流流量，m^3/s；

Δt——时间步长；

A_i——第 i 类地形指数占总流域面积的百分比，该值由地形指数分布曲线来决定。

4. 饱和地下水区水分运动方程——壤中流（基流）的计算

饱和地下水区的壤中流，从河道两侧汇入河流，计算公式为

$$Q_b = \int_L q_i \mathrm{d}L = \int_L T_0 \tan\beta \cdot \mathrm{e}^{-D_i/S_{zm}} \mathrm{d}L \tag{5-59}$$

将式（5-57）代入式（5-59）中，得

$$Q_b = \int_L T_0 \tan\beta \cdot \mathrm{e}^{-\overline{D}/S_{zm} - \lambda + \ln\frac{a}{\tan\beta}} \mathrm{d}L = T_0 \mathrm{e}^{-\overline{D}/S_{zm}} \mathrm{e}^{-\lambda} \int_L a \mathrm{d}L \tag{5-60}$$

因为 $\int_L a \mathrm{d}L = A$，则式（5-60）可以进一步表示为

$$Q_b = AT_0 \mathrm{e}^{-\lambda} \mathrm{e}^{-\overline{D}/S_{zm}} = Q_0 \mathrm{e}^{-\overline{D}/S_{zm}}$$

$$Q_0 = AT_0 \mathrm{e}^{-\lambda} \tag{5-61}$$

式中　Q_b——壤中流流量；

Q_0——$\overline{D}$ 等于零时的流量。

5. 流域平均地下水水深更新公式

由于非饱和区重力排水的下渗与饱和地下水区壤中流的出流，使得流域平均地下水水深时刻发生变化，其更新公式为

$$\overline{D}^{t+1} = \overline{D}^t - \frac{Q_v^t - Q_b^t}{A} \Delta t \tag{5-62}$$

式中　t——时刻。

初始时刻平均饱和地下水水深 $\overline{D}^1$ 的确定，可假设初始流量仅为壤中流 Q_b^1，从而对饱和区进行初始化：

$$Q_b^1 = Q_0 \mathrm{e}^{-\overline{D}^1/S_{zm}} \tag{5-63}$$

由式（5-63）得出：

$$\overline{D}^1 = -S_{zm} \cdot \ln\left(\frac{Q_b^1}{Q_0}\right) \tag{5-64}$$

总流域的产流量为饱和坡面流与壤中流之和，即：

$$Q^t = Q_s^t + Q_b^t \tag{5-65}$$

6. 基于子流域的等流时线汇流计算

Beven 和 Kirkby 在 TOPMODEL 模型结构中引入了地表径流滞时函数和河道演算函数，进行河网汇流演算。在考虑地表径流滞时现象时，给出了式（5-66）：

$$T = \sum_{i=1}^{N} \frac{x_i}{V \tan\beta_i} \tag{5-66}$$

式中　N——某点到达出口断面水流路径的总段数；

x_i——地表坡度 $\tan\beta_i$ 上所对应的长度；

$\tan\beta_i$——N 段水流路径中第 i 段的坡度；

V——速度参数，视为常数。

式（5-66）代表了流域上任意一点到达流域出口断面所经历的时间。若给定一个 V 值，即可运用式（5-66）在任一集水面积上根据流域地形推导出唯一的滞时统计直方图。这一概念虽然与克拉克法的时间—面积曲线方法相类似，但能动态地表示径流滞时与源面积大小的关系。河道演算则采用河道平均洪峰波速的方法来考虑，使得与总出流呈非线性关系。这种方法显然是对运动波河道洪水演算的近似，但因为在计算中可能不稳定而不被

推荐。很多实际运用中都采用简单的常波速洪水演算法。

在汇流计算时，如果将流域划分为若干个子流域（可按照自然流域划分法或泰森多边形法），则在每个子流域内将坡面流与壤中流同时刻相加得到总径流，并假定总径流在空间上相等，通过等流时线法进行汇流演算，求出子流域出口处的流量过程。

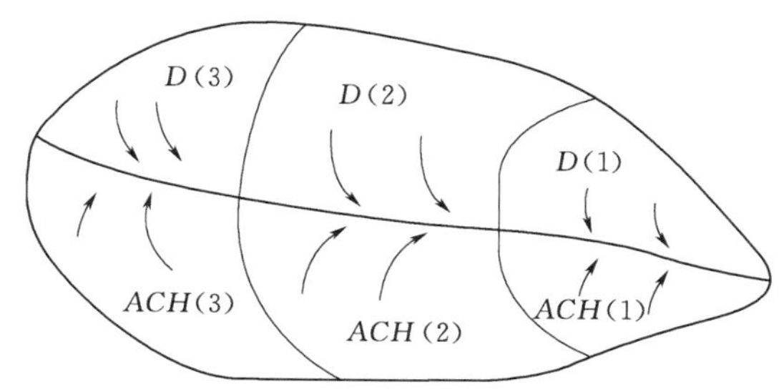

图 5-15 模型汇流示意图

等流时线是一种经典的流域汇流曲线。它从物理角度解释了流域水文系统是一个有“忆滞”功能的系统，其降雨～径流关系可由卷积方程来表达。假设流域中水流速度分布均匀，则其中任一水滴流到出口断面的时间仅取决于它到出口断面的距离。据此就可以绘制一组等流时线，如图 5-15 所示，相邻两条等流时线之间的流域面积成为等流时面积。按等流时线的概念，瞬时降落在同一条等流时线上的水滴必将同时流到出口断面，而瞬时降落在等流时面积上的水滴将在两条相邻等流时线的时距内流出出口断面。

根据等流时线提取法将主河道分为 m 级进行汇流，如图 5-15 所示（$m=3$）。图 5-15 中，$D(i)$ 为 i 级河道到达出口断面的最远距离；$ACH(i)$ 为 $D(i)$ 对应的流域面积占流域总面积的百分比。

假定坡面汇流和河道汇流的速度分别为 CH_v 和 R_v，则坡面汇流时间 t_0 为

$$t_0=D(1)/R_v \tag{5-67}$$

第 i 级河道的汇流时间为 t_i，$i=1,\cdots,m$，则

$$t_i=t_0+[D(i)-D(1)]/CH_v \tag{5-68}$$

如此，流域汇流时间为 t_m；第 i 级河道径流的滞后时段为 $TCH(i)=t_i/\mathrm{d}t$；当 $t_0/\mathrm{d}t$ 为整数时，最先到达出口的径流滞后时段 $j_0=\mathrm{int}(t_0/\mathrm{d}t)$，否则 $j_0=\mathrm{int}(t_0/\mathrm{d}t)+1$。当 $t_m/\mathrm{d}t$ 为整数时，最远点径流滞后时段 $n=\mathrm{int}(t_m/\mathrm{d}t)$，否则 $n=\mathrm{int}(t_m/\mathrm{d}t)+1$。如果汇流时间多于计算时段（$t_m>\mathrm{d}t$），在第 k 个时段产生的径流将在 $k+j_0 \sim k+n$ 时段内陆续到达出口断面。

假定第 k 时段流域的产流量 $Q^k=Q_f^k+Q_b^k$，它在 $k+j_0\sim k+j$（$j=j_0+1,\cdots,n$）时段内，到达出口断面径流的比例 $A(j)$ 为

$$A(j)=ACH(i-1)+[ACH(i)-ACH(i-1)][j-TCH(i)]/TCH(i)-TCH(i-1)$$
$$[j<TCH(i)]$$

第 $k+j$ 时段内，到达出口的径流比例为 $\Delta A(j)=A(j)-A(j-1)$，则第 $k+j$ 时段时 k 时段的产流在流域出口形成的流量为

$$Q^{k+j}=Q^k * \Delta A(j) \tag{5-69}$$

分别计算各时段产流量在流域出口形成的流量过程。在不考虑流域河槽的调蓄作用的情况下，将同时出现在出口的流量直接叠加，得到整个降水的模拟流量过程。

最后将子流域出口处的流量通过河道汇流演算至总流域出口处，再将各子流域的演算

值进行同时刻叠加，从而得到总流域出口处的流量过程，河道演算采用近似运动波的常波速洪水演算方法，如马斯京根法。

5.5.2.2　模型参数意义

流域水文模型是对实际发生的水文过程的简化。流域降雨径流形成过程的因素众多，由于各因素所起的作用、描述或者概化方式及结构组成不同，所包含的参数也不同。若按参数在流域降雨径流形成过程中所起的作用，TOPMODEL 模型参数大体可分为蒸发参数、产流参数和汇流参数三部分。

1. 蒸发参数

（1）$S_{r\max}$：植被根系区最大蓄水容量，单位为 m。该参数主要决定蒸发量的大小，进而也影响了总径流深的大小，是一个影响产流量计算较为重要和敏感的参数。其范围为 0.01～0.03m，视流域的土壤类型及土地覆盖情况而定。

（2）T_d：重力排水的时间滞时参数。该参数相对不敏感，其范围一般为 1～1.5。

2. 产流参数

（1）S_{zm}：非饱和区最大蓄水容量，单位为 m。该参数是决定饱和坡面流和壤中流比重的重要参数，并且是影响洪峰流量值大小的敏感性参数。一般来说，该参数值越大，洪峰流量值就越小，退水曲线越缓慢；反之，该参数值越小，洪峰流量值就越大，退水曲线相对越陡。其范围大约为 0.01～0.1m。

（2）T_0：土壤刚达到饱和时导水率的自然对数的流域均值，单位为 $\ln(m^2/h)$，与前面公式中用到的 T_0 有所区别。在实际工作中，很难通过实验获得点的 T_0 值，通常都假定整个流域上均匀分布，并通过模型率定其值。参数 S_{zm} 与 T_0 有相互作用关系，一般来说，S_{zm} 值大并结合一个相对小的 T_0 时，则增加土壤剖面的活跃深度，导致洪峰流量值偏小，退水曲线较缓慢；反之，S_{zm} 值小并结合一个相对大的 T_0 时，则减小土壤剖面的活跃深度，此时传导率有显著的延迟，从而导致洪峰流量值偏大，产生相对较陡的退水曲线。所以该参数也较为敏感，一般为 5～10。

（3）B：调整初始时刻根系区平均土壤缺水量的经验系数，主要用来确定植被根系区初始时刻的含水量 SR_0。该参数对洪峰流量的影响较为敏感，B 越大，洪峰流量值越大，B 越小，洪峰流量值也相对减小。其范围一般为 1～3。

3. 汇流参数

（1）R_v：河道汇流的有效速度，单位为 m/h。该参数主要对峰现时间的影响较为敏感。其值一般与 CH_v 对应成比例。

（2）CH_v：假定线性汇流路径情况下，度量距离面积函数或者河网宽度函数的有效地表汇流速率，单位为 m/h。该参数主要决定了洪水过程线的形状，CH_v 越大，涨洪段偏大，峰现时间提前，落洪段偏小、偏陡，退率大。该参数主要根据流域平均坡度来经验率定。

（3）k 和 x：马斯京根法演算参数。k 为蓄量流量关系曲线的坡度，可视为常数，一般来说 k 的取值与计算步长 Δt 相同，单位是 h。x 为调蓄系数，取值范围为小于 0.5。

（4）NL：子流域出口断面距总流域出口断面的河段数。

5.5.2.3 TOPMODEL 模型计算流程

在利用 TOPMODEL 模型进行产流计算之前，首先对流域 DEM 数据进行填洼处理并提取相关的流域地理信息，包括流向判断、水系生成、流域边界确定、子流域划分等，然后对生成的各子流域进行最大河长计算、逐网格地形指数计算及提取“地形指数～面积分布函数”，在此基础上再进行 TOPMODEL 模型计算。

因为在 TOPMODEL 模型中，假定地形指数相同的区域具有水文相似性，用“地形指数～面积分布函数”来描述水文特性的空间不均匀性，它表示了具有相同地形指数值的流域面积占全流域的比例。通常从 DEM 提取网格的地形指数，然后用统计方法计算出地形指数的面积分布函数。因此在模型计算中，首先按照地形指数分类，对每类地形指数对应的网格进行产汇流计算。网格内的产流计算包括植被根系区蒸发计算、非饱和区垂直下渗计算、饱和区壤中流计算和饱和坡面流计算。根据地形指数所对应的面积比例，即可计算出某一类地形指数对应的所有网格的产流量。将每一类地形指数对应面积上的产流量进行累加，即可计算出时段内子流域的产流量。计算出的地表径流和地下径流均视为在空间上相等，可通过等流时线法进行汇流演算，求出子流域出口处的流量过程。子流域的计算流程见图 5－16。然后将子流域出口流量通过河道汇流演算得出流域总出口断面流量过程。河道演算多采用近似运动波的常波速洪水演算方法。

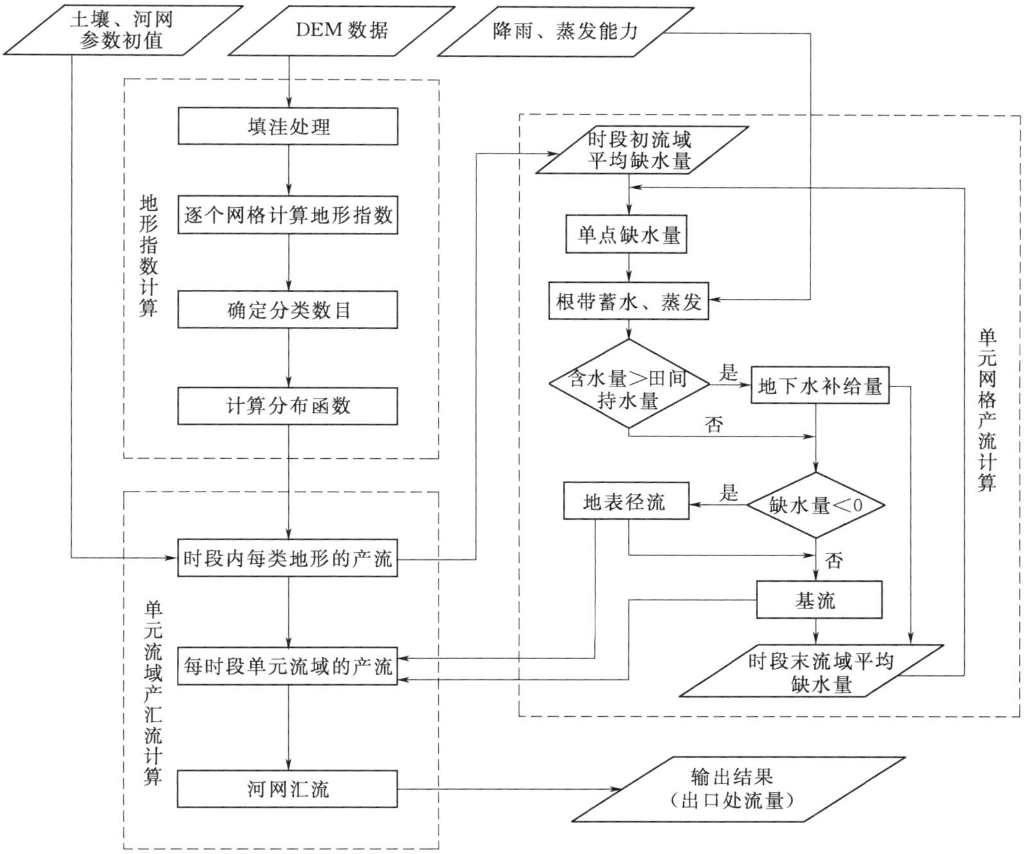

图 5－16　子流域的计算流程图

5.6 模型比较研究

比较研究法是水文模型研究中几个基本方法之一，同一个流域，同一套水文资料，用不同的模型可能模拟出不同的成果，从这里很容易暴露出问题所在，进而改进模型，提高预报精度。

首先选择大清河系沙河阜平站以上流域和潮白河系潮河戴营站以上流域为典型流域，对新安江模型、新安江-海河模型、河北模型、改进的河北模型与 TOPMODEL 模型进行比较研究，模拟结果显示在阜平站，新安江模型和河北模型模拟精度稍高于 TOPMODEL 模型。若分时期、分大小水率定新安江模型、新安江-海河模型、河北模型和改进的河北模型，则 4 种模型精度都较高，都能满足精度要求。相比之下，新安江-海河模型和改进的河北模型结构更加完善，参数取值更加合理，更能反映海河流域下垫面的变化特点。

在戴营站，新安江模型、河北模型和 TOPMODEL 模型精度相当，径流深合格率都达到乙级精度❶。分时期、分大小水率定，新安江-海河模型和改进的河北模型精度较高，取值较合理。

为了进一步检验在本地区适应性较好的新安江-海河模型和改进的河北模型在海河流域的适用性，在滹沱河支流险溢河王岸站、大清河支流漕河龙门站和拒马河紫荆关站进一步进行了模拟比较。结果显示，两模型模拟结果相差不大，都能满足精度要求。

5.6.1 阜平站对比研究成果

沙河阜平站位于王快水库上游，阜平站以上流域多年平均年降水量约 600mm，为海河流域太行山前多雨区，流域较湿润。阜平站以上流域多为深山区，河道纵坡平均为 5.3‰，河床呈“V”形，两岸皆为岩石，几乎无滩地，河床覆盖物为大块石和砂砾，流域内植被情况较差，局部有小块成林。从洪水过程线来看，总体比较平稳，很少出现陡涨陡落的洪水形态，一般认为阜平流域洪水特征是先超渗后蓄满，也就是说阜平产流模式属于混合产流。

现用新安江模型、河北模型与 TOPMODEL 模型，分别模拟阜平流域降雨径流关系，并进行比较，结果见表 5-2 和表 5-3。

表 5-2　　阜平站新安江模型、河北模型与 TOPMODEL 模型径流深模拟结果

洪水场次代码	实测值/mm	新安江模型		河北模型		TOPMODEL 模型	
		计算值/mm	误差/%	计算值/mm	误差/%	计算值/mm	误差/%
19580709	22.7	12.4	−10.3	10.6	−12.1	26.2	3.5
19590719	57.7	23.2	−34.5	25.6	−32.1	72.0	14.3
19590803	153.9	152.8	−1.1	163.4	9.5	247.4	93.5
19630802	183.1	193.8	10.7	198.3	15.2	268.1	85.0
19640811	61.9	47.2	−14.7	41.8	−20.1	89.9	28.0
19660812	19.3	9.6	−9.7	11.7	−7.6	19.6	0.3

❶ 根据洪水预报方案合格率的评定标准，许可误差在 70%～85%之间为乙级标准，许可误差大于等于 85%为甲级标准。

续表

洪水场次代码	实测值/mm	新安江模型		河北模型		TOPMODEL 模型	
		计算值/mm	误差/%	计算值/mm	误差/%	计算值/mm	误差/%
19660822	10.8	7.4	−3.4	8.0	−2.8	8.4	−2.4
19660825	22.7	16.1	−6.6	19.0	−3.7	20.0	−2.7
19670801	58.2	34.2	−24	34.6	−23.6	66.8	8.6
19680816	6.0	4.3	−1.7	4.5	−1.5	3.6	−2.4
19700706	5.6	3.2	−2.4	6.3	0.7	2.2	−3.4
19700730	9.8	7.3	−2.5	9.0	−0.8	10.3	0.5
19710625	9.3	15.5	6.2	11.4	2.1	3.3	−6.0
19730706	17.8	15.7	−2.1	21.3	3.5	16.2	−1.6
19730812	40.4	32.8	−7.6	35.9	−4.5	46.5	6.1
19740722	7.1	7.3	0.2	11.6	4.5	4.6	−2.5
19750805	13.1	8.4	−4.7	10.3	−2.8	5.9	−7.2
19760711	49.6	33.6	−16.0	55.6	6.0	84.9	35.3
19760819	24.7	20.0	−4.7	21.7	−3.0	20.8	−3.9
19770720	28.6	21.7	−6.9	19.7	−8.9	35.2	6.6
19770724	144.3	119.5	−24.8	133.3	−11.0	128.1	−16.2
19780825	97.0	89.4	−7.6	109.8	12.8	144.1	47.1
19790809	95.5	75.8	−19.7	110.1	14.6	102.2	6.7
19810802	17.8	21.6	3.8	30.8	13.0	26.1	8.3
19820726	59	60.0	1.0	98.9	39.9	95.1	36.1
19830803	5.6	7.9	2.3	11.2	5.6	6.9	1.3
19850820	1.4	2.9	1.5	5.4	4.0	0.8	−0.6
19860830	1.3	1.0	−0.3	1.6	0.3	0	−1.3
19870812	3.4	3.9	0.5	5.0	1.6	0.7	−2.7
19870816	5.6	6.5	0.9	9.6	4.0	6.3	0.7
19870822	14.8	12.5	−2.3	14.8	0	16.0	1.2
19880808	103.5	84.9	−18.6	102.9	−0.6	95.3	−8.2
19890729	14.6	20.3	5.7	24.2	9.6	21.2	6.6
19920801	1.6	4.1	2.5	5.7	4.1	3.7	2.1
19940705	25.4	29.4	4.0	45.0	19.6	45.4	20.0
19950716	35.3	45.0	9.7	60.0	24.7	51.3	16.0
19960802	93.5	83.1	−10.4	105.1	11.6	98.5	5.0
19990817	9.3	10.7	1.4	11.6	2.3	11.6	2.3
20000704	36.0	38.7	2.7	47.9	11.9	14.6	−21.4
20010724	2.7	2.6	−0.1	3.4	0.7	0.1	−2.6
20040808	17.5	10.1	−7.4	15.8	−1.7	14.3	−3.2
误差均值（绝对值）			7.2		8.7		12.8

注 洪水场次代码一列中前四位代表年，第五位和第六位代表月，后两位代表日。如 19590803，其中 1959 代表 1959 年，08 代表 8 月，03 代表 3 日，即发生于 1959 年 8 月 3 日的场次洪水。

表 5-3　阜平站新安江模型、河北模型与 TOPMODEL 模型洪峰流量模拟结果

洪水场次代码	实测值 /(m³/s)	新安江模型		河北模型		TOPMODEL 模型	
		计算值 /(m³/s)	相对误差 /%	计算值 /(m³/s)	相对误差 /%	计算值 /(m³/s)	相对误差 /%
19580709	890	279	−69	180	−80	444	−50
19590719	521	210	−60	117	−78	721	38
19590803	1800	1926	7	1877	4	3823	112
19630802	3380	3144	−7	2741	−19	5172	53
19640811	1130	1022	−10	657	−42	2574	128
19660812	162	151	−7	133	−18	189	17
19660822	224	180	−20	151	−33	120	−46
19660825	514	213	−59	234	−55	219	−57
19670801	752	430	−43	371	−51	785	4
19680816	83	89	8	70	−16	34	−59
19700706	351	36	−90	65	−81	8	−98
19700730	139	67	−52	85	−39	55	−61
19710625	270	394	46	225	−17	42	−84
19730706	338	276	−18	294	−13	196	−42
19730812	596	464	−22	372	−38	576	−4
19740722	146	162	11	171	17	30	−79
19750805	194	147	−24	117	−40	46	−76
19760711	246	270	10	166	−32	473	92
19760819	252	475	88	343	36	158	−37
19770720	353	372	5	252	−29	385	9
19770724	490	373	−24	393	−20	491	0
19780825	680	1333	96	1175	73	1596	135
19790809	767	1107	44	1212	58	1151	50
19810802	99	252	154	204	107	138	39
19820726	285	411	44	614	116	513	80
19830803	118	159	35	114	−4	40	−66
19850820	36	88	145	118	227	5	−86
19860830	86	23	−73	19	−77	0	−100
19870812	129	106	−18	107	−17	6	−95
19870816	88	134	53	150	72	44	−50
19870822	132	177	34	136	3	110	−17
19880808	1530	1180	−23	1299	−15	1862	22
19890729	139	440	216	291	109	243	75
19920801	18.5	75	303	94	408	30	60

续表

洪水场次代码	实测值/(m³/s)	新安江模型		河北模型		TOPMODEL 模型	
		计算值/(m³/s)	相对误差/%	计算值/(m³/s)	相对误差/%	计算值/(m³/s)	相对误差/%
19940705	217	368	69	283	30	172	−21
19950716	356	679	91	664	86	311	−13
19960802	1760	1461	−17	1517	−14	1775	1
19990817	155	184	19	166	7	93	−40
20000704	302	511	69	496	64	54	−82
20010724	97	56	−42	49	−50	1	−99
20040808	102	88	−14	103	1	60	−41

比较各模型径流深合格数，TOPMODEL 模型模拟合格 25 场，新安江模型模拟合格 24 场，河北模型模拟合格 24 场，精度相当。再比较各模型径流深误差绝对值均值，新安江模型为 7.2mm，河北模型为 8.7mm，TOPMODEL 模型为 12.8mm，新安江模型和河北模型精度相当，TOPMODEL 模型精度稍差。具体分析，TOPMODEL 模型对大洪水，尤其是特大洪水模拟效果不佳，影响了预报精度。如“63·8”大洪水，新安江模型模拟偏大 10.7mm，河北模型模拟偏大 15.3mm，而 TOPMODEL 模型模拟偏大 85mm，误差较大。

比较各模型洪峰流量合格数，新安江模型合格 14 场，河北模型合格 15 场，TOPMODEL 模型合格 8 场，新安江模型与河北模型模拟精度相当，TOPMODEL 模型模拟精度稍差。综合而言，新安江模型与河北模型更贴近海河流域实际水文状况。

为进一步研究海河流域下垫面变化对不同量级洪水的影响，采用新安江模型分量级、分年代模拟阜平流域洪水，结果见表 5-4。

表 5-4　阜平站新安江模型各时期的不同参数

洪水重现期/年	洪水代表年	*WM*/mm	*SM*/mm	*CS*	洪量合格率/%	洪峰流量合格率/%
≥10	1980 年以前	160	30	0.15	100	100
	1980 年以后	180	30	0.15	100	100
5～10	1958 年、1966 年、1967 年	160	20	0.02	100	100
	1973 年、1975 年、1976 年、1977 年	160	35	0.15	75	75
	1978 年、1979 年、1982 年、1995 年、2000 年	180	69	0.2	80	100
<5	1980 年以前	160	52	0.15	86	
	1980 年以后	180	72	0.15	85	

可以看出，在阜平站分量级、分年代模拟，新安江模型精度很高，但参数取值并不合理。*SM* 反映表土蓄水能力。*SM* 受降雨资料时段均化的影响，当用日作为计算时段长，在土层很薄的山区，其值为 10mm 或更小一些；而在土深林茂透水性很强的流域，其值可取 50mm 或更大一些；一般流域在 10～20mm 之间。当计算时段长减小时，*SM* 要加大。20 世纪 80 年代后，由于流域内地下水开采以及人类活动的影响，增加了流域拦蓄，

使得流域的包气带发生了变化，新安江模型的张力水蓄水容量等发生变化。从理论上来说，张力水蓄水容量是田间持水量和凋萎含水量之差，自由水蓄水容量是饱和含水量与田间持水量之差。参数 *SM* 代表自由水蓄水容量，取值不宜过大。表 5－4 中 *SM* 值最高达 72mm，违背了参数的物理意义。

由于地下水埋深变深以及流域拦蓄增加，流域产汇流条件发生了变化。在水文模型中考虑流域下垫面的这种变化，有两种方法：一是模型结构不变，调整参数；二是改变模型的结构。对新安江模型初步修订，得到修订的新安江模型即新安江-海河模型一版。用此模型，重新分量级、分年代模拟阜平流域洪水，结果见表 5－5。

表 5－5　　阜平流域新安江-海河模型一版各时期的不同参数

洪水重现期/年	洪水代表年	*WM* /mm	*SM* /mm	*CS*	洪量合格率 /%	洪峰流量合格率 /%
≥10	1980 年以前	160	30	0.1	100	100
	1980 年以后	180	30	0.1	100	100
5～10	1958 年、1966 年、1967 年	160	15	0.05	100	100
	1973 年、1975 年、1976 年、1977 年	160	35	0.15	75	75
	1978 年、1979 年、1982 年、1995 年、2000 年	180	35	0.23	80	100
<5	1980 年以前	160	40	0.15	86	
	1980 年以后	180	40	0.15	85	

与新安江模型相比，新安江-海河模型一版参数取值更加合理，更能反映海河流域的水文特点，但新安江-海河模型一版不能结合遥感资料，反映海河流域蒸散发的变化；也不能结合流域野外查勘资料，分别反映海河流域地面、地下产汇流条件的改变。为此，修订新安江-海河模型一版，得到新安江-海河模型二版。

用新安江-海河模型二版，重新分量级、分年代模拟阜平流域洪水。与新安江-海河模型一版相比，新安江-海河模型二版 *SM* 等参数基本没有变化，但模拟精度有所提高。模拟结果见表 5－6 和表 5－7。

用改进的河北模型，分量级、分年代模拟阜平流域洪水，模拟结果见表 5－8 和表 5－9。从模拟结果可知，新安江-海河模型二版和改进的河北模型精度相当，都超过了乙级精度，模型结构能反映海河流域下垫面变化，可用于设计洪水修订。

表 5－6　　阜平站新安江-海河模型二版大、中洪水模拟成果

洪水重现期/年	洪水场次代码	实测径流深/mm	计算径流深/mm	径流深误差		实测洪峰流量/(m^3/s)	计算洪峰流量/(m^3/s)	洪峰流量误差	
				绝对误差/mm	合格率/%			相对误差/%	合格率/%
≥10	19590803	153.9	167.5	13.6	100	1800	2004	11	100
	19630804	182.8	202.0	19.2		3380	3133	－7	
	19640811	61.9	50.3	－11.7		1130	1053	－7	
	19880808	103.5	87.3	－16.2	100	1530	1510	－1	100
	19960802	93.5	95.5	2.0		1760	1828	4	

续表

洪水重现期/年	洪水场次代码	实测径流深/mm	计算径流深/mm	径流深误差		实测洪峰流量/(m^3/s)	计算洪峰流量/(m^3/s)	洪峰流量误差	
				绝对误差/mm	合格率/%			相对误差/%	合格率/%
5～10	19580709	22.7	26.2	3.5	100	890	720	−19	100
	19660825	22.7	19.0	−3.7		514	488	−5	
	19670801	52.1	48.4	−3.7		752	880	17	
	19730812	40.4	46.2	5.9	100	596	569	−4	75
	19750805	13.1	13.9	0.8		194	217	12	
	19760717	39.6	36.4	−3.3		246	345	40	
	19770724	117.3	99.9	−17.4		490	462	−6	
	19780825	55.3	60.9	5.7	100	680	806	19	100
	19790809	95.5	78.7	−16.8		767	627	−18	
	19820730	37.8	42.5	4.7		285	289	1	
	19950716	35.3	38.6	3.4		356	351	−1	
	20000704	36.0	36.4	0.4		302	330	9	

表 5－7　阜平站新安江-海河模型二版小洪水模拟成果

洪水重现期/年	洪水场次代码	实测径流深/mm	计算径流深/mm	径流深误差	
				绝对误差/mm	合格率/%
<5	19680816	6.0	4.6	−1.4	86
	19700706	5.6	3.4	−2.2	
	19700730	9.8	7.6	−2.2	
	19710625	9.3	12.1	2.9	
	19740722	7.1	7.0	−0.1	
	19780825	55.3	59.7	4.4	
	19790809	95.5	65.5	−30	
	19810802	17.8	17.9	0.1	85
	19830803	5.6	6.3	0.7	
	19850820	1.4	2.6	1.2	
	19860830	1.3	0.9	−0.4	
	19870812	3.4	3.2	−0.2	
	19870816	5.6	5.8	0.2	
	19870822	14.8	11.2	−3.6	
	19890729	14.6	16.9	2.3	
	19920801	1.6	3.7	2.1	
	19940705	25.4	22.6	−2.9	
	19990817	9.3	9.3	−0.1	
	20010724	2.7	2.1	−0.6	
	20040808	17.5	8.2	−9.3	

表 5-8　　阜平站改进河北模型大、中洪水模拟成果

洪水重现期/年	洪水场次代码	实测径流深/mm	计算径流深/mm	径流深误差		实测洪峰流量/(m³/s)	计算洪峰流量/(m³/s)	洪峰流量误差	
				绝对误差/mm	合格率/%			相对误差/%	合格率/%
≥10	19590803	153.9	155.7	1.8	100	1800	1923	7	100
	19630802	183.1	195.4	12.3		3380	3103	−8	
	19640811	61.9	53.2	−8.7		1130	1041	−8	
	19880808	103.5	97.1	−6.3	100	1530	1491	−3	100
	19960802	93.5	96.7	3.1		1760	1716	−2	
5～10	19580709	22.7	25.6	2.8	100	890	770	−14	100
	19660825	22.7	23.5	0.8		514	552	7	
	19670801	58.2	47.4	−10.7		752	827	10	
	19730812	40.4	44.6	4.2	75	596	484	−19	75
	19750805	13.1	15.0	1.8		194	225	16	
	19760711	49.6	42.0	−7.6		246	281	14	
	19770724	144.3	100.0	−44.3		490	359	−27	
	19780825	97.0	87.3	−9.7	100	680	719	6	100
	19790809	95.5	81.5	−14.0		767	660	−14	
	19820726	59.0	62.0	3.1		285	338	19	
	19950716	35.3	40.7	5.4		356	330	−7	
	20000704	36.0	38.4	2.4		302	320	6	

表 5-9　　阜平流域改进的河北模型小洪水模拟成果

洪水重现期/年	洪水场次代码	实测径流深/mm	计算径流深/mm	径流深误差	
				绝对误差/mm	合格率/%
<5	19680816	6.0	3.5	−2.6	86
	19700706	5.6	2.3	−3.3	
	19700730	9.8	7.0	−2.8	
	19710625	9.3	11.3	2.1	
	19740722	7.1	10.0	2.9	
	19780825	97.0	105.3	8.2	
	19790809	95.5	97.9	2.4	
	19810802	17.8	17.5	−0.3	85
	19830803	5.6	6.6	1	
	19850820	1.4	2.8	1.4	
	19860830	1.3	0.1	−1.3	
	19870812	3.4	3.2	−0.2	
	19870816	5.6	4.3	−1.3	
	19870822	14.8	9.8	−5	
	19890729	14.6	14.3	−0.3	
	19920801	1.6	2.2	0.6	
	19940705	25.4	24.1	−1.4	
	19990817	9.3	8.9	−0.5	
	20010724	2.7	0.1	−2.6	
	20040808	17.5	5.8	−11.7	

5.6.2 戴营流域的对比研究成果

潮河戴营站位于密云水库上游，控制流域面积 4266km^2，上游地势陡峭，以超渗产流为主；下游坡势较缓，年雨量较大，蓄满产流因素大大增加。从实测洪水流量过程线分析，与上游大阁水文站以上流域相比，戴营站壤中流和地下径流的比例比较大；但涨水速度较快，线型较曲折，显示超渗地面径流仍有重要影响。

从实测径流深分析，阜平流域大小洪水均出现，水量相对丰富；戴营流域基本没有大洪水，绝大多数是小洪水。

现用新安江模型、河北模型与 TOPMODEL 模型分别模拟戴营站以上流域降雨径流关系，并进行比较。由于戴营流域情况比较复杂，主要是对流域洪水的洪量进行模拟，结果见表 5-10。

表 5-10　戴营站新安江模型、河北模型与 TOPMODEL 模型径流深模拟结果　单位：mm

洪水场次代码	实测径流深	新安江模型		河北模型		TOPMODEL 模型	
		计算径流深	绝对误差	计算径流深	绝对误差	计算径流深	绝对误差
19640731	24.0	15.1	−8.9	7.4	−16.6	24.1	0.1
19650722	4.6	1.4	−3.2	0.9	−3.7	1.2	−3.4
19660727	3.7	3.9	0.2	5.1	1.4	6.8	3.1
19670623	3.2	2.7	−0.5	2.3	−0.9	1.6	−1.6
19670627	1.5	1.7	0.2	3.5	2.0	2.3	0.8
19680715	2.6	2.7	0.1	2.0	−0.6	1.5	−1.1
19690815	7.0	8.4	1.4	5.3	−1.7	6.0	−1.0
19700721	1.0	1.1	0.1	1.7	0.7	1.5	0.5
19710717	1.7	1.4	−0.3	1.1	−0.6	0.9	−0.8
19720726	3.8	4.2	0.4	3.3	−0.5	4.3	0.5
19730811	48.3	55.1	6.8	41.6	−6.7	52.3	4.0
19740722	45.0	38.5	−6.5	25.7	−19.0	52.4	7.4
19750810	1.5	1.5	0	1.9	0.4	0.6	−0.9
19760722	3.8	5.6	1.8	6.8	3.0	6.0	2.2
19770729	8.3	3.3	−5.0	1.8	−6.5	2.3	−6.0
19780826	13.0	35.3	22.3	20.0	7.0	24.0	11.0
19790813	16.0	9.6	−6.4	8.5	−7.5	10.1	−5.9
19800605	0.9	1.6	0.7	0.9	0	1.1	0.2
19810723	2.7	2.0	−0.7	3.2	0.5	0.8	−1.9
19820803	10.3	7.5	−2.8	4.9	−5.4	9.8	−0.5
19830629	0.9	0.2	−0.7	0.3	−0.6	0.1	−0.8
19840630	0.5	0.7	0.2	1.1	0.6	0.3	−0.2
19850824	4.5	16.4	11.9	8.7	4.2	5.6	1.1
19860706	2.8	2.6	−0.2	3.2	0.4	2.2	−0.6
19870731	0.8	1.3	0.5	3.5	2.7	0.3	−0.5
19880720	0.9	0.9	0	0.6	−0.3	0.5	−0.4

续表

洪水场次代码	实测径流深	新安江模型		河北模型		TOPMODEL 模型	
		计算径流深	绝对误差	计算径流深	绝对误差	计算径流深	绝对误差
19890720	4.3	4.4	0.1	3.1	−1.2	9.6	5.3
19910610	29.2	14.3	−14.9	9.6	−19.6	21.1	−8.1
19920802	5.8	4.9	−0.9	3.8	−2.0	3.9	−1.9
19930810	3.2	2.2	−1.0	2.4	−0.8	1.6	−1.6
19940711	15.4	38.7	23.3	18.3	2.9	45.9	30.5
19940812	19.2	25.6	6.4	12.2	−7.0	17.8	−1.4
19950801	2.4	5.2	2.8	2.1	−0.3	3.6	1.2
19960723	2.7	2.3	−0.4	4.2	1.5	3.1	0.4
19970730	6.7	14.7	8.0	15.1	8.4	28.4	21.7
19980705	15.3	15.1	−0.2	14.4	−0.9	15.3	0
19990720	0.8	0.9	0.1	1.6	0.8	0.5	−0.3
20000818	1.0	0.8	−0.2	1.4	0.4	0.2	−0.8
20010818	4.3	8.2	3.9	5.7	1.4	8.7	4.4
20020926	0.4	1.2	0.8	0.6	0.2	1.0	0.6
误差均值（绝对值）			3.6		3.6		3.4

各模型预报精度相差不多，这是因为戴营站小洪水居多。以实测径流深 15mm 为界，戴营流域小洪水 32 场，大洪水仅有 8 场，最大次洪径流深仅 48.3mm。因此，模型精度基本没有差别。

戴营流域 1980 年前后的降雨径流关系是有变化的，因此用新安江模型对戴营流域的洪水分 1980 年以前与 1980 年以后进行模拟，结果见表 5 - 11。

表 5 - 11　　戴营站新安江模型各时期的不同参数

洪水时段划分	*WM*/mm	*SM*/mm	*CS*	洪量合格率/%
1980 年以前	160	57	0.09	76.2
1980 年以后	180	68	0.1	78.6

可知，新安江模型精度达到乙级精度，但 *SM* 参数取值不合理。图 5 - 17 是密云流域水文分区图，戴营流域位于密云流域东北部。图中显示，戴营流域以山地为主，透水性差，植被覆盖度小于 85%。因此，戴营流域 *SM* 值应较小，次洪模型中 *SM* 值取 57 和 68，显然偏大。

模型中 *SM* 数值比较大，这样与该参数原来的物理意义不同，实际上把流域拦蓄、河道下渗对流域产汇流的影响都反映到这个参数中了。新安江-海河模型增加了流域拦蓄、河道下渗模块，这样，*SM* 回归原本的物理意义，仅反映表土蓄水能力，流域拦蓄、河道下渗则用 *IMF* 等参数模拟。

用新安江-海河模型二版分量级、分年代模拟戴营流域洪水，结果见表 5 - 12 和表 5 - 13。新安江-海河模型二版增添了小型蓄水工程控制面积比例 *IMF*、地下水库补给比例系数 *F*0 等参数，参数取值更加合理，模拟精度有所提高。

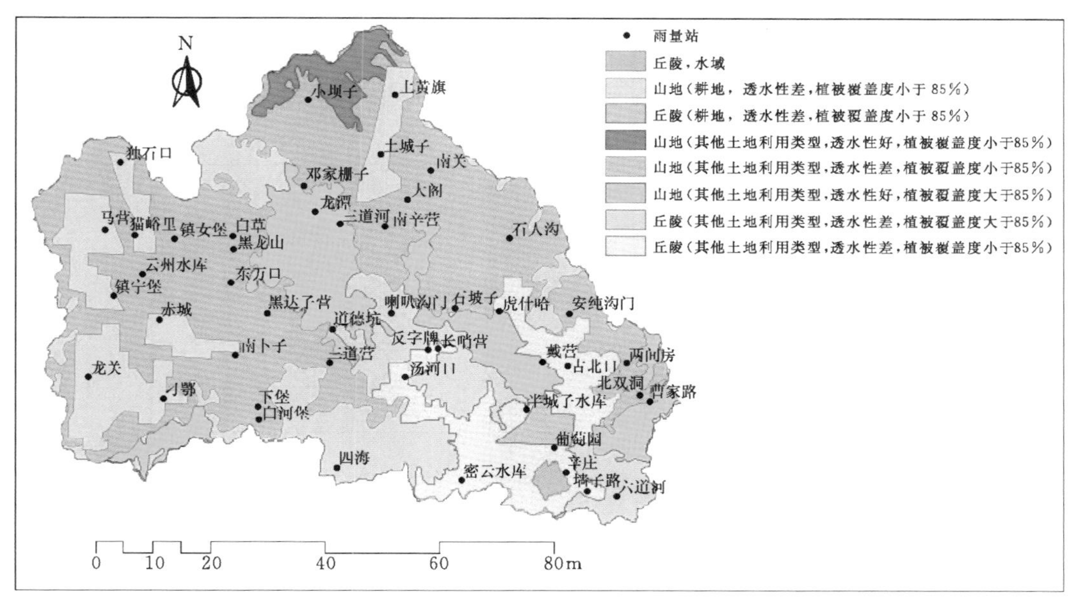

图 5－17 密云流域水文分区图

用改进的河北模型分量级、分年代模拟戴营流域洪水，结果见表 5－14。从模拟结果可知，新安江-海河模型二版和改进的河北模型精度相当，都超过了乙级精度，模型结构能反映海河流域下垫面变化，可用于设计洪水修订。

表 5－12　　戴营站新安江-海河模型二版各时期的不同参数

洪水级别	洪水时段划分	*WM*/mm	*SM*/mm	*IMF*	*F*0	洪量合格率/%
大洪水	1980 年以前	160	30	0	0.1	75
	1980 年以后	180	40	0.2	0.3	75
小洪水	1980 年以前	160	38	0	0.1	85
	1980 年以后	180	40	0.2	0.34	89

表 5－13　　戴营站新安江-海河模型二版洪水模拟成果

洪水级别	洪水场次代码	实测径流深/mm	计算径流深/mm	径流深误差	
				绝对误差/mm	合格率/%
大洪水	19640731	24.0	19.9	－4.1	－75
	19730811	48.3	77.6	29.2	
	19740722	45.0	52.8	7.8	
	19790813	16.0	14.7	－1.3	
	19910610	29.2	11.0	－18.2	－75
	19940711	15.4	17.3	1.9	
	19940812	19.2	18.4	－0.7	
	19980705	15.3	12.3	－3	

续表

洪水级别	洪水场次代码	实测径流深/mm	计算径流深/mm	径流深误差	
				绝对误差/mm	合格率/%
小洪水	19650722	4.6	2.1	−2.5	85
	19660727	3.7	6.4	2.7	
	19670623	3.2	3.7	0.5	
	19670627	1.5	1.8	0.4	
	19680715	2.6	3.5	0.9	
	19690815	7.0	8.9	1.9	
	19700721	1.0	1.3	0.3	
	19710717	1.7	2.0	0.3	
	19720726	3.8	5.9	2.1	
	19750810	1.5	1.7	0.2	
	19760722	3.8	6.6	2.8	
	19770729	8.3	5.2	−3.1	
	19780826	13.0	38.8	25.8	
	19800605	0.9	1.4	0.5	89
	19810723	2.7	1.8	−0.9	
	19820803	10.3	7.4	−2.9	
	19830629	0.9	0.2	−0.7	
	19840630	0.5	0.6	0.1	
	19850824	4.5	13.2	8.7	
	19860706	2.8	2.5	−0.3	
	19870731	0.8	1.2	0.4	
	19880720	0.9	0.9	−0.1	
	19890720	4.3	3.7	−0.5	
	19920802	5.8	4.8	−1.0	
	19930810	3.2	2.1	−1.1	
	19950801	2.4	4.0	1.6	
	19960723	2.7	2.2	−0.5	
	19970730	6.7	10.6	3.9	
	19990720	0.8	0.8	0	
	20000818	1.0	0.8	−0.2	
	20010818	4.3	7.1	2.8	
	20020926	0.4	1.2	0.8	

表 5-14　戴营站改进河北模型洪水模拟成果

洪水级别	洪水场次代码	实测径流深/mm	计算径流深/mm	径流深误差	
				绝对误差/mm	合格率/%
大洪水	19640731	24.0	23.1	−0.9	75
	19730811	48.3	56.9	8.6	
	19740722	45.0	51.9	6.9	
	19790813	16.0	4.1	−11.8	
	19910610	29.2	11.1	−18.1	75
	19940711	15.4	18.1	2.8	
	19940812	19.2	18.4	−0.8	
	19980705	15.3	15.0	−0.3	
小洪水	19650722	4.6	1.9	−2.7	−85
	19660727	3.7	6.2	2.5	
	19670623	3.2	1.1	−2.1	
	19670627	1.5	3.0	1.5	
	19680715	2.6	2.6	0.1	
	19690815	7.0	4.6	−2.4	
	19700721	1.0	0.3	−0.7	
	19710717	1.7	0.4	−1.3	
	19720726	3.8	6.7	2.9	
	19750810	1.5	2.6	1.0	
	19760722	3.8	6.3	2.5	
	19770729	8.3	1.9	−6.4	
	19780826	13.0	35.8	22.9	
	19800605	0.9	0.5	−0.4	89
	19810723	2.7	1.8	−0.8	
	19820803	10.3	7.5	−2.8	
	19830629	0.9	0.1	−0.8	
	19840630	0.5	0.1	−0.5	
	19850824	4.5	17.5	13.0	
	19860706	2.8	1.8	−0.9	
	19870731	0.8	2.9	2.1	
	19880720	0.9	0.2	−0.8	
	19890720	4.3	3.0	−1.3	
	19920802	5.8	4.4	−1.4	
	19930810	3.2	1.2	−2.0	
	19950801	2.4	3.4	1.0	

续表

洪水级别	洪水场次代码	实测径流深 /mm	计算径流深 /mm	径流深误差	
				绝对误差/mm	合格率/%
小洪水	19960723	2.7	2.0	−0.7	89
	19970730	6.7	16.1	9.4	
	19990720	0.8	1.0	0.2	
	20000818	1.0	0.5	−0.6	
	20010818	4.3	6.7	2.4	
	20020926	0.4	0.1	−0.2	

5.6.3 新安江-海河模型与改进河北模型在典型流域的比较研究

在沙河阜平站和潮河戴营站比较的基础上，将新安江-海河模型二版与改进的河北模型分别应用于滹沱河支流险溢河王岸站、漕河龙门水库站与拒马河紫荆关站以上流域，进一步比较两模型模拟情况。结果显示，两模型精度基本没有差别，除了龙门水库流域资料条件比较差的流域外，在其余流域，模型模拟精度都超过乙级精度。

5.6.3.1 王岸站洪水模拟分析

王岸以上流域位于滹沱河支流险隘河，流域面积 416km^2，河道纵坡 12%，流域平均宽度为 6.9km。流域内山坡杂草丛生，沿河两岸为农作物，有部分树林。王岸上游 10km 和 30km 处分别建有猫石小型水电站和沕沕水小型水电站，下游 170m 有一座小型拦水坝。流域内共设有 5 处雨量站，分别为杜家庄、北冶、庄旺、狮子坪、恶石，雨量站网密度 83.2km^2/站。险溢河常年有水，汛期受暴雨影响，洪水暴涨暴落，汇流时间短。多年平均雨量量 596.2mm，年最大降雨量 1156.6mm（1963 年）。王岸站实测最大洪峰流量 1870m^3/s（1999 年 8 月 14 日）。

王岸水文站 1959 年建站，共有 1959—2008 年 49 场洪水资料。根据实测水文资料将洪水分为大、小洪水两个等级，并采用新安江-海河模型和改进的河北模型对 1980 年前后的洪水分别进行模拟，结果见表 5-15～表 5-19。

5.6.3.2 龙门站洪水模拟分析

龙门水库以上流域位于大清河漕河中游，控制面积 470 km^2。漕河发源于涞源县境内五回岭（北支）及青石岭（南支）。流域属太行山北段东麓低山丘陵区，上游在西角及旺家台以上为花岗岩，以下为石灰岩，风化较轻，植被较差。龙门水库于 1959 年 6 月设站，

表 5-15　　王岸站新安江-海河模型与改进的河北模型模拟结果

洪水级别	模型类别	径流深合格率 /%	径流深误差绝对值均值 /mm	洪峰流量合格率 /%
大洪水	新安江-海河模型	77	14.1	77
	改进的河北模型	88	14.7	77
小洪水	新安江-海河模型	88	1.7	
	改进的河北模型	88	1.7	

表 5-16　　王岸站新安江-海河模型大洪水模拟结果

洪水场次代码	径流深				洪峰流量			
	实测值/mm	计算值/mm	绝对误差/mm	合格率/%	实测值/(m³/s)	计算值/(m³/s)	相对误差/%	合格率/%
19630802	389.0	399.9	10.9	75	729	587	−20	75
19660822	29.6	25.4	−4.2		202	85	−58	
19750807	30.0	94.7	64.8		400	473	18	
19770727	41.8	43.1	1.3		68	81	19	
19880811	77.2	65.3	−11.9	80	135	159	18	80
19950805	35.6	23.6	−12.0		82	92	13	
19960802	123.0	132.0	9.0		622	733	18	
19990813	130.0	121.8	−8.3		1870	644	−66	
20040809	69.1	37.9	4.3		399	324	−19	

表 5-17　　王岸站新安江-海河模型小洪水模拟结果

时间	洪水场次代码	径流深			
		实测值/mm	计算值/mm	绝对误差/mm	合格率/%
1980 年以前	19590824	8.1	7	−1.1	88
	19600729	11.6	19.8	8.2	
	19610807	1.9	1.9	0	
	19620723	6.5	4.2	−2.3	
	19640721	5.8	6.9	1.1	
	19650731	1.8	1.8	0	
	19670721	3.1	5	1.9	
	19680725	0.7	0.9	0.2	
	19690708	6.7	9.1	2.4	
	19700730	2.3	0.5	−1.8	
	19710717	4.5	1.8	−2.7	
	19720804	0.9	0.9	0	
	19730706	3.8	4.1	0.3	
	19740723	4.4	10.1	5.7	
	19760723	8.4	8.9	0.5	
	19780727	7.1	6.5	−0.6	
	19790714	2.4	1.5	−0.9	
1980 年以后	19800924	0.4	0.2	−0.2	
	19810814	1.4	1.2	−0.2	
	19820731	17.4	7.2	−10.2	
	19830804	3.3	13.8	10.5	

续表

时　间	洪水场次代码	径　流　深			
		实测值/mm	计算值/mm	绝对误差/mm	合格率/%
1980 年以后	19840812	0.8	0.8	0	87
	19850825	4.2	6.8	2.6	
	19860706	0.5	0.7	0.2	
	19870802	0.5	1.9	1.4	
	19890721	4.4	4.4	0	
	19900627	0.8	0.9	0.1	
	19910914	2.1	1.8	−0.3	
	19920829	3.6	3.5	−0.1	
	19940812	3.4	3.5	0.1	
	19970728	0.6	0.9	0.3	
	19980705	0.3	0.8	0.5	
	20000708	9.6	6.6	−3	
	20010724	1	1.8	0.8	
	20020804	8	7.5	−0.5	
	20030808	0.4	0.7	0.3	
	20050815	6.5	9.5	3	
	20060813	4.6	4.3	−0.3	
	20070629	2.2	4.3	2.1	
	20080907	3.2	2.5	−0.7	

表 5－18　　王岸站改进的河北模型大洪水模拟结果

洪水场次代码	径　流　深				洪　峰　流　量			
	实测值/mm	计算值/mm	绝对误差/mm	合格率/%	实测值/(m^3/s)	计算值/(m^3/s)	相对误差/%	合格率/%
19630802	389.0	402.1	13.2	75	729	639	−12	75
19660822	29.6	31.9	2.4		202	176	−13	
19750807	30.0	101.4	71.4		400	470	18	
19770727	41.8	33.8	8.0		68	118	76	
19880811	77.2	68.6	−8.6	100	135	160	19	80
19950805	35.6	39.2	3.6		82	97	20	
19960802	123.0	139.1	16.1		622	608	−2	
19990813	130.0	123.0	−7.0		1870	539	−71	
20040809	69.1	71.1	2.0		399	324	−19	

表 5-19　王岸站改进的河北模型小洪水模拟结果

时间	洪水场次代码	径流深			
		实测值/mm	计算值/mm	绝对误差/mm	合格率/%
1980年以前	19590824	8.1	5.9	-2.2	88
	19600729	11.6	13.9	2.3	
	19610807	1.9	3.6	1.7	
	19620723	6.5	4.1	-2.4	
	19640721	5.8	5.8	0	
	19650731	1.8	2.6	0.8	
	19670721	3.1	6.5	3.4	
	19680725	0.7	1.2	0.5	
	19690708	6.7	7.7	1.0	
	19700730	2.3	0.6	-1.7	
	19710717	4.5	1.7	-2.8	
	19720804	0.9	0.3	-0.6	
	19730706	3.8	4.5	0.7	
	19740723	4.4	11.1	6.7	
	19760723	8.4	8.9	0.5	
	19780727	7.1	4.1	-3.0	
	19790714	2.4	1.7	-0.7	
1980年以后	19800924	0.4	0.1	-0.3	87
	19810814	1.4	0.3	-1.1	
	19820731	17.4	10.3	-7.1	
	19830804	3.3	6.1	2.8	
	19840812	0.8	0.2	-0.6	
	19850825	4.2	3.8	-0.4	
	19860706	0.5	0	-0.5	
	19870802	0.5	0.1	-0.4	
	19890721	4.4	4.2	-0.2	
	19900627	0.8	0.2	-0.6	
	19910914	2.1	0.6	-1.5	
	19920829	3.6	3.9	0.3	
	19940812	3.4	2.1	-1.3	
	19970728	0.6	0.2	-0.4	
	19980705	0.3	0.1	-0.2	
	20000708	9.6	6.0	-3.6	
	20010724	1.0	1.3	0.3	

续表

时　间	洪水场次代码	径　流　深			
		实测值/mm	计算值/mm	绝对误差/mm	合格率/%
1980 年以后	20020804	8.0	5.3	−2.7	87
	20030808	0.4	0.2	−0.2	
	20050815	6.5	14.0	7.5	
	20060813	4.6	3.1	−1.5	
	20070629	2.2	4.0	1.8	
	20080907	3.2	1.1	−2.1	

龙门水库以上流域内设有雨量站 5 处，分别为七峪、坡仓、毛尔岩、裴庄、龙门水库。流域多年平均年降水量 600mm，水库最大入库流量为 3790m^3/s（1963 年 8 月 8 日）。龙门水库以上流域位于大清河南北支交界处，为典型的丘陵地带。

采用龙门水库以上流域 1961—2005 年 40 场洪水资料。根据历年暴雨洪水资料将洪水分为大于或等于 10 年一遇、5 年一遇至 10 年一遇、3 年一遇至 5 年一遇以及小于 3 年一遇 4 个等级，并采用新安江-海河模型与改进的河北模型对 1980 年前后的洪水分别进行模拟，模拟结果见表 5－20～表 5－24。

表 5－20　　龙门站新安江-海河模型与改进的河北模型模拟结果

洪水重现期/年	模型类别	径流深合格率/%	径流深误差绝对值均值/mm	洪峰流量合格率/%
≥10	新安江-海河模型	100	10.2	100
	改进的河北模型	100	6.7	100
5～10	新安江-海河模型	83	7.8	83
	改进的河北模型	83	9.7	83
3～5	新安江-海河模型	67	9.3	
	改进的河北模型	67	8.4	
<3	新安江-海河模型	76	3.4	
	改进的河北模型	88	1.9	

表 5－21　　龙门站新安江-海河模型大、中洪水模拟结果

洪水重现期/年	洪水场次代码	径　流　深				洪　峰　流　量			
		实测值/mm	计算值/mm	绝对误差/mm	合格率/%	实测值/(m^3/s)	计算值/(m^3/s)	相对误差/%	合格率/%
≥10	19630802	746.9	739.2	−7.7	100	3793	3557	−6	100
	19640811	143.8	145.9	2.1		1353	1445	7	
	19890722	97.5	115.3	17.7	100	1467	1257	−14	100
	19960802	145.8	132.7	−13.1		690	754	9	

续表

洪水重现期/年	洪水场次代码	径流深				洪峰流量			
		实测值/mm	计算值/mm	绝对误差/mm	合格率/%	实测值/(m^3/s)	计算值/(m^3/s)	相对误差/%	合格率/%
5～10	19770802	66.8	67.1	0.3	100	388	400	3	100
	19780825	55.8	56.0	0.2		215	227	5	
	19820728	64.2	63.8	−0.4	75	297	270	−9	75
	19880804	54.5	45.9	−8.6		300	160	−47	
	19900731	45.9	20.6	−25.3		114	93	−19	
	20040810	78.3	89.9	11.7		516	605	17	

表 5-22　龙门站新安江-海河模型小洪水模拟结果

洪水重现期/年	洪水场次代码	实测径流深/mm	计算径流深/mm	径流深误差	
				绝对误差/mm	合格率/%
3～5	19610821	18.8	41.2	22.4	67
	19620707	27.8	42.0	14.2	
	19660812	31.7	28.5	−3.2	
	19690721	8.9	8.1	−0.8	
	19700825	20.4	20.5	0.1	
	19730812	30.5	30.7	0.2	
	19740807	32.1	37.6	5.6	
	19760717	38.7	20.2	−18.5	
	19790728	24.8	19.9	−4.9	
	19940705	7.8	41.6	33.9	67
	19950805	27.2	22.6	−4.6	
	19970731	15.6	18.5	2.9	
<3	19650814	1.7	1.4	−0.3	80
	19670730	18.3	21.8	3.5	
	19680718	9.2	8.6	−0.6	
	19710824	7.9	10.0	2.1	
	19720719	6.8	2.1	−4.7	
	19810804	3.1	1.7	−1.3	75
	19830824	0.8	2.4	1.5	
	19850824	10.7	7.9	−2.7	
	19860626	4.1	6.8	2.8	
	19870713	2.6	2.5	−0.1	
	19910815	3.2	3.5	0.3	

续表

洪水重现期/年	洪水场次代码	实测径流深/mm	计算径流深/mm	径流深误差	
				绝对误差/mm	合格率/%
<3	19920829	1.5	2.8	1.3	75
	19930731	2.2	8.4	6.2	
	19980716	10.1	9.3	−0.8	
	19990808	10.2	35.9	25.7	
	20000703	3.8	7.7	3.9	
	20050709	0.1	0	−0.1	

表 5-23　　龙门站改进的河北模型大、中洪水模拟结果

洪水重现期/年	洪水场次代码	径流深				洪峰流量			
		实测值/mm	计算值/mm	绝对误差/mm	合格率/%	实测值/(m^3/s)	计算值/(m^3/s)	相对误差/%	合格率/%
≥10	19630802	746.9	748.6	1.7	100	3793	3850	2	100
	19640811	143.8	135.2	−8.6		1353	1461	8	
	19890722	97.5	104.6	7.1	100	1467	1321	−10	100
	19960802	145.8	136.5	−9.3		690	738	7	
5～10	19770802	66.8	76.2	9.4	100	388	363	−6	100
	19780825	55.8	48.2	−7.6		215	222	3	
	19820728	64.2	73.3	9.1	75	297	263	−11	75
	19880804	54.5	47.2	−7.3		300	175	−42	
	19900731	45.9	23.9	−22.0		114	129	13	
	20040810	78.3	81.2	2.9		516	503	−2	

表 5-24　　龙门站改进的河北模型小洪水模拟结果

洪水重现期/年	洪水场次代码	实测径流深/mm	计算径流深/mm	径流深误差	
				绝对误差/mm	合格率/%
3～5	19610821	18.8	42.1	23.3	67
	19620707	27.8	32.2	4.4	
	19660812	31.7	37.1	5.4	
	19690721	8.9	3.3	−5.6	
	19700825	20.4	24.5	4.1	
	19730812	30.5	29.8	−0.7	
	19740807	32.1	31.2	−0.9	
	19760717	38.7	28.0	−10.7	
	19790728	24.8	20.0	−4.8	

续表

洪水重现期/年	洪水场次代码	实测径流深/mm	计算径流深/mm	径流深误差	
				绝对误差/mm	合格率/%
3～5	19940705	7.8	41.6	33.8	67
	19950805	27.2	22.3	−4.9	
	19970731	15.6	17.8	2.2	
<3	19650814	1.7	1.7	0.1	100
	19670730	18.3	18.5	0.2	
	19680718	9.2	6.4	−2.8	
	19710824	7.9	10.1	2.2	
	19720719	6.8	6.4	−0.4	
	19810804	3.1	0.1	−3.0	83
	19830824	0.8	0.4	−0.4	
	19850824	10.7	4.1	−6.6	
	19860626	4.1	5.9	1.8	
	19870713	2.6	0.5	−2.1	
	19910815	3.2	0.9	−2.3	
	19920829	1.5	0.7	−0.8	
	19930731	2.2	5.9	3.7	
	19980716	10.1	8.7	−1.4	
	19990808	10.2	11.8	1.5	
	20000703	3.8	6.4	2.6	
	20050709	0.1	0	−0.1	

5.6.3.3 紫荆关站洪水模拟分析

紫荆关位于大清河流域北支拒马河上游，该河发源于河北省涞源县境内。上游石门以上为涞源盆地，石门至紫荆关之间为开阔谷地，紫荆关站控制面积为 1760km^2，主河道长 81.5km，河道纵坡 5.5%，流域平均宽度 25.4km。流域内植被情况较差，仅局部地区有小块成林，石门以上属黄土高原边缘的土石山区，因此河道侵蚀严重。石门以下属石山区，表层岩石风化严重，水土流失现象较多，水土保持工程比较薄弱。流域内石门上游附近建有橡胶坝 1 座，其他大型水利工程较少。流域多年平均年降水量约 650mm。

由于紫荆关以上流域的资料情况比较复杂，根据站点资料的一致性和完整性，1956—1963 年选取艾河、插箭岭、石门、东团堡、王安镇、紫荆关、团圆村、胡子峪和狮子峪 9 个雨量站点；1964—1966 年选取艾河、插箭岭、石门、东团堡、王安镇、紫荆关、团圆村、胡子峪、狮子峪和斜山 10 个雨量站点；1967—2005 年选取艾河、插箭岭、石门、东团堡、王安镇、紫荆关、团圆村、胡子峪、狮子峪、斜山和乌龙沟 11 个雨量站点。其中紫荆关为出流站。

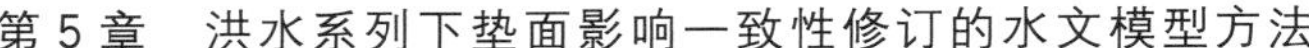

采用紫荆关以上流域 1956—2005 年的所有暴雨洪水的水文资料系列，分 1956—1979 年、1980—2005 年两个时期，选择年最大暴雨洪水过程，并按最大 3 日洪量系列进行频率分析，然后按照 3 日洪量的大小对洪水场次进行分级。分为大于或等于 10 年一遇、5 年一遇至 10 年一遇，小于 5 年一遇等三个量级。采用新安江-海河模型和改进的河北模型对 1980 年前后的洪水分别进行模拟，模拟结果见表 5-25～表 5-29。

表 5-25　　紫荆关站新安江-海河模型与改进的河北模型模拟结果

洪水重现期/年	模型类别	径流深合格率/%	径流深误差绝对值均值/mm	洪峰流量合格率/%
≥10	新安江-海河模型	100	10.1	83
	改进的河北模型	100	7.4	83
5～10	新安江-海河模型	78	3.5	67
	改进的河北模型	78	5.0	67
<5	新安江-海河模型	80	2.4	
	改进的河北模型	77	2.8	

表 5-26　　紫荆关站新安江-海河模型大、中洪水模拟结果

洪水重现期/年	洪水场次代码	径流深				洪峰流量			
		实测值/mm	计算值/mm	绝对误差/mm	合格率/%	实测值/(m^3/s)	计算值/(m^3/s)	相对误差/%	合格率/%
≥10	19560802	132.7	150.0	17.4	100	1490	1767	19	75
	19590802	89.0	72.6	−16.5		648	648	0	
	19630805	229.3	214.5	−14.7		4490	3758	−16	
	19640811	60.8	63.4	2.5		752	1542	105	
	19880804	55.0	51.1	−3.9	100	350	363	4	100
	19960802	97.2	91.8	−5.4		739	740	0	
5～10	19580709	12.1	10.8	−1.3	71	905	207	−77	71
	19620707	18.9	16.9	−1.9		271	228	−16	
	19730819	21.0	29.6	8.6		334	564	69	
	19760717	12.9	11.7	−1.2		108	99	−8	
	19770801	34.5	33.2	−1.4		147	144	−2	
	19780825	28.4	37.5	9.1		428	512	20	
	19790814	24.2	28.8	4.6		245	283	16	
	19820730	19.7	18.9	−0.8	100	402	352	−12	50
	19870713	5.9	3.0	−2.9		159	87	−46	

表 5-27 紫荆关站新安江-海河模型小洪水模拟结果

时间	洪水场次代码	径流深			
		实测值/mm	计算值/mm	绝对误差/mm	合格率/%
1980 年以前	19570722	4.0	2.1	-1.9	73
	19600705	2.2	0.7	-1.4	
	19610629	4.5	2.1	-2.4	
	19650725	4.5	1.2	-3.2	
	19660712	7.6	2.1	-5.5	
	19670808	12.4	13.7	1.3	
	19680816	6.3	3.6	-2.7	
	19690816	2.3	2.2	-0.2	
	19700715	3.0	5.2	2.2	
	19710705	2.8	2.5	-0.3	
	19720718	1.9	0.6	-1.3	
	19730813	4.9	13.0	8.1	
	19740730	10.0	7.2	-2.8	
	19750810	7.5	6.3	-1.2	
	19780725	13.1	17.3	4.2	
1980 年以后	19800816	2.2	1.9	-0.2	85
	19810804	6.0	3.4	-2.6	
	19830801	3.4	1.9	-1.5	
	19840826	1.6	0.7	-0.9	
	19850701	2.0	0.6	-1.4	
	19860702	4.0	1.8	-2.2	
	19890814	3.3	3.0	-0.3	
	19900703	5.6	3.3	-2.4	
	19910725	3.8	2.6	-1.3	
	19920713	1.4	0.4	-1	
	19930702	0.8	0.3	-0.6	
	19940706	2.0	2.1	0.1	
	19950711	2.5	1.2	-1.3	
	19970730	0.4	0.5	0.1	
	19980705	6.8	13.1	6.3	
	19990711	4.9	3.4	-1.5	
	20000704	6.3	17.5	11.2	
	20010802	1.3	1.0	-0.3	
	20040809	6.1	15.7	9.6	
	20050814	4.4	3.3	-1.1	

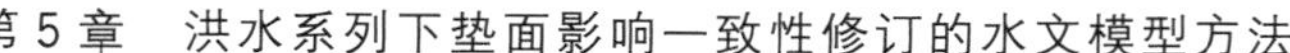

表 5-28　紫荆关站改进的河北模型大、中洪水模拟结果

洪水级别	洪水场次代码	径流深				洪峰流量			
		实测值/mm	计算值/mm	绝对误差/mm	合格率/%	实测值/(m^3/s)	计算值/(m^3/s)	相对误差/%	合格率/%
大洪水	19560802	132.7	147.9	15.2	100	1490	1749	17	75
	19590802	89.0	87.4	−1.6		648	760	17	
	19630805	229.3	217.2	−12.0		4490	3627	−19	
	19640811	60.8	72.9	12.0		752	1608	114	
	19880804	55.0	56.1	1.1	100	350	389	11	100
	19960802	97.2	94.9	−2.3		739	650	−12	
中等洪水	19580709	12.8	15.3	2.5	71.4	905	311	−66	57
	19620707	18.9	15.9	−2.9		271	219	−19	
	19730819	21.0	24.4	3.4		334	398	19	
	19760717	12.9	3.7	−9.2		108	57	−47	
	19770801	34.5	19.7	−14.9		147	497	−34	
	19780825	28.4	32.4	3.9		428	450	5	
	19790814	24.2	20.0	−4.2		245	233	−5	
	19820730	19.7	18.3	−1.4	100	402	459	14	100
	19870713	5.9	3.1	−2.8		159	134	−16	

表 5-29　紫荆关站改进的河北模型小洪水模拟结果

时　间	洪水场次代码	径流深			
		实测值/mm	计算值/mm	绝对误差/mm	合格率/%
1980 年以前	19570722	4.0	1.7	−2.3	73
	19600705	2.2	0.6	−1.6	
	19610629	4.5	2.5	−2.0	
	19650725	4.5	0.6	−3.9	
	19660712	7.6	5.2	−2.4	
	19670808	12.4	8.9	−3.5	
	19680816	6.3	3.4	−2.9	
	19690816	2.3	3.6	1.2	
	19700715	3.0	6.0	3.0	
	19710705	2.8	1.6	−1.2	
	19720718	1.9	0.2	−1.7	
	19730813	4.9	9.8	4.9	
	19740730	10.0	10.2	0.2	
	19750810	7.5	10.3	2.8	
	19780725	13.1	19.7	6.6	

续表

时　间	洪水场次代码	径　流　深			
		实测值/mm	计算值/mm	绝对误差/mm	合格率/%
1980年以后	19800816	2.2	1.5	−0.7	80
	19810804	6.0	1.4	−4.6	
	19830801	3.4	1.2	−2.2	
	19840826	1.6	0.5	−1.1	
	19850701	2.0	0.5	−1.5	
	19860702	4.0	1.2	−2.8	
	19890814	3.3	2.6	−0.8	
	19900703	5.6	1.5	−4.1	
	19910725	3.8	1.8	−2.0	
	19920713	1.4	0.3	−1.1	
	19930702	0.8	0.2	−0.6	
	19940706	2.0	3.4	1.4	
	19950711	2.5	1.3	−1.2	
	19970730	0.4	1.2	0.8	
	19980705	6.8	8.7	2.0	
	19990711	4.9	3.6	−1.3	
	20000704	6.3	26.3	20.0	
	20010802	1.3	0.4	−0.9	
	20040809	6.1	12.8	6.7	
	20050814	4.4	2.7	−1.7	

5.7　小结

（1）水文模型是由暴雨资料推求或预报洪水的基础理论方法，水文模型结构经历了降雨径流相关经验模式、基于产汇流机理的概念性集总模型、基于物理基础或基于概念的分布式模型三个主要阶段，分布式模型是当前水文模型领域研究的热点。在国内生产实际应用中，基于概念的半分布式模型应用较为普遍，鉴于资料条件和计算效率问题，基于物理基础的纯分布式模型在生产实际中广泛应用尚受到一定限制。设计洪水的下垫面影响修订，主要是面对生产应用，按照简单、实用和资料易获得的原则，本书在模型选择方向上，选用了比较成熟的分块式概念性模型。

（2）为适应设计洪水系列下垫面变化影响修订需要，以新安江模型和河北模型为基础，根据下垫面要素变化对洪水影响机理，对上述模型的模型结构进行了改进，在模型中增加了下垫面变化影响的响应结构，改进的新安江模型称为新安江-海河模型（XAJ-H）。改进的河北模型直接称为改进的河北模型。

(3) 为了比较不同模型在海河流域下垫面变化对洪水影响研究的适应性，分别选择新安江模型、新安江-海河模型、河北模型、改进的河北模型、TOPMODEL 模型在大清河沙河上游阜平站和潮河流域戴营站进行了比较应用，在此基础上又对适应性较好的新安江-海河模型和改进的河北模型在拒马河紫荆关站、漕河龙门水库站、滹沱河支流险溢河王岸站以上三个典型流域进行了验证。模型比较主要结论如下。

1) 王岸站共模拟分析了 41 场洪水，径流深模拟合格场次，新安江模型、河北模型、TOPMODEL 模型分别为 24 场、24 场和 25 场，径流深模拟合格率分别为 59%、59%和 63%，其径流模拟的精度均不高。采用新安江-海河模型和改进的河北模型分 1980 年前后两个分期和大、小水分别率定参数，径流模拟合格场次明显增加，新安江-海河模型合格场次为 34 场，改进的河北模型为 33 场，径流深模拟合格率，新安江-海河模型为 83%，改进的河北模型为 81%。

2) 阜平站洪峰流量模拟结果为新安江模型合格 14 场，合格率 34%；河北模型合格 15 场，合格率 37%；TOPMODEL 模型合格 8 场，合格率 19%。分 1980 年前后和大、小水分别率定参数，在 5 年一遇以上的 17 场大、中洪水中，新安江-海河模型和改进的河北模型，洪峰流量模拟合格率均为 16 场，合格率均达到了 94%。

3) 戴营站共模拟分析了 40 场洪水，径流深模拟合格场次，新安江模型、河北模型、TOPMODEL 模型分别为 29 场、29 场和 30 场，径流深模拟合格率分别为 73%、73%和 75%，其径流模拟的精度比阜平站略有提高。采用新安江-海河模型和改进的河北模型分 1980 年前后和大、小水分别率定参数，新安江-海河模型和改进的河北模型径流深模拟合格场次均为 34 场，径流深模拟合格率为 85%。

新安江-海河模型和改进的河北模型，在紫荆关、龙门、王岸三个水文站以上流域模拟验证结果表明，其大、中洪水径流深的模拟合格率均在 78%以上，大、中洪水洪峰流量模拟合格率达到了 67%以上；小洪水径流深的模拟合格率略低于大、中洪水，为 72%以上，也达到了洪水预报规范规定的合格精度。

从上面的模拟结果可以看出，新安江-海河模型与改进的河北模型在典型流域的洪量模拟都达到了乙级以上的精度，可以用于下垫面变化引起的洪量模拟。对于多数流域的洪峰流量模拟也达到乙级以上的模拟精度，可以用于下垫面变化引起的洪峰流量变化模拟。

第6章　洪水系列下垫面影响一致性修订的相关分析方法

选择滹沱河支流险溢河王岸站、大清河支流漕河龙门站、北运河上游温榆河通州站等3个水文站以上流域作为典型代表流域，并采用其实测降雨径流资料，建立降雨产流相关关系和洪量与洪峰流量相关关系，并分别对其精度进行评定，研究利用经验相关法模式进行洪水系列下垫面影响修订的可行性。

6.1　洪量系列一致性修订方法研究

6.1.1　$P+P_a \sim R$ 关系曲线制作及精度评价

采用典型流域自建站以来至2008年水文资料系列（每年尽量保证一次最大过程，降雨丰沛年份可选多次），对典型流域的降雨径流相关水文要素进行分析，按照下垫面变化分期，制作了 $P+P_a \sim R$ 相关曲线。对比分析1980年前后王岸、龙门两个代表站的洪水发现，1980年以后下垫面变化影响比较明显，洪水减少的趋势明显。因此，以1980年为节点分别绘制两个时段的 $P+P_a \sim R$ 相关关系线，如图6-1和图6-2所示。北运河支流温榆河流域主要是受到城市化的影响，1972—1980年间径流系数有明显增加的趋势，1980年以后，由于流域内绿化面积和雨水利用工程的增加以及地下水位下降，径流系数又有所减少，其 $P+P_a \sim R$ 相关关系线见图6-3。

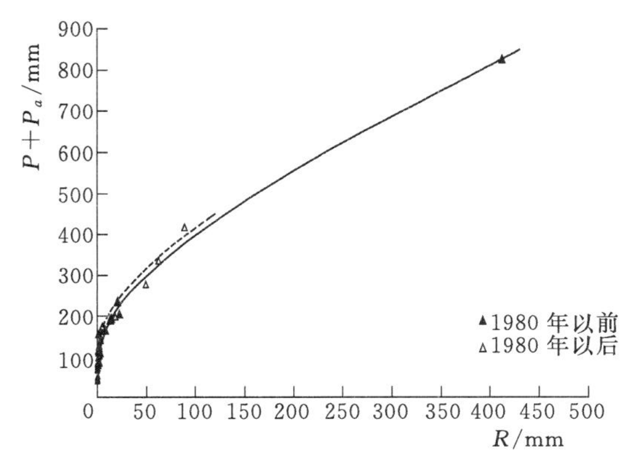

图6-1　王岸以上流域 $P+P_a \sim R$ 相关图

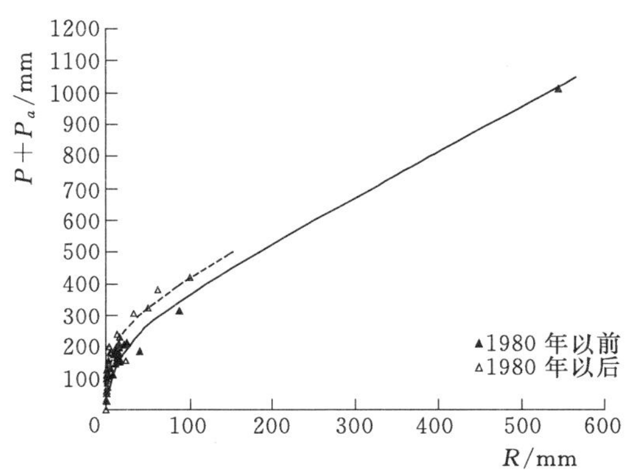

图6-2　龙门以上流域 $P+P_a \sim R$ 相关图

按照历年次洪水对应的 $P+P_a$，在相关线上查取径流深 R，与根据实测资料分析的R对比，然后按照《水文情报预报规范》（SL 250—2000），对 $P+P_a \sim R$ 相关关系模式的分析成果进行精度评定。径流深误差以小于实测值的20%作为许可误差，当径流深误差大

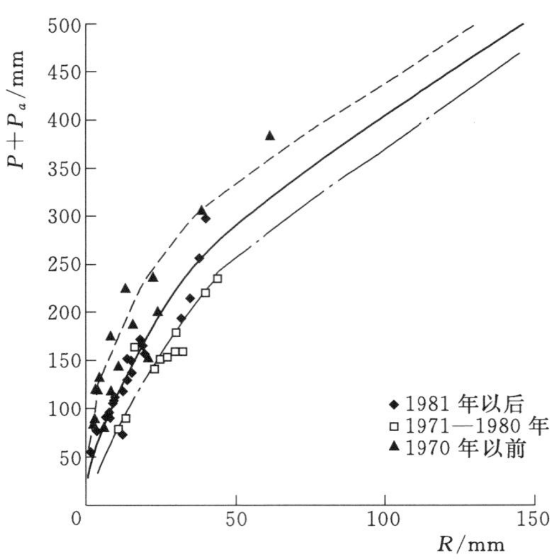

图 6-3　温榆河流域 $P+P_a \sim R$ 相关图

于许可误差时取 20mm，当径流深误差小于 3mm 时取 3mm。王岸、龙门、通州站误差评定成果参见表 6-1～表 6-3。

经评定，王岸站 1980 年前 20 次洪水，合格场次 18 场，合格率为 90.0%；1980 年以后 29 次洪水，合格场次 27 场，合格率为 93.1%。

龙门站 1980 年以前 26 次洪水，合格场次 20 场，合格率为 76.9%；1980 年以后 29 次洪水，合格场次 24 场，合格率为 82.8%。

通州站 1972 年以前总选择 17 场水，合格场次 12 场，合格率为 70.6%；1972—1980 年，共有 12 场降雨，误差在 20%以内的有 10 场，合格率为 83%；1980 年以后，共有 21 场降雨，误差在 20%以内的有 19 场，合格率为 90%。

表 6-1　　**王岸以上流域 $P+P_a \sim R$ 相关关系精度评定**　　单位：mm

洪水场次代码	降雨 P	P_a 值	$P+P_a$ 值	径流深			
				实测值	分析值	误差	合格情况
19600730	22.5	115.9	138.4	4.2	5.1	0.9	√
19610926	174.9	15.0	189.9	13.2	13.5	0.3	√
19620723	39.8	57.5	97.3	1.5	2.1	0.6	√
19630803	706.3	121.0	827.3	412.4	411.8	−0.6	√
19640816	10.9	110.5	121.4	2.3	3.6	1.3	√
19650731	39.4	32.5	71.9	0.8	1.2	0.4	√
19660822	131.3	62.1	193.4	14.3	14.2	−0.1	√
19670721	33.7	73.4	107.1	1.9	2.6	0.7	√
19680725	16.5	27.0	43.5	0.3	0.5	0.2	√
19690708	23.5	82.0	105.5	4.2	2.5	−1.7	√
19700730	54.6	23.8	78.4	1.7	1.4	−0.4	√
19710718	15.2	61.8	77.0	1.6	1.3	−0.3	√
19720804	26.0	15.8	41.8	0.6	0.4	−0.2	√
19730707	18.9	69.5	88.4	1.8	1.7	−0.1	√
19740723	57.7	43.6	101.3	3.0	2.3	−0.7	√
19750807	170.4	65.2	235.6	20.8	25.8	5.0	×
19760717	119.4	45.7	165.1	8.0	8.9	0.9	√

续表

洪水场次代码	降雨 P	P_a 值	$P+P_a$ 值	径　流　深			
				实测值	分析值	误差	合格情况
19770728	96.0	108.0	204.0	22.6	16.6	－6.0	×
19780727	24.7	58.0	82.7	3.1	1.5	－1.6	√
19790714	20.3	68.6	88.9	1.2	1.7	0.6	√
19800925	2.9	35.8	38.7	0.2	0.1	－0.1	√
19810814	44.8	63.7	108.5	0.6	0.7	0.1	√
19820731	46.9	106.5	153.4	2.8	3.0	0.2	√
19830804	103.5	71.9	175.4	5.1	5.8	0.7	√
19840812	17.5	58.4	75.9	0.3	0.3	0	√
19850825	64.1	61.9	126.0	2.5	1.3	－1.2	√
19860706	9.1	41.3	50.4	0.3	0.1	－0.2	√
19870802	45.6	38.6	84.2	0.1	0.4	0.3	√
19880812	25.0	137.3	162.3	3.4	3.8	0.4	√
19890721	76.0	48.4	124.4	1.1	1.2	0.1	√
19900627	21.4	25.5	46.9	0.3	0.1	－0.2	√
19910914	48.2	33.0	81.2	0.2	0.3	0.1	√
19920830	83.8	59.5	143.3	3.9	2.1	－1.8	√
19930907	47.2	20.8	68.0	0.1	0.2	0.1	√
19940812	23.3	75.1	98.4	0.7	0.5	－0.2	√
19950805	141.8	56.1	197.9	18.4	10.0	－8.4	×
19960802	343.6	75.0	418.6	89.1	102.5	13.4	√
19970728	34.5	31.3	65.8	0.2	0.2	0	√
19980705	8.0	32.3	40.3	0.1	0.1	0	√
19990813	258.2	78.7	336.9	62.5	60.0	－2.5	√
20000708	27.2	127.9	155.1	1.2	3.1	1.9	√
20010724	22.4	29.2	51.6	0.5	0.1	－0.4	√
20020804	19.2	100.2	119.4	2.8	1.0	－1.8	√
20030822	44.1	39.2	83.3	0.2	0.3	0.1	√
20040810	203.8	74.4	278.2	49.3	34.7	－14.6	×
20050815	81.8	60.7	142.5	3.5	2.1	－1.4	√
20060813	43.4	69.4	112.8	0.3	0.8	0.5	√
20070805	33.6	63.6	97.2	0.6	0.5	－0.1	√
20080907	2.8	67.8	70.6	0.4	0.2	－0.2	√

表 6－2　　龙门以上流域 $P+P_a \sim R$ 相关关系精度评定　　单位：mm

洪水场次代码	降雨 P	P_a 值	$P+P_a$ 值	径流深			
				实测值	分析值	误差	合格情况
19610821	117.29	60.2	177.5	17.9	28.0	10.1	×
19620708	175.60	22.8	198.4	27.3	30.5	3.2	√
19630805	984.82	29.0	1013.8	728.6	730.0	1.4	√
19640812	219.68	94.3	314.0	115.4	107.0	－8.4	√
19650703	16.32	11.2	27.5	1.3	1.5	0.2	√
19650815	17.43	34.2	51.6	1.6	2.0	0.4	√
19650725	50.19	23.1	73.3	2.6	4.2	1.6	√
19660814	158.02	43.0	201.0	28.8	32.0	3.2	√
19670718	69.86	38.8	108.7	5.2	8.8	3.6	×
19670729	46.05	53.9	100.0	3.8	6.0	2.2	√
19680721	58.36	32.5	90.9	3.4	5.2	1.8	√
19690726	102.04	65.4	167.4	25.3	26.5	1.2	√
19700826	106.48	40.5	147.0	19.0	19.5	0.5	√
19710824	89.83	16.7	106.5	7.2	8.5	1.3	√
19710630	100.28	12.1	112.4	13.3	11.2	－2.1	√
19720719	57.04	2.5	59.5	1.5	2.0	0.5	√
19730714	62.70	69.3	132.0	11.0	13.0	2.0	√
19730813	79.42	72.7	152.1	28.9	23.5	－5.4	√
19740731	58.43	102.4	160.8	21.1	25.0	3.9	√
19740807	124.16	85.3	209.5	20.6	35.5	14.9	×
19760718	132.20	71.7	203.9	19.9	33.0	13.1	×
19770802	111.87	100.4	212.3	52.9	43.0	－9.9	√
19780825	152.43	33.8	186.2	40.0	32.5	－7.5	√
19790728	84.00	94.9	178.9	17.3	28.5	11.2	×
19790811	113.65	92.7	206.3	29.9	35.0	5.1	√
19790815	60.76	116.0	176.8	14.3	28.0	13.7	×
19800817	64.0	41.6	105.6	3.7	2.5	－1.2	√
19810806	56.7	74.5	131.2	3.0	4.1	1.1	√
19820731	90.8	138.8	229.6	27.8	22.5	－5.3	√
19830825	96.4	30.4	126.8	0.8	3.0	2.2	√
19850824	79.6	61.4	141.0	5.6	5.5	－0.1	√
19860626	142.8	8.6	151.4	3.8	6.0	2.2	√
19870714	51.5	56.9	108.4	2.0	2.6	0.6	√
19870826	45.6	61.3	106.9	1.2	2.5	1.3	√
19870903	36.9	69.6	106.5	0.8	2.5	1.7	√
19880804	196.7	109.9	306.6	51.9	56.5	4.6	√
19890722	275.9	105.9	381.8	92.1	102.0	9.9	√
19900728	46.6	70.3	116.9	7.5	4.2	－3.3	×

续表

洪水场次代码	降雨 P	P_a 值	$P+P_a$ 值	径流深			
				实测值	分析值	误差	合格情况
19900731	58.8	98.4	157.2	39.0	7.8	−31.2	×
19910816	51.3	62.1	113.4	2.3	4.0	1.7	√
19920723	48.1	31.8	79.9	0.2	1.8	1.6	√
19920829	40.4	39.7	80.1	1.4	1.9	0.5	√
19940707	101.3	99.0	200.3	5.9	14.9	9.0	×
19940812	125.0	116.3	241.3	26.9	25.1	−1.8	√
19950713	98.4	45.5	143.9	6.0	5.6	−0.4	√
19950718	60.0	119.8	179.8	13.6	11.3	−2.3	√
19950805	85.9	103.1	189.0	28.4	11.5	−16.9	×
19960804	281.4	139.3	420.7	139.0	133	−6.0	√
19970731	116.6	83.1	199.7	15.3	14.8	−0.5	√
19980717	99.0	82.6	181.6	7.8	11.5	3.7	×
20000706	148.3	7.5	155.8	4.2	7.1	2.9	√
20020801	40.9	45.9	86.8	0.1	2.0	1.9	√
20040811	269.1	55.6	324.7	74.7	70.5	−4.2	√
20050710	1.1	1.0	2.1	0.1	0.3	0.2	√
20050715	16.6	12.9	29.5	0.2	0.8	0.6	√

表 6-3　温榆河通州以上流域 $P+P_a \sim R$ 相关关系精度评定　单位：mm

时段划分	洪水场次代码	降雨 P	P_a 值	$P+P_a$ 值	径流深			
					实测值	计算值	误差	合格情况
1972 年以前	19540608	92.5	41.8	134.3	4.4	7.0	2.6	√
	19550527	74.4	9.7	84.1	2.4	2.4	0	√
	19550805	54.3	65.6	119.9	2.8	5.5	2.7	√
	19560601	115.5	3.1	118.6	3.6	5.0	1.4	√
	19560915	87.9	31.5	119.4	8.4	5.5	−2.9	√
	19580710	270.5	35.4	305.9	38.8	57.0	18.2	×
	19580827	58.3	29.1	87.4	2.8	2.8	0	√
	19580913	89.0	30.8	119.8	11.2	5.5	−5.7	×
	19590721	101.5	45.0	152.5	20.8	11.0	−9.8	×
	19590806	117.4	119.5	236.9	22.4	19.0	−3.4	√
	19610722	90.2	46.4	175.6	8.0	11.0	3.0	√
	19620723	185.6	44.5	230.1	13.2	16.0	2.8	√
	19630808	264.8	120.0	384.8	61.6	68.0	6.4	√
	19640812	80.1	108.0	188.1	15.6	13.0	−2.6	√
	19670819	68.7	48.4	117.1	12.8	6.0	−6.8	×
	19690809	113.9	80.2	194.1	24.0	14.0	−10.0	×
	19690820	57.4	87.5	144.9	10.8	8.0	−2.8	√

续表

时段划分	洪水场次代码	降雨 P	P_a 值	$P+P_a$ 值	径流深			
					实测值	计算值	误差	合格情况
1972—1979 年	19720719	80.9	0.9	81.8	6.0	9.0	3.0	√
	19720726	109.7	48.2	156.9	33.2	27.0	−6.2	√
	19730630	152.0	30.1	182.1	30.0	30.0	0	√
	19730813	100.2	54.8	155.0	30.8	27.0	−3.8	√
	19730820	63.7	86.3	150.0	25.2	25.0	−0.2	√
	19740806	152.9	80.2	233.1	44.0	44.0	0	√
	19750729	144.4	69.5	213.9	16.4	28.0	11.6	×
	19750806	143.5	51.6	195.1	40.0	40.0	0	√
	19760807	96.8	88.2	185.0	23.2	23.0	−0.2	√
	19770802	54.4	9.6	64.0	28.0	25.0	−3.0	√
	19780608	69.3	4.4	73.7	11.2	8.0	−3.2	×
	19790604	84.8	49.9	134.7	13.2	11.0	−2.2	√
1981 年以后	19810703	65.6	7.7	73.3	12.0	3.0	−9.0	×
	19810802	92.2	22.4	114.6	9.6	9.0	−0.6	√
	19820724	82.9	54.5	137.4	15.6	15.0	−0.6	√
	19840808	217.3	35.4	252.7	38.0	43.0	5.0	√
	19850824	126.5	69.4	195.9	32.0	27.0	−5.0	√
	19860626	120.9	43.5	164.4	18.4	21.0	2.6	√
	19860819	52.7	38.4	91.1	7.6	7.0	−0.6	√
	19860831	80.4	32.1	112.5	12.4	11.0	−1.4	√
	19900430	50.9	3.9	54.8	1.6	1.6	0	√
	19900704	113.8	11.2	125.0	14.0	13.0	−1.0	√
	19910721	50.9	56.8	107.7	8.8	8.0	−0.8	√
	19910727	81.6	67.5	149.1	15.6	16.0	0.4	√
	19940707	105.6	48.0	153.6	13.6	16.0	2.4	√
	19940712	185.6	111.0	296.6	40.0	50.0	10.0	×
	19970719	97.9	9.5	107.4	9.2	9.0	−0.2	√
	19980629	151.3	20.5	171.8	18.4	22.0	3.6	√
	19980705	105.8	106.1	211.9	34.8	32.0	−2.8	√
	20000704	136.4	26.1	162.5	19.6	19.5	−0.1	√
	20020818	43.2	29.6	72.8	3.2	3.2	0	√
	20040720	49.0	41.9	90.9	8.0	7.0	−1.0	√
	20050723	84.3	6.7	91.0	6.4	7.0	0.6	√

6.1.2 $P\sim P_a\sim R$ 关系曲线制作及精度评价

在对 $P+P_a\sim R$ 相关线精度评价的基础上，对王岸和龙门两水文站以上流域分别建立其不同时期的 $P\sim P_a\sim R$ 相关关系，并对其精度进行了评定。王岸、龙门水文站以上流域1980年以前和1980年以后两个时期的 $P\sim P_a\sim R$ 相关关系，如图6-4和图6-5所示。按照《水文情报预报规范》（SL 250—2000），对 $P\sim P_a\sim R$ 相关关系的精度进行评价。经评定，王岸站1980年以前20次洪水，合格场次19场，合格率为95.0%；1980年以后29次洪水，合格场次27场，合格率为93.1%。龙门站1980年以前26次洪水，合格场次19场，合格率为73.1%；1980年以后29次洪水，合格场次24场，合格率为82.8%。王岸、龙门2个代表站依据 $P\sim P_a\sim R$ 相关线推测的径流深合格率评定成果详见表6-4和表6-5。

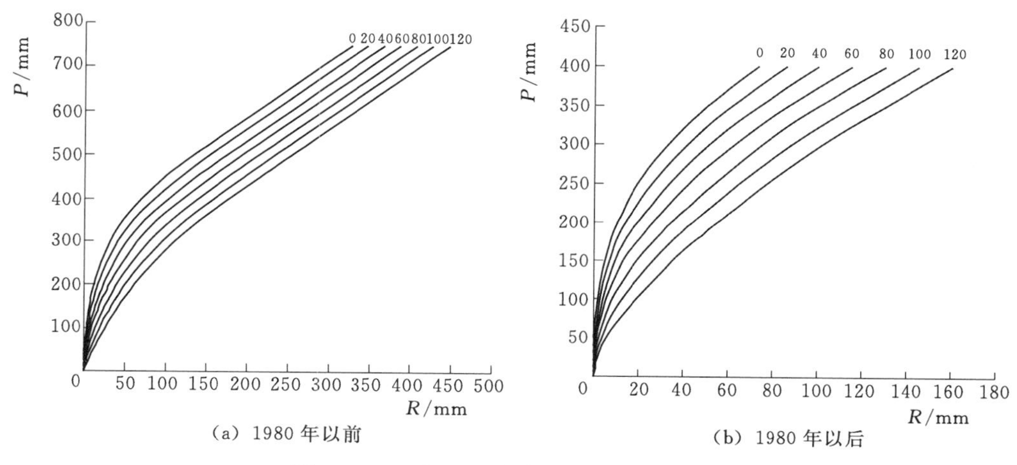

图6-4 王岸以上流域 $P\sim P_a\sim R$ 相关图

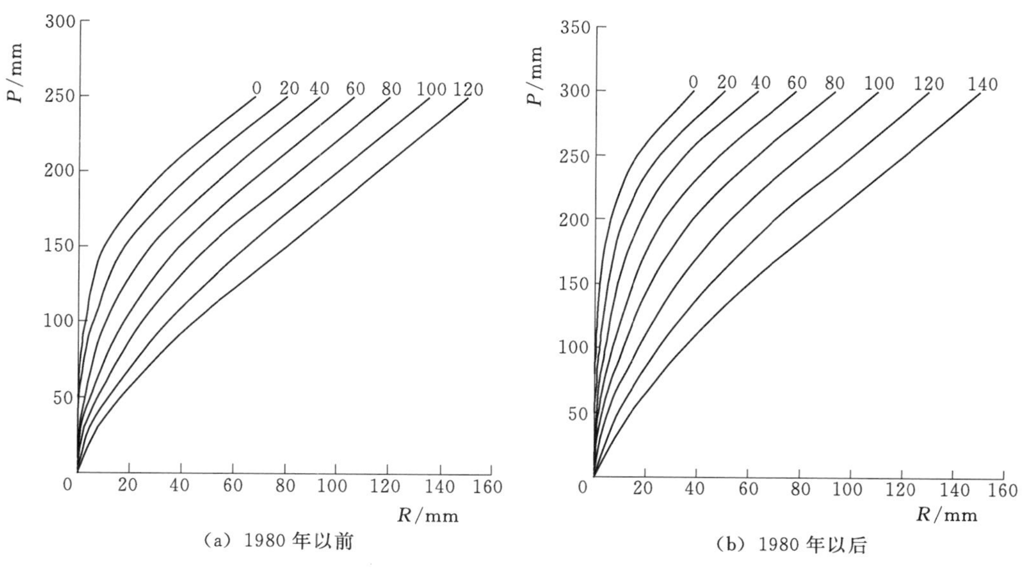

图6-5 龙门以上流域 $P\sim P_a\sim R$ 相关图

表 6－4　　王岸以上流域 $P \sim P_a \sim R$ 相关关系精度评定　　单位：mm

洪水场次代码	降雨 P	P_a 值	径流深			
			实测值	分析值	误差	合格情况
19600730	22.5	115.9	4.2	4.7	0.5	√
19610926	174.9	15.0	13.2	12.1	－1.1	√
19620723	39.8	57.5	1.5	1.9	0.4	√
19630803	706.3	121.0	412.4	412.2	－0.2	√
19640816	10.9	110.5	2.3	1.7	－0.6	√
19650731	39.4	32.5	0.8	0.8	0	√
19660822	131.3	62.1	14.3	15.7	1.4	√
19670721	33.7	73.4	1.9	2.1	0.2	√
19680725	16.5	27.0	0.3	0	－0.3	√
19690708	23.5	82.0	4.2	1.7	－2.5	√
19700730	54.6	23.8	1.7	1.4	－0.3	√
19710718	15.2	61.8	1.6	0.1	－1.5	√
19720804	26.0	15.8	0.6	0	－0.6	√
19730707	18.9	69.5	1.8	0.6	－1.2	√
19740723	57.7	43.6	3.0	2.9	－0.1	√
19750807	170.4	65.2	20.8	25.6	4.9	×
19760717	119.4	45.7	8.0	10.2	2.2	√
19770728	96.0	108.0	22.6	21.0	－1.6	√
19780727	24.7	58.0	3.1	0.6	－2.5	√
19790714	20.3	68.6	1.2	0.7	－0.5	√
19800925	2.9	35.8	0.2	0	－0.2	√
19810814	44.8	63.7	0.6	1.3	－0.7	√
19820731	46.9	106.5	2.8	3.9	1.0	√
19830804	103.5	71.9	5.1	7.8	2.7	√
19840812	17.5	58.4	0.3	0	－0.3	√
19850825	64.1	61.9	2.5	2.5	0	√
19860706	9.1	41.3	0.3	0	－0.3	√
19870802	45.6	38.6	0.1	0.6	0.5	√
19880812	25.0	137.3	3.4	1.9	－1.5	√
19890721	76.0	48.4	1.1	2.7	1.6	√
19900627	21.4	25.5	0.3	0	－0.3	√
19910914	48.2	33.0	0.2	0.6	0.4	√
19920830	83.8	59.5	3.9	3.9	0	√
19930907	47.2	20.8	0.1	0.3	0.2	√

续表

洪水场次代码	降雨 P	P_a 值	径流深			
			实测值	分析值	误差	合格情况
19940812	23.3	75.1	0.7	0.4	−0.3	√
19950805	141.8	56.1	18.4	11.2	−7.2	×
19960802	343.6	75.0	89.1	93.4	4.3	√
19970728	34.5	31.3	0.2	0.1	−0.1	√
19980705	8.0	32.3	0.1	0	−0.1	√
19990813	258.2	78.7	62.5	56.6	−6.1	√
20000708	27.2	127.9	1.2	2.0	0.8	√
20010724	22.4	29.2	0.5	0	−0.5	√
20020804	19.2	100.2	2.8	0.8	−2.0	√
20030822	44.1	39.2	0.2	0.6	0.4	√
20040810	203.8	74.4	49.3	33.6	−15.7	×
20050815	81.8	60.7	3.5	3.8	0.3	√
20060813	43.4	69.4	0.3	1.4	1.1	√
20070805	33.6	63.6	0.6	0.7	0.1	√
20080907	2.8	67.8	0.4	0	−0.4	√

表 6-5　　龙门以上流域 $P \sim P_a \sim R$ 相关关系评定　　单位：mm

洪水场次代码	降雨 P	P_a 值	径流深			
			实测值	分析值	误差	合格情况
19610821	117.3	60.2	17.9	27.1	9.2	×
19620708	175.6	22.8	27.3	28.5	1.2	√
19630805	984.8	29.0	728.6	713.0	−15.6	√
19640812	219.7	94.3	115.4	112.1	−3.3	√
19650703	16.3	11.2	1.3	0.1	−1.2	√
19650815	17.4	34.2	1.6	0.5	−1.1	√
19650725	50.2	23.1	2.6	1.1	−1.5	√
19660814	158.0	43.0	28.8	32	3.2	√
19670718	69.9	38.8	5.2	5.5	0.3	√
19670729	46.1	53.9	3.8	4.1	0.3	√
19680721	58.4	32.5	3.4	3.5	0.1	√
19690726	102.0	65.4	25.3	20.5	−4.8	√
19700826	106.5	40.5	19.0	13.5	−5.5	×
19710824	89.8	16.7	7.2	5.1	−2.1	√
19710630	100.3	12.1	13.3	4.0	−9.3	×
19720719	57.0	2.5	1.5	1.2	−0.3	√
19730714	62.7	69.3	11.0	9.5	−1.5	√

续表

洪水场次代码	降雨 P	P_a 值	径流深			
			实测值	分析值	误差	合格情况
19730813	79.4	72.7	28.9	17.0	−11.9	×
19740731	58.4	102.4	21.1	17.5	−3.6	√
19740807	124.2	85.3	20.6	32.2	11.6	×
19760718	132.2	71.7	19.9	23.0	3.1	√
19770802	111.9	100.4	52.9	43.0	−9.9	√
19780825	152.4	33.8	40.0	44.5	4.5	√
19790728	84.0	94.9	17.3	24.5	7.2	×
19790811	113.7	92.7	29.9	35.0	5.1	√
19790815	60.8	116.0	14.3	21.5	7.2	×
19800817	64.0	41.6	3.7	2.0	−1.7	√
19810806	56.7	74.5	3.0	2.8	−0.2	√
19820731	90.8	138.8	27.8	30.0	2.2	√
19830825	96.4	30.4	0.8	2.5	1.7	√
19850824	79.6	61.4	5.6	5.0	−0.6	√
19860626	142.8	8.6	3.8	3.2	−0.6	√
19870714	51.5	56.9	2.0	2.2	0.2	√
19870826	45.6	61.3	1.2	2.0	0.8	√
19870903	36.9	69.6	0.8	2.1	1.3	√
19880804	196.7	109.9	51.9	59.0	7.1	√
19890722	275.9	105.9	92.1	98.0	5.9	√
19900728	46.6	70.3	7.5	2.5	−5.0	×
19900731	58.8	98.4	39.0	8.0	−31.0	×
19910816	51.3	62.1	2.3	2.0	−0.3	√
19920723	48.1	31.8	0.2	0.8	0.6	√
19920829	40.4	39.7	1.4	1.0	−0.4	√
19940707	101.3	99.0	5.9	17.5	11.6	×
19940812	125.0	116.3	26.9	31.5	4.6	√
19950713	98.4	45.5	6.0	5.5	−0.5	√
19950718	60.0	119.8	13.6	12.5	−1.1	√
19950805	85.9	103.1	28.4	13.5	−14.9	×
19960804	281.4	139.3	139.0	136.0	−3.0	√
19970731	116.6	83.1	15.3	15.5	0.2	√
19980717	99.0	82.6	7.8	10.5	2.7	×
20000706	148.3	7.5	4.2	3.5	−0.7	√
20020801	40.9	45.9	0.1	0.5	0.4	√
20040811	269.1	55.6	74.7	60.0	−14.7	√
20050710	1.1	1.0	0.1	0	−0.1	√
20050715	16.6	12.9	0.2	0.2	0	√

6.1.3 相关分析法修订洪量系列可靠性分析

将王岸、龙门、通州 3 个代表站依据 $P+P_a \sim R$ 相关线及王岸、龙门 2 个代表站依据 $P \sim P_a \sim R$ 相关线洪量修订方法合格率评定结果汇总于表 6-6。由表 6-6 可见，各代表站的 $P+P_a \sim R$ 相关线和 $P \sim P_a \sim R$ 相关线精度均较高，各个分期均达到了 70%以上的合格率，达到了《水文情报预报规范》（SL 250—2000）规定的乙级评价等级，其中王岸站 1980 年前后两组相关线、通州站 1972—1980 年段和 1981—2008 年段合格率达到了 85%以上，达到了《水文情报预报规范》（SL 250—2000）规范规定的甲级评价等级，说明利用经验相关法进行洪量系列的下垫面修订是可行的。

表 6-6　洪量修订方法合格率评定

站　名	分　期	$P+P_a \sim R$ 合格率/%	$P \sim P_a \sim R$ 合格率/%
王岸	1980 年以前	90.0	95.0
	1980 年以后	93.1	93.1
	平均	91.6	94.1
龙门	1980 年以前	76.9	73.1
	1980 年以后	82.8	82.8
	平均	80.0	78.2
通州	1972 年以前	70.6	
	1972—1980 年	87.5	
	1981—2008 年	90.0	
	平均	83.0	

王岸、龙门以上流域的 $P+P_a \sim R$ 、$P \sim P_a \sim R$ 两种相关线法，在径流推测方面精度相当，现有分析成果尚不能说明哪种线型更有优势。因此，以上两种方法均可用于洪水系列一致性修订，在实际应用中采用哪种方法视具体资料情况而定。

6.2 洪峰流量系列一致性修订方法研究

在实际集水流域中，因洪峰流量形成过程复杂，影响洪峰流量的因素较多，导致下垫面变化对洪峰流量的影响更难定量评价。本书通过建立洪量与洪峰流量的相关关系，探求洪峰流量的修订方法，但研究成果表明用相关分析法由降雨或洪量推测洪峰流量精度都不高，往往达不到《水文情报预报规范》（SL 250—2000）规定的 70%合格率精度。相比较而言，$W_{1日} \sim Q_m$ 相关形式精度略高一些，利用 $W_{1日} \sim Q_m$ 相关线对王岸、龙门、通州 3 个代表站的计算结果和精度评价情况给予说明。

6.2.1 $W_{1日} \sim Q_m$ 相关线精度评价

根据王岸、龙门、通州 3 个代表站实测水文资料分析的洪量洪峰流量相关水文要素，以最大 1 日洪量（$W_{1日}$）为纵坐标，以洪峰流量（Q_m）为横坐标，分为 1980 年以前和 1980 年以后两个时期，点绘不同时期的（1980 年前、后）$W_{1日} \sim Q_m$ 相关点据，并根据点据分布趋势建立了 1980 年前后两个时期的 $W_{1日} \sim Q_m$ 相关关系，如图 6-6～图 6-8 所示。

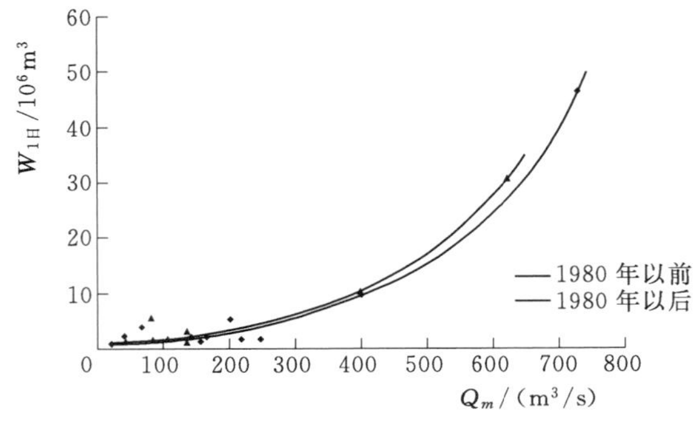

图 6-6　王岸站 $W_{1日} \sim Q_m$ 相关图

参照《水文情报预报规范》(SL 250—2000)，对 3 个代表站不同时期的 $W_{1日} \sim Q_m$ 相关关系进行精度评定。经评定，王岸站 1980 年以前 20 次洪水中，合格场次 5 场，合格率为 25.0%；1980 年以后 29 次洪水中，合格场次 6 场，合格率为 20.7%。龙门站 1980 年前 26 次洪水中，合格场次 14 场，合格率为 53.8%；1980 年后 29 次洪水中，合格场次 10 场，合格率为 34.5%。在通州站 1980 年以前选择 18 场水进行评定，误差在 20%以内的有 14 场，合格率为 77.8%；1980 年以后，共有 10 场降雨，误差在 20%以内的有 9 场，合格率为 90%。各场次洪水评定结果详见表 6-7～表 6-9。

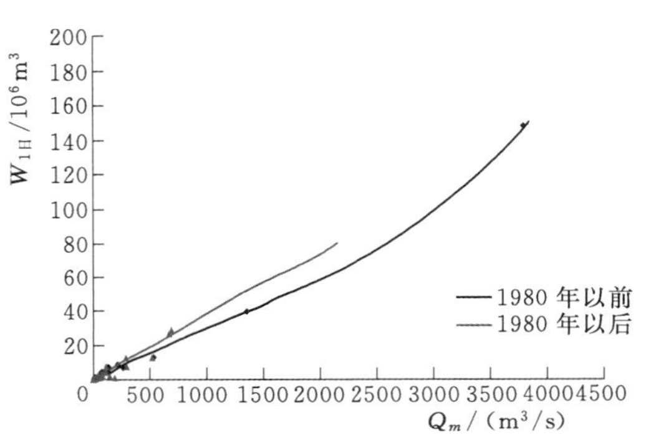

图 6-7　龙门站 $W_{1日} \sim Q_m$ 相关图

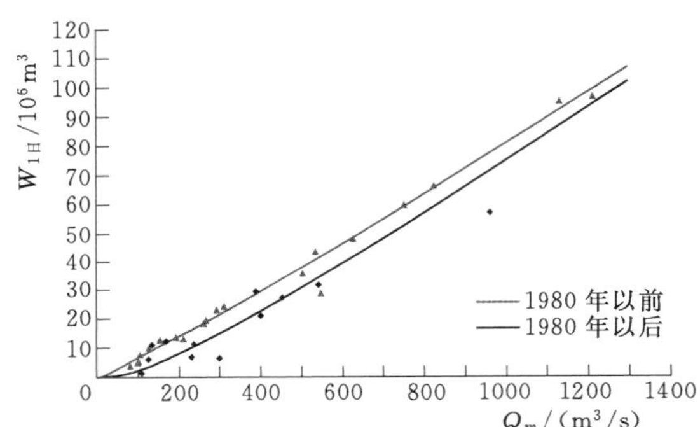

图 6-8　通州站 $W_{1日} \sim Q_m$ 相关图

表 6-7　　王岸站 $W_{1日} \sim Q_m$ 相关关系精度评定

洪水场次代码	最大 1 日洪量 /10^6m^3	实测洪峰流量 /(m^3/s)	计算洪峰流量 /(m^3/s)	误差 /(m^3/s)	合格情况
19600730	2.13	166	168	2	√
19610926	3.96	66	256	190	×
19620723	0.88	21	73	52	×
19630803	46.40	729	729	0	√
19640816	2.20	143	172	29	×
19650731	0.42	28	34	6	×
19660822	5.26	202	293	91	×
19670721	0.93	152	77	−75	×
19680725	0.16	14	13	−1	√
19690708	1.66	247	134	−113	×
19700730	0.54	177	44	−133	×

续表

洪水场次代码	最大1日洪量 /$10^6 m^3$	实测洪峰流量 /(m^3/s)	计算洪峰流量 /(m^3/s)	误差 /(m^3/s)	合格情况
19710718	0.50	85	41	−45	×
19720804	0.24	51	19	−31	×
19730707	1.04	88	86	−2	√
19740723	1.52	157	123	−34	×
19750807	9.85	400	403	3	√
19760717	2.37	41	183	142	×
19770728	4.01	68	257	190	×
19780727	1.72	218	139	−79	×
19790714	0.67	81	55	−25	×
19800925	0.11	21	6	−15	×
19810814	0.19	3	11	9	×
19820731	1.73	107	104	−3	√
19830804	0.74	65	45	−20	×
19840812	0.16	4	10	6	×
19850825	1.11	136	67	−69	×
19860706	0.09	10	5	−4	×
19870802	0.08	4	5	0	√
19880812	3.12	135	185	50	×
19890721	0.78	18	47	29	×
19900627	0.16	16	10	−6	×
19910914	0.16	2	9	7	×
19920830	0.57	14	34	21	×
19930907	0.04	1	2	2	×
19940812	0.53	37	32	−5	√
19950805	5.35	82	272	191	×
19960802	30.70	622	622	0	√
19970728	0.12	2	7	5	×
19980705	0.04	5	2	−2	×
19990813	24.20	1870	573	−1297	×
20000708	1.18	43	71	28	×
20010724	0.27	27	16	−11	×
20020804	1.57	84	94	10	√
20030822	0.07	1	4	3	×
20040810	10.20	399	398	−1	√
20050815	0.52	6	31	25	×
20060813	0.23	10	14	4	×
20070805	0.41	8	25	17	×
20080907	0.20	8	12	4	×

表 6-8　　龙门站 $W_{1日}$ ～Q_m 相关关系精度评定表

洪水场次代码	最大 1 日洪量 /$10^6 m^3$	实测洪峰流量 /(m^3/s)	计算洪峰流量 /(m^3/s)	误差 /(m^3/s)	合格情况
19610821	505	123	145	22	√
19620708	729	130	250	120	×
19630805	14808	3793	3800	7	√
19640812	3942	1353	1350	−3	√
19650703	47	13	15	2	√
19650815	56	15	17	2	√
19650703	47	13	15	2	√
19650725	70	11	20	9	×
19660814	442	69	130	61	×
19670718	54	15	15	0	√
19670729	82	23	20	−3	√
19680721	39	7	10	3	×
19690726	147	17	50	33	×
19700826	136	16	45	29	×
19710824	91	11	30	19	×
19710630	77	11	20	9	×
19720719	26	13	11	−2	√
19730714	219	70	60	−10	√
19730813	553	103	160	57	×
19740731	422	140	120	−20	√
19740807	684	261	230	−31	√
19760718	382	65	105	40	×
19770802	1281	532	530	−2	√
19780825	887	215	280	65	×
19790728	416	136	120	−16	√
19790811	478	108	140	32	×
19790815	422	83	120	37	×
19800817	105	58	55	−3	√
19810806	58	12	14	2	√
19820731	725	297	220	−77	×
19830825	39	25	10	−15	×
19850824	96	23	40	17	×
19860626	150	83	55	−28	×
19870714	35	22	10	−12	×
19870826	28	17	8	−9	×
19870903	24	7	7	0	√
19880804	1222	286	355	69	×
19890722	2633	1467	680	−787	×

续表

洪水场次代码	最大 1 日洪量 /$10^6 m^3$	实测洪峰流量 /(m^3/s)	计算洪峰流量 /(m^3/s)	误差 /(m^3/s)	合格情况
19900728	194	55	65	10	√
19900731	720	114	210	96	×
19910816	98	189	50	−139	×
19920723	11	11	5	−6	×
19920829	44	13	12	−1	√
19940707	199	144	72	−72	×
19940812	521	104	155	51	×
19950713	141	30	55	25	×
19950718	264	46	85	39	×
19950805	312	73	100	27	×
19960804	2868	690	710	20	√
19970731	434	113	130	17	√
19980717	234	77	80	3	√
20000706	75	21	25	4	√
20020801	1	0	0	0	√
20040811	1255	516	360	−156	√
20050710	6	9	2	−7	×
20080715	1	4	0	−4	×

表 6-9　通州站 $W_{1日} \sim Q_m$ 相关关系精度评定

时段划分	洪水场次代码	最大 1 日洪量 /$10^6 m^3$	实测洪峰流量 /(m^3/s)	计算洪峰流量 /(m^3/s)	误差 /(m^3/s)	合格情况
1980 年以前	19500801	66.18	823	830	7	√
	19540811	59.79	749	752	3	√
	19550819	96.77	1210	1170	−40	√
	19560807	95.04	1130	1160	30	√
	19570812	7.51	106	110	4	√
	19580712	19.53	267	272	5	√
	19590807	43.46	534	560	26	√
	19600717	18.40	262	260	−2	√
	19610719	3.55	79	60	−19	×
	19620726	9.76	128	140	12	√
	19630810	48.21	626	620	−6	√
	19640802	13.13	212	190	−22	√
	19650815	3.62	83	61	−22	×
	19660816	13.48	193	193	0	√
	19670821	12.61	154	180	26	√
	19680722	5.24	101	82	−19	√
	19690811	24.28	312	340	28	√

续表

时段划分	洪水场次代码	最大 1 日洪量 /10^6m^3	实测洪峰流量 /(m^3/s)	计算洪峰流量 /(m^3/s)	误差 /(m^3/s)	合格情况
1980 年以前	19700801	22.90	294	320	26	√
	19710706	4.89	99	80	−19	√
	19720729	28.77	546	390	−156	×
	19730703	35.60	502	470	−32	√
1980 年以后	19810704	6.18	300	171	−129	×
	19840810	31.71	541	510	−31	√
	19850826	29.46	390	482	92	×
	19860627	21.12	400	380	−20	√
	19870813	1.19	110	75	−35	×
	19880803	27.39	454	460	6	√
	19890723	10.98	135	240	105	×
	19920803	12.30	169	260	91	×
	19930707	6.04	126	170	44	×
	19940713	57.28	959	800	−159	√
	19950714	11.27	237	250	13	√
	20060810	6.82	231	180	−51	×

王岸、龙门、通州 3 个代表站 $W_{1日}\sim Q_m$ 相关关系线合格率及误差率综合评价成果见表 6-10。

表 6-10　王岸、龙州、通州 3 个代表站 $W_{1日}\sim Q_m$ 相关线合格率及误差率综合评价

典型流域	合格率/%		平均误差/mm	
	1980 年以前	1980 年以后	1980 年以前	1980 年以后
王岸	25.0	20.7	2.8	−35.3
龙门	40.0	41.4	8.5	−37
通州	81.0	42.0	−8.1	−6.2
均值	32.5	31.0	5.65	−36.15

6.2.2　$W_{1日}$～暴雨中心位置～Q_m 相关

为了分析暴雨中心位置对洪峰流量的影响，对王岸和龙门两测站以暴雨中心位置为参变因素，按暴雨中心在上游、暴雨中心在中游、暴雨中心在下游 3 种类别，分 1980 年以前和 1980 年以后两个时期，点绘不同时期的（1980 年前、后）$W_{1日}$～暴雨中心位置～Q_m 相关点据，并根据点据分布趋势建立不同时期的 $W_{1日}$～暴雨中心位置～Q_m 相关关系。王岸、龙门两测站 $W_{1日}$～暴雨中心位置～Q_m 相关关系线分别如图 6-9 和图 6-10 所示。

以实测 $W_{1日}$ 为因变量，按当次洪水暴雨中心位置，在 $W_{1日}$～暴雨中心位置～Q_m 线上查取洪峰流量，与实测洪峰流量对比，由此分析 $W_{1日}$～暴雨中心位置～Q_m 相关关系线的

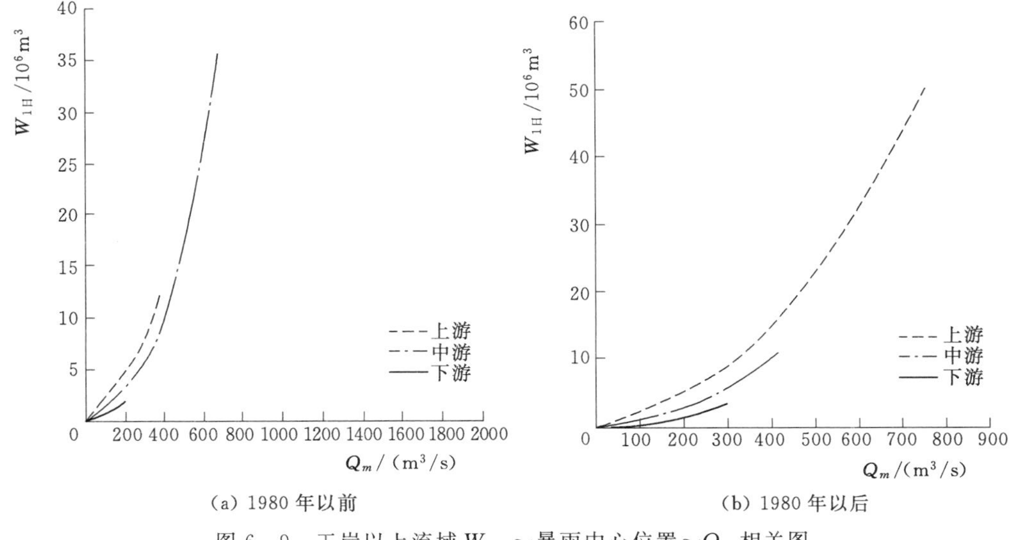

(a) 1980年以前　　(b) 1980年以后

图 6-9　王岸以上流域 $W_{1日}$～暴雨中心位置～Q_m 相关图

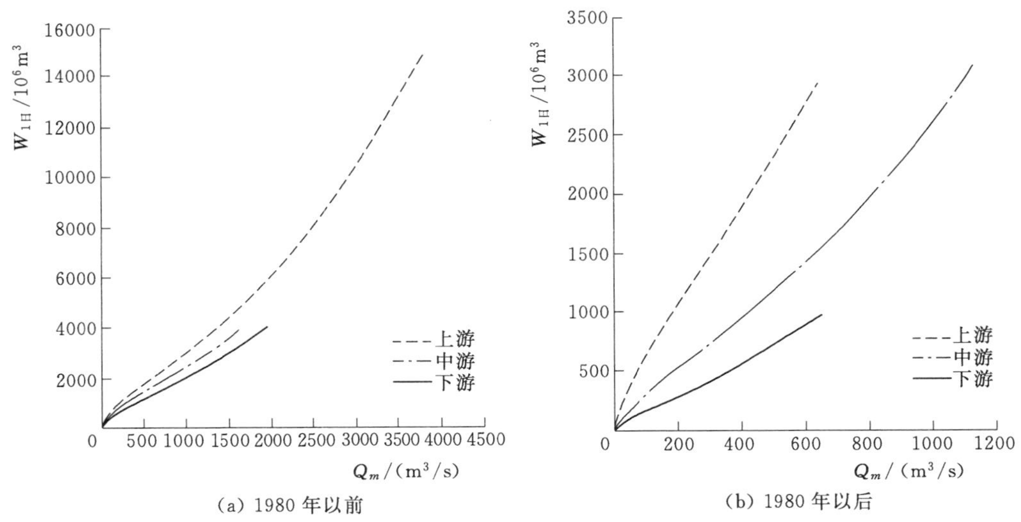

(a) 1980年以前　　(b) 1980年以后

图 6-10　龙门以上流域 $W_{1日}$～暴雨中心位置～Q_m 相关图

精度。王岸、龙门两站洪峰流量精度评价成果见表 6-11～表 6-12。

表 6-11　王岸以上流域 $W_{1日}$～暴雨中心位置～Q_m 相关关系精度评定

洪水场次代码	最大1日洪量 (10^6m^3)	实测洪峰流量 /(m^3/s)	暴雨中心位置	分析洪峰流量 /(m^3/s)	流量误差 /(m^3/s)	合格情况
19600730	2.13	166.0	中游	163.0	-3.0	√
19610926	3.96	65.6	中游	157.0	91.4	×
19620723	0.88	21.0	中游	77.0	56.0	×
19630803	46.4	729.0	上游	725.0	-4.0	√
19640816	2.20	143.0	下游	267.0	124.0	×

续表

洪水场次代码	最大 1 日洪量 ($10^6 m^3$)	实测洪峰流量 /(m^3/s)	暴雨中心位置	分析洪峰流量 /(m^3/s)	流量误差 /(m^3/s)	合格情况
19650731	0.42	27.6	上游	15.6	−12.0	×
19660822	5.26	202.0	上游	202.0	0	√
19670721	0.93	152.0	中游	80.7	−71.3	×
19680725	0.16	14.2	下游	31.0	16.8	×
19690708	1.66	247.0	下游	233.0	−14.0	√
19700730	0.54	177.0	中游	47.2	−129.8	×
19710718	0.50	85.1	下游	95.3	10.2	√
19720804	0.24	50.8	中游	21.1	−29.7	×
19730707	1.04	88.3	中游	89.9	1.6	√
19740723	1.52	157.0	中游	124.0	−33.0	×
19750807	9.85	400.0	中游	399.0	−1.0	√
19760717	2.37	40.6	中游	175.0	134.4	×
19770728	4.01	67.5	上游	159.0	91.5	×
19780727	1.72	218.0	下游	237.0	19.0	√
19790714	0.67	80.5	下游	122.0	41.5	×
19800925	0.11	21.0	下游	10.7	−10.3	×
19810814	0.19	2.6	上游	2.6	0.1	√
19820731	1.73	107.0	中游	107.0	0	√
19830804	0.74	64.9	中游	40.3	−24.6	×
19840812	0.16	4.0	中游	4.5	0.6	√
19850825	1.11	136.0	下游	131.0	−5.0	√
19860706	0.09	9.9	下游	9.0	−0.9	√
19870802	0.08	4.3	下游	7.6	3.4	×
19880812	3.12	135.0	中游	190.0	55.0	×
19890721	0.78	18.2	上游	18.7	0.5	√
19900627	0.16	15.5	下游	16.1	0.6	√
19910914	0.16	2.3	上游	2.2	−0.2	√
19920830	0.57	13.9	中游	28.2	14.3	×
19930907	0.04	0.7	中游	1.0	0.3	×
19940812	0.53	166.0	中游	25.3	−11.9	×
19950805	5.35	65.6	中游	286.0	204.5	×
19960802	30.70	21.0	中游	624.0	2.0	√
19970728	0.12	729.0	中游	3.3	1.6	×
19980705	0.04	143.0	下游	3.8	−0.9	√

续表

洪水场次代码	最大1日洪量（$10^6 m^3$）	实测洪峰流量/(m^3/s)	暴雨中心位置	分析洪峰流量/(m^3/s)	流量误差/(m^3/s)	合格情况
19990813	24.2	27.6	中游	570.0	−1300.0	×
20000708	1.18	202.0	中游	70.6	27.5	×
20010724	0.27	152.0	中游	9.8	−17.2	×
20020804	1.57	14.2	中游	96.8	12.8	√
20030822	0.07	247.0	上游	0.9	−0.5	×
20040810	10.2	177.0	上游	341.0	−58.0	√
20050815	0.52	85.1	中游	24.3	18.1	×
20060813	0.23	50.8	上游	3.4	−6.5	×
20070805	0.41	88.3	中游	17.9	10.1	×
20080907	0.20	157.0	下游	20.0	12.2	×

表6-12　龙门以上流域$W_{1日}$～暴雨中心位置～Q_m相关关系精度评定

洪水场次代码	最大1日洪量（$10^6 m^3$）	实测洪峰流量/(m^3/s)	暴雨中心位置	分析洪峰流量/(m^3/s)	流量误差/(m^3/s)	合格情况
19610821	505	123	下游	141	18	√
19620708	729	130	中游	185	55	×
19630805	14808	3793	上游	3750	−43	√
19640812	3942	1353	上游	1370	17	√
19650703	47	13	上游	2	−11	×
19650815	56	15	下游	16	1	√
19650703	47	13	中游	5	−8	×
19650725	70	11	上游	5	−6	×
19660814	442	69	下游	120	51	×
19670718	54	15	下游	16	1	√
19670729	82	23	下游	19	−4	√
19680721	39	7	下游	8	1	√
19690726	147	17	中游	20	3	√
19700826	136	16	中游	18	2	√
19710824	91	11	下游	18	7	×
19710630	77	11	上游	6	−5	×
19720719	26	13	下游	7	−6	×
19730714	219	70	中游	40	−30	×
19730813	553	103	上游	80	−23	×
19740731	422	140	上游	60	−80	√
19740807	684	261	下游	270	9	√

续表

洪水场次代码	最大 1 日洪量（$10^6 m^3$）	实测洪峰流量 /(m^3/s)	暴雨中心位置	分析洪峰流量 /(m^3/s)	流量误差 /(m^3/s)	合格情况
19760718	382	65	中游	60	−5	√
19770802	1281	532	中游	430	−102	√
19780825	887	215	中游	245	30	√
19790728	416	136	中游	85	−51	
19790811	478	108	下游	129	21	√
19790815	422	83	中游	87	4	√
19800817	105	58	下游	37	−21	×
19810806	58	12	上游	3	−9	×
19820731	725	297	上游	325	28	√
19830825	39	25	下游	18	−7	×
19850824	96	23	中游	19	−4	√
19860626	150	83	中游	35	−48	×
19870714	35	22	下游	13	−9	×
19870826	28	17	中游	6	−11	×
19870903	24	7	下游	6	−1	√
19880804	1222	286	中游	390	104	×
19890722	2633	1467	中游	1250	−217	√
19900728	194	55	上游	23	−32	×
19900731	720	114	上游	115	1	√
19910816	98	189	下游	33	−156	×
19920723	11	11	中游	2	−9	×
19920829	44	13	下游	17	4	√
19940707	199	144	上游	80	−64	×
19940812	521	104	下游	210	106	×
19950713	141	30	上游	35	5	√
19950718	264	46	中游	55	9	√
19950805	312	73	下游	125	52	×
19960804	2868	690	上游	710	20	√
19970731	434	113	中游	110	−3	√
19980717	234	77	中游	65	−12	√
20000706	75	21	中游	13	−8	×
20040811	1255	516	中游	400	−116	√
20050710	6	9	中游	0	−9	×

经评定，王岸站 1980 年以前 20 次洪水，合格场次 8 场，合格率为 40.0%；1980 年以后 29 次洪水，合格场次 12 场，合格率为 41.4%。

龙门站1980年以前26次洪水，合格场次16场，合格率为61.5%；1980年以后27次洪水，合格场次12场，合格率为44.4%。

从王岸和龙门两站分析成果看，$W_{1日}$～暴雨中心位置～Q_m相关关系线型与$W_{1日}$～Q_m相关关系线型比较，两站$W_{1日}$～暴雨中心位置～Q_m线型均比$W_{1日}$～Q_m线型的洪峰流量推算精度有所提高。王岸站1980年以前洪峰流量合格率由25.0%提高到40.0%，1980年以后洪峰流量合格率由20.7%提高到41.4%。龙门站1980年以前洪峰流量合格率由53.8%提高到61.5%，1980年以后洪峰流量合格率由34.5%提高到44.4%。尽管加入暴雨中心位置后由$W_{1日}$推测Q_m合格率有所提高，但在整体上仍未达到《水文情报预报规范》(SL 250—2000)的要求，详见表6-13。

表6-13　王岸、龙门站$W_{1日}$～暴雨中心位置～Q_m相关线合格率及误差率综合评价

典型流域	合格率/%		平均误差/mm	
	1980年以前	1980年以后	1980年以前	1980年以后
王岸	53.8	34.5	17.1	−32.3
龙门	61.5	44.4	−5.7	−14.2
均值	57.6	39.6	5.7	−23.25

6.2.3　经验单位线修订洪峰流量

从相关成果看，下垫面变化对洪量的影响机理比较明确，用相关分析方法可以得到较高的洪量计算精度，而用相关分析法推算的洪峰流量精度相对较低。下垫面变化对洪水的影响首先表现为对产流量的影响，径流的增减量汇流到流域出口就表现为对洪水流量过程的影响。下垫面变化对洪峰流量的影响，实际就是对洪水过程中洪水时段的流量影响。如果某个流域下垫面变化对次洪量影响已经确定的情况下，那么就可以根据其影响径流深位置，按经验单位线方法，将影响的径流深（径流深损失）汇流演算至流域出口，其对应洪峰流量时段的流量影响量即为对洪峰流量的影响。

利用滹沱河支流冶河平山站、滏阳河支流沙河朱庄站两个水文站以上流域实测资料，采用经验单位线法对1980年以前的大水年洪水过程进行分析计算，用于验证经验单位线法修订洪峰流量的可行性。

1. 平山站以上流域

选择历史上有代表性的1956年、1963年暴雨洪水资料，根据洪量修订成果，采用单位线法修订洪峰流量。首先，利用经验相关分析法或水文模拟法推求出流域下垫面条件变化前、后的时段净雨变化，然后采用流域汇流单位线，对各时段净雨深影响量（ΔR）进行汇流计算，分析洪水过程中洪峰时段的流量影响。

1956年、1963年场次洪水特征值及下垫面影响修订成果详见表6-14。由表6-14可知，平山以上流域1956年、1963年洪量修订幅度分别为−4.2%、−3.5%，净雨深减少量分别为6.8mm、7.2mm。采用初损后损法在产生净雨初期时段内扣除损失进而求得修订净雨，根据实测净雨和修订净雨过程，利用流域汇流单位线分别推求其洪水过程，统计模拟洪峰流量值，从而求得洪峰流量修订幅度。采用流域汇流单位线法分析的平山以上流域 1956 年、1963 年大洪水的洪峰流量修订幅度分别为－1.5％和－2.4％，如图 6－11 和图 6－12 所示。

表 6－14　　平山站 1956 年、1963 年洪水经验单位线法洪峰流量修订成果

洪水场次代码	洪量			净雨深减少量 /mm	洪峰流量			采用单位线
	实测值 /亿 m^3	修订值 /亿 m^3	修订幅度 /%		实测值 /(m^3/s)	扣损后单位线模拟值 /(m^3/s)	修订幅度 /%	
19560802	10.25	9.82	－4.2	6.8	8750	8620	－1.5	1956 年
19630803	13.02	12.56	－3.5	7.2	8900	8687	－2.4	1963 年

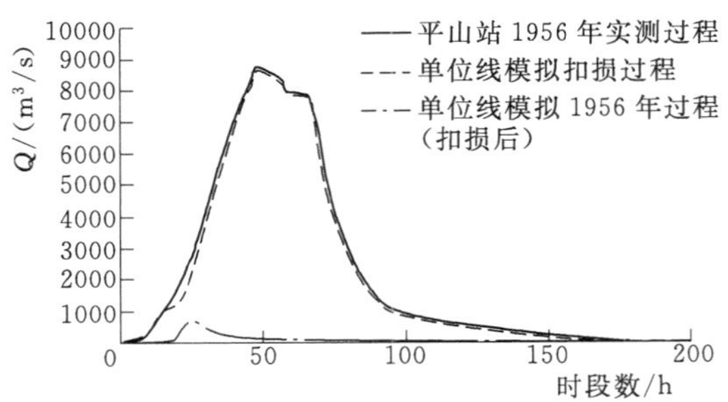

图 6－11　平山站 1956 年洪水单位线模拟分析成果图

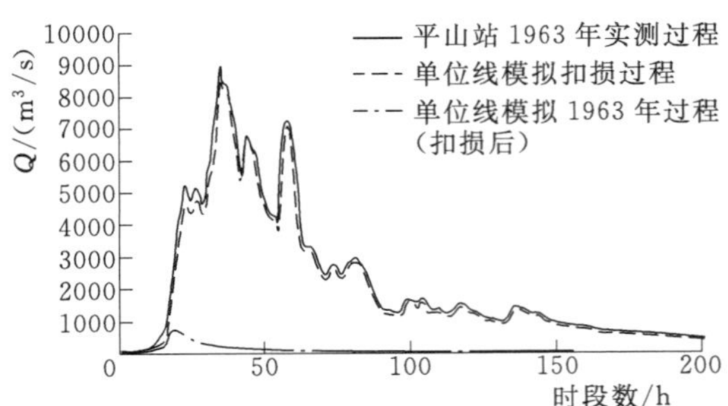

图 6－12　平山站 1963 年洪水单位线模拟分析成果图

2. 朱庄站以上流域

利用朱庄水文站水文资料，选取 1956 年、1963 年大水年为代表年，根据洪量修订成果，采用经验单位线法对实测洪水与修订洪量的差值进行汇流计算，实测洪水过程线减去流量损失过程线得到下垫面修订后的洪水过程，成果如图 6－13 和图 6－14 所示，分析成果详见表 6－15。

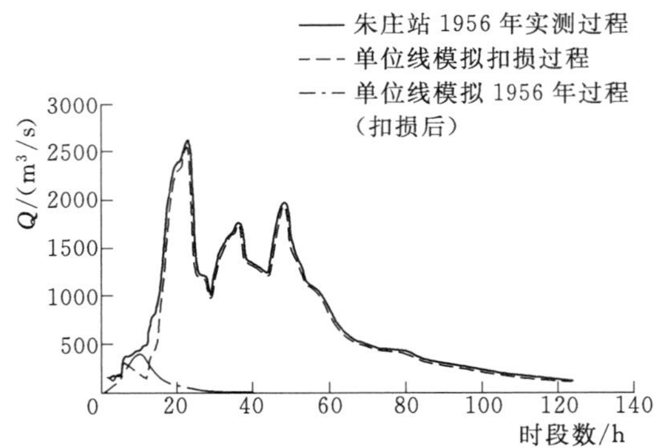

图 6－13　朱庄站 1956 年洪水单位线模拟分析成果图

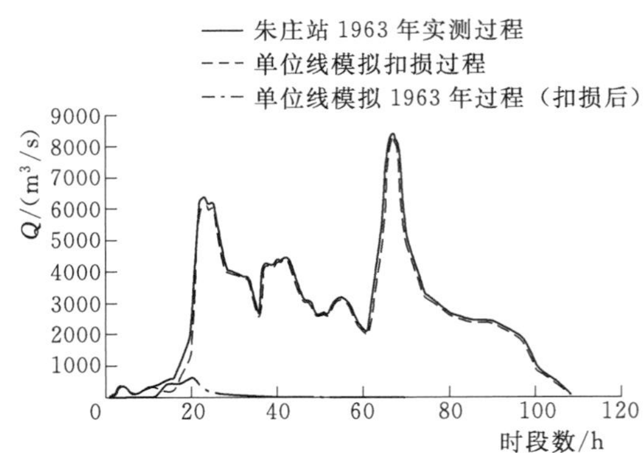

图 6－14　朱庄站 1963 年洪水单位线模拟分析成果图

由表 6-15 可知，1956 年和 1963 年洪量修订幅度分别为−4.8%和−1.8%，净雨减少量分别为 11.8mm 和 19.2mm，经过单位线汇流计算后得模拟洪峰流量值，最后求得洪峰流量修订幅度分别为−3.3%和 0，该成果与模型法修订的幅度基本一致。

表 6-15　　朱庄站 1956 年、1963 年洪水经验单位线法洪峰流量修订成果

洪水场次代码	洪量			净雨深减少量/mm	洪峰流量			采用单位线
	实测值/亿 m^3	修订值/亿 m^3	修订幅度/%		实测值/(m^3/s)	扣损后单位线模拟值/(m^3/s)	修订幅度/%	
19560803	3.07	2.93	−4.8	11.8	2610	2523	−3.3	1956 年
19630805	12.6	12.37	−1.8	19.2	8360	8360	0	1963 年

从平山站和朱庄站经验单位线法对洪峰流量的修订成果看，对于大洪水来说，次洪水的洪峰流量修订幅度均小于洪量的修订幅度，这与流域下垫面变化影响机理和产汇流规律基本吻合，说明在洪量计算精度达到精度要求的情况下，可以依据下垫面变化影响的洪量修订值，采用经验单位线法分析其下垫面变化对洪峰流量的影响。

6.2.4　洪峰流量系列经验方法的采用

综合前述，流域典型代表区的 $W_{1日} \sim Q_m$ 及 $W_{1日} \sim$暴雨中心位置$\sim Q_m$ 两种相关分析法进行的精度评定结果，以及根据洪量修订成果采用经验单位线法间接推求洪峰流量的修订幅度结果表明，$W_{1日} \sim Q_m$ 相关精度比较低，$W_{1日} \sim$暴雨中心位置$\sim Q_m$ 相关关系线型与 $W_{1日} \sim Q_m$ 相关关系线型比较，洪峰流量推算精度有所提高，但在整体上仍未达到 60%合格率，尚未达到《水文情报预报规范》（SL 250—2000）规定的丙级标准，说明采用相关分析法修订洪峰流量，在上述流域生产应用中尚不具备普遍的适用性。在洪量修订精度满足要求的条件下，可以采用经验单位线法分析其下垫面变化对洪峰流量的影响。鉴于经验单位法计算工作量比较大，在实际修订工作中，对 5 年一遇以下的一般常遇小洪水，可以根据洪量修订成果，按峰量同倍比缩放法近似确定洪峰流量的修订幅度；对于洪水系列中 5 年一遇以上的较大洪水，建议根据洪量修订幅度，采用经验单位线法进行洪峰流量修订。

6.3　小结

选择王岸站、龙门站、通州站 3 个水文站以上典型代表流域，采用实测降雨径流资料，建立降雨径流相关关系和洪量与洪峰流量相关关系，参考《水文情报预报规范》（SL 250—2000）相关合格率标准，对相关线精度进行评定。

1. 洪量修订

$P+P_a \sim R$ 、$P \sim P_a \sim R$ 两种相关线模式的精度差异不大，总体来看，由次暴雨量按两种经验相关线方法查算的径流量成果基本能达到《水文情报预报规范》（SL 250—2000）规定的乙级标准（合格率≥70%），两种方法均可用于洪量系列一致性修订，在实际应用

中采用哪种方法可视具体资料情况而定。

2. 洪峰流量修订

鉴于 $W_{1日}$～Q_m 和 $W_{1日}$～暴雨中心～Q_m 两种相关分析法精度评定结果均达不到《水文情报预报规范》（SL 250—2000）中的丙级标准，在下垫面影响修订工作中，对于一般常遇小洪水，可以根据相关精度情况，采用 $W_{1日}$～Q_m 相关法或按峰量同倍比缩放法近似确定洪峰流量的修订幅度；对于洪水系列中 5 年一遇以上的较大洪水，建议根据洪量修订幅度，采用经验单位线法进行洪峰流量修订。

第7章　海河流域平原区产流模型及典型流域参数率定

7.1　研究现状

国内外对降雨产流模型进行了大量研究，国内的新安江模型、陕北模型，国外的萨克拉门托模型、水箱模型、TOPMODEL模型等均在山丘区得到较好的应用。平原地区地势平坦，河网汇流能力较差，由于流域内还存在一些封闭洼地，或建有蓄水闸涵，使得产流量往往不能全部在流域出口排出，不易获得精确的降雨产流资料。平原区是人类生产活动的主要场所，人类活动影响对产汇流的影响较为强烈，耕地的平整及方田化、农田灌区的发展、地下水开采引起的地下水位下降及道路建设和城镇化影响等，使平原区产流类型多样，且受人类活动影响显著。由于平原地区的产流特点与山丘区有明显的不同，适合于山丘区的降雨径流计算方法在平原地区不一定适用，因此对平原地区产流问题需进行专门研究，尤其是对平原降雨产流模型研究，这对于分析平原沥涝水产生规律和下垫面变化对沥涝水的影响具有重要意义。

在平原区产流模型的研究方面，国内一些单位开展了一些研究工作。早在1987年，陈沂等人将哥伦比亚玛格达雷那-考卡河（Magdalena - Cauea）上使用过的适用于平原地区的降雨径流模型，在我国东部地区的典型流域进行了尝试。1997年，王腊春、彭鹏、周寅康和都金康在《湿润地区平原区产流机制研究》一文中以霍顿下渗曲线为基础，提出了一个适用于湿润地区平原区的产流模型，模型将平原区分为水面、水田和旱地分别进行降雨产流计算。2007年王船海等根据南方稻田区的产流特点，将平原区分稻田、旱地、城镇建设用地、水面4种产流类型，建立了适合南方产流特点的平原河网地区产流模型。

在平原地区“三水”或“四水”转化模型方面也开展了许多研究工作，1988年杨裕英在《黄淮海平原地区“三水”转化水文模型》一文中根据黄淮海平原地区地下水较浅，地表水、土壤水和地下水三者之间有密切联系的特点，提出了一个以水循环各要素为基础，并考虑三水转化关系的水文模型。1996年高建峰等用五道沟水文水资源试验站水文气象资料，建立了《五道沟地区“三水”转化水文模型》。2001年王发信和宋家常建立了平原区“四水”转化水文模型即五道沟水文模型。2001年陈明在《第二松花江干流四水转化模型研究及应用》一文中以流域水循环和平衡原理为理论基础，建立了一个研究地表水、土壤水和地下水的形成转化及其数量关系的四水转化模型。

海河流域平原区历史上是沥涝灾害比较严重的地区，现有除涝水文分析中对沥涝水量的估算多采用经验相关法，其相关形式主要有以前期降雨影响量（P_a）为参数的$P+P_a \sim R$、$P \sim P_a \sim R$和以地下水埋深（H）为参数的$P+P_a \sim H \sim R$等相关形式。20世纪70年代以

来，海河流域平原农田井灌面积持续增加，加上其他经济社会活动对地下水的利用，导致平原地区地下水严重超采，使地下水位持续下降。海河流域平原农田灌溉面积的发展和地下水埋深的增加，已使平原区水文下垫面条件发生了显著变化，原有的经验相关法已不适应现状下垫面条件下沥涝水的分析计算，需要建立适合海河流域平原区产流特点的降雨产流模型。

7.2 降雨产流机理

平原区是经过长期地质变迁冲积和沉积的产物，岩石以上覆盖层深厚。从纵向上看，由于形成的年代不同，在垂向上分布着多层具有不同岩性特征覆盖物，而表层是经人类多年改造的耕作土壤或居住及建设用地。海河流域平原土地利用以耕地为主，占总面积的60%～80%，其次为建设用地（含居民点）和林地，均占总面积的10%左右，其他类型用地仅占总面积的4%左右。平原区耕地灌溉率达75%～90%，林地的灌溉率为60%左右。可见，农用耕地上的产流问题是平原产流研究的重点。

不论平原区土地利用形式如何，降雨产流在产流机理上均符合基本径流形成理论，其径流成分包括超渗地面径流、饱和地面径流、壤中水径流和地下水径流4种。由于平原区坡度平缓，在土壤饱和前壤中径流很难溢出地表，全部补给地下水。居民点及建设用地，表层入渗能力差，以超渗产流为主；耕地及灌溉林地，土地平整，耕作层土壤疏松，渗透能力强，耕作层下层多为自然沉积土层，透水能力相对较差，在耕作层蓄满后，超过下层入渗能力的部分才能产生地表径流，对土壤耕作层来说，地表产流以饱和径流为主，对于下层土壤来说则为超渗产流；当整个包气带蓄满时产生全面饱和地面径流。

在平原区灌溉耕地畦梗的拦蓄量和封闭洼地积水量占平原降雨产流的比重较大，是平原产流模拟的重要环节，在模拟中作为填洼量考虑。通过耕地灌溉率与流域填洼容量建立相关关系来反映灌溉耕地对产流的影响。平原区降雨产流过程如图7-1所示。

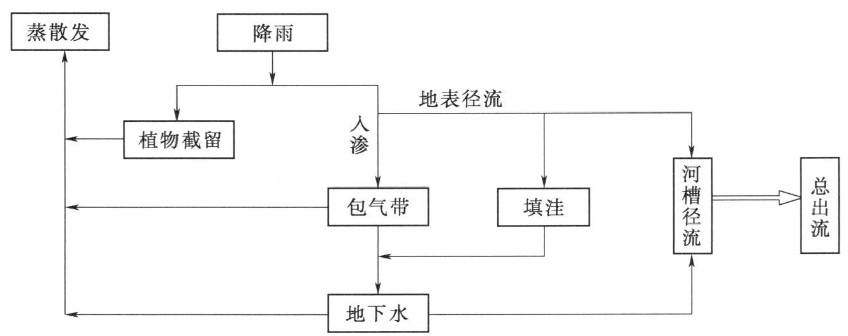

图7-1 平原区降雨产流过程示意图

7.3 模型结构

针对平原区产流原理，在本书中开发了以耕地区产流模式为主的平原产流模型，称为海河平原产流模型（Haiheplain-R）。该模型将平原区分为耕地（含林地）和建设用地

（含居民点用地）两部分，其中建设用地表层为相对不透水层，不进行详细模拟，建设用地区由降雨量扣除地表附着物截留量和稳定入渗量估算地表产流量。模型重点对耕地区降雨产流进行模拟，其模型结构为上层蓄满和下层超渗双层产流模型。

7.3.1 蒸散发模式

蒸散发量采用双层计算模式。它的输入是蒸发皿实测水面蒸发量和流域蒸散发能力的折算系数 k，模型的参数是上下两层蓄水容量 WUM、WLM 及上层临界含水量 WLN。

流域蒸散发量按下列两种条件计算：

当上层蓄水量 $twu>WLN$ 时，按流域蒸散发能力计，即

$$ET=k\cdot EVP \tag{7-1}$$

当上层蓄水量 $twu\leqslant WLN$ 时，为

$$ET=twu+\frac{twl}{WUM}(k\cdot EVP-twu) \tag{7-2}$$

式中 twu、twl——上、下蒸发分层的时段初蓄水量，mm；

ET——蒸散发量，mm；

EVP——实测水面蒸发量，mm。

7.3.2 产流模式

根据海河流域平原区的产流特点，将平原区降雨产流模式概化为图 7－2 的双层模式。降雨量首先满足上层蓄满所需的初损量，剩余水量在满足下层下渗要求后产生径流。这一模式简称蓄满-超渗产流模式，类似于常规计算方法的初损后损法，与其区别在于后损计算并非采用平均入渗率，而是根据下层土壤湿度按入渗率分布曲线计算各时段的入渗率。

1. 上层蓄满产流模式

所谓蓄满，是指上层包气带（作物耕作层）含水量达到田间持水量。在上层包气带含水量达到田间持水量前不产流，所有降雨都被土壤吸收成为张力水；而当土层含水量达到田间持水量后，后续所有降雨都转化为径流。一般说来，流域内各点的蓄水容量并不相同。按新安江模型的假设，流域内各点的蓄水量符合抛物线分布，如图 7－3 所示。

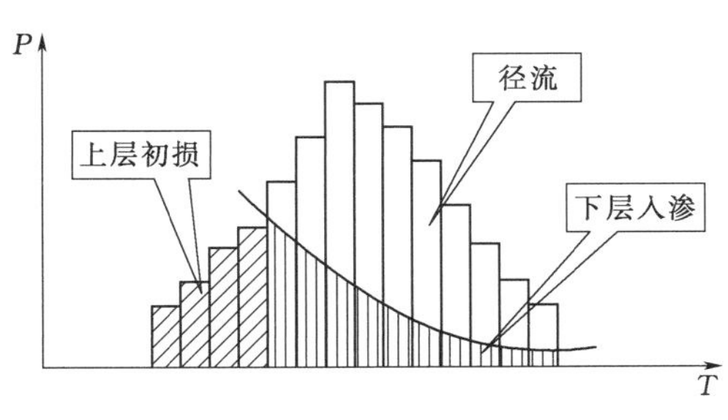

图 7－2 平原区降雨蓄满产流概化图

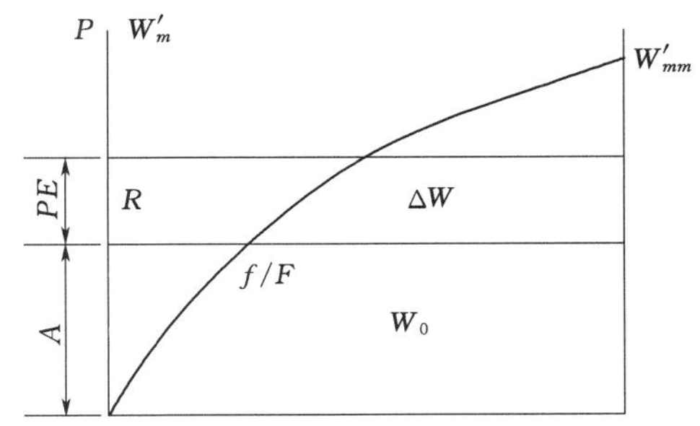

图 7－3 平原区蓄满产流抛物线图

W'_{mm}—流域内最大的点蓄水容量，mm；W'_m—流域内某点的蓄水容量，mm；f—蓄水能力小于 $R=PE-(WM-W_0)$ 的流域面积，km²；F—流域面积，km²；PE—平均降雨量，mm。

计算公式为

$$\frac{f}{F}=1-\left(1-\frac{W'_m}{W'_{mm}}\right)^b \tag{7-3}$$

流域平均蓄水量为

$$WM=\int_0^{W'_{mm}}\left(1-\frac{f}{F}\right)\mathrm{d}W'_m=\frac{W'_{mm}}{B+1} \tag{7-4}$$

与流域初始平均蓄水量（W_0）相应的纵坐标（A）为

$$A=W'_{mm}\left[1-\left(1-\frac{W_0}{WM}\right)^{\frac{1}{B+1}}\right] \tag{7-5}$$

当 $PE+A<W'_{mm}$ 时，为局部产流，产流量 R_u 为

$$R_u=PE-WM+W_0+WM\left[1-\frac{PE+A}{W'_{mm}}\right]^{B+1} \tag{7-6}$$

当 $PE+A\geqslant W'_{mm}$ 时，为全面产流，上层产流量 R_u 为

$$R_u=PE-(WM-W_0) \tag{7-7}$$

2. 下层超渗产流模式

由于植物根系的作用，假定上层土壤入渗能力远大于下层，上层蓄满后，在上下层分界面处形成水面，上层饱和后产水量作为下层的输入补给下层。下层服从超渗产流模式，当上层补给强度小于下层入渗能力时，全部补给下层，当上层补给强度大于下层入渗能力时，超过部分产生径流，并首先作为上层孔隙水填充土壤孔隙，超过孔隙水容量部分产生地表径流。下层土壤的入渗能力是土壤含水量的函数，张力水下渗率选用如下抛物线形式：

$$f_d=f_c+\eta\left(1-\frac{tw_d}{WM_d}\right)^\theta \tag{7-8}$$

式中　η、θ——下渗曲线系数；

f_d、f_c——下层土壤入渗率和稳定入渗率，mm/h；

tw_d、WM_d——下层土壤含水量和下层土壤平均蓄水能力，mm。

对于实际流域，降雨和下垫面透水性在流域上分布往往是不均匀的。描述这一不均匀性，引入下渗能力分布曲线的概念。其形式类似于新安江模型的蓄水量分布曲线，选用抛物线分布形式，公式为

$$\frac{F_A}{F}=1-\left(1-\frac{f'_m}{f_{mm}}\right)^{BX} \tag{7-9}$$

当 $R_u<f_{mm}$ 时，为局部产流：

$$R_d=R_u-f_d+f_d\left(1-\frac{R_u}{f_{mm}}\right)^{BX+1} \tag{7-10}$$

当 $R_u\geqslant f_{mm}$ 时，为全面产流：

$$R_d = R_u - f_t$$

由于土壤裂隙及大孔隙的存在，入渗至下层的水量将部分直接补给地下水。对这一过程，本模型通过蓄满产流理论中的局部产流模式来反映，即

当 $R_u + A_d < W'_{dmm}$ 时，为局部产流，产流量 R_d 为

$$R_d = R_u - WM_d + W_{d0} + WM_{d0}\left(1 - \frac{R_u + A_d}{W_{dmm}}\right)^{B+1} \tag{7-11}$$

当 $R_d + A_d \geqslant W'_{dmm}$ 时，为全面产流，下层产流量 R_d 为

$$R_d = R_u - (WM_d - W_{d0}) \tag{7-12}$$

下层产流量（R_d）首先填充下层土壤孔隙，并按壤中流退水规律逐渐补给地下水。

7.4 平原区入渗参数实验研究

7.4.1 实验目的

海河流域平原区耕地面积占平原区总面积的比重较大，正确分析耕地区域产流量是进行平原产流模拟的前提，而土壤耕作层的稳定入渗率是影响产流的重要参数。通过灌溉入渗实验，分析确定海河平原区在耕作层蓄满条件下深层土层的稳定入渗率，为平原区产流模型参数率定提供参考依据。

7.4.2 实验田块布置和实验过程

1. 田块布置

针对大清河山前平原（京广铁路西）、大清河中部平原（京广铁路东）、黑龙港中部平原（衡水故城）3个类型区，选择6个田块分别进行灌溉入渗实验。

2. 实验程序与要求

实验程序包括实验前准备、前期灌水、灌水实验与入渗观测3个阶段。

（1）前期准备。对实验田块土地进行平整，选择观测点，埋设观测尺（观测尺沿田块中间布置，纵向至少布置4个观测点）。

（2）前期灌水。每次灌水入渗实验前要求对田块实施前期灌水，前期灌水的灌水量应至少使耕作层达到田间持水量，在土壤缺水的条件下田间灌水定额不应小于80m^3/亩。按实验表格对前期灌水开始时间、结束时间、畦田内最大水深、最小水深、田间灌水定额进行记录。

（3）灌水实验与入渗观测。灌水时间及灌水量要求：在前期灌水量基本入渗完毕后立即进行灌水实验，其灌水量视灌水时地面积水深度而定，要求观测点处的最小积水深度不小于8cm。入渗观测：当畦田进水结束且观测点水面稳定后，随即对观测点的水深变化进行观测，观测时间间隔视入渗速度确定，当入渗速度每10min小于1cm时，每10～30min观测1次；当入渗速度每10min大于1cm时，每入渗1cm水深观测1次。

7.4.3 实验过程与入渗率结果

7.4.3.1 大清河山前平原区

在河北省曲阳县东邸村和西邸村分别选择1处田块进行灌溉实验。东邸村田块长

85m，宽23m，面积1955m²，砂壤土质，为机井灌溉。西邸村田块长55m，宽28m，面积1540m²，砂壤土质，为机井灌溉。

1. 东邸村田块

2010年7月24日实施首次灌水实验。于7时40分至13时35分实施前期灌水，灌水量约为330m³，折合灌水定额113m³/亩。前期灌溉田间积水于14时05分入渗完毕后，于14时20分实施灌水入渗观测实验，田块于19时25分进水结束。田块最大积水深度为14cm，最小积水深度9cm。田块于19时25分开始在田块中间布置4个观测点进行入渗观测，20时30分田间积水入渗完毕。灌水量约为274m³，折合灌水定额93m³/亩。经分析，田间积水入渗完毕前的最后30min，4个测点的稳定入渗率为100～140mm/h。4个观测点平均入渗率变化过程如图7-4所示。

2010年11月11日对东邸村田块实施第二次灌水实验。于7时40分至13时15分实施前期灌水，灌水量约为312m³，折合灌水定额106m³/亩。前期灌溉田间积水于14时25分入渗完毕后，于14时25分实施灌水入渗观测实验，田块于18时30分进水结束。田块最大积水深度为11cm，最小积水深度7cm。田块于18时30分开始在田块中间布置4个观测点进行入渗观测，19时30分田间积水入渗完毕。灌水量约为215m³，折合灌水定额73m³/亩。经分析，田间积水入渗完毕前的最后30min，4个测点的稳定入渗率为80～110mm/h。4个观测点平均入渗率变化过程如图7-5所示。

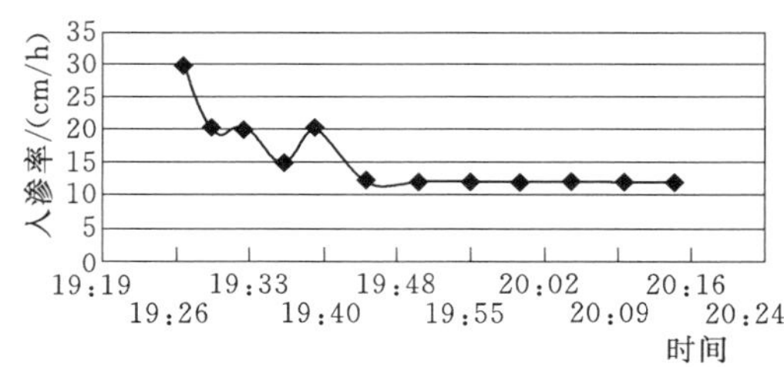

图7-4　东邸村田块灌溉平均入渗率
(2010-7-24)

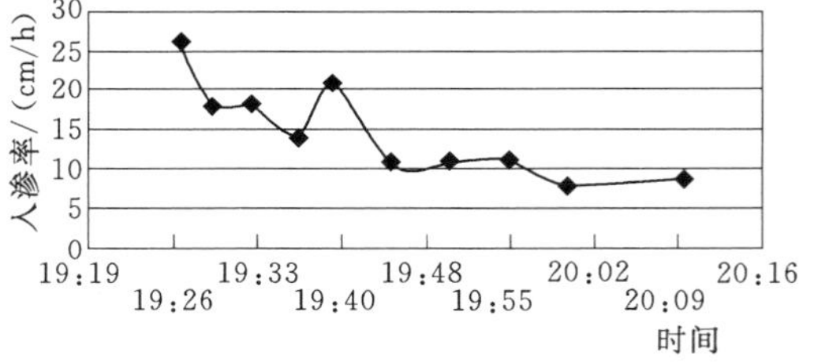

图7-5　东邸村田块灌溉平均入渗率
(2010-11-11)

2. 西邸村田块

2010年7月18日实施灌水实验。于7时20分至11时35分实施前期灌水，灌水量约为215m³，折合灌水定额93m³/亩。前期灌溉田间积水于12时50分入渗完毕后，于13时10分实施灌水入渗观测实验，田块于16时55分进水结束。田块最大积水深度为10cm，最小积水深度8cm。田块于16时55分开始在田块中间布置4个观测点进行入渗观测，18时49分田间积水入渗完毕。灌水量约为169m³，折合灌水定额73m³/亩。经分析，田间积水入渗完毕前的最后30min，4个测点的稳定入渗率为40～42mm/h。4个观测点平均入渗率变化过程见图7-6。

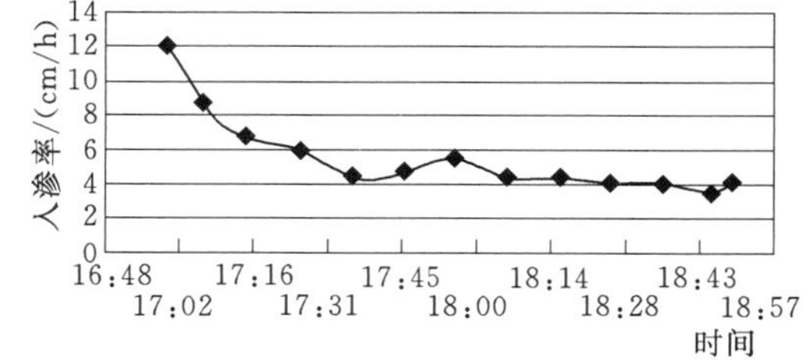

图7-6　西邸村田块灌溉平均入渗率
(2010-7-18)

7.4.3.2 大清河中部平原区

选择河北省安国市的谢庄村和路景村 2 个田块进行灌溉实验。谢庄村田块长 50m，宽 19m，面积 $1450m^2$，砂壤土质，为机井灌溉。路景村田块长 48m，宽 30m，面积 $1440m^2$，砂壤土质，为机井灌溉。

1. 谢庄村田块

2010 年 7 月 30 日和 2010 年 10 月 16 日分别对实验田块进行了两次灌溉入渗实验，10 月 16 日为雨后实验数据，成果较 7 月 30 日的实验数据更具有代表性，以该次实验成果作为稳定入渗率分析的依据。

2010 年 10 月 16 日的实验在 10 时 48 分至 12 时 57 分实施前期灌水，灌水量约为 $210m^3$，折合灌水定额 $98m^3$/亩。前期灌溉田间积水于 14 时 18 分入渗完毕后，于 14 时 20 分实施灌水入渗观测实验，田块于 16 时 20 分进水结束，田块最大积水深度为 15cm，最小积水深度 7cm。田块于 16 时 10 分开始在田块中间布置 4 个观测点进行入渗观测，18 时 20 分田间积水入渗完毕。灌水量约为 $167m^3$，折合灌水定额 $77m^3$/亩。经分析，田间积水入渗完毕前的最后 30min，4 个测点的稳定入渗率为 34～40mm/h。4 个观测点平均入渗率变化过程见图 7-7。

2. 路景村田块

2010 年 7 月 18 日实施灌水实验。于 8 时 40 分至 10 时 10 分实施前期灌水，灌水量约为 $194m^3$，折合灌水定额 $90m^3$/亩。前期灌溉田间积水于 11 时 45 分入渗完毕后，于 12 时 00 分实施灌水入渗观测实验，田块于 13 时 20 分进水结束，田块最大积水深度为 13cm，最小积水深度 8cm。田块于 13 时 20 分开始在田块中间布置 4 个观测点进行入渗观测，15 时 20 分田间积水入渗完毕。灌水量约为 $173m^3$，折合灌水定额 $80m^3$/亩。经分析，田间积水入渗完毕前的最后 30min，4 个测点的稳定入渗率为 52～54mm/h。4 个观测点平均入渗率变化过程见图 7-8。

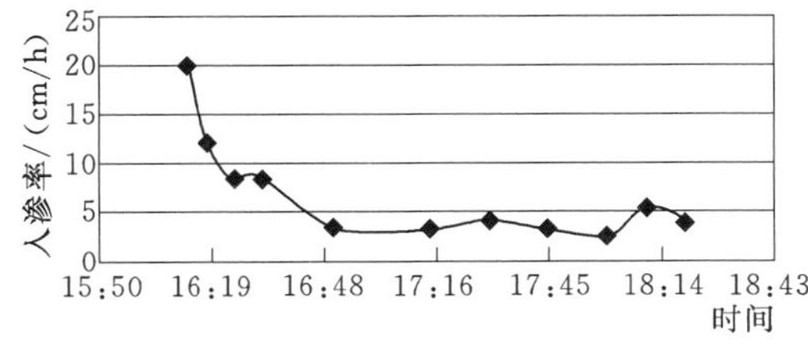

图 7-7 谢庄村田块灌溉平均入渗率 (2010-10-16)

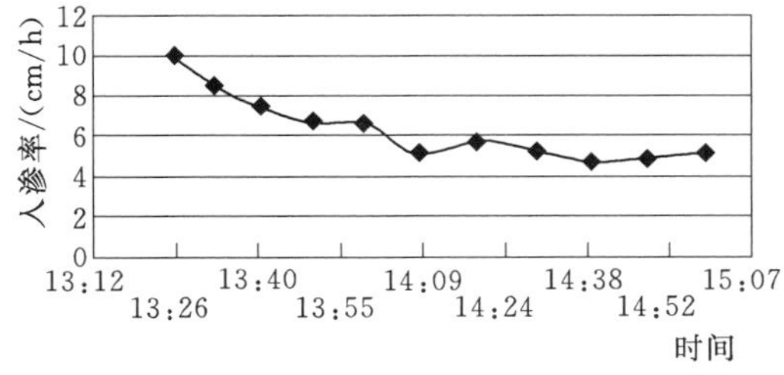

图 7-8 路景村田块灌溉平均入渗率 (2010-7-18)

7.4.3.3 黑龙港中部平原区

在黑龙港中部平原的故城县前花园村分别选择了 2 个田块进行灌溉入渗实验。田块一位于村北 500m，田块长 97m，宽 19m，面积 $1843m^2$，轻壤土质，为机井灌溉。田块二位于村西南 500m，田块长 16m，宽 9m，面积 $1843m^2$，轻壤土质，为机井灌溉。

1. 田块一

2010 年 4 月 22 日实施灌水实验。7 时 40 分至 9 时 47 分实施前期灌水，灌水量约为 $110m^3$，折合灌水定额 $40m^3$/亩。前期灌溉田间积水于 12 时 30 分入渗完毕后，进行灌水入渗观测实验，田块于 14 时 30 分进水结束，田块最大积水深度为 9cm，最小积水深度 8cm。田块于 17 时 30 分开始在田块中间布置 4 个观测点进行入渗观测，15 时 20 分田间积水入渗完毕。灌水量约为 $184m^3$，折合灌水定额 $67m^3$/亩。经分析，田间积水入渗完毕前的最后 60min，4 个测点的稳定入渗率为 12～15mm/h。4 个观测点平均入渗率变化过程见图 7－9。

2. 田块二

2010 年 10 月 18 日和 20 日分别对实验田块进行了两次灌溉入渗实验。18 日实验，7 时 20 分至 9 时 17 分实施前期灌水，灌水量约为 $144m^3$，折合灌水定额 $67m^3$/亩。入渗实验灌水于 10 日 4 日开始进水，11 时 57 分进水结束，田块最大积水深度为 11.5cm，最小积水深度 9cm。灌水量约为 $144m^3$，折合灌水定额 $67m^3$/亩。经分析，田间积水入渗完毕前的最后 60min，4 个测点的稳定入渗率为 9～12mm/h。

20 日的灌水实验未实施前期灌水，一次灌水后直接进行入渗观测，灌水量 $158m^3$，灌水定额 $73m^3$/亩。经分析，田间积水入渗完毕前的最后 60min，4 个测点的入渗率为 12～20mm/h，大于 18 日相应成果，说明一次灌水尚未达到稳定入渗率。4 个观测点平均入渗率变化过程见图 7－10。

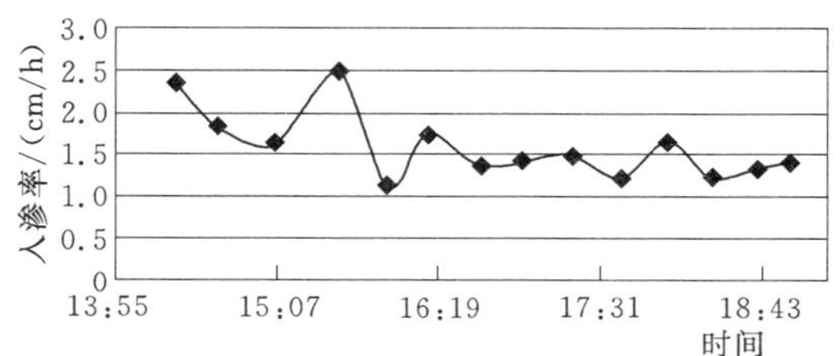

图 7－9　花园村田块一灌溉平均入渗率
(2010－4－22)

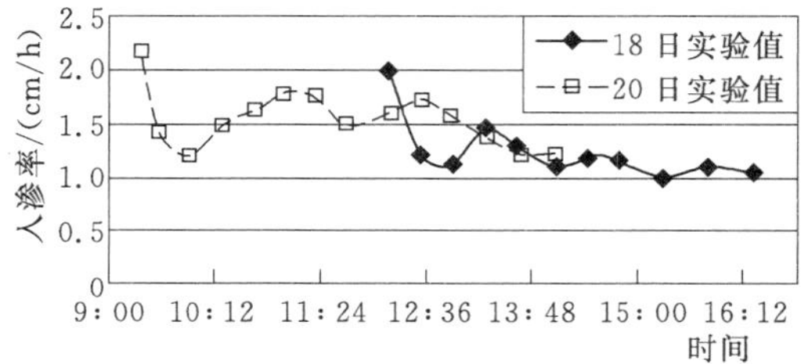

图 7－10　花园村田块二灌溉平均入渗率
(2010－10－18)

7.4.4　实验成果综合分析

本次实验成果，各实验田块灌水量达到一定数值后其入渗率均保持了一个相对稳定的数值，符合一般入渗规律。大清河山前冲积扇平原区灌溉稳定入渗率为 40～120mm/h，大清河中部平原区灌溉稳定入渗率为 30～50mm/h，黑龙港中部平原区灌溉稳定入渗率为 10～15mm/h。由于本次实验观测点比较少，实验条件也没有进行严格的界定，其入渗率仅能代表实验田块的对应实验条件的情况。对于地下水大埋深区域，由于包气带内往往存在多个渗透能力不同的土层，其入渗率随着土壤饱和锋面推进的位置不同而有所不同，其饱和锋面到达入渗率最小的土层后，其入渗率才能最终保持稳定。因此从严格意义上来说，本次灌溉入渗实验得到的稳定入渗率，只是对应于灌水深度 200～300mm 条件下的相对稳定入渗率，随着灌水量的增大其入渗率还有可能减少。

为了验证本次实验成果的合理性，对流域内有关田间入渗的实验成果进行收集。1988年曾在大兴县自卢城至安定，沿京广铁路方向每隔2km采用双环实验测点对田间入渗过程的饱和导水率进行研究，其饱和导水率范围为24～48mm/h。1990年在大兴县3.5km^{2}的雨洪试验区，应用G.P仪测定42个实验点的饱和导水率，其平均值为34.8mm/h。大兴县位于北四河中部平原区，和大清河中部平原区位置相当，本次大清河中部平原区实验成果也和大兴县实验成果接近，说明通过观测灌溉入渗可获得土壤稳定入渗率的大致范围。

7.5　典型站模型参数率定及沥涝水模拟分析

一般选择水文资料条件较完整和平原径流受人类干扰程度较轻的测站作为典型站，本次遵循该原则选定清北地区牤牛河上的金各庄站作为清北中上游区域的代表站，清南地区任何大渠上的高屯站作为大清河淀东平原洼淀及其周边区域的代表站，江江河高庄站、北排河周官屯站、沧浪渠孙庄站分别作为黑龙港及运东平原上、中、下游代表站。

海河平原产流模型（Haiheplain-R）采用VB语言编写，可根据资料条件和计算要求，选择集总式和分布式（雨量站分块）两种方式。其主要模型参数包括：土壤耕作层蓄水能力$twmm_1$、上层土不均匀性指数b_1、下层影响土层蓄水能力$twmm_2$、下层土不均匀性指数b_2、下层土壤稳定入渗率f_c、下层土壤最大入渗率f_0、流域最大填洼深度h_w、地下水埋深、不透水面积系数等。

集总式水文模型的特点是不考虑水文要素的空间分布，而是将整个流域作为一个整体进行研究的水文模型。集总式水文模型中的变量和参数通常采用平均值，使整个流域简化为一个对象来模拟降水径流关系。由于参数和变量都取流域平均值，所以不能对某个子流域进行水文过程计算；分布式水文模型是通过水循环的动力学机制来描述和模拟流域水文过程的数学模型，模型根据水介质移动的物理性质来确定模型参数，利于分析流域下垫面变化后的产汇流变化规律，与概念性模型相比，分布式水文模型以其具有明确物理意义的参数结构和对空间分异性的全面反映，可以更加准确详尽地描述和反映流域内真实的水文过程。

考虑到集总式水文模型对真实降雨～径流过程模拟的均化作用，本次除了运用集总式水文模型进行模拟外，还利用泰森多边形法按实测水量站位置将流域降雨进行分块，使得降雨～径流模拟具有分布式特点，更加反映流域真实的水文过程。集总式模拟成果和分布式模拟成果分别见表7-1和表7-2。

由模拟结果可以看出，北排河周官屯站集总式和分布式模拟成果相对误差分别为−7%和3%；江江河高庄站集总式和分布式模拟成果相对误差分别为−19%和−18%；任河大渠高屯站集总式和分布式模拟成果相对误差分别为87%和13%；牤牛河金各庄站集总式和分布式模拟成果相对误差分别为−3%和−10%；沧浪渠孙庄站集总式和分布式模拟成果相对误差分别为−6%和3%。相对于集总式水文模型，分布式水文模型的模拟精度有所提高。

表 7-1 海河平原区主要代表站集总式水文模型参数率定成果

测站	年份	模型参数										汛期对比			
		$twmm_1$	$twmm_2$	f_c	f_0	b_1	b_2	h_w	给水度	不透水系数	地下水埋深/m	降雨量/mm	产水量/万 m^3	计算产水量/万 m^3	相对误差/%
北排河周官屯	1969	90	120	2	12	0.2	0.3	2	0.05	0.15	2	550	13335	8154	−38.9
	1971	90	120	2	12	0.2	0.3	2	0.05	0.15	2.5	471	17196	8957	−47.9
	1973	90	120	2	12	0.2	0.3	2	0.05	0.15	3	497	9840	14608	48.4
	1974	90	120	2	12	0.2	0.3	2	0.05	0.15	2.5	530	14892	14239	−4.4
	1977	90	120	2	12	0.2	0.3	2	0.05	0.15	2.6	772	52501	49533	−5.7
	1979	90	120	2	12	0.2	0.3	2	0.05	0.15	3	370	1376	1446	5.1
江江河高庄	1971	90	120	2	12	0.2	0.3	2.5	0.05	0.15	5	542	4925	4932	0.1
	1973	90	120	2	12	0.2	0.3	2.5	0.05	0.15	5	542	17196	0	−100.0
	1977	90	120	2	12	0.2	0.3	2.5	0.052	0.15	5	508	14429	9878	−14.7
	1978	90	120	2	12	0.2	0.3	2.5	0.05	0.15	5	479	1662	2291	37.8
	1984	90	120	2	12	0.2	0.3	2.5	0.05	0.15	6	509	3765	3639	−3.3
沧浪渠孙庄	1964	90	120	1.8	20	0.2	0.3	2.5	0.05	0.15	2.5	902	5144	6303	22.5
	1971	90	120	1.8	20	0.2	0.3	2.5	0.05	0.15	2.5	713	2307	2434	1.5
	1972	90	120	1.8	20	0.2	0.3	2.5	0.05	0.15	2.5	476	928	797	−14.1
	1973	90	120	1.8	20	0.2	0.3	2.5	0.05	0.15	2.5	518	462	422	−8.6
	1977	90	120	1.8	20	0.2	0.3	2.5	0.05	0.15	2.5	763	3334	2171	7.0
牤牛河金各庄	1978	60	160	1.5	20	0.2	0.3	2.5	0.05	0.15	5	532	2187	2804	−12.9
	1979	60	160	1.5	20	0.2	0.3	2.5	0.05	0.15	5	463	3220	1016	1.5
	1982	60	160	1.5	20	0.2	0.3	2.5	0.05	0.15	5	368	1001	1493	−4.8
	1998	60	160	1.5	20	0.2	0.4	2.5	0.05	0.15	5	340	1568	1227	−21.7
任河大渠高屯	1971	80	160	2	20	0.2	0.3	2.5	0.05	0.15	5	622	9446	9516	0.7
	1972	80	160	2	20	0.2	0.3	2.5	0.05	0.15	5	433	4870	5764	18.4
	1973	80	160	2	20	0.2	0.3	2.5	0.05	0.15	5	481	1205	1145	−5.0
	1974	80	160	2	20	0.2	0.3	2.5	0.05	0.15	5	393	1572	1460	−7.1
	1977	80	160	2	20	0.2	0.3	2.5	0.05	0.15	5	817	16590	18482	11.4
	1978	80	160	2	20	0.2	0.3	2.5	0.05	0.15	5	510	2257	2343	3.8
	1979	80	160	2	20	0.2	0.3	2.5	0.05	0.15	5	365	1120	1195	6.7
	1988	80	160	2	20	0.2	0.3	2.5	0.05	0.15	5	623	500	3272	554.4
	1994	80	160	2	20	0.2	0.3	2.5	0.05	0.15	5	677	1748	5228	199.1

表 7-2　海河平原区主要代表站分布式水文模型参数率定成果

测站	年份	模型参数									汛期对比			
		$twmm_1$	$twmm_2$	f_c	f_0	b_1	b_2	h_w	给水度	不透水系数	降雨量/mm	产水量/万 m³	计算产水量/万 m³	相对误差/%
北排河周官屯	1969	90	120	7	20	0.2	0.3	2	0.05	0.15	550	13335	11032	−17.3
	1971	90	120	7	20	0.2	0.3	2	0.05	0.15	624	17196	16950	−1.4
	1973	90	120	7	20	0.2	0.3	2	0.05	0.15	497	9840	13280	34.9
	1974	90	120	7	20	0.2	0.3	2	0.05	0.15	530	14892	14887	0
	1977	90	120	7	20	0.2	0.3	2	0.05	0.15	772	52501	51161	−2.6
	1979	90	120	7	20	0.2	0.3	2	0.05	0.15	358	1376	1408	2.3
江江河高庄	1971	90	120	10	25	0.2	0.3	2.5	0.05	0.15	550	4925	5796	17.7
	1973	90	120	10	25	0.2	0.3	2.5	0.05	0.15	539	2739	213	−92.2
	1977	80	120	10	25	0.2	0.3	2.5	0.05	0.15	508	14429	12301	−31.5
	1978	90	120	10	25	0.2	0.3	2.5	0.05	0.15	481	1662	1337	−19.6
	1984	90	120	10	25	0.2	0.3	2.5	0.05	0.15	510	3765	4473	18.8
沧浪渠孙庄	1964	90	120	7	20	0.2	0.3	2.5	0.05	0.15	902	5144	6303	22.5
	1971	90	120	7	20	0.2	0.3	2.5	0.05	0.15	711	2307	2341	5.5
	1972	90	120	7	20	0.2	0.3	2.5	0.05	0.15	476	928	826	−100.0
	1973	90	120	7	20	0.2	0.3	2.5	0.05	0.15	518	462	434	−6.1
	1977	90	120	7	20	0.2	0.3	2.5	0.05	0.15	768	3334	3568	−0.7
牤牛河金各庄	1978	90	110	10	20	0.2	0.3	2.5	0.05	0.15	532	2187	1929	−11.8
	1979	90	110	10	20	0.2	0.3	2.5	0.05	0.15	463	3220	3330	3.4
	1982	90	110	10	20	0.2	0.3	2.5	0.05	0.15	368	1001	901	−10.0
	1998	90	110	10	20	0.2	0.4	2.5	0.05	0.15	340	1568	1204	−23.2
任河大渠高屯	1971	90	120	12	25	0.2	0.3	2.5	0.05	0.15	622	9446	10508	11.2
	1972	90	120	12	25	0.2	0.3	2.5	0.05	0.15	433	4870	4370	−10.3
	1973	90	120	12	25	0.2	0.3	2.5	0.05	0.15	481	1205	1251	3.8
	1974	90	120	12	25	0.2	0.3	2.5	0.05	0.15	393	1572	1751	11.4
	1977	90	120	12	25	0.2	0.3	2.5	0.05	0.15	817	16590	17431	5.1
	1978	90	120	12	25	0.2	0.3	2.5	0.05	0.15	510	2257	2585	14.6
	1979	90	120	12	25	0.2	0.3	2.5	0.05	0.15	365	1120	1084	−3.2
	1988	90	120	12	25	0.2	0.3	2.5	0.05	0.15	623	500	726	45.1
	1994	90	120	12	25	0.2	0.3	2.5	0.05	0.15	677	1748	2419	38.4

7.6　小结

(1) 在对平原区产流特点和产流机理分析的基础上，建立了适合海河流域平原区产流特点的上层蓄满、下层超渗的产流模型，即海河平原产流模型（Haiheplain - R）。通过设置地下水埋深和耕地灌溉率参数与平原下垫面主要变化要素建立了响应关系，从而模拟下垫面变化对沥涝水的影响。

(2) 在大清河山前平原（京广铁路西）、大清河中部平原（京广铁路东）、黑龙港中部平原（衡水故城）3 个类型区，选择 6 个田块分别进行灌溉入渗实验，得到了海河流域平原区耕作层以下土层稳定入渗率取值范围，为模型参数率定提供了重要的参照依据。

(3) 选择清北地区牤牛河金各庄站、清南地区任河大渠高屯站、江江河高庄站、北排河周官屯站、沧浪渠孙庄站进行了集总式和分布式两种模型参数率定和沥涝水模拟，集总式和分布式两种模型均能得到较高模拟精度，分布式模型的模拟精度略高于集总式模型，可见，海河平原产流模型可用于平原区降雨产流模拟。

第8章 海河流域主要控制站设计洪水成果下垫面变化影响修订实践

8.1 修订意义

8.1.1 工作背景

随着经济社会的发展，海河流域内人类活动对流域下垫面的影响越来越明显。下垫面变化导致水资源量减少，汛期暴雨洪水明显衰减。经实测资料分析，海河流域山区在相同降雨下现状下垫面条件比20世纪50—70年代地表径流平均下降幅度在15%～25%左右；平原区径流下降更为明显，相近降雨年份产生的径流量减少50%以上。对暴雨洪水的影响也比较突出，如在子牙河系滏阳河支流，1956年和1996年洪水的暴雨量相近，而1956年的洪水总量却比1996年大了近一倍，同时，1996年洪水在滏阳河中游洼地滞蓄渗漏后，艾辛庄控制站下游的水量仅相当于1956年的1/10。2012年“7·21”洪水，拒马河张坊站实测洪峰流量达到2500m^3/s，由于河道的渗漏和河道内采砂坑的调蓄作用，连同下流支流汇入洪水演进至新盖房站后仅为217m^3/s。可见，海河流域下垫面变化对汛期暴雨洪水影响是非常剧烈的。

海河流域主要防洪工程体系是按防御20世纪出现的最大暴雨洪水安排的，洪水的改变将涉及防洪对策的调整并影响到防洪工程布局。在《海河流域防洪规划》和《海河流域蓄滞洪区建设与管理规划》评估和报批过程中，国家发展和改革委员会均提出了海河流域设计洪水的下垫面影响修订问题，要求在防洪工程规划与建设中考虑下垫面变化对设计洪水产生的影响。下垫面变化对洪水的影响问题，已影响到流域的洪水管理和工程项目安排，亟待开展相关工作。

8.1.2 修订范围与内容

本次选择了流域内有代表性的12个控制站，针对其下垫面变化对设计洪水成果的影响进行了修订。包括：大清河系的东茨村、北河店、新盖房、白洋淀（十方院）、新镇、第六堡等；子牙河系的黄壁庄水库、艾辛庄、献县等；永定河系的官厅水库～三家店区间；北三河系的密云水库、苏密怀区间。

8.2 技术路线

设计流域或控制断面的设计洪水成果下垫面变化影响修订一般遵循以下技术路线或步骤。

（1）确定设计条件下的下垫面水平。人类活动对流域下垫面的影响，是经济社会发展的综合结果，多数下垫面要素在一定的时期内还有可能发生变化，设计条件下的下垫面水平是设计项目正常运行期内的平均下垫面水平，一般以某一基准年的下垫面水平为代表。对于流域规划或管理运用，在近期下垫面变化较为缓慢的情况下，可将近期的下垫面条件作为设计条件下的下垫面水平。对于近期下垫面变化较为剧烈情况，需对下垫面变化趋势进行预测，将预测得到的规划水平年或设计运行期的下垫面条件作为设计条件下的下垫面水平。

（2）流域分区。依据设计断面以上流域内水文资料条件、下垫面状况以及工程控制条件，对设计断面以上流域进行分区，针对每个分区建立洪水系列的修订模式并进行洪水系列修订。对于无实测水文资料的分区，可采用水文比拟法，借用相似分区内的模式进行修订。

（3）下垫面变化趋势分析及洪水系列修订期的确定。综合采用统计及遥感数据，对土地利用、植被、地下水埋深、小型水利工程及水土保持措施等下垫面要素变化趋势进行分析，确定各要素明显变化期以及未来变化趋势。同时结合降雨径流双累积曲线图及不同时期降雨径流相关图，分析下垫面变化影响的转折期。按照设计条件下的下垫面水平，确定洪水系列修订期。经分析，海河流域可近似将 1980 年作为下垫面变化影响的转折期。

（4）洪峰流量、洪量修订模型或修订模式的建立。依据分区内不同时期的实测降雨径流资料，分别建立降雨径流相关模式、峰量相关模式，以及能够反映下垫面变化的水文模型，率定不同时期的模型参数。对相关模式和水文模型模拟精度进行评价，确定洪水修订拟采用的模式。

（5）设计洪水成果下垫面影响修订技术途径选择。根据资料条件和修订要求，对系列修订法和直接修订法两种技术途径做出选择。系列修订法需先对设计洪水计算中采用的洪量和洪峰流量系列进行一致性修订，然后根据一致性处理后的洪水系列，进行频率适线，根据适线参数计算不同频率的设计值，得到下垫面变化后的设计洪水成果。直接修订法采用模型法或相关分析法对典型场次洪水进行修订，然后参照不同等级洪水典型场次的修订成果，直接对不同频率的设计成果进行修订。

（6）洪水系列或典型场次洪水下垫面影响修订。包括洪峰流量和时段洪量两方面的修订内容。对于时段洪量的修订，可根据相关模式和水文模型精度评价结果，选择一种方法或组合选用两种方法修订。对于洪峰流量的修订，采用模型方法修订的具体做法是，根据现状下垫面参数模拟的修订时期的洪峰流量，与根据当年代率定参数模拟的洪峰流量进行对比，两种模型参数模拟计算的差值作为下垫面影响的修订值，据此修订实测洪峰流量和洪量；采用相关模式修订洪峰流量时，中小洪水可采用峰量关系，依据洪量的修订幅度修订洪峰流量，对于频率曲线起控制作用的大洪水，应考虑下垫面变化对场次洪水净雨过程的影响，采用经验单位线法分析洪峰流量的修订幅度。

（7）频率适线，分析计算设计下垫面条件下的设计洪水成果。当采用系列修订法修订设计洪水时，在得到一致性修订后的系列后，采用频率适线方法对洪峰流量，洪量系列进行频率适线，根据适线参数计算不同频率的设计值，得到下垫面变化后的设计洪水成果。如采用直接修订法，根据与设计洪水量级对应的场次洪水的修订幅度，分析修订设计成果。

（8）成果合理性分析。对不同量级设计洪水修订成果的统计参数、修订幅度的协调性，以及不同设计流域间、地区间统计参数的协调性进行分析，并分析下垫面要素变化与成果修订的相关性，说明修订成果的合理性。

设计流域或控制断面的设计洪水成果下垫面变化影响修订技术流程见图8-1。

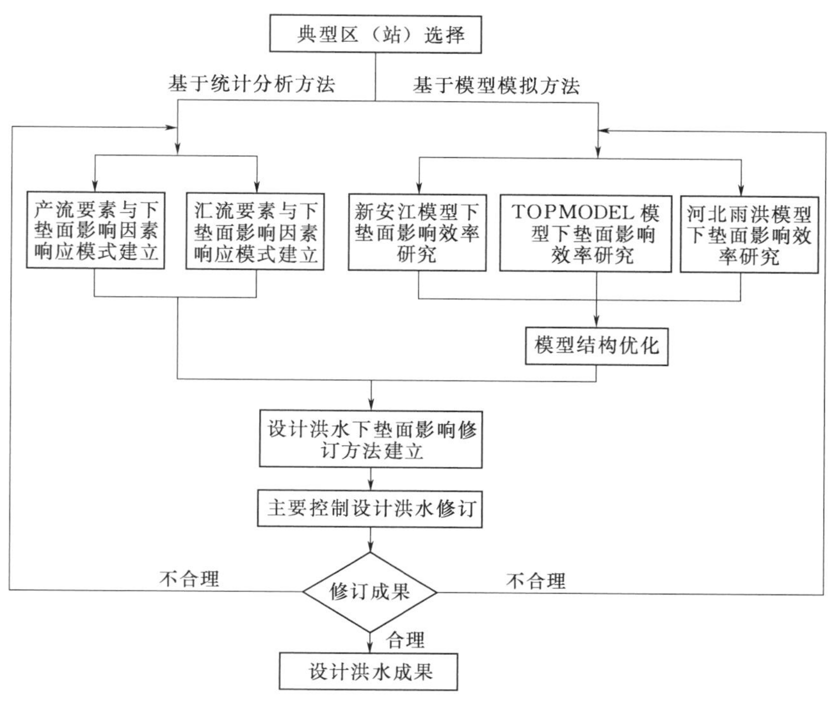

图8-1　设计洪水成果下垫面变化影响修订技术流程

8.3　子牙河主要控制站设计洪水成果下垫面影响修订

8.3.1　基本情况

8.3.1.1　流域概况

子牙河系主要由滹沱河、滏阳河、滏阳新河、子牙河、子牙新河等河流组成。

滹沱河发源于山西省繁峙县泰戏山孤山村一带，向西南流经恒山与五台山之间，至界河折向东流，穿舟山和太行山，东流至河北省献县臧桥，与子牙河另一支流滏阳河相汇，全长587km，流域面积2.39万km^2。主要支流有阳武河、云中河、牧马河、同河、清水河、南坪河、冶河等，各支流呈羽状排列，主要集中在黄壁庄以上。

滏阳河发源于邯郸峰峰矿区滏山南麓，流经邯郸、邢台、衡水，在沧州市的献县与滹沱河汇流后称子牙河，全长402km，流域面积2.21万km^2。滏阳河有大小支流20余条，呈典型的扇形分布，较大的支流有洺河、沙河、泜河、午河、汶河等。滏阳新河是1967—1968年新开挖的人工河道，起自艾辛庄止于献县枢纽，全长33km，主要分泄滏阳河上游洪水，减轻子牙河下游泄洪负担。

滏阳河和滹沱河两大支流在献县汇合后称子牙河。历史上子牙河洪水自天津汇入海河入海。子牙新河是于 1960—1967 年开挖建成的人工行洪河道，自献县穿南运河至天津北大港，全长 143km，为宣泄子牙河洪水的主要行洪河道。

8.3.1.2　主要控制站以往设计洪水成果

子牙河系流域设计洪水主要由滏阳河艾辛庄、滹沱河黄壁庄、子牙河总控制站献县等 3 个主要控制站组成。一般将这 3 个控制站的设计洪水成果称为子牙河流域设计洪水成果。"63·8"大水后，原水电部海河勘测设计院 1965 年在编制《子牙河流域防洪规划》时对子牙河系流域设计洪水进行了分析，提出了设计洪水成果。该成果一直沿用至 1985 年编制了《子牙河流域补充规划》和《海河流域补充规划》，其成果见表 8-1。

表 8-1　　1965 年子牙河流域设计洪水成果

项目 控制站	时段	统计参数			不同频率设计值/亿 m^3						
		均值/亿 m^3	C_V	C_S/C_V	0.02%	0.5%	1%	2%	5%	10%	20%
黄壁庄	最大 6 日	4.40	1.55	2.5	51.8	41.5	33.9	26.7	17.6	11.4	6.1
艾辛庄	最大 6 日	6.00	1.80	2.5	86.3	67.8	54.4	41.6	26.0	15.7	7.50
	最大 30 日	8.45	1.55	2.5	99.5	79.7	65.2	51.2	33.7	21.9	11.7
献县	最大 6 日	10.00	1.65	2.5	128.0	101.7	82.5	64.1	41.4	26.2	13.4
	最大 30 日	16.50	1.25	2.5	146.9	120.3	101.0	82.0	57.8	40.3	24.6

1990 年河北省水利水电勘测设计院对子牙河流域设计洪水进行了补充分析工作，将系列由 1963 年延长到 1986 年，并编制了《子牙河流域设计洪水补充分析报告》。该成果经水利部海河水利委员会审查后应用至今，详见表 8-2。

表 8-2　　1990 年子牙河流域设计洪水成果

项目 控制站	时段	统计参数			不同频率设计值/亿 m^3					
		均值/亿 m^3	C_V	C_S/C_V	0.5%	1%	2%	5%	10%	20%
黄壁庄	最大 6 日	4.4	1.55	2.5	41.5	33.9	26.7	17.6	11.4	6.1
	最大 30 日	8.0	1.15	2.5	53.0	44.8	36.7	26.4	19.0	12.1
艾辛庄	最大 6 日	4.7	1.90	2.5	56.7	45.1	34.2	20.9	12.3	5.6
	最大 30 日	7.0	1.65	2.5	71.2	57.8	44.9	29.0	18.3	9.4
献县	最大 6 日	7.8	1.70	2.5	82.2	66.5	51.4	32.8	20.4	10.2
	最大 30 日	14.0	1.25	2.5	102.1	85.7	69.6	49.0	34.2	20.9

8.3.1.3　计算分区

本次分析计算的 3 个主要控制站面积均比较大，流域下垫面条件相差较多，各区域下垫面变化影响也不一致，为了尽可能准确地掌握各区域情况，需根据区域内径流观测站的分布和下垫面条件进行计算分区。根据各分区域特点，分别建立下垫面变化对洪水影响的修订模式并进行洪水系列下垫面影响一致性修订，然后综合各分区修订数据得到控制站以

上全流域修订数据。

滏阳河艾辛庄站，流域面积14877km²，其中山区面积7640km²，平原面积7237km²。滏阳河上游及其较大支流洺河、南澧河、泜河、午河、槐河在出山口有较完整的水文观测资料。根据资料条件和下垫面特征，艾辛庄站控制以上山区分为9个分区，包括滏阳河东武仕水库、洺河临洺关水文站、南澧河朱庄水库、泜河临城水库、午河韩村水文站、槐河马村水文站等6个水库站或水文站控制断面以上；无水文站控制山区分为入永年洼、入大陆泽和入宁晋泊3个分区。艾辛庄以上平原区分为入永年洼、入大陆泽和入宁晋泊3个分区。

黄壁庄水库站控制流域面积23400km²，分为滹沱河干流和冶河支流两大区域，均为山区。滹沱河干流划分为南庄水文站以上、南庄～岗南（水库）区间两个分区，岗南（水库）～黄壁庄（水库）区间主要为冶河流域，作为1个分区。

献县站洪水主要为滏阳河艾辛庄以上和滹沱河黄壁庄以上来水，艾辛庄～黄壁庄～献县区间，基本为平原，产水量相对较少。根据《子牙河流域补充规划》意见，滹滏区间平原沥水相机下排，不直接与洪水叠加。献县站洪水由艾辛庄站和黄壁庄站洪水演进后叠加而成，未包括滹滏区间平原沥水。因此，艾辛庄～黄壁庄～献县区间不再单独作为计算分区。

子牙河流域艾辛庄、黄壁庄、献县3个控制站下垫面变化设计洪水修订分区见附图1。

8.3.2 分区修订模式建立与场次洪水下垫面影响修订

8.3.2.1 东武仕水库站

东武仕水库位于滏阳河上游、太行山东麓、邯郸市西南约30km的磁县境内。流域西北～东南长约30km，西南～东北宽约12km，面积340km²，高程为100～500m。流域内岩石裸露，多为石灰岩、花岗岩和片麻岩。土壤为砂壤土、黏性砂土等。一般山丘光秃，植被较差，流域面积小，源短流急，一遇暴雨，洪峰流量形成快，暴涨暴落，历时短，一般只有2～3个小时。流域内设有雨量站4处，分别为峰峰、王看、和村、东武仕，水文站1处为东武仕水库水文站。

1. 相关模式建立与洪水修订

根据实测降雨径流资料，建立了东武仕水库以上流域1980年前后的$P+P_a \sim R$相关图，见图8-2。根据《水文情报预报规范》（SL 250—2000）规范标准，对东武仕水库以上流域不同时期的$P+P_a \sim R$相关关系进行精度评定。东武仕水库以上流域1980年以前48次洪水，合格场次35场，合格率为72.9%；1980年以后36次洪水，合格场次31场，合格率为86.1%。

根据建立的1980年前后两个时期的$P+P_a \sim R$相关图，可得到不同$P+P_a$值对应的1980年以前和1980年以后的产水量，据此可分析出产水量的变化幅度，详见表8-3。

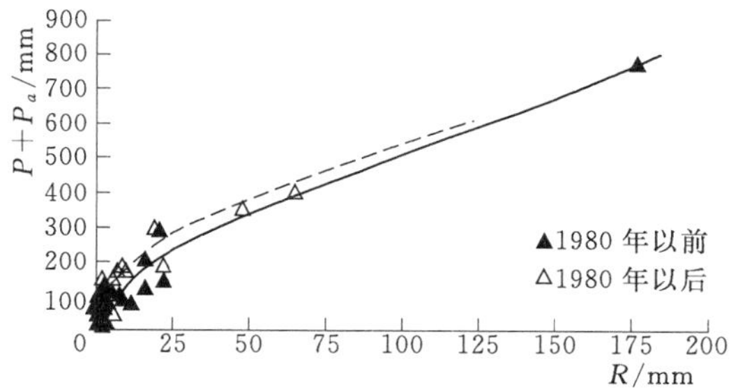

图8-2 东武仕水库以上流域1980年前后降雨径流相关图

表 8-3　　东武仕水库以上流域降雨产流及变化幅度计算成果

$P+P_a$ 值/mm	10	20	50	100	150	200	250	300	350
1980 年以前产流量/mm	0.6	1.1	2.6	6.0	11.4	18.2	28	39.8	56.8
1980 年以后产流量/mm	0.1	0.3	1.0	3.0	6.4	11.5	19.5	30.3	46.0
减少幅度/%	83	73	62	50	44	37	30	24	19
$P+P_a$ 值/mm	400	450	500	550	600	650	700	750	800
1980 年以前产流量/mm	74.3	90.8	107.7	124.3	140.7	156.9	173.0	188.9	204.7
1980 年以后产流量/mm	62.7	79.4	96.0	112.7	129.3	146.0	162.6	179.3	196.0
减少幅度/%	16	13	11	9	8	7	6	5	4

根据以上相关数据，点绘东武仕水库以上流域的 $P+P_a$ 值与产流量减少幅度相关图，如图 8-3 所示。根据计算的临洺关以上流域 1980 年以前的 $P+P_a$ 值，查临洺关以上流域 $P+P_a$ 值与产流量减少幅度相关图，求得各场次洪水的修订幅度。然后，将 1980 年以前各场次的实测洪水（径流深）乘以（1—修订幅度），即可求得该场次洪水（径流深）的修订成果，对于洪峰流量的修订，考虑到中小洪水对设计洪水影响相对较小，按照峰量修订幅度相等原则，近似采用次洪量的修订幅度修订洪峰流量。对频率曲线起控制作用的大洪水，根据下垫面要素变化特点和洪量修订成果，分析净雨影响过程，然后采用经验单位线汇流方法分析洪峰流量的修订值。经计算，东武仕水库以上流域 1980 年以前洪水下垫面条件变化修订成果见表 8-4。

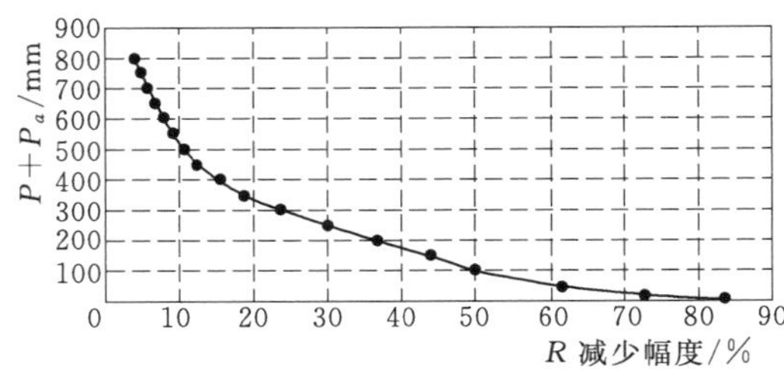

图 8-3　东武仕水库以上流域 $P+P_a$ 值与产流量减少幅度相关图

2. 模型方法修订

采用东武仕水库以上流域暴雨洪水的水文资料系列，以 1980 年为分界，分为两个时期并按照 3 日洪量的大小进行洪水分级。东武仕以上流域洪水共分为 10 年一遇以上、5 年一遇至 10 年一遇以及小于 5 年一遇三个量级。采用改进的河北模型，分洪水量级对 1980 年以后各年场次暴雨洪水进行模拟，率定现状下垫面条件下的模型参数，按照《水文情报预报规范》(SL 250—2000) 进行精度评定，确定采用模型方法修订洪水系列的可行性。东武仕水库以上流域共模拟发生在 1980 年以后的 36 场洪水，径流合格场次 27 场，合格率为 75.0%，达到洪水预报良好精度，可以用于 1980 年以前场次洪水的模拟与修订。1980 年以前的洪水系列修订成果见表 8-4。

8.3.2.2 临洺关水文站

临洺关水文站位于河北省永年县临洺关镇北街，建于 1921 年，集水面积 2300km²，多为山区。目前流域上游建有口上、车谷、四里岩和青塔 4 座中型水库，7 座小 (1) 型水库和多座小 (2) 型水库。据统计临洺关以上流域小 (1) 型以上水库控制面积达到 926.9km²，占流域面积的 40%左右。流域内设有雨量站 9 处，分别为册井、阳邑、徘徊、

表 8-4　　**东武仕水库以上流域洪水系列修订成果**

洪水场次代码	洪量					洪峰流量				
	实测值/亿 m^3	统计方法		模型方法		实测值/(m^3/s)	统计方法		模型方法	
		修订值/亿 m^3	变化幅度/%	修订值/亿 m^3	变化幅度/%		修订值/(m^3/s)	变化幅度/%	修订值/(m^3/s)	变化幅度/%
19610729	0.0853	0.0374	−56	0.0398	−53	50	22	−56	26	−48
19620813	0.0911	0.0466	−49	0.0521	−43	100	51	−49	58	−43
19630801	0.8313	0.7919	−5	0.7978	−4	1263	1236	−2	1210	−4
19640729	0.1183	0.0632	−47	0.0736	−38	162	87	−47	100	−38
19650726	0.0799	0.0354	−56	0.0453	−43	227	101	−56	129	−43
19660729	0.0721	0.0354	−51	0.0366	−49	335	165	−51	171	−49
19670801	0.0524	0.0204	−61	0.0204	−61	95	38	−61	36	−62
19680718	0.0299	0.0150	−50	0.0139	−54	11	6	−50	6	−42
19690809	0.0418	0.0173	−59	0.0176	−58	29	12	−58	18	−36
19700730	0.0296	0.0146	−51	0.0152	−49	32	16	−50	19	−41
19720824	0.0350	0.0143	−59	0.0162	−54	26	11	−59	12	−55
19730706	0.0343	0.0194	−44	0.0196	−43	28	16	−44	16	−41
19740711	0.0014	0.0003	−75	0.0004	−71	12	4	−66	4	−64
19750804	0.0962	0.0622	−35	0.0717	−26	21	14	−36	16	−26
19760717	0.1493	0.1163	−22	0.1207	−19	61	47	−22	48	−20
19770719	0.1618	0.0513	−68	0.0455	−72	23	7	−68	12	−46
19780721	0.1217	0.0700	−43	0.0711	−42	360	207	−43	215	−40
19790629	0.1945	0.1030	−47	0.1069	−45	17	9	−47	9	−45

贺井、武安、迁城、临洺关、马店头、车谷。

1. 相关模式建立与洪水修订

根据实测降雨径流资料，建立了临洺关以上流域 1980 年前后的 $P+P_a$～R 相关图，见图 8-4，经评定，临洺关以上流域 1980 年以前 23 次洪水，合格场次 20 场，合格率为 86.9%；1980 年以后 20 次洪水，合格场次 17 场，合格率为 85.0%。

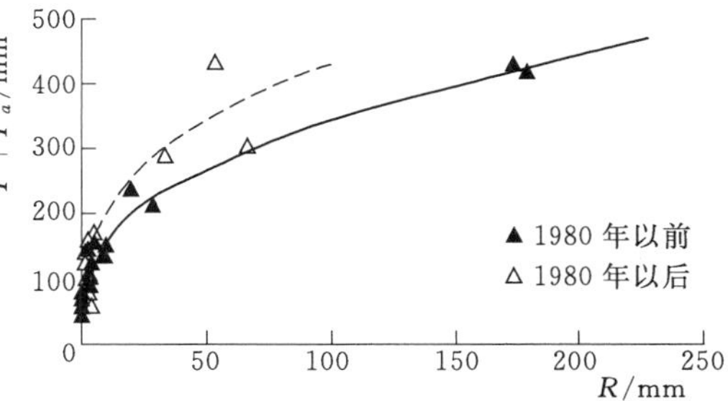

图 8-4　临洺关以上流域 1980 年前后降雨径流相关图

假定不同的 $P+P_a$ 值，分别查算其 1980 年以前和 1980 年以后相应的产流量及变化幅度，详见表 8-5。

根据以上相关数据，点绘临洺关以上流域的 $P+P_a$ 值与产流量减少幅度相关图，如图 8-5 所示。

根据计算的临洺关以上流域 1980 年以前的 $P+P_a$ 值，查临洺关以上流域 $P+P_a$ 值与

表 8-5　临洺关以上流域降雨产流及变化幅度计算成果

$P+P_a$ 值/mm	10	30	50	100	150	200	250
1980 年以前产流量/mm	0.8	1.5	2.0	4.0	6.8	15.0	33.0
1980 年以后产流量/mm	0.2	0.5	0.8	2.1	4.1	10.1	24.1
减少幅度/%	75	67	60	48	40	33	27
$P+P_a$ 值/mm	300	350	400	450	500	550	600
1980 年以前产流量/mm	65.0	105.0	145.0	184.0	222.0	255.0	287.0
1980 年以后产流量/mm	50.6	86.0	124.4	164.0	203.0	236.0	268.0
减少幅度/%	22	18	14	11	9	7	7

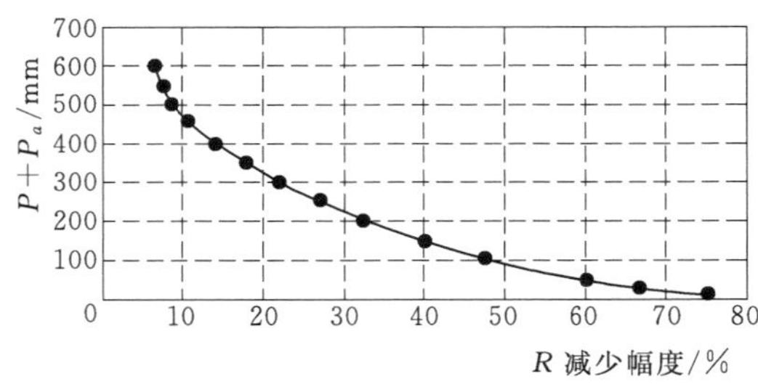

图 8-5　临洺关以上流域 $P+P_a$ 值与产流量减少幅度相关图

产流量减少幅度相关图，求得各场次洪水的修订幅度。然后，将 1980 年以前各场次的实测洪水（径流深）乘以（1—修订幅度），即可求得该场次洪水（径流深）的修订成果，中小洪水洪峰流量修订采用峰量同倍比法，大洪水采用经验单位线法。经计算，临洺关以上流域 1980 年以前洪水因下垫面条件变化修订成果见表 8-6。

2. 模型方法修订

采用改进的河北模型，对临洺关以上

表 8-6　临洺关以上流域洪水系列修订成果

洪水场次代码	洪量					洪峰流量				
	实测值/亿 m³	统计方法		模型方法		实测值/(m³/s)	统计方法		模型方法	
		修订值/亿 m³	变化幅度/%	修订值/亿 m³	变化幅度/%		修订值/(m³/s)	变化幅度/%	修订值/(m³/s)	变化幅度/%
19550815	0.7871	0.4959	−37	0.2282	−71	676	426	−37	307	−55
19560802	5.1231	4.4468	−13	3.5608	−31	2970	2680	−10	1721	−42
19590611	0.0420	0.0219	−48	0.0081	−81	96	50	−48	3	−97
19600729	0.0377	0.0192	−49	0.0149	−60	67	34	−49	18	−73
19610718	0.0776	0.0358	−54	0.0127	−84	257	119	−54	9	−96
19620814	0.0070	0.0034	−52	0.0009	−88	5	2	−52	0	−100
19630803	8.6654	8.5614	−1	8.4978	−2	12300	12180	−1	11508	−6
19640703	0.1388	0.0680	−51	0.0055	−96	375	184	−51	4	−99
19650725	0.0037	0.0015	−60	0.0002	−95	8	3	−60	0	−100
19660823	0.2872	0.1551	−46	0.1198	−58	468	253	−46	253	−46
19670909	0.0357	0.0164	−54	0.0076	−79	17	8	−54	1	−94
19680814	0.0195	0.0095	−51	0.0092	−53	16	8	−50	4	−75

续表

洪水场次代码	洪量					洪峰流量				
	实测值/亿 m^3	统计方法		模型方法		实测值/(m^3/s)	统计方法		模型方法	
		修订值/亿 m^3	变化幅度/%	修订值/亿 m^3	变化幅度/%		修订值/(m^3/s)	变化幅度/%	修订值/(m^3/s)	变化幅度/%
19690725	0.0531	0.0261	−51	0.0037	−93	211	104	−51	6	−97
19700728	0.0949	0.0461	−51	0.0601	−37	410	199	−51	143	−65
19710807	0.0229	0.0105	−54	0.0028	−88	77	35	−54	5	−93
19720815	0.0161	0.0074	−54	0.0044	−73	46	21	−54	10	−78
19730714	0.1875	0.1016	−46	0.0528	−72	282	153	−46	212	−25
19740731	0.006	0.0028	−53	0	−100	30	14	−53	0	−100
19750807	0.1129	0.0611	−46	0.0320	−72	56	30	−46	25	−56
19760717	0.4709	0.3391	−28	0.3564	−24	259	187	−28	428	65
19770725	0.1303	0.069	−47	0.0158	−88	281	149	−47	36	−87
19780726	0.0403	0.0209	−48	0.0033	−92	87	45	−48	3	−96
19790729	0.0225	0.0106	−53	0.0095	−58	125	59	−53	25	−80

流域的1980年以后洪水系列进行洪水模拟，并据此调试模型参数。1980年以后20次洪水，模拟后评定合格场次16场，合格率为80%。依据1980年以后的模型参数，对1980年以前的洪水系列进行模拟修订，其修订成果见表8-6。

8.3.2.3　朱庄水库站

朱庄水库位于滏阳河支流沙河上，控制面积为1220km^2，该流域处于太行山东麓暴雨多发区，1963年大暴雨中心即发生在本流域边缘内邱县獐犽一带。在朱庄水库上游40km处建有野沟门中型水库一座，控制面积为500km^2。本次采用的径流资料已将野沟门影响进行了还原修订。

1. 相关模式建立与洪水修订

根据实测降雨径流资料，建立了朱庄水库以上流域1980年前后的$P+P_a$～R相关图，见图8-6。经评定，朱庄水库以上流域1980年以前24次洪水，合格场次18场，合格率为75.0%；1980年以后24次洪水，合格场次22场，合格率为91.7%。

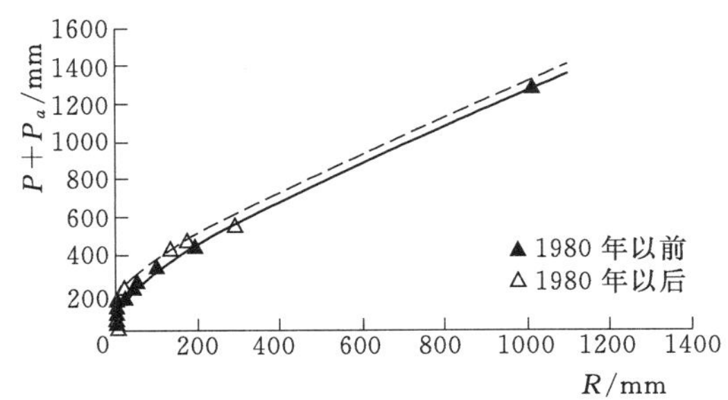

图8-6　朱庄水库以上流域1980年前后降雨径流相关图

假定不同的$P+P_a$值，分别查算其1980年以前和1980年以后相应的产流量及变化幅度，详见表8-7。

根据以上相关数据，点绘朱庄水库以上流域的$P+P_a$值与产流量减少幅度相关图，如图8-7所示。

表 8-7　　朱庄水库以上流域降雨产流及变化幅度计算成果

$P+P_a$ 值/mm	100	150	200	250	300	350	400
1980 年以前产流量/mm	7	15	29	43	74	108	147
1980 年以后产流量/mm	1.5	5	13	28	54	87	123
减少幅度/%	79	67	55	35	27	19	16
$P+P_a$ 值/mm	450	500	550	600	650	700	800
1980 年以前产流量/mm	180	220	260	300	342	378	480
1980 年以后产流量/mm	160	200	240	280	324	360	464
减少幅度/%	11	9	8	7	5	5	3

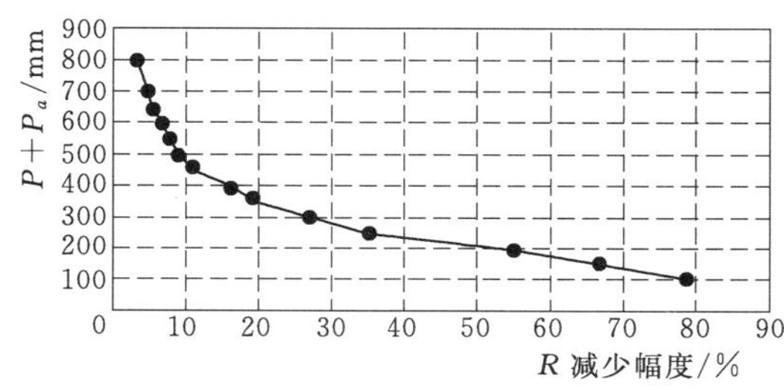

图 8-7　朱庄水库以上流域 $P+P_a$ 值与产流量减少幅度相关图

根据计算的朱庄以上流域 1980 年以前的 $P+P_a$ 值，查朱庄以上流域 $P+P_a$ 值与产流量减少幅度相关图，求得各场次洪水的修订幅度。然后，将 1980 年以前各场次的实测洪水（径流深）乘以（1—修订幅度），即可求得该场次洪水（径流深）的修订成果，中小洪水洪峰流量修订采用峰量同倍比法，大洪水采用经验单位线法。经计算，朱庄水库洪水因下垫面条件变化的修订成果见表 8-8。

表 8-8　　朱庄水库以上流域洪水系列修订成果

洪水场次代码	洪量					洪峰流量				
	实测值/亿 m^3	统计方法		模型方法		实测值/(m^3/s)	统计方法		模型方法	
		修订值/亿 m^3	变化幅度/%	修订值/亿 m^3	变化幅度/%		修订值/(m^3/s)	变化幅度/%	修订值/(m^3/s)	变化幅度/%
19550814	1.25	0.95	−24	1.03	−18	1140	903	−21	1036	−9
19560802	3.07	2.92	−5	2.91	−5	2610	2503	−4	2532	−3
19570609	0.04	0.0004	−99	0.02	−50	278	3	−99	38	−86
19580712	0.28	0.11	−61	0.07	−75	195	77	−61	166	−15
19590802	0.28	0.07	−75	0.04	−86	523	131	−75	323	−38
19600726	0.08	0.03	−63	0.01	−88	238	89	−63	131	−45
19610719	0.02	0	−100	0.0001	−100	192	0	−100	15	−92
19620812	0.02	0.01	−50	0.0001	−100	216	108	−50	130	−40
19630802	12.60	12.37	−2	12.38	−2	8360	8226	−2	8246	−1
19640712	0.10	0.03	−70	0.01	−90	296	89	−70	102	−66
19650726	0.03	0.003	−90	0.0015	−95	31	3	−90	8	−74
19660719	0.28	0.13	−54	0.05	−82	1270	590	−54	890	−30

续表

洪水场次代码	洪量					洪峰流量				
	实测值/亿 m^3	统计方法		模型方法		实测值/(m^3/s)	统计方法		模型方法	
		修订值/亿 m^3	变化幅度/%	修订值/亿 m^3	变化幅度/%		修订值/(m^3/s)	变化幅度/%	修订值/(m^3/s)	变化幅度/%
19670803	0.05	0.01	−80	0.001	−98	249	50	−80	112	−55
19680728	0.03	0.01	−67	0.0005	−98	196	65	−67	140	−28
19690816	0.09	0.03	−67	0.02	−78	218	73	−67	120	−45
19700731	0.12	0.04	−67	0.03	−75	224	75	−67	111	−50
19710901	0.26	0.1	−62	0.12	−54	234	90	−62	85	−64
19720815	0.01	0.001	−90	0.0002	−98	11	1	−90	3	−73
19730830	0.40	0.15	−63	0.11	−73	1136	426	−63	601	−47
19740729	0.10	0.03	−70	0.003	−97	232	70	−70	114	−51
19760820	0.61	0.28	−54	0.25	−59	380	174	−54	346	−9
19770725	0.81	0.53	−35	0.36	−56	320	209	−35	155	−52
19780726	0.05	0.02	−60	0.0012	−98	219	88	−60	136	−38
19790729	0.06	0.01	−83	0.0015	−98	303	51	−83	126	−58

2. 模型方法修订

采用改进的河北模型，对朱庄水库以上流域1980年以后洪水系列进行洪水模拟，并据此调试模型参数。1980年以后24次洪水，模拟后评定合格场次19场，合格率为79.2%。依据1980年以后的模型参数，对1980年以前的洪水系列进行模拟修订，其修订成果见表8-8。

8.3.2.4 临城水库站

临城水库位于泜河上游的临城县西竖村附近，流域面积384km^2，占泜河面积的44%。沿河地区多为光秃山岭，岩石裸露，砂砾石较多，植被很少。流域内有长系列雨量站獐犸、西台峪、石家栏、郝庄、临城水库5处，其中獐犸为"63·8"暴雨中心。

1. 相关模式建立与洪水修订

根据实测降雨径流资料，建立了临城水库以上流域1980年前后的$P+P_a \sim R$相关图，见图8-8。经评定，临城水库以上流域1980年以前19次洪水，合格场次15场，合格率为78.9%；1980年以后23次洪水，合格场次18场，合格率为78.2%。

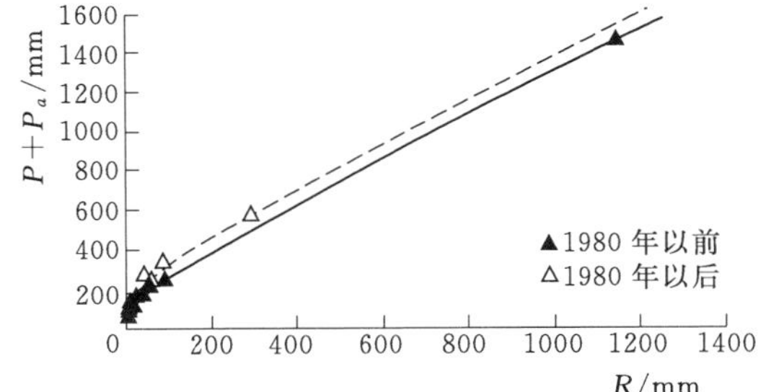

图8-8 临城水库以上流域1980年前后降雨径流相关图

根据建立的临城水库以上流域1980年前后的$P+P_a \sim R$相关图，假定不同的$P+P_a$值，分别查算其1980年以前和1980年以后相应的产流量及变化幅度，详见表8-9。

表 8-9　临城水库以上流域降雨产流及变化幅度计算成果

$P+P_a$ 值/mm	30	40	50	100	200	300	400	500
1980 年以前产流量/mm	0.8	1.3	1.9	10.2	62	131	215	300
1980 年以后产流量/mm	0	0.14	0.5	3.8	33.2	90	167	248
减少幅度/%	100	89	74	63	47	31	22	17
$P+P_a$ 值/mm	600	700	800	900	1000	1100	1200	1300
1980 年以前产流量/mm	388	476	565	653	741	831	918	1006
1980 年以后产流量/mm	331	421	512	603	694	786	877	968
减少幅度/%	15	12	9	8	6	5	5	4

根据以上相关数据，点绘临城水库以上流域的 $P+P_a$ 值与产流量减少幅度相关图，如图 8-9 所示。

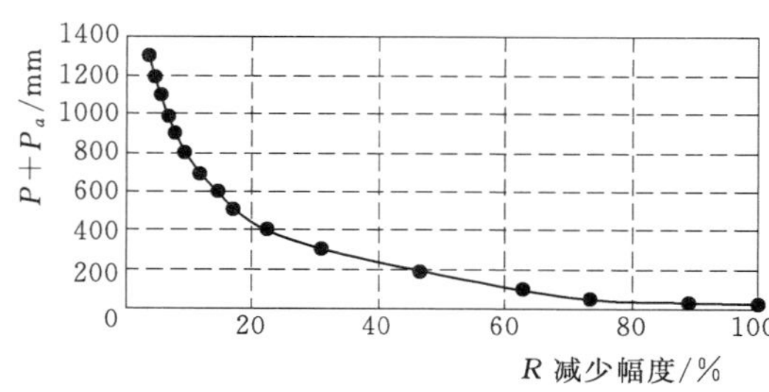

图 8-9　临城水库以上流域 $P+P_a$ 值与产流量减少幅度相关图

根据计算的临城水库以上流域 1980 年以前的 $P+P_a$ 值，查临城水库以上流域 $P+P_a$ 值与产流量减少幅度相关图，求得各场次洪水的修订幅度。然后，将 1980 年前各场次的实测洪水（径流深）乘以（1－修订幅度），即可求得该场次洪水（径流深）的修订成果，中小洪水洪峰流量采用峰量同倍比法修订，大洪水采用单位线法修订。经计算，临城水库以上流域 1980 年以前洪水下垫面条件变化修订成果见表 8-10。

表 8-10　临城水库以上流域洪水系列修订成果

洪水场次代码	洪量					洪峰流量				
	实测值/亿 m^3	统计方法		模型方法		实测值/(m^3/s)	统计方法		模型方法	
		修订值/亿 m^3	变化幅度/%	修订值/亿 m^3	变化幅度/%		修订值/(m^3/s)	变化幅度/%	修订值/(m^3/s)	变化幅度/%
19610715	0.047	0.013	−72	0.007	−85	142	40	−72	40	−72
19620813	0.044	0.015	−66	0.017	−61	62	21	−65	21	−65
19630803	8.722	8.364	−4	8.510	−2	5565	5448	−2	5320	−4
19640731	0.134	0.051	−62	0.040	−70	61	23	−62	23	−62
19650726	0.017	0	−100	0.007	−59	9	0	−100	0	−100
19660730	0.170	0.07	−59	0.089	−48	417	171	−59	171	−59
19670804	0.092	0.034	−63	0.046	−50	28	10	−64	10	−64
19680619	0.008	0.002	−75	0.0001	−99	5	1	−80	1	−81
19690708	0.099	0.036	−64	0.016	−84	47	17	−64	17	−64

续表

洪水场次代码	洪量					洪峰流量				
	实测值/亿 m^3	统计方法		模型方法		实测值/(m^3/s)	统计方法		模型方法	
		修订值/亿 m^3	变化幅度/%	修订值/亿 m^3	变化幅度/%		修订值/(m^3/s)	变化幅度/%	修订值/(m^3/s)	变化幅度/%
19700716	0.062	0.019	−69	0.013	−79	19	6	−69	6	−69
19710901	0.241	0.093	−61	0.153	−37	85	33	−61	33	−61
19720803	0.015	0.001	−93	0.0012	−92	3	0	−100	0	−100
19730709	0.187	0.082	−56	0.156	−17	194	85	−56	85	−56
19740726	0.242	0.102	−58	0.142	−41	556	235	−58	235	−58
19750807	0.212	0.082	−61	0.112	−47	241	93	−61	93	−61
19760718	0.546	0.302	−45	0.359	−34	109	60	−45	60	−45
19770730	0.883	0.505	−43	0.638	−28	684	391	−43	391	−43
19780725	0.394	0.193	−51	0.187	−53	130	63	−51	63	−51
19790729	0.116	0.048	−59	0.052	−55	250	102	−59	102	−59

2. 模型方法修订

采用改进的河北模型，对临城水库以上流域 1980 年以后洪水系列进行洪水模拟，并据此调试模型参数。1980 年以后 23 次洪水，模拟后评定合格场次 18 场，合格率为 78.3%。依据 1980 年以后的模型参数，对 1980 年以前的洪水系列进行模拟修订，其修订成果见表 8－10。

8.3.2.5 韩村水文站

韩村水文站是午河的控制站，控制流域面积 379km²，本流域为浅山丘陵区，无大型水利工程。

1. 相关模式建立与洪水修订

根据实测降雨径流资料，建立的韩村以上流域 1980 年前后的 $P+P_a \sim R$ 相关图，见图 8－10。经评定，韩村以上流域 1980 年以前 41 次洪水，合格场次 18 场，合格率为 43.9%；1980 年以后 10 次洪水，合格场次 8 场，合格率为 80.0%。

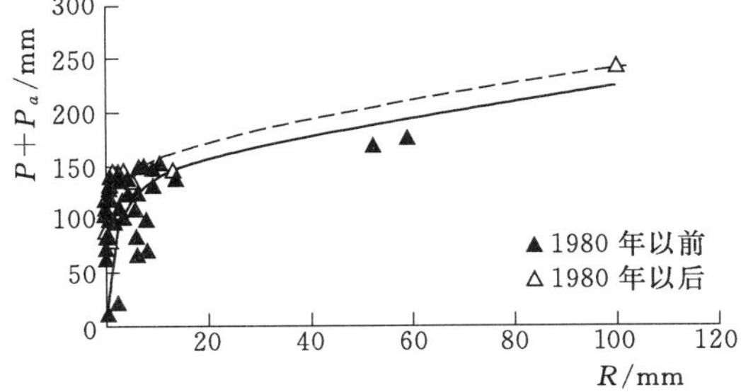

图 8－10　韩村以上流域 1980 年前后降雨径流相关图

根据建立的韩村以上流域 1980 年前后的 $P+P_a \sim R$ 相关图，假定不同的 $P+P_a$ 值，分别查算其 1980 年以前和 1980 年以后相应的产流量及变化幅度，见表 8－11。

根据以上相关数据，点绘韩村以上流域的 $P+P_a$ 值与产流量减少幅度相关图，见图 8－11。根据计算的韩村以上流域 1980 年以前的 $P+P_a$ 值，查韩村以上流域 $P+P_a$ 值与产流量减少幅度相关图，求得各场次洪水的修订幅度。然后，将 1980 年以前各场次

表 8-11　　韩村以上流域降雨产流及变化幅度计算成果　　单位：mm

$P+P_a$ 值/mm	50	75	100	150	200
1980 年以前产流量/mm	1.5	2.4	3.6	7.2	12.2
1980 年以后产流量/mm	0	0.5	1.1	3.1	6.3
减小幅度/%	100	79	69	57	48
$P+P_a$ 值/mm	250	300	350	400	450
1980 年以前产流量/mm	22.5	41.2	68.0	111.0	175.0
1980 年以后产流量/mm	12.2	23.1	39.2	66.3	107.0
减小幅度/%	46	44	42	40	39

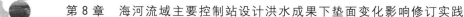

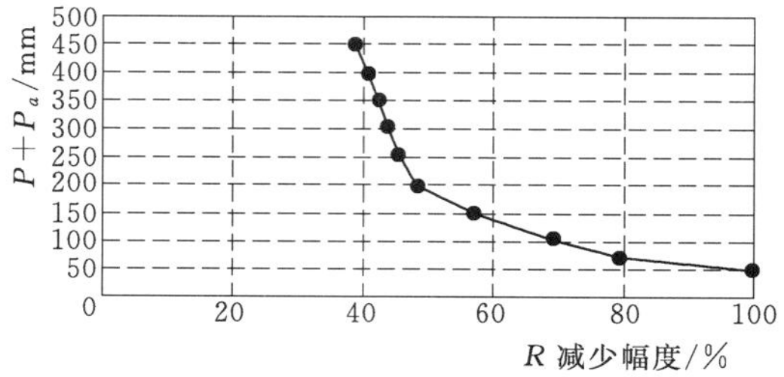

图 8-11　韩村以上流域 $P+P_a$ 值与产流量减少幅度相关图

的实测洪水（径流深）乘以（1－修订幅度），即可求得该场次洪水（径流深）的修订成果，中小洪水洪峰流量采用峰量同倍比法修订，大洪水采用单位线法修订。经计算韩村以上流域 1980 年以前洪水下垫面条件变化修订成果见表 8-12。

2. 模型方法修订

采用改进的河北模型，对韩村以上流域 1980 年以后洪水系列进行洪水模拟，并据此调试模型参数。1980 年以后 10 次洪水，模拟后评定合格场次 6 场，合格率为 60.0%。依据 1980 年以后的模型参数，对 1980 年以前的洪水系列进行模拟修订，其修订成果见表 8-12。

表 8-12　　韩村以上流域洪水系列修订成果

洪水场次代码	洪量					洪峰流量				
	实测值/亿 m^3	统计方法		模型方法		实测值/(m^3/s)	统计方法		模型方法	
		修订值/亿 m^3	变化幅度/%	修订值/亿 m^3	变化幅度/%		修订值/(m^3/s)	变化幅度/%	修订值/(m^3/s)	变化幅度/%
19550816	0.043	0.019	−56	0.021	−51	29	13	−55	13	−53
19560802	0.248	0.142	−43	0.16	−36	104	77	−26	57	−46
19570825	0.008	0	−100	0.002	−75	28	0	−100	6	−80
19590825	0.001	0	−100	0	−100	9	0	−100	0	−100
19600729	0.002	0	−100	0	−100	2	1	−77	0	−100
19670802	0.029	0.013	−55	0.009	−69	121	53	−57	68	−44
19730916	0.002	0	−100	0	−100	14	0	−100	0	−100
19740726	0.013	0.006	−54	0.007	−46	63	27	−58	20	−68
19760719	0.027	0.005	−81	0.017	−37	166	28	−83	28	−83
19770812	0.030	0.016	−47	0.020	−33	80	43	−47	48	−40
19780723	0.053	0.021	−60	0.025	−53	138	54	−61	45	−67

8.3.2.6 马村水文站

马村水文站位于滏阳河支流槐河的中游，1957 年 6 月建站，控制流域面积为 745km²，属浅山丘陵区代表站。槐河发源于赞皇县西部山区，流经赞皇县全境、元氏县南部、高邑县北部、赵县西南部入宁晋县境，汇洨河后在艾辛庄附近入滏阳河，其上游赞皇县境内建有白草坪水库。

1. 相关模式建立与洪水修订

根据实测降雨径流资料，建立了马村以上流域 1980 年前后的 $P+P_a\sim R$ 相关图，见图 8-12。经评定，马村以上流域 1980 年以前 18 次洪水，合格场次 11 场，合格率为 61.1%；1980 年以后 6 次洪水，合格场次 4 场，合格率为 66.6%。

根据建立的马村以上流域 1980 年前后的 $P+P_a\sim R$ 相关图，假定不同的 $P+P_a$ 值，分别查算其 1980 年以前和 1980 年以后相应的产流量及变化幅度详见表8-13。

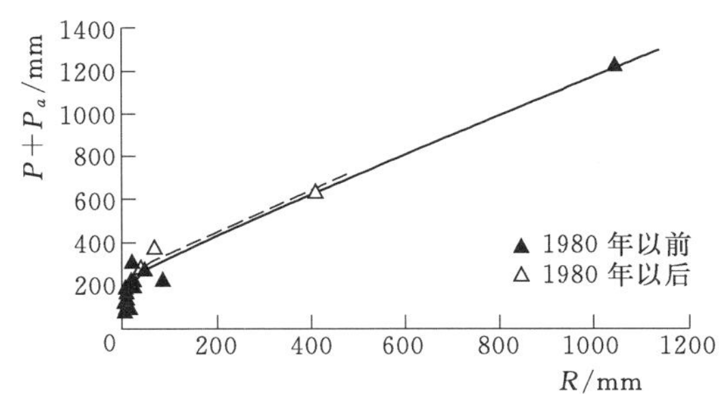

图 8-12 马村以上流域 1980 年前后降雨径流相关图

表 8-13 马村以上流域降雨产流及变化幅度计算成果

$P+P_a$ 值/mm	80	100	150	300	350	400	500
1980 年以前产流量/mm	0.66	1.97	9.15	74	120	165	272
1980 年以后产流量/mm	0	0	4.57	55.1	100	145	252
减少幅度/%	100	100	50	26	17	12	7

$P+P_a$ 值/mm	600	700	800	900	1000	1300
1980 年以前产流量/mm	383	495	606	718	829	1163
1980 年以后产流量/mm	363	475	586	698	809	1143
减少幅度/%	5	4	3	3	2	2

根据以上相关数据，点绘马村以上流域的 $P+P_a$ 值与产流量减少幅度相关图，见图 8-13。根据计算的马村以上流域 1980 年以前的 $P+P_a$ 值，查马村以上流域 $P+P_a$ 值与产流量减少幅度相关图，求得各场次洪水的修订幅度。然后，将 1980 年以前各场次的实测洪水（径流深）乘以（1－修订幅度），即可求得该场次洪水（径流深）的修订成果，中小洪水洪峰流量采用峰量同倍比法修订，大洪水采用单位线法修订。经计算马村以上流域 1980 年以前洪水下垫面条件变化修订成果见表 8-14。

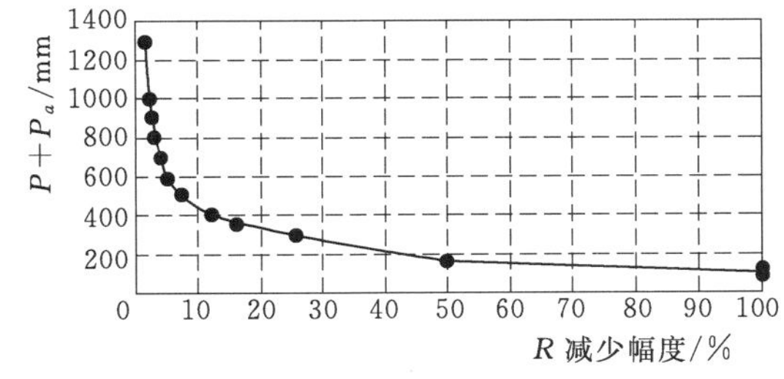

图 8-13 马村以上流域 $P+P_a$ 值与产流量减少幅度相关图

表8-14 马村以上流域洪水系列修订成果

洪水场次代码	洪量					洪峰流量				
	实测值/亿 m^3	统计方法		模型方法		实测值/(m^3/s)	统计方法		模型方法	
		修订值/亿 m^3	变化幅度/%	修订值/亿 m^3	变化幅度/%		修订值/(m^3/s)	变化幅度/%	修订值/(m^3/s)	变化幅度/%
19570722	0.0130	0.0030	−77	0.0057	−56	5	1	−77	3	−29
19580712	0.0720	0.0150	−79	0.0006	−99	34	7	−80	0	−100
19590818	0.0860	0.0420	−51	0.0364	−58	29	14	−51	15	−50
19600727	0.1600	0.0930	−42	0.1532	−4	436	253	−42	193	−56
19620814	0.0040	0.0010	−75	0.0020	−50	5	2	−68	5	−2
19630801	7.7500	7.6870	−1	7.4700	−4	3580	3556	−1	3498	−2
19640812	0.1100	0.0330	−70	0.0235	−79	145	43	−70	13	−91
19660822	0.6900	0.4210	−39	0.6500	−6	2400	1466	−39	2360	−2
19670802	0.0130	0.0040	−69	0.0075	−42	15	4	−71	8	−49
19700731	0.0190	0.0100	−47	0.0150	−21	51	27	−47	53	4
19710801	0.0010	0	−100	0.0001	−90	2	0	−96	1	−74
19720804	0.0020	0	−100	0.0010	−50	12	2	−80	9	−27
19730903	0.1500	0.0910	−39	0.0870	−42	38	23	−40	31	−18
19740827	0.0010	0	−100	0	−100	9	3	−63	1	−91
19760718	0.1500	0.1180	−21	0.1200	−20	61	49	−21	60	−2
19770724	0.3400	0.2400	−29	0.3118	−8	65	46	−29	67	4
19780727	0.0190	0.0100	−47	0.0120	−37	21	11	−49	13	−39
19790727	0.0120	0.0040	−67	0.0060	−50	19	7	−64	15	−21

2. 模型方法修订

采用改进的河北模型，对马村以上流域1980年以后洪水系列进行洪水模拟，并据此调试模型参数。1980年以后6次洪水，模拟后评定合格场次5场，合格率为83.3%。依据1980年以后的模型参数，对1980年以前的洪水系列进行模拟修订，其修订成果见表8-14。

8.3.2.7 南庄水文站

南庄水文站是子牙河水系滹沱河的一个主要控制站，控制流域面积为11936km²。南庄以上流域设有五台山、界河铺、济胜桥、豆罗桥等水文站，以及大营、上永兴、五台、河口、台怀、豆村、界河铺、定襄、济胜桥、豆罗桥等雨量站。流域内植被条件较差，地势较高，属山西黄土高原一部分，在繁峙、代县、崞县的狭长盆地中，两岸黄土、砂砾沉积很厚，易被冲刷，成为滹沱河泥沙的主要来源。

1. 相关模式建立与洪水修订

根据实测降雨径流资料，建立的南庄以上流域1980年前后的 $P+P_a \sim R$ 相关图，见图8-14。经评定，南庄以上流域1980年以前22次洪水，合格场次16场，合格率为72.7%；1980年以后22次洪水，合格场次22场，合格率为100%。

根据建立的南庄以上流域1980年前后的$P+P_a \sim R$相关图，假定不同的$P+P_a$值，分别查算其1980年以前和1980年以后相应的产流量及变化幅度详见表8-15。

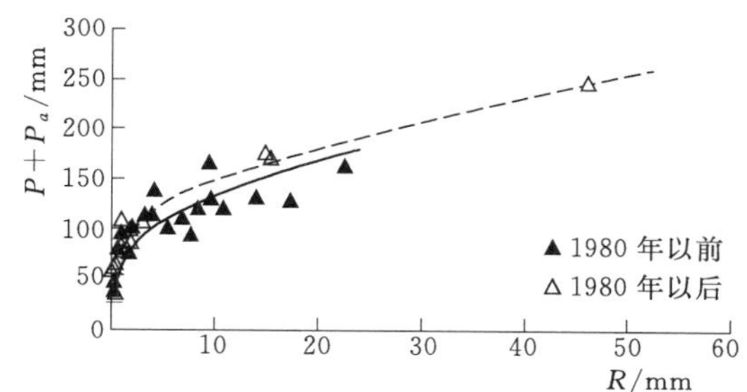

图8-14 南庄以上流域1980年前后降雨径流关系变化图

根据以上相关数据，点绘南庄以上流域的$P+P_a$值与产流量减少幅度相关图，见图8-15。根据计算的南庄以上流域1980年以前的$P+P_a$值，查南庄以上流域$P+P_a$值与产流量减少幅度相关图，求得各场次洪水的修订幅度。然后，将1980年以前各场次的实测洪水（径流深）乘以（1—修订幅度），即可求得该场次洪水（径流深）的修订成果，中小洪水洪峰流量采用峰量同倍比法修订，大洪水采用单位线法修订。经计算，南庄以上流域1980年以前洪水下垫面条件变化修订成果见表8-16。

表8-15　南庄以上流域降雨产流及变化幅度计算成果

$P+P_a$值/mm	30	40	60	80	100	120
1980年以前产流量/mm	0.31	0.48	0.96	1.98	3.90	7.00
1980年以后产流量/mm	0	0.11	0.36	0.94	2.13	4.40
减少幅度/%	100	77	63	53	45	37
$P+P_a$值/mm	140	160	180	200	220	240
1980年以前产流量/mm	11.50	17.40	24.00	31.00	39.00	46.00
1980年以后产流量/mm	8.00	13.20	19.80	27.00	35.00	43.00
减少幅度/%	30	24	18	13	10	7

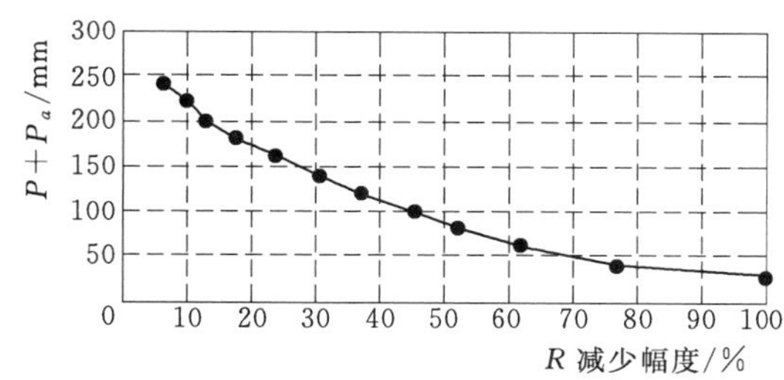

图8-15 南庄以上流域$P+P_a$值与产流量减少幅度相关图

2. 模型方法修订

采用改进的河北模型，对南庄以上流域1980年以后洪水系列进行洪水模拟，并据此调试模型参数。1980年以后22次洪水，模拟后评定合格场次18场，合格率为81.8%。依据1980年以后的模型参数，对1980年以前的洪水系列进行模拟修订，其修订成果见表8-16。

8.3.2.8 南庄～岗南水库区间流域

南庄～岗南水库区间河北省境内设有小觉、王岸、刘家坪3个水文站，石板中型水库1座。另设有岗南、小觉、王岸、刘家坪、上庄、上社、南庄、南坡、蛟潭庄、北冶、神堂关、蒿田、会里、宅北等14处自测报雨量站。岗南水库右岸有险溢河汇入，设有王岸水文站，集水面积416km²；左岸有柳林河汇入，设有刘家坪水文站，集水面积140km²；干流上游有小觉水文站，集水面积14000km²。

表 8-16　　南庄以上流域洪水系列修订成果

洪水场次代码	洪量					洪峰流量				
	实测值/亿 m^3	统计方法		模型方法		实测值/(m^3/s)	统计方法		模型方法	
		修订值/亿 m^3	变化幅度/%	修订值/亿 m^3	变化幅度/%		修订值/(m^3/s)	变化幅度/%	修订值/(m^3/s)	变化幅度/%
19560802	2.10	1.38	−34	1.92	−9	1040	856	−18	1012	−3
19570827	0.38	0.23	−39	0.18	−53	205	122	−41	36	−82
19580801	0.66	0.37	−44	0.16	−76	371	204	−45	44	−88
19590818	2.70	2.07	−23	2.41	−11	747	574	−23	700	−6
19600821	0.07	0.02	−77	0.02	−76	58	14	−76	9	−84
19610807	0.27	0.15	−44	0.03	−89	234	131	−44	8	−97
19620714	0.47	0.28	−40	0.17	−64	284	170	−40	44	−85
19630805	0.81	0.47	−42	0.15	−81	538	312	−42	94	−83
19640812	1.31	0.82	−37	1.18	−10	1300	813	−38	1190	−9
19660815	0.93	0.49	−47	0.21	−77	866	452	−48	69	−92
19670802	1.66	1.10	−34	1.57	−5	754	500	−34	715	−5
19680718	0.04	0.01	−75	0.01	−78	113	27	−76	10	−92
19690729	0.20	0.10	−50	0.17	−15	308	153	−50	183	−41
19700811	0.23	0.10	−57	0.19	−17	395	178	−55	120	−70
19710701	0.08	0.04	−53	0.02	−70	327	157	−52	30	−91
19730807	0.24	0.13	−46	0.03	−89	1010	538	−47	23	−98
19740724	0.08	0.04	−56	0.01	−90	363	158	−57	8	−98
19750806	0.11	0.06	−45	0.03	−75	402	218	−46	35	−91
19760819	0.51	0.35	−31	0.49	−4	273	186	−32	260	−5
19770705	1.00	0.62	−38	0.49	−51	517	322	−38	213	−59
19780827	1.13	0.88	−22	1.10	−3	754	585	−23	750	−1
19790814	1.16	0.76	−34	0.88	−24	716	468	−35	433	−40

1. 相关模式建立与洪水修订

根据实测降雨径流资料，建立的南庄～岗南水库区间 1980 年前后的 $P+P_a \sim R$ 相关图，见图 8-16。经评定，南庄～岗南区间流域 1980 年以前 20 次洪水，合格场次 13 场，合格率为 65.0%；1980 年以后 22 次洪水，合格场次 17 场，合格率为 77.3%。

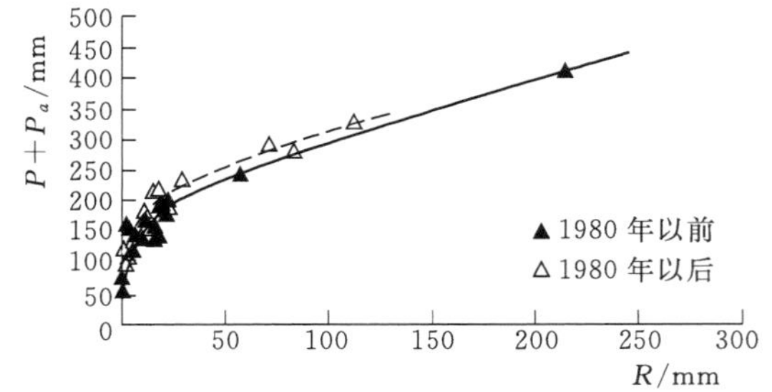

图 8-16　南庄～岗南水库区间流域 1980 年前后降雨径流关系变化图

根据建立的南庄～岗南水库区间 1980 年前后的 $P+P_a \sim R$ 相关图，假定不同的

$P+P_a$ 值，分别查算其1980年以前和1980年以后相应的产流量及变化幅度详见表8-17。

表8-17　　南庄～岗南水库区间流域降雨产流及变化幅度计算成果

$P+P_a$ 值/mm	40	60	80	100	120	140	160
1980年以前产流量/mm	0.3	1.3	2.4	3.9	6.1	8.8	12.9
1980年以后产流量/mm	0	0	0.4	1.3	2.6	4.7	7.5
减少幅度/%	100	100	82	67	57	47	42
$P+P_a$ 值/mm	200	240	280	320	360	400	440
1980年以前产流量/mm	26.6	53.0	87.0	124.0	164.0	204.0	245.0
1980年以后产流量/mm	17.6	39.3	73.0	110.0	152.0	194.0	237.0
减少幅度/%	34	26	16	11	7	5	3

根据以上相关数据，点绘南庄～岗南区间的 $P+P_a$ 值与产流量减少幅度相关图，见图8-17。根据计算的南庄～岗南区间1980年以前的 $P+P_a$ 值，查南庄～岗南区间 $P+P_a$ 值与产流量减少幅度相关图，求得各场次洪水的修订幅度。然后，将1980年以前各场次的实测洪水（径流深）乘以（1－修订幅度），即可求得该场次洪水（径流深）的修订成果，中小洪水洪峰流量采用峰量同倍比法修订，大洪水采用单位线法修订。经计算南庄～岗南区间1980年以前洪水下垫面条件变化修订成果见表8-18。

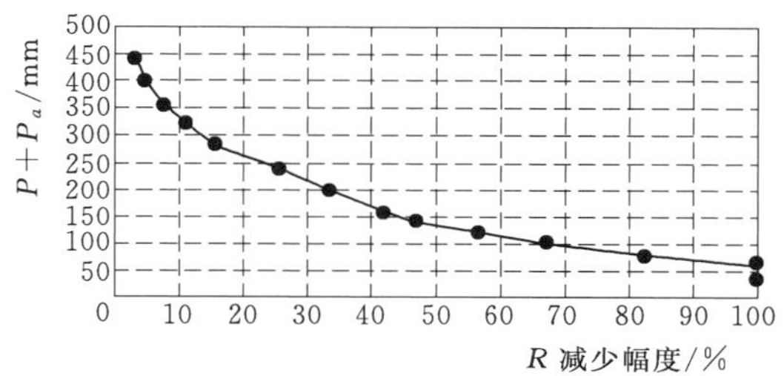

图8-17　南庄～岗南区间流域 $P+P_a$ 值与产流量减少幅度相关图

表8-18　　南庄～岗南区间流域洪水系列修订成果

洪水场次代码	洪量					洪峰流量				
	实测值/亿 m^3	统计方法		模型方法		实测值/(m^3/s)	统计方法		模型方法	
		修订值/亿 m^3	变化幅度/%	修订值/亿 m^3	变化幅度/%		修订值/(m^3/s)	变化幅度/%	修订值/(m^3/s)	变化幅度/%
19600802	0.10	0.06	−41	0.08	−20	125	73	−42	74	−41
19610812	0.81	0.51	−38	0.71	−12	199	125	−38	113	−44
19620723	0.71	0.45	−37	0.56	−21	177	112	−37	100	−44
19630802	8.53	8.17	−4	7.83	−8	2948	2850	−3	2820	−4
19640812	1.27	0.74	−42	1.19	−6	394	229	−42	302	−23
19650709	0.02	0	−100	0	−100	17	0	−100	5	−70
19660814	0.48	0.28	−42	0.38	−20	292	170	−42	173	−41
19670731	0.76	0.49	−36	0.67	−13	323	205	−37	285	−12
19680813	0.95	0.43	−55	0.16	−83	124	56	−55	81	−35
19690705	0.65	0.44	−32	0.50	−23	217	148	−32	116	−47

续表

洪水场次代码	洪量					洪峰流量				
	实测值/亿 m^3	统计方法		模型方法		实测值/(m^3/s)	统计方法		模型方法	
		修订值/亿 m^3	变化幅度/%	修订值/亿 m^3	变化幅度/%		修订值/(m^3/s)	变化幅度/%	修订值/(m^3/s)	变化幅度/%
19700808	0.62	0.35	−43	0.23	−62	152	86	−43	101	−34
19710628	0.50	0.30	−40	0.40	−20	121	73	−40	70	−42
19720719	0.04	0	−100	0.03	−6	38	0	−100	31	−18
19730709	0.62	0.33	−47	0.31	−50	326	172	−47	278	−15
19740722	0.40	0.21	−48	0.36	−11	157	81	−48	99	−37
19750805	2.26	1.71	−24	2.08	−8	1018	769	−24	960	−6
19760819	0.88	0.58	−35	0.75	−15	596	390	−35	326	−45
19770704	0.81	0.50	−39	0.55	−32	488	300	−39	287	−41
19780825	0.84	0.55	−34	0.60	−29	1722	1135	−34	526	−69
19790812	0.60	0.34	−42	0.34	−43	944	547	−42	134	−86

2. 模型方法修订

采用改进的河北模型，对南庄～岗南区间流域 1980 年以后洪水系列进行洪水模拟，并据此调试模型参数。1980 年以后 22 次洪水，模拟后评定合格场次 20 场，合格率为 90.9%。依据 1980 年以后的模型参数，对 1980 年以前的洪水系列进行模拟修订，其修订成果见表 8-18。

8.3.2.9　平山水文站

平山水文站位于滹沱河最大支流冶河上，控制流域面积 6400km²，占岗南～黄壁庄水库区间的 85.3%，上游 28km 处有岗南水库，流域面积 15900km²，岗南～黄壁庄水库区间控制面积 7500km²。岗南～黄壁庄水库区间河北省境内设有平山、微水、地都 3 个水文站，下观、张河湾中型水库 2 座。另设有南甸、岗南、温塘、平山、辛庄、微水、吴家窑、地都、胡家滩、张河湾、孟县、岔口、阳泉、昔阳、东回、民安等 16 处自测报雨量站。

1. 相关模式建立与洪水修订

根据实测降雨径流资料，建立的平山以上流域 1980 年前后的 $P+P_a \sim R$ 相关图，见图 8-18。经评定，平山以上流域 1980 年以前 25 次洪水，合格场次 21 场，合格率为 84.0%；1980 年以后 19 次洪水，合格场次 16 场，合格率为 84.2%。

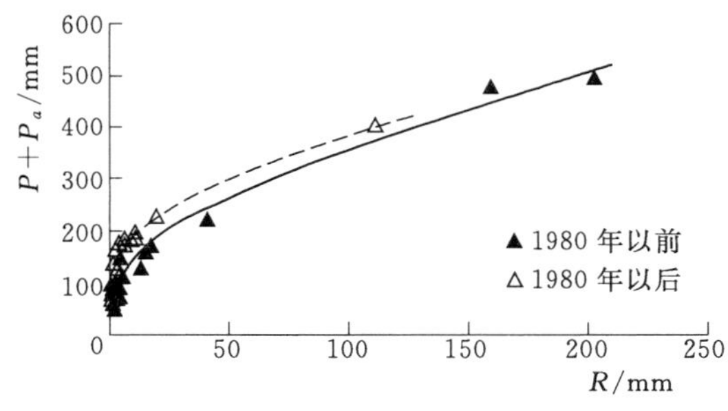

图 8-18　平山以上流域 1980 年前后降雨径流关系变化图

假定不同的 $P+P_a$ 值，分别查算其 1980 年以前和 1980 年以后相应的产流量及变化幅度，见表 8-19。

根据以上相关数据，点绘平山以上流域的 $P+P_a$ 值与产流量减少幅度相关图，

表 8-19　平山以上流域降雨产流及变化幅度计算成果

$P+P_a$ 值/mm	40	60	80	100	150	200	250
1980 年以前产流量/mm	1.4	2.2	3.2	4.6	11.2	23.6	44.6
1980 年以后产流量/mm	0	0.6	1.0	1.6	5.1	13.3	28.9
减少幅度/%	100	74	69	65	55	44	35
$P+P_a$ 值/mm	300	350	400	450	500	520	
1980 年以前产流量/mm	68.2	98.0	130.0	164.0	197.0	210.0	
1980 年以后产流量/mm	52.0	80.7	113.0	148.0	183.0	198.0	
减少幅度/%	24	18	13	10	7	6	

见图 8-19。根据计算的平山以上流域 1980 年以前的 $P+P_a$ 值，查平山以上流域 $P+P_a$ 值与产流量减少幅度相关图，求得各场次洪水的修订幅度。然后，将 1980 年以前各场次的实测洪水（径流深）乘以（1一修订幅度），即可求得该场次洪水（径流深）的修订成果，中小洪水洪峰流量采用峰量同倍比法修订，大洪水采用单位线法修订。经计算平山以上流域 1980 年以前洪水下垫面条件变化修订成果见表 8-20。

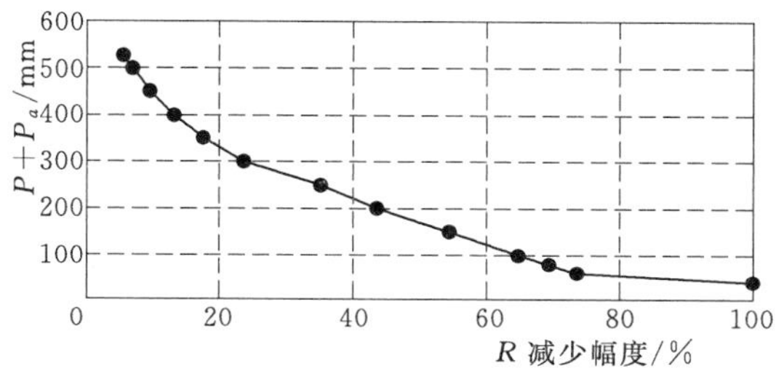

图 8-19　平山以上流域 $P+P_a$ 值与产流量减少幅度相关图

表 8-20　平山以上流域洪水系列修订成果

洪水场次代码	洪量					洪峰流量				
	实测值/亿 m^3	统计方法		模型方法		实测值/(m^3/s)	统计方法		模型方法	
		修订值/亿 m^3	变化幅度/%	修订值/亿 m^3	变化幅度/%		修订值/(m^3/s)	变化幅度/%	修订值/(m^3/s)	变化幅度/%
19550808	0.25	0.07	−72	0.06	−76	558	151	−73	47	−92
19560802	10.25	9.38	−8	9.82	−4	8750	8642	−1	8653	−1
19570824	0.12	0.03	−75	0.01	−92	346	89	−74	11	−97
19580801	0.33	0.11	−67	0.09	−73	286	92	−68	27	−91
19590819	0.89	0.36	−60	0.32	−64	1100	441	−60	397	−64
19600801	0.34	0.09	−74	0.16	−53	627	174	−72	81	−87
19610813	0.33	0.12	−64	0.08	−76	325	116	−64	31	−91
19620714	0.44	0.16	−64	0.11	−75	762	270	−65	75	−90
19630803	13.02	12.08	−7	12.56	−4	8900	8638	−3	8660	−3
19640911	0.95	0.44	−54	0.45	−53	831	389	−53	580	−30
19650719	0.13	0.03	−77	0.01	−92	210	44	−79	3	−99
19660822	2.63	1.58	−40	1.86	−29	8250	4945	−40	7524	−9

续表

洪水场次代码	洪量					洪峰流量				
	实测值/亿 m^3	统计方法		模型方法		实测值/(m^3/s)	统计方法		模型方法	
		修订值/亿 m^3	变化幅度/%	修订值/亿 m^3	变化幅度/%		修订值/(m^3/s)	变化幅度/%	修订值/(m^3/s)	变化幅度/%
19670803	0.37	0.13	−65	0.24	−35	414	150	−64	133	−68
19680725	0.09	0.03	−67	0.06	−33	255	69	−73	72	−72
19690728	0.26	0.09	−65	0.16	−38	986	326	−67	139	−86
19700731	0.27	0.08	−70	0.08	−70	348	102	−71	77	−78
19710706	0.23	0.08	−65	0.13	−43	693	230	−67	168	−76
19720804	0.07	0.01	−86	0.01	−86	220	49	−78	3	−99
19730812	0.08	0.02	−75	0.07	−13	281	85	−70	151	−46
19740724	0.09	0.03	−67	0.03	−67	218	69	−69	21	−90
19750804	0.95	0.45	−53	0.85	−11	1140	539	−53	1020	−11
19760717	0.36	0.16	−56	0.22	−39	170	74	−56	62	−64
19770804	1.10	0.55	−50	0.76	−31	417	207	−50	380	−9
19780826	0.11	0.04	−64	0.08	−27	191	60	−69	116	−39
19790702	0.22	0.09	−59	0.11	−50	148	60	−59	36	−76

2. *模型方法修订*

采用改进的河北模型，对南庄以上流域 1980 年以后洪水系列进行洪水模拟，并据此调试模型参数。1980 年以后 19 次洪水，模拟后评定合格场次 17 场，合格率为 89.5%。依据 1980 年以后的模型参数，对 1980 年以前的洪水系列进行模拟修订，其修订成果见表 8 - 20。

8.3.2.10　子牙河平原区沥涝水修订模式

子牙河流域献县控制站沥水，原设计成果只考虑了滏阳河艾辛庄以上产水量。由于艾辛庄控制站实测径流中不能准确地对实测洪水中的洪沥水进行划分，在以往设计洪水计算中均采用暴雨资料间接估算平原区产水量。本次平原区沥水系列修订，采用海河平原产汇流模型分析沥涝水量。针对设计洪水计算要求，滏阳河艾辛庄以上按永年洼以上平原、永年洼～大陆泽区间平原、大陆泽～宁晋泊区间平原 3 个分区，采用 1956—2008 年降雨系列，按分块式模型结构，逐年进行了产流模拟。各区域不同时段洪量模拟成果见表 8 - 21。为了分析现状下垫面条件下平原沥涝水的修订程度，将本次水文模型计算的沥涝水量系列与《子牙河流域设计洪水分析报告》(1990 年) 中的成果进行了对比。经分析，子牙河平原区的下垫面变化对沥涝水的影响是比较显著的。子牙河平原区 1964—1980 年沥涝水量系列，现状下垫面条件下一般年份已没有径流产生，30 天沥涝水量的修订幅度达到了 100%，重现期 3 年一遇至 5 年一遇暴雨年份，沥涝水量的修订幅度在 50%～70%。

表 8-21　滏阳河铁路东平原最大洪量成果及与 1990 年成果比较表　单位：亿 m^3

年份	6 日			30 日		
	日　期	本次成果	1990 年成果	日　期	本次成果	1990 年成果
1956	8 月 2—7 日	1.10		7 月 30 日至 8 月 28 日	1.15	
1957	7 月 20—25 日	0		7 月 10 日至 8 月 8 日	0	
1958	8 月 3—8 日	0		7 月 17 日至 8 月 15 日	0	
1959	8 月 31 日至 9 月 5 日	0.04		8 月 20 日至 9 月 18 日	0.06	
1960	7 月 29 日至 8 月 3 日	0.13		7 月 30 日至 8 月 28 日	0.17	
1961	7 月 17—22 日	0.09		7 月 18 日至 8 月 16 日	0.29	
1962	8 月 13—18 日	0.04		7 月 30 日至 8 月 28 日	0.04	
1963	8 月 4—9 日	2.08		8 月 1—30 日	2.59	
1964	8 月 13—18 日	0.02	0.19	7 月 30 日至 8 月 28 日	0.03	
1965	8 月 3—8 日	0	0.02	7 月 13 日至 8 月 11 日	0	0.02
1966	8 月 23—28 日	0.05	0.30	8 月 8 日至 9 月 6 日	0.08	0.39
1967	8 月 21—26 日	0.02	0.05	8 月 1—30 日	0.02	0.18
1968	10 月 6—11 日	0	0.33	10 月 6 日至 11 月 4 日	0	0.45
1969	7 月 27 日至 8 月 1 日	0.04	0.13	7 月 22 日至 8 月 20 日	0.05	0.35
1970	8 月 9—14 日	0.41	0.67	7 月 31 日至 8 月 29 日	0.41	0.74
1971	6 月 28 日至 7 月 3 日	0.06	0.17	6 月 25 日至 7 月 24 日	0.06	0.37
1972	10 月 7—12 日	0	0.05	9 月 29 日至 10 月 28 日	0	0.07
1973	9 月 1—9 日	0.12	0.84	8 月 20 日至 9 月 18 日	0.20	2.08
1974	8 月 8—13 日	0.27	0.39	7 月 23 日至 8 月 21 日	0.51	0.86
1975	8 月 7—12 日	0.04	0.05	8 月 5 日至 9 月 3 日	0.04	0.59
1976	8 月 20—25 日	0.04	1.45	8 月 19 日至 9 月 17 日	0.04	2.50
1977	7 月 29 日至 8 月 3 日	0.32	0.78	7 月 20 日至 8 月 18 日	0.65	2.52
1978	8 月 28 日至 9 月 2 日	0	0.30	8 月 26 日至 9 月 24 日	0	0.75
1979	8 月 14—19 日	0.02	0.12	7 月 23 日至 8 月 21 日	0.02	0.15
1980	8 月 27 日至 9 月 1 日	0.08		8 月 15 日至 9 月 13 日	0.08	
1981	8 月 15—20 日	0		8 月 4 日至 9 月 2 日	0	
1982	7 月 31 日至 8 月 5 日	0.63		7 月 27 日至 8 月 25 日	1.28	
1983	9 月 6—11 日	0.01		8 月 22 日至 9 月 20 日	0.01	
1984	8 月 9—15 日	0.19		8 月 8 日至 9 月 6 日	0.22	
1985	9 月 9—14 日	0		8 月 25 日至 9 月 23 日	0	
1986	7 月 3—8 日	0		7 月 3 日至 8 月 1 日	0	
1987	6 月 6—11 日	0		6 月 5 日至 7 月 4 日	0	
1988	8 月 5—10 日	0		7 月 30 日至 8 月 28 日	0	
1989	7 月 31 日至 8 月 5 日	0.29		7 月 22 日至 8 月 20 日	0.73	

续表

年份	6 日			30 日		
	日　期	本次成果	1990 年成果	日　期	本次成果	1990 年成果
1990	7 月 31 日至 8 月 5 日	0.02		7 月 31 日至 8 月 29 日	0.02	
1991	7 月 9—14 日	0		6 月 16 日至 7 月 15 日	0	
1992	9 月 1—6 日	0.37		8 月 19 日至 9 月 17 日	0.37	
1993	8 月 4—9 日	2.17		7 月 13 日至 8 月 11 日	2.17	
1994	8 月 6—11 日	0.25		7 月 11 日至 8 月 9 日	0.26	
1995	9 月 3—8 日	0.04		8 月 24 日至 9 月 22 日	0.05	
1996	8 月 4—9 日	2.97		8 月 1—30 日	3.20	
1997	7 月 29 日至 8 月 3 日	0		7 月 22 日至 8 月 20 日	0	
1998	7 月 14—19 日	0		7 月 14 日至 8 月 12 日	0	
1999	8 月 14—19 日	0		8 月 12 日至 9 月 10 日	0	
2000	7 月 5—10 日	1.37		7 月 5 日至 8 月 3 日	1.77	
2001	8 月 18—23 日	0		7 月 27 日至 8 月 25 日	0	
2002	8 月 6—11 日	0		7 月 23 日至 8 月 21 日	0	
2003	10 月 10—15 日	0		10 月 2—31 日	0	
2004	8 月 11—16 日	0.26		7 月 20 日至 8 月 18 日	0.26	
2005	8 月 16—21 日	0		7 月 31 日至 8 月 29 日	0	
2006	8 月 30 日至 9 月 4 日	1.10		7 月 30 日至 8 月 28 日	1.15	
2007	10 月 7—12 日	0		7 月 10 日至 8 月 8 日	0	
2008	8 月 13—18 日	0		7 月 17 日至 8 月 15 日	0	

8.3.3　主要控制站设计洪水成果下垫面影响修订

8.3.3.1　下垫面一致性修订后的洪水系列构建

将下垫面影响随时间的变化进行近似概化，以 1980 年为分界点，近似认为 1980 年以前为下垫面变化影响较小的时期，1980 年以后为下垫面影响较大的时期，并将 1980 年以前的下垫面条件发生的洪水还现到现状下垫面水平。本次设计洪水计算，洪水系列截止时间为 2008 年，1980 年以后发生的洪水，认为近似代表现状下垫面水平，只按设计洪水计算规范要求进行还原处理。将历年洪水进行还现或还原处理后，根据控制站上游分区情况，将修订后的各分区洪水过程演进的控制断面后，经分区叠加得到控制断面场次洪水的总过程线，据此统计计算出历年设计时段最大洪量和洪峰流量。

对于历史洪水特大值的修订，按照实测洪水洪量与修订幅度的相关趋势线，分析确定修订比例，根据修订比例对历史洪水进行近似修订处理。

艾辛庄控制站，原设计洪水成果中包括 6 日洪量和 30 日洪量设计成果，由于滏阳河中游洼地调蓄容积较大，洪峰流量进入洼地后将迅速滩化，设计洪水成果中无洪峰流量指标。

黄壁庄控制站为水库控制站，水库大坝为500年一遇设计，10000年一遇校核，其设计洪水频率曲线定线参照了历史洪水和古洪水考证成果，本次洪水修订的重点是流域防洪标准及其以下的较常遇的设计洪水，不对水库的大坝设计或校核标准洪水进行修订。考虑到子牙河系艾辛庄、黄壁庄、献县3个控制站洪水成果相互对应，黄壁庄站洪水成果修订包括6日洪量、30日洪量和洪峰流量成果。

献县控制站，原设计洪水成果中包括6日洪量和30日洪量两个时段洪量的设计成果。其洪水系列中最大洪量由艾辛庄站和黄壁庄站洪量相加而成，在艾辛庄最大时段洪量叠加响应时段的黄壁庄洪量、黄壁庄最大时段洪量叠加响应时段的艾辛庄洪量两种组合选取最大值。

8.3.3.2 洪水频率计算

1. 洪水特大值的重现期考证

1990年水利部河北省水利水电勘测设计院编制的《子牙河流域设计洪水补充分析报告》中对子牙河系流域实测大洪水的重现期进行了考证，本次直接采用其考证成果，并按延长系列将重现期做响应调整。

(1) 艾辛庄站。1963年洪水。据史料及调查反映，滏阳河流域自1501年以来，发生特大量级的洪水有1569年和1668年，其大小与1963年相当，1963年洪水可列为1501—2008年508年中的第1～3位，6日洪量和30日洪量重现期均为169年一遇至508年一遇。同时，1963年洪水为1601—2008年408年中的第1、第2位，6日洪量和30日洪量重现期均为204年一遇至408年一遇。

1956年洪水。1956年洪水的最大6日洪量小于1963年、1917年、1894年、1883年、1924年，排在1883—2008年126年中的第6位，重现期为21年一遇。按实测资料系列分析，1956年排在1951—2008年中的第2位，重现期为29年一遇。最大30日洪量小于1963年、1917年、1894年、1883年、1924年，排在1883—2008年126年中的第7位，重现期为18年一遇。按实测资料系列分析，1956年排在1951—2008年中的第2位，重现期为29年一遇。

(2) 黄壁庄站。1992年以前，水利部河北省水利水电勘测设计研究院多次复核黄壁庄设计洪水，并参考了中国水利水电科学研究院、原水电部北京勘测设计院、原水电部海河勘测设计院等单位的历史洪水分析成果，确定特大洪水的考证期追溯至1600年。历史各大水年的重现期具体确定如下。

据考证，滹沱河流域自1600年以来，发生的特大洪水年份为1794年，最大6日洪量及最大30日洪量排在1600—2008年409年中的第1、第2位及1794—2008年215年中的第1位，重现期为215年一遇至409年一遇。

1963年洪水。与1963年大小相当的有1917年、1956年、1939年，1963年洪水最大6日洪量及最大30日洪量为1917—2008年92年中的第2位，重现期为46年一遇。按实测资料系列分析，1963年排在1951—2008年的第1位，重现期为58年一遇。

1956年洪水。1956年洪水的最大6日洪量及最大30日洪量小于1963年、1917年，排在1917—2008年92年中的第3位，重现期为31年一遇。按实测资料系列分析，1956年排在1951—2008年的第2位，重现期为29年一遇。

对于洪峰流量，根据实测及历史洪水调查考证资料，1794年以来超过10000m^3/s的洪水共6次，见表8-22。

表8-22　黄壁庄洪峰流量调查成果　单位：m^3/s

洪水年份	1794	1853	1917	1956	1963	1996
洪峰流量	20000～27500	16000～18300	13500	13100	12000	18600

黄壁庄1956年洪峰流量13100 m^3/s，位于1794—2008年215年中的第5位，重现期为43年一遇。位于1917—2008年92年中的第3位，重现期为31年一遇。按实测资料系列分析，1956年排在1951—2008年中的第2位，重现期为29年一遇。

1963年洪峰流量12000m^3/s，位于1794—2008年215年中的第6位，重现期为36年一遇。位于1917—2008年92年中的第4位，重现期为23年一遇。按实测资料系列分析，1963年排在1951—2008年中的第3位，重现期为20年一遇。

1996年洪峰流量18600m^3/s，位于1794—2008年215年中的第2位，重现期为108年一遇。位于1917—2008年92年中的第1位，重现期为92年一遇。按实测资料系列分析，1996年排在1951—2008年中的第1位，重现期为58年一遇。

（3）献县站。根据历史文献和历次分析成果，子牙河全流域（献县）洪水系列中特大年份洪水重现期参考黄壁庄及滏阳河资料，考证期定为：特大水为1601—2008年，大洪水为1883—2008年。

1963年洪水。献县以上子牙河全流域洪水考证期为1601—2008年。献县历史洪水文献记载中特大水年份有1654年、1668年、1794年、1853年，其中1668年与1963年大小基本相当，1853年小于1963年，故1963年洪水最大6日洪量及最大30日洪量排在第1～3位，重现期为126年一遇至408年一遇。按实测资料系列分析，1963年排在1951—2008年中的第1位，重现期为58年一遇。

1956年洪水。按洪水总量考证，排在1883—2008年126年中的第3、第4位，重现期为32年一遇至42年一遇。按实测资料系列分析，1956年排在1951—2008年中的第2位，重现期为29年一遇。

子牙河系1956年、1963年洪水重现期考证成果见表8-23和表8-24。

表8-23　子牙河流域"56·8"洪水考证成果

控制站	项目	考证期排序	重现期/年
黄壁庄	洪峰流量	5/(1794—2008年)、3/(1917—2008年)	29～43
		2/(1951—2008年)	
	6日洪量	3/(1917—2008年)、2/(1951—2008年)	29～31
	30日洪量	3/(1917—2008年)、2/(1951—2008年)	29～31
艾辛庄	6日洪量	6/(1883—2008年)、2/(1951—2008年)	21～29
	30日洪量	7/(1883—2008年)、2/(1951—2008年)	18～29
全流域	6日洪量	3～4/(1883—2008年)、2/(1951—2008年)	29～42
	30日洪量	3～4/(1883—2008年)、2/(1951—2008年)	29～42

表 8-24　　子牙河流域"63·8"洪水考证成果

控制站	项目	考证期排序	重现期/年
黄壁庄	洪峰流量	6/(1794—2008年)、4/(1917—2008年)	20～36
		3/(1951—2008年)	
	6日洪量	2/(1917—2008年)、1/(1951—2008年)	46～58
	30日洪量	2/(1917—2008年)、1/(1951—2008年)	46～58
艾辛庄	6日洪量	1～3/(1501—2008年)、1～2/(1601—2008年)	169～508
	30日洪量	1～3/(1501—2008年)、1～2/(1601—2008年)	169～508
全流域	6日洪量	1～3/(1601—2008年)	169～508
	30日洪量	1～3/(1601—2008年)	169～508

2. 设计洪水计算

据上述重现期考证，以1951—2008年共58年实测洪水序列为样本，将1956年、1963年、1996年洪峰流量及各控制时段的洪量作为特大值处理，采用P-Ⅲ频率曲线进行适线。通过对洪峰及不同控制时段洪量的统计特征参数优化，以及对各站点统计特征参数时空分布特征协调调整后，得到子牙河系滹沱河黄壁庄洪峰频率分析及比较见表8-25，滹沱河黄壁庄、滏阳河艾辛庄和全流域（献县）洪量频率分析成果及比较见表8-26。

表 8-25　　黄壁庄、岗南设计洪峰流量成果及与1990年成果比较

站名	项　目	统计参数			不同频率设计值/(m^3/s)		
		均值/(m^3/s)	C_V	C_S/C_V	0.01%	0.1%	1%
黄壁庄	本次成果	1950	1.8	2.6	49805	33294	17801
	1990年成果	2150	1.6	2.5	44680	30530	17160
	变化幅度	−9%			11%	9%	4%
岗南	本次成果	890	1.8	2.6	22732	15196	8125
	1990年成果	1350	1.5	2.5	25400	17540	10040
	变化幅度	−34%			−11%	−13%	−19%

表 8-26　　子牙河流域设计洪量成果及与1990年成果比较

站名	项　目		统计参数			不同频率设计值/亿 m^3					
			均值/亿 m^3	C_V	C_S/C_V	0.5%	1%	2%	5%	10%	20%
黄壁庄	3日洪量	本次成果	2.30	2	2.6	29.85	23.41	17.48	10.26	5.8	2.44
		1990年成果	3.20	1.7	2.5	33.73	27.26	21.09	13.47	8.38	4.19
		变化幅度	−28%			−12%	−14%	−17%	−24%	−31%	−42%
	6日洪量	本次成果	3.25	1.8	2.6	37.13	29.67	22.56	13.93	8.3	3.92
		1990年成果	4.40	1.55	2.5	41.49	33.92	26.66	17.56	11.4	6.07
		变化幅度	−26%			−11%	−13%	−15%	−21%	−27%	−35%

续表

站名	项　目		统　计　参　数			不同频率设计值/亿 m^3					
			均值/亿 m^3	C_V	C_S/C_V	0.5%	1%	2%	5%	10%	20%
黄壁庄	15 日洪量	本次成果	3.95	1.75	2.6	43.42	35.41	27.63	18.07	11.56	6.13
		1990 年成果	6.30	1.3	2.5	48.13	40.19	32.51	22.68	15.56	9.32
		变化幅度	−37%			−10%	−12%	−15%	−20%	−26%	−34%
	30 日洪量	本次成果	4.60	1.65	2.6	48.99	40.41	32.14	21.68	14.51	8.17
		1990 年成果	8.00	1.15	2.5	52.96	44.80	36.72	26.40	19.04	12.08
		变化幅度	−43%			−8%	−10%	−12%	−18%	−24%	−32%
艾辛庄	6 日洪量	本次成果	3.50	2.1	2.6	48.10	37.50	27.64	15.91	8.70	3.46
		1990 年成果	4.70	1.9	2.5	56.70	45.10	34.20	20.90	12.30	5.60
		变化幅度	−26%			−15%	−17%	−19%	−24%	−29%	−38%
	30 日洪量	本次成果	4.90	1.9	2.6	59.79	47.34	35.62	21.44	12.46	5.57
		1990 年成果	7.00	1.65	2.5	71.20	57.80	44.90	29.00	18.30	9.40
		变化幅度	−30%			−16%	−18%	−21%	−26%	−32%	−41%
全流域	6 日洪量	本次成果	5.90	1.9	2.6	71.99	56.99	42.89	25.81	15.00	6.71
		1990 年成果	7.80	1.7	2.5	82.20	66.50	51.40	32.80	20.40	10.20
		变化幅度	−24%			−12%	−14%	−17%	−21%	−26%	−34%
	30 日洪量	本次成果	9.60	1.55	2.6	88.08	72.10	56.69	37.39	24.29	13.06
		1990 年成果	14.00	1.25	2.5	102.10	85.70	69.60	49.00	34.20	20.90
		变化幅度	−31%			−14%	−16%	−19%	−24%	−29%	−38%

8.3.3.3　修订成果合理性分析

本次子牙河流域设计洪水修订采用 1951—2008 年共 58 年实测资料系列，并对 1956 年、1963 年、1996 年实测大洪水进行历史洪水调查考证，资料系列长度的代表性符合《水利水电工程设计洪水计算规范》（SL 44—2006）中的要求。本次计算成果与水利部河北省水利水电勘测设计研究院 1990 年编制的《子牙河流域设计洪水补充分析报告》成果相比，其资料系列的代表性得到改善，同时本次分析成果与原成果之间也存在一定的差异。

从时间和空间上，对本次设计洪水计算成果的合理性进行分析论证，主要表现为以下几点：

（1）本次分析计算所采用 1951—2008 年系列，较上次采用资料系列延长了 23 年，其中既包括了 1963 年、1955 年、1956 年和 1996 年等大水年份，同时也包括了枯水年份，以及其他平水年份。因此，资料系列的代表性较好，计算成果的稳定性和可靠性均有所提高。

（2）这次计算的洪峰流量、洪量的均值较上次成果均有不同程度的减小、变差系数 C_V 值则有一定程度的增大，C_S 与 C_V 的比值有所增大，其主要原因是由于 1980 年以来流域水资源开发及人类活动的综合影响，下垫面条件发生了显著变化，对径流及洪水成果产生明显影响。

（3）从子牙河流域设计洪水成果可以看出，本次设计洪水频率计算成果中黄壁庄、艾辛庄两站均值及设计值之和均大于等于献县相应值，符合流域及河道洪水汇流规律。

（4）单站不同时段洪量间的频率曲线均无交叉现象，各曲线近于平行，符合单站设计

洪水频率曲线规律。

（5）频率曲线设计参数的空间分布及各时段洪量的变差系数 C_V 值的变化符合流域洪水的分布演变规律。

（6）从频率曲线统计参数及设计值的时间分布上可以看出，支流滹沱河、滏阳河及全流域的均值和不同频率的设计值随控制时段的增加逐渐增大，而变差系数 C_V 则随控制时段的增加而逐渐减小，这一规律符合流域下垫面对径流洪水的调蓄规律。

8.4 大清河主要控制站设计洪水成果下垫面影响修订

8.4.1 基本情况

8.4.1.1 流域概况

大清河系各河流呈现典型的扇形分布，由南、北两支组成。经新盖房枢纽流入东淀的河流称为大清河北支；由磁河和沙河等汇集而成的潴龙河以及唐河、府河、漕河、瀑河等直接入白洋淀的为大清河南支。

大清河北支主要支流为拒马河。拒马河发源于涞源县城南部旗山脚下，石门以上沿途有北海泉、南关泉、泉坊泉、杜村泉、石门泉等汇入，石门以下有十余条支流汇入，至张坊镇西南铁索崖出山口处分为南、北拒马河两支。北拒马河沿途纳胡良河、大石河、小清河等支流，至东茨村以下称白沟河。南拒马河沿途纳中易水、北易水等支流，在高碑店市白沟镇与白沟河汇合后称大清河，新盖房水文站（原白沟水文站）为大清河北支总控制站，集水面积 1.0 万 km^2。

大清河南支由磁河、沙河、孝义河、唐河、清水河、府河、漕河、瀑河、萍河等组成。磁河发源于灵寿县马坊岩，经行唐县、新乐市，穿京广铁路过无极，在安平县汇入潴龙河；沙河发源于山西省灵邱县孤山，流经山西省灵邱县、河北省的阜平、曲阳、新乐、定州、安国至安平县北郭村附近与磁河、孟良河汇合后为潴龙河，河道全长 242km，其中山区河长 166km，沙河的主要支流有北流河、胭脂河、鹞子河、板峪河、平阳河、郜河等；唐河发源于山西省浑源县，流经山西省灵邱、河北省唐县、望都、清苑、安新，全长 273km；漕河是大清河南支的一个支流，位于界河与瀑河之间，发源于涞源县境内的五回岭（北支）及青石岭（南支），流经易县、满城、徐水，在安新县寨里汇入白洋淀，河道全长 120km，流域面积 800km^2。在漕河、唐河、沙河、郜河、磁河上游分别建有龙门、西大洋、王快、口头、横山岭等五座大型水库。以上南支各河的洪、沥水皆入白洋淀，白洋淀十方院水文站总控制面积 2.1 万 km^2。

8.4.1.2 主要控制站以往设计洪水成果

大清河系南支白洋淀、北支东茨村、北河店、白沟（新盖房）以及南北支洪水组合后的新镇等主要河道控制站的设计洪水成果，是河系防洪调度和流域规划的主要依据，上述几个控制站的设计洪水也称为大清河流域设计洪水。

对于大清河流域设计洪水有关单位做过多次工作。“63・8”大水后，水利部河北省水利水电勘测设计院 1964 年为编制《大清河流域防洪规划》进行了大清河系流域设计洪水分析，提出了设计洪水成果。一直沿用到 1985 年编制《大清河流域补充规划》和《海河流域补充规划》，其成果见表 8－27。1988 年河北省水利水电勘测设计研究院对大清河设计洪水进行了全面的补充分析，系列延长到 1983 年。1988 年原水电部海河水利委员会对此成果进行审查，并提出了调整完善意见。1990 年 12 月，河北省水利水电勘测设计院在 1988 年工作的基础上，编制了《大清河流域设计洪水分析报告》，将系列延长到 1986 年，该成果经水利部海河水利委员会审批应用，有关成果见表 8－28。

表 8－27　　1964 年大清河流域设计洪水成果

项目 控制站	时　段	统　计　参　数			不同频率设计值/亿 m^3						
		均值/亿 m^3	C_V	C_S/C_V	0.01%	0.1%	0.33%	1%	2%	5%	10%
北支（白沟）	最大 6 日洪量	4.85	1.2	2.0	57.7	42.2	34.3	27.0	22.4	16.6	12.2
	最大 30 日洪量	9.30	1.1	2.0	97.8	72.5	59.2	47.2	39.6	29.6	22.4
	汛期洪量	13.50	1.0	2.0	124.3	93.3	77.0	62.3	52.8	40.5	31.1
南支（十方院）	最大 6 日洪量	8.45	1.4	2.5	143.0	99.8	77.9	58.5	46.8	31.8	21.4
	最大 30 日洪量	15.00	1.1	2.0	157.8	116.9	95.6	76.2	63.9	48.0	36.1
	汛期洪量	22.00	1.0	2.0	202.5	152.0	125.4	101.4	86.0	66.0	50.5
全流域	最大 6 日洪量	11.50	1.3	2.5	174.0	122.7	96.9	73.3	58.3	41.4	28.4
	最大 30 日洪量	23.40	1.1	2.0	246.2	182.3	149.4	119.0	99.8	75.0	56.3
	汛期洪量	35.50	1.0	2.0	326.9	245.3	202.5	164.0	138.0	106.5	81.6

表 8－28　　1990 年大清河流域设计洪水成果

项　目	站　名	统　计　参　数			不同频率设计值				
		均值	C_V	C_S/C_V	0.1%	1%	2%	5%	20%
3 日洪量/亿 m^3	全流域	5.30	1.85	2.5	92.3	49.5	37.7	23.3	6.5
	南支	3.60	1.9	2.5	65.1	34.6	26.2	16.0	4.3
	北支	1.95	1.75	2.5	31.4	17.1	13.2	8.3	2.5
	北河店	0.97	1.7	2.5	15.0	8.3	6.4	4.1	1.3
	东茨村	1.10	1.8	2.5	18.4	10.0	7.6	4.8	1.4
6 日洪量/亿 m^3	全流域	8.00	1.7	2.5	123.6	68.2	52.7	33.7	10.5
	南支	5.50	1.75	2.5	88.6	48.4	37.2	23.5	7.0
	北支	2.82	1.65	2.5	41.8	23.3	18.1	11.7	3.8
	北河店	1.31	1.6	2.5	18.6	10.5	8.2	5.3	1.8
	东茨村	1.65	1.7	2.5	25.5	14.1	10.9	7.0	2.2
30 日洪量/亿 m^3	全流域	17.00	1.35	2.5	191.1	112.9	90.8	62.6	24.8
	南支	12.50	1.35	2.5	140.5	83.0	66.8	46.0	18.3
	北支	5.20	1.45	2.5	64.5	37.3	29.6	19.9	7.4
	北河店	2.70	1.4	2.5	31.9	18.7	14.9	10.2	3.9
	东茨村	2.90	1.5	2.5	37.7	21.6	17.1	11.3	4.1
洪峰流量/(m^3/s)	北支	1060	1.6	2.5	15052	8459	6604	4314	1442
	北河店	800	1.85	2.5	13928	7464	5688	3512	984
	东茨村	730	1.8	2.5	12228	6614	5066	3168	913

8.4.1.3　计算分区

根据资料条件和下垫面特点，按设计洪水修订需要对大清河系进行计算分区。其中大清河南支（十方院）分为口头水库、横山岭水库、王快水库、西大洋水库、北辛店、王快～口头～新乐区间6个控制站分区，南支潴龙河、唐河、藻杂淀无控山区，以及南支潴龙河、唐河、藻杂淀平原；大清河北支共分析了北河店、东茨村、新盖房3个控制站的设计洪水，共分为安格庄水库、张坊、安格庄～落宝滩～北河店区间、落宝滩～东茨村区间4个计算分区。大清河淀东平原分为淀东清南平原、淀东清北平原2个分区。大清河流域设计洪水修订分区图见附图2。

8.4.2　分区修订模式建立与场次洪水下垫面影响修订

8.4.2.1　横山岭水库站

横山岭水库控制面积440km²，流域内共有雨量站6处，分别为漫山、南营、团泊口、新开、陈庄、横山岭；水文站1处，为横山岭水库水文站。分别采用$P+P_a$～R相关法和改进的河北模型法对洪量系列进行了下垫面一致性修订。

1. 相关模式建立与洪水修订

根据实测降雨径流资料，建立了横山岭水库以上流域1980年前后的$P+P_a$～R相关关系图，见图8-20。经评定，横山岭水库以上流域1980年以前20次洪水，合格场次14场，合格率为70.0%；1980年以后26次洪水，合格场次20场，合格率为76.9%。

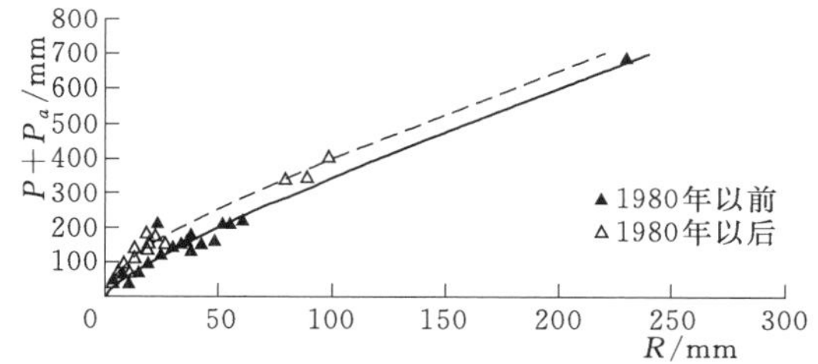

图8-20　横山岭水库以上流域$P+P_a$～R相关关系图

根据建立的横山岭水库以上流域1980年前后的$P+P_a$～R相关图，假定不同的$P+P_a$值，分别查算其1980年以前和1980年以后相应的产流量及变化幅度，见表8-29。

表8-29　横山岭水库以上流域降雨产流及变化幅度计算成果

$P+P_a$值/mm	10	30	50	100	150	200	250	300
1980年以前产流量/mm	1.0	4.0	8.0	20.0	35.0	50.0	65.0	85.0
1980年以后产流量/mm	0.1	0.8	2.5	10.0	20.0	33.0	48.0	65.0
减少幅度/%	95	81	69	50	43	34	26	24
$P+P_a$值/mm	350	400	450	500	550	600	650	700
1980年以前产流量/mm	102.0	120.0	140.0	160.0	180.0	200.0	220.0	240.0
1980年以后产流量/mm	83.0	100.0	120.0	140.0	160.0	180.0	200.0	220.0
减少幅度/%	19	17	14	13	11	10	9	8

根据以上相关数据，点绘横山岭水库以上流域的$P+P_a$值与产流量减少幅度相关图，见图8-21。根据计算的横山岭水库以上流域1980年以前的$P+P_a$值，查横山岭水库以上流域$P+P_a$值与产流量减少幅度相关图，求得各场次洪水的修订幅度。然后，将1980年以前各场次的实测洪水（径流深）乘以（1－修订幅度），即可求得该场次洪水（径流

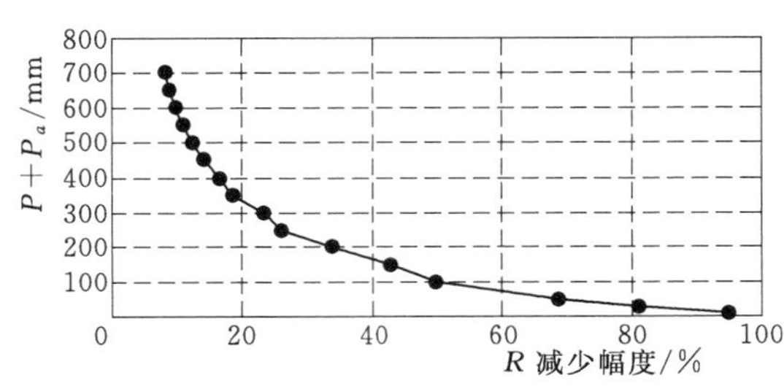

图 8-21　横山岭水库以上流域 $P+P_a$ 值与产流量减少幅度相关图

深）的修订成果，中小洪水洪峰流量采用峰量同倍比法修订，大洪水采用单位线法修订。经计算，横山岭水库以上流域 1980 年以前洪水下垫面条件变化修订成果见表 8-30。

2. 模型方法修订

根据该流域暴雨洪水的水文资料系列，以 1980 年为分界，分为两个时期，并按最大 3 日洪量系列进行频率分析，然后按照 3 日洪量的大小进行分级，分为 10 年一遇以上、5 年一遇至 10 年一遇以及小于 5 年一遇三个量级。采用改进的河北雨洪模型，对横山岭水库以上流域的 1980 年以后的洪水系列进行模拟，并据此调试模型参数。1980 年以后 26 次洪水，模拟后评定合格场次 21 场，合格率为 81%。依据 1980 年以后的模型参数，对 1980 年以前的洪水系列进行模拟修订，其修订成果见表 8-30。

表 8-30　横山岭水库以上流域洪水系列修订成果

洪水场次代码	洪量					洪峰流量				
	实测值/亿 m^3	统计方法		模型方法		实测值/(m^3/s)	统计方法		模型方法	
		修订值/亿 m^3	变化幅度/%	修订值/亿 m^3	变化幅度/%		修订值/(m^3/s)	变化幅度/%	修订值/(m^3/s)	变化幅度/%
19610926	0.2271	0.1910	−16	0.1712	−25	181	152	−16	142	−22
19620723	0.2299	0.1750	−24	0.2019	−12	213	162	−24	112	−47
19630803	0.7466	0.6895	−8	0.7167	−4	1425	1397	−2	1423	0
19640721	0.2510	0.1560	−38	0.1636	−35	145	90	−38	71	−51
19650725	0.0264	0.0110	−58	0.0227	−14	529	217	−59	313	−41
19660826	0.0133	0.0090	−32	0.0121	−9	386	270	−30	239	−38
19670717	0.1440	0.1040	−28	0.1181	−18	2085	1501	−28	1309	−37
19680809	0.0004	0.0002	−50	0.0002	−50	330	178	−46	125	−62
19690728	0.0009	0.0010	11	0.0004	−56	393	240	−39	176	−55
19700721	0.0044	0.0020	−55	0.0026	−41	18	7	−61	5	−72
19710625	0.0026	0.0020	−23	0.0024	−8	583	490	−16	575	−1
19720719	0.0002	0.0001	−50	0.0001	−50	109	43	−61	52	−52
19730904	0.0034	0.0030	−12	0.0029	−15	116	87	−25	77	−34
19740904	0.0437	0.0130	−70	0.0221	−49	6	2	−67	3	−50
19750811	0.0027	0.0020	−26	0.0025	−7	816	637	−22	367	−55
19760717	0.2349	0.1950	−17	0.1334	−43	139	115	−17	99	−29
19770720	0.1267	0.0890	−30	0.0811	−36	293	205	−30	85	−71
19780827	0.0020	0.0010	−50	0.0016	−20	218	161	−26	101	−54
19790809	0.1019	0.0630	−38	0.0473	−54	409	254	−38	221	−46

8.4.2.2　王快水库站

王快水库位于河北省曲阳县郑家庄西、大清河水系沙河上游，控制流域面积 3770km²，其中河北省境内面积 2543km²，山西省境内面积 1227km²。流域内共设雨量站 13 处，分别为下关、庄旺、冉庄、不老台、砂窝、龙泉关、桥南沟、阜平、段庄、董家村、下庄、新房、王快；水文站 3 处，分别为阜平、新房和王快水库水文站。分别采用 $P+P_a \sim R$ 相关法和河北模型法对洪量系列进行了下垫面一致性修订。

1. 相关模式建立与洪水修订

根据实测降雨径流资料，建立了王快水库以上流域 1980 年前后的 $P+P_a \sim R$ 相关关系图，见图 8-22。经评定，王快水库以上流域 1980 年以前 23 次洪水，合格场次 18 场，合格率为 78.3%；1980 年以后 26 次洪水，合格场次 21 场，合格率为 80.8%。

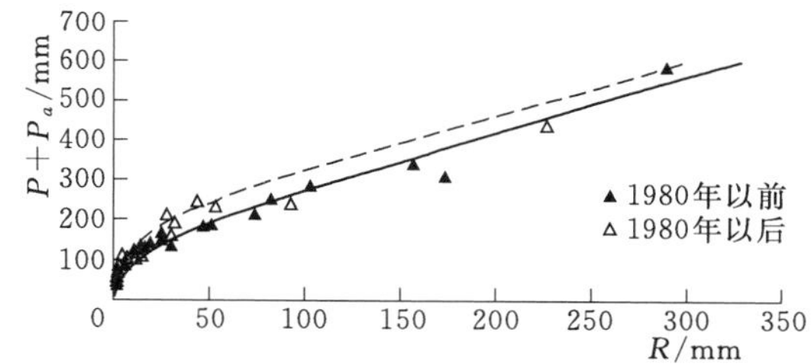

图 8-22　王快水库以上流域 $P+P_a \sim R$ 相关关系图

根据建立的王快水库以上流域 1980 年前后的 $P+P_a \sim R$ 相关图，假定不同的 $P+P_a$ 值，分别查算其 1980 年以前和 1980 年以后相应的产流量及变化幅度，见表 8-31。

表 8-31　王快水库以上流域降雨产流及变化幅度计算成果

$P+P_a$ 值/mm	10	30	50	100	150	200	250
1980 年以前产流量/mm	3.0	8.0	12.0	25.0	40.0	57.0	78.0
1980 年以后产流量/mm	0.1	1.0	3.0	10.0	22.0	38.0	58.0
减少幅度/%	97	88	75	60	45	33	26
$P+P_a$ 值/mm	300	350	400	450	500	550	600
1980 年以前产流量/mm	103.0	132.0	166.0	197.0	226.0	255.0	290.0
1980 年以后产流量/mm	85.0	118.0	153.0	186.0	218.0	250.0	285.0
减少幅度/%	17	11	8	6	4	2	2

根据以上相关数据，点绘王快水库以上流域的 $P+P_a$ 值与产流量减少幅度相关图，见图 8-23。根据计算的王快水库以上流域 1980 年以前的 $P+P_a$ 值，查王快水库以上流域 $P+P_a$ 值与产流量减少幅度相关图，求得各场次洪水的修订幅度。然后，将 1980 年以前各场次的实测洪水（径流深）乘以（1－修订幅度），即可求得该场次洪水（径流深）的修订成果，中小洪水洪峰流量采用峰量同倍比法修订，大洪水采用单位线法修订。经计算，王快

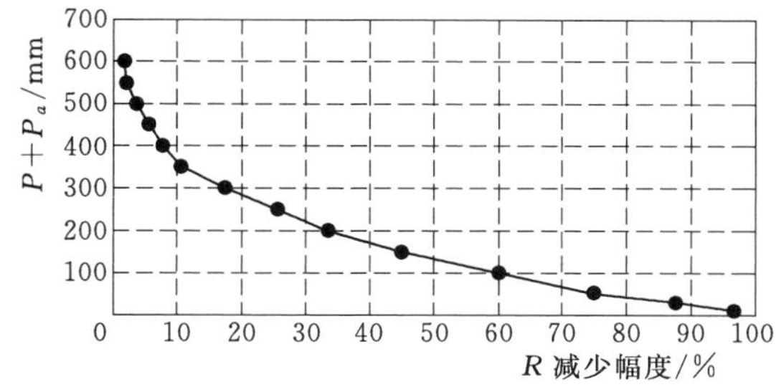

图 8-23　王快水库以上流域 $P+P_a$ 值与产流量减少幅度相关图

水库以上流域 1980 年以前洪水下垫面条件变化修订成果见表 8-32。

表 8-32　王快水库以上流域洪水系列修订成果

洪水场次代码	洪量					洪峰流量				
	实测值/亿 m^3	统计方法		模型方法		实测值/(m^3/s)	统计方法		模型方法	
		修订值/亿 m^3	变化幅度/%	修订值/亿 m^3	变化幅度/%		修订值/(m^3/s)	变化幅度/%	修订值/(m^3/s)	变化幅度/%
19560802	6.5	6.12	−6	6.18	−5	4010	3897	−3	3890	−3
19570822	0.1	0.05	−50	0.03	−70	225	113	−50	82	−63
19580808	0.3	0.23	−23	0.09	−70	1290	989	−23	630	−51
19590803	5.9	5.03	−15	5.73	−3	4530	3864	−15	4320	−5
19610729	0.1	0.07	−30	0.03	−70	578	405	−30	256	−56
19620723	0.6	0.53	−12	0.28	−53	656	579	−12	386	−41
19630802	10.9	10.67	−2	10.61	−3	9036	8846	−2	8907	−2
19640812	3.1	2.65	−15	3.01	−3	2876	2459	−15	2790	−3
19650731	0.1	0.06	−40	0.03	−70	427	256	−40	153	−64
19660814	0.9	0.80	−11	0.69	−23	342	304	−11	234	−32
19670801	3.9	3.31	−15	3.33	−15	1297	1101	−15	922	−29
19680813	0.2	0.15	−25	0.06	−70	379	284	−25	186	−51
19690816	0.5	0.44	−12	0.19	−62	1945	1712	−12	1023	−47
19700711	0.1	0.08	−20	0.03	−70	252	202	−20	84	−67
19710625	0.9	0.80	−11	0.33	−63	341	303	−11	215	−37
19720719	0.1	0.09	−10	0.03	−70	581	523	−10	156	−73
19730812	1.9	1.64	−14	1.77	−7	2267	1956	−14	1623	−28
19740722	0.4	0.34	−15	0.19	−53	513	436	−15	286	−44
19750811	0.5	0.45	−10	0.20	−60	1035	932	−10	666	−36
19760819	1.1	0.96	−13	1.07	−3	949	829	−13	930	−2
19770725	0.7	0.58	−17	0.26	−63	1853	1536	−17	1024	−45
19780825	2.8	2.38	−15	2.02	−28	2744	2332	−15	2155	−22
19790814	1.8	1.49	−17	1.65	−8	1206	999	−17	1206	0

2. 模型方法修订

根据该流域暴雨洪水的水文资料系列，以 1980 年为分界，分为两个时期，并按最大 3 日洪量系列进行频率分析，然后按照 3 日洪量的大小进行分级，分为 10 年一遇以上、5 年一遇至 10 年一遇以及小于 5 年一遇三个量级。采用改进的河北模型，对王快水库以上流域 1980 年以后大中洪水系列进行洪水模拟，并据此调试模型参数。1980 年以后 26 次洪水，模拟后评定合格场次 21 场，合格率为 81%。依据 1980 年以后的模型参数，对 1980 年以前的洪水系列进行模拟修订，其修订成果见表 8-32。

8.4.2.3 西大洋水库站

西大洋水库控制流域面积 4420km²，流域内共设雨量站 12 处，分别为王庄堡、东河南、王成庄、石家田、南水卢、水堡、倒马关、马庄、中唐梅、银坊、葛公、西大洋；水文站 3 处，分别为南水卢、倒马关和西大洋水库水文站。

1. 相关模式建立与洪水修订

根据实测降雨径流资料，建立了西大洋水库以上流域 1980 年前后的 $P+P_a \sim R$ 相关关系图，见图 8-24。经评定，西大洋水库以上流域 1980 年以前 24 次洪水，合格场次 19 场，合格率为 79.2%；1980 年以后 23 次洪水，合格场次 19 场，合格率为 82.6%。

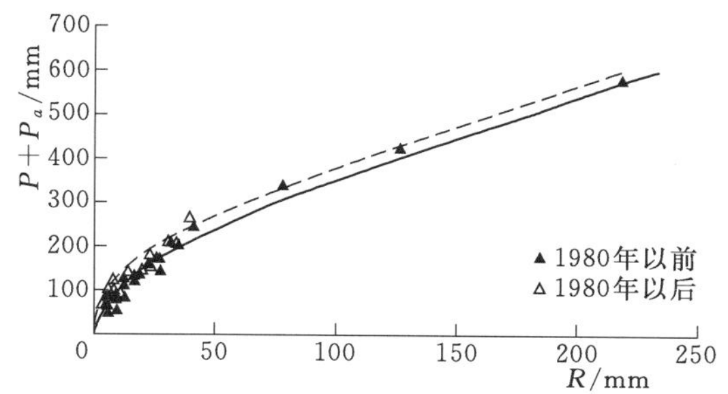

图 8-24 西大洋水库以上流域 $P+P_a \sim R$ 相关关系图

根据建立的西大洋水库以上流域 1980 年前后的 $P+P_a \sim R$ 相关关系图，假定不同的 $P+P_a$ 值，分别查算其 1980 年以前和 1980 年以后相应的产流量及变化幅度，见表 8-33。

表 8-33　　西大洋水库以上流域降雨产流及变化幅度计算成果

$P+P_a$ 值/mm	10	30	50	100	150	200	250
1980 年以前产流量/mm	0.3	1.5	2.5	5.5	15.0	35.0	55.0
1980 年以后产流量/mm	0.1	0.7	1.5	3.8	11.0	27.0	44.5
减少幅度/%	67	53	40	31	27	23	19
$P+P_a$ 值/mm	300	350	400	450	500	550	600
1980 年以前产流量/mm	75.0	100.0	125.0	150.0	180.0	205.0	233.0
1980 年以后产流量/mm	63.0	87.0	111.0	135.0	164.0	188.0	215.0
减少幅度/%	16	13	11	10	9	8	8

根据以上相关数据，点绘西大洋水库以上流域的 $P+P_a$ 值与产流量减少幅度相关图，见图 8-25。根据计算的西大洋水库以上流域 1980 年以前的 $P+P_a$ 值，查西大洋水库以上流域 $P+P_a$ 值与产流量减少幅度相关图，求得各场次洪水的修订幅度。然后，将 1980 年以前各场次的实测洪水（径流深）乘以（1－修订幅度），即可求得该场次洪水（径流深）的修订成果，中小洪水洪峰流量采用峰量同倍比法修订，大洪水采用单位线法修订。经计算，西大洋水库以上流域 1980 年以前洪水下垫面条件变化修订成果见表 8-34。

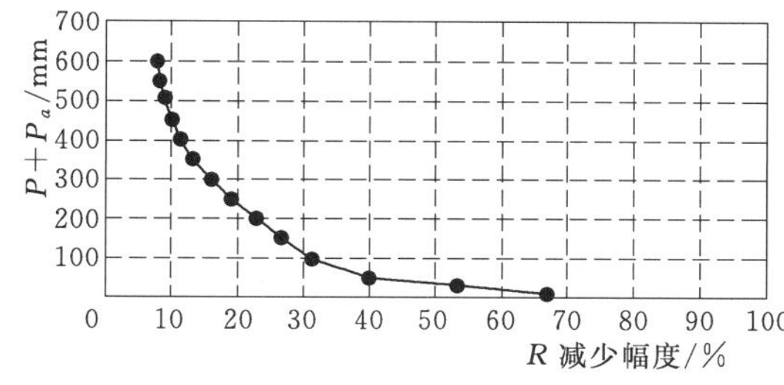

图 8-25 西大洋水库以上流域 $P+P_a$ 与产流量减少幅度相关图

2. 模型方法修订

根据该流域暴雨洪水的水文资料系列，以 1980 年为分界，分为两个时期，并按最大 3 日洪量系列进行频率分析，然后按照 3 日洪量的大小进行分级，分为 10 年一遇以上、5 年一遇至 10 年一遇以及小于 5 年一遇三个量级。采用改进的河北模型，对西大洋水库以上流域 1980 年以后大中洪水系列进行洪水模拟，并据此调试模型参数。根据此参数对 1980 年以前的洪水系列进行修订，其修订成果见表 8-34。

表 8-34　　西大洋水库以上流域洪水系列修订成果

洪水场次代码	洪量					洪峰流量				
	实测值/亿 m^3	统计方法		模型方法		实测值/(m^3/s)	统计方法		模型方法	
		修订值/亿 m^3	变化幅度/%	修订值/亿 m^3	变化幅度/%		修订值/(m^3/s)	变化幅度/%	修订值/(m^3/s)	变化幅度/%
19560802	3.21	2.77	−14	2.88	−10	1940	1672	−14	1535	−21
19570811	0.15	0.10	−33	0.11	−27	672	436	−35	342	−49
19580710	0.23	0.16	−30	0.16	−30	823	556	−33	404	−51
19590720	8.02	7.38	−8	7.38	−8	303	279	−8	267	−12
19610821	0.23	0.15	−35	0.15	−35	1027	687	−33	506	−51
19620723	0.41	0.30	−27	0.29	−29	309	223	−28	183	−41
19630804	8.12	7.26	−11	7.71	−5	7453	7023	−6	6403	−14
19640812	1.90	1.48	−22	1.56	−18	1673	1298	−22	1007	−40
19650725	0.06	0.04	−33	0.03	−50	301	175	−42	129	−57
19660712	0.17	0.11	−35	0.12	−29	420	276	−34	205	−51
19670801	1.65	1.33	−19	1.43	−13	244	196	−20	166	−32
19680805	0.98	0.74	−24	0.78	−20	147	110	−25	79	−47
19690728	0.67	0.47	−30	0.43	−36	221	155	−30	102	−54
19700731	0.08	0.05	−38	0.04	−50	54	36	−34	29	−46
19710820	0.51	0.37	−27	0.30	−41	23	17	−27	10	−58
19720719	0.20	0.12	−40	0.11	−45	1361	817	−40	608	−55
19730805	0.11	0.07	−36	0.06	−45	202	130	−36	96	−52
19740724	0.22	0.15	−32	0.11	−50	406	281	−31	209	−49
19750811	0.36	0.25	−31	0.23	−36	904	642	−29	483	−47
19760820	0.39	0.28	−28	0.27	−31	219	157	−28	119	−46
19770802	0.82	0.58	−29	0.61	−26	463	330	−29	250	−46
19780726	0.44	0.31	−30	0.30	−32	823	583	−29	483	−41
19790809	1.79	1.34	−25	1.46	−18	2978	2231	−25	1887	−37

8.4.2.4　口头水库

口头水库位于大清河系沙河支流部河上游，控制面积 142.5km²，流域内共设雨量站 4 处，分别为上连庄、范家庄、石槽沟、口头；水文站 1 处为口头水库水文站。

1. 相关模式建立与洪水修订

根据实测降雨径流资料，建立了口头水库以上流域 1980 年前后的 $P+P_a\sim R$ 相关关系图，见图 8-26。经评定，口头水库以上流域 1980 年以前 12 次洪水，合格场次 9 场，合格率为 75.0%；1980 年以后 20 次洪水，合格场次 16 场，合格率为 80.0%。

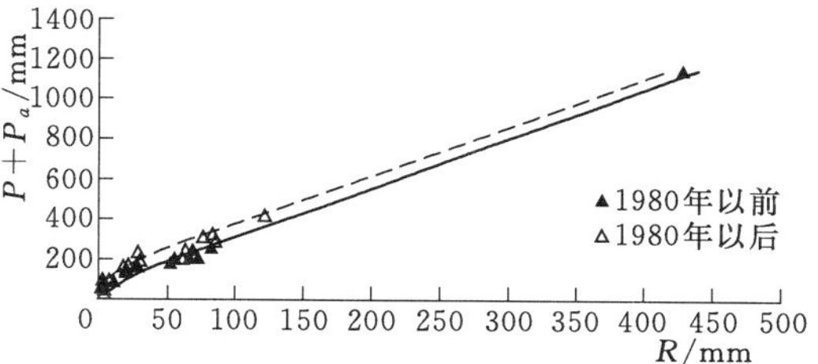

图 8-26 口头水库以上流域 $P+P_a\sim R$ 相关关系图

根据建立的口头水库以上流域 1980 年前后的 $P+P_a\sim R$ 相关图，假定不同的 $P+P_a$ 值，分别查算其 1980 年以前和 1980 年以后相应的产流量及变化幅度，详见表 8-35。

表 8-35 口头水库以上流域降雨产流及变化幅度计算成果

$P+P_a$ 值/mm	10	50	100	200	300	400	500
1980 年以前产流量/mm	5.0	14.0	28.0	63.0	95.0	126.0	162.0
1980 年以后产流量/mm	0.3	3.0	10.0	38.0	72.0	110.0	150.0
减少幅度/%	94	79	64	40	24	13	7
$P+P_a$ 值/mm	600	700	800	900	1000	1100	1150
1980 年以前产流量/mm	200.0	240.0	275.0	315.0	355.0	404.0	428.0
1980 年以后产流量/mm	192.0	232.0	268.0	308.0	348.0	397.0	421.0
减少幅度/%	4	3	3	2	2	2	2

根据以上相关数据，点绘口头水库以上流域的 $P+P_a$ 值与产流量减少幅度相关图，见图 8-27。根据计算的口头水库以上流域 1980 年以前的 $P+P_a$ 值，查口头水库以上流域 $P+P_a$ 值与产流量减少幅度相关图，求得各场次洪水的修订幅度。然后，将 1980 年以前各场次的实测洪水（径流深）乘以（1－修订幅度），即可求得该场次洪水（径流深）的修订成果，中小洪水洪峰流量采用峰量同倍比法修订，大洪水采用单位线法修订。经计算，口头水库以上流域 1980 年以前洪水下垫面条件变化修订成果见表 8-36。

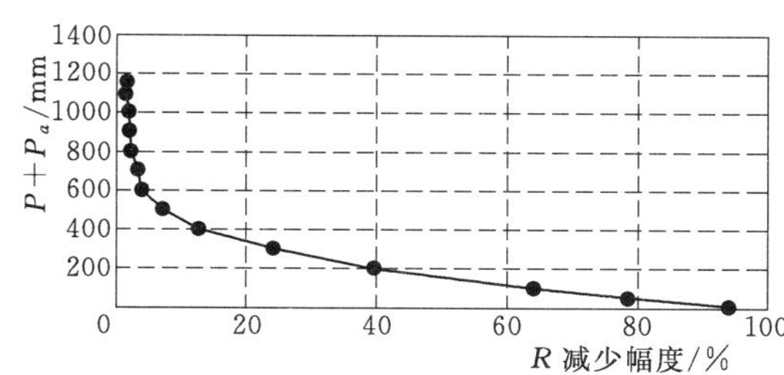

图 8-27 口头水库以上流域 $P+P_a$ 值与产流量减少幅度相关图

2. 模型方法修订

根据口头水库以上流域暴雨洪水的水文资料系列，以 1980 年为分界，分为两个时期，并按最大 3 日洪量系列进行频率分析，然后按照 3 日洪量的大小进行分级。口头水库以上流域洪水共分为 10 年一遇以上、5 年一遇至 10 年一遇以及小于 5 年一遇三个量级；采用改进的河北模型，对口头水库以上流域 1980 年以后大中洪水系列进行洪水模拟，并据此调试模型参数。根据此参数对 1980 年以前的洪水系列进行修订，其修订成果见表 8-36。

表 8-36　口头水库以上流域洪水系列修订成果

洪水场次代码	洪量					洪峰流量				
	实测值/亿 m^3	统计方法		模型方法		实测值/(m^3/s)	统计方法		模型方法	
		修订值/亿 m^3	变化幅度/%	修订值/亿 m^3	变化幅度/%		修订值/(m^3/s)	变化幅度/%	修订值/(m^3/s)	变化幅度/%
19620723	0.29	0.12	−59	0.16	−45	26	11	−58	5	−80
19630805	6.11	5.8	−5	5.74	−6	537	518	−4	527	−2
19640812	1.03	0.63	−39	0.93	−10	184	112	−39	153	−17
19650804	0.04	0.01	−75	0.02	−50	17	4	−76	2	−87
19660808	0.16	0.05	−69	0.04	−75	203	69	−66	86	−58
19740806	0.78	0.44	−44	0.37	−53	33	19	−43	9	−72
19750811	0.94	0.56	−40	0.84	−11	110	66	−40	47	−57
19760819	0.74	0.44	−41	0.66	−11	192	113	−41	61	−68
19770720	1.47	1.01	−31	1.34	−9	30	20	−31	10	−65
19780825	1.28	0.82	−36	0.83	−35	32	20	−36	30	−5
19790721	0.40	0.21	−48	0.16	−60	17	9	−48	5	−69

8.4.2.5　北辛店站

北辛店为大清河水系南支清水河控制站，上游有界河、蒲阳河、曲河等支流组成，并建有龙潭中型水库 1 座，司仓等小型水库 4 座。北辛店以上控制面积 1653km²，主河道长度为 109km。流域内共设雨量站 4 处，分别为司仓、完县、温仁、北辛店；水文站 1 处为北辛店水文站。

1. 相关模式建立与洪水修订

根据实测降雨径流资料，建立了北辛店以上流域 1980 年前后的 $P+P_a \sim R$ 相关关系图，如图 8-28 所示。经评定，北辛店以上流域 1980 年以前 14 次洪水，合格场次 10 场，合格率为 71.4%；1980 年以后 19 次洪水，合格场次 14 场，合格率为 73.7%。

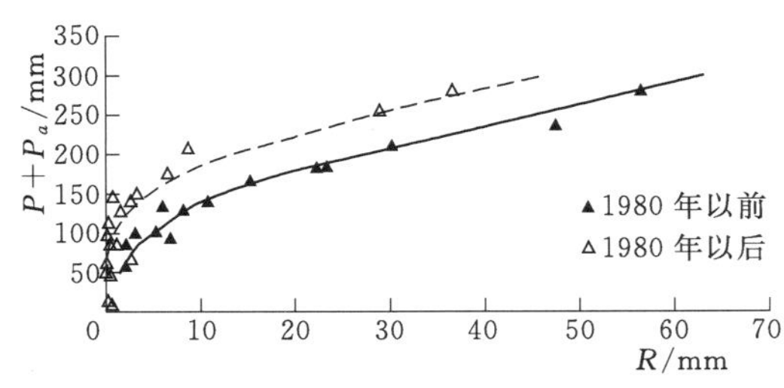

图 8-28　北辛店以上流域 $P+P_a \sim R$ 相关关系图

根据建立的北辛店以上流域 1980 年前后的 $P+P_a \sim R$ 相关图，假定不同的 $P+P_a$ 值，分别查算其 1980 年以前和 1980 年以后相应的产流量及变化幅度，详见表 8-37。

根据以上相关数据，点绘北辛店以上流域的 $P+P_a$ 值与产流量减少幅度相关图，见图 8-29。根据计算的北辛店以上流域 1980 年以前的 $P+P_a$ 值，查北辛店以上流域 $P+P_a$ 值与产流量减少幅度相关图，求得各场次洪水的修订幅度。然后，将 1980 年以前各场次的实测洪水（径流深）乘以（1−修订幅度），即可求得该场次洪水（径流深）的修订成果，中小洪水洪峰流量采用峰量同倍比法修订，大洪水采用单位线法修订。经计算，北辛店以上流域 1980 年以前洪水下垫面条

表 8-37 北辛店以上流域降雨产流及变化幅度计算成果

$P+P_a$ 值/mm	50	80	100	130
1980 年以前产流量/mm	3.9	4.0	4.1	5.5
1980 年以后产流量/mm	0.1	0.25	0.4	1.85
减少幅度/%	97	94	90	66
$P+P_a$ 值/mm	150	180	200	250
1980 年以前产流量/mm	6.7	9.8	12.0	26.0
1980 年以后产流量/mm	3.1	6.5	9.0	23.1
减少幅度/%	54	34	25	11

件变化修订成果见表 8-38。

2. 模型方法修订

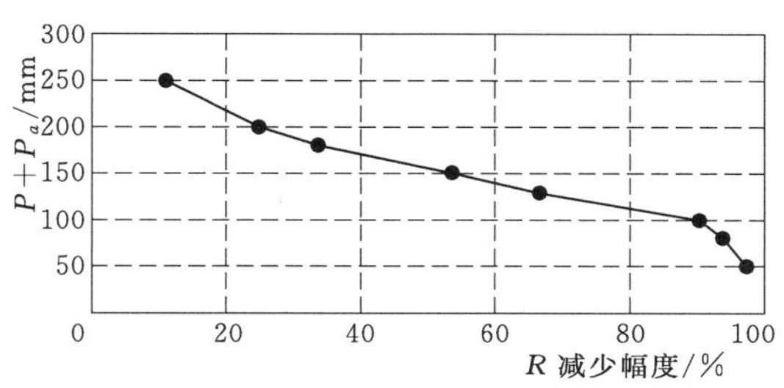

图 8-29 北辛店以上流域 $P+P_a$ 值与产流量减少幅度相关图

根据北辛店以上流域 1966—2008 年的暴雨洪水水文资料系列，分 1966—1979 年、1980—2008 年两个时期，并按最大 3 日洪量系列进行频率分析，然后按照 3 日洪量的大小进行分级。北辛店以上流域洪水共分为 10 年一遇以上、5 年一遇至 10 年一遇以及小于 5 年一遇三个量级洪水分级。采用改进的河北雨洪模型，对北辛店以上流域 1980 年以后洪水系列进行模拟，并据此调试模型参数。根据此参数对 1980 年以前的洪水系列进行修订，其修订成果见表 8-38。

表 8-38 北辛店以上流域洪水系列修订成果

洪水场次代码	洪量					洪峰流量				
	实测值/亿 m^3	统计方法		模型方法		实测值/(m^3/s)	统计方法		模型方法	
		修订值/亿 m^3	变化幅度/%	修订值/亿 m^3	变化幅度/%		修订值/(m^3/s)	变化幅度/%	修订值/(m^3/s)	变化幅度/%
19660813	1.10	1.03	−6	0.93	−15	710	680	−4	703	−1
19670717	0.10	0.04	−60	0.03	−70	122	45	−63	65	−46
19690816	0.11	0.01	−91	0.01	−91	75	6	−92	13	−83
19700731	0.05	0.01	−80	0.01	−80	129	13	−90	27	−79
19720719	0.03	0	−100	0.01	−67	87	3	−96	15	−82
19730807	0.01	0.01	0	0.01	0	34	14	−59	8	−76
19740807	0.22	0.17	−23	0.12	−45	95	75	−22	74	−22
19750811	0.05	0.02	−60	0.03	−40	82	28	−66	36	−57
19760718	0.04	0.02	−50	0.02	−50	74	50	−32	36	−51
19770802	0.78	0.67	−14	0.73	−6	200	172	−14	131	−35
19780724	0.04	0	−100	0.01	−75	95	7	−93	55	−42
19790811	0.38	0.26	−32	0.26	−32	123	85	−31	60	−51

8.4.2.6　王快～口头～新乐区间

新乐水文站位于大清河南支沙河上，控制流域面积 4970km^2，其中王快水库以上面积 3770km^2，口头水库以上面积 142km^2，王快～口头～新乐区间流域面积 1058km^2。流域内共设雨量站 5 处，分别为口头、西大洋、曲阳、行唐、新乐；水文站 3 处，分别为口头、王快、新乐水文站。王快～口头～新乐区间地形复杂，王快、口头下游附近为山区，京广铁路以西为丘陵区，以东为平原区。流域内植被较差，河床为细砂壤土，冲淤变化明显。

1. 相关模式建立与洪水修订

根据实测降雨径流资料，建立了王快～口头～新乐区间流域 1980 年前后的 $P+P_a$～R 相关关系图，见图 8-30。经评定，王快～口头～新乐区间流域 1980 年以前 18 次洪水，合格场次 13 场，合格率为 72.2%；1980 年以后 5 次洪水，合格场次 4 场，合格率为 80.0%。

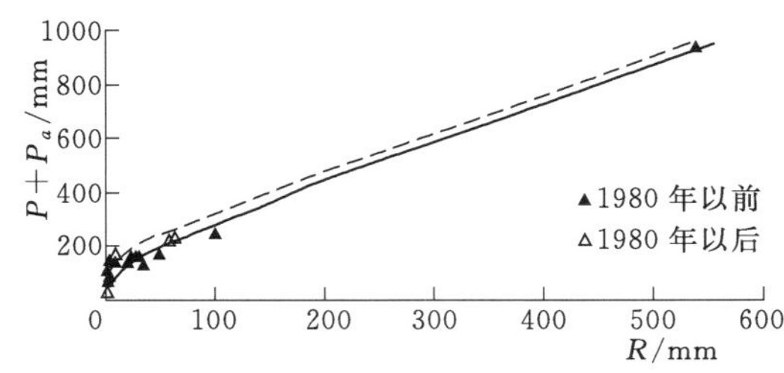

图 8-30　王快～口头～新乐区间流域 $P+P_a$～R 相关关系图

根据建立的王快～口头～新乐区间流域 1980 年前后的 $P+P_a$～R 相关关系图，假定不同的 $P+P_a$ 值，分别查算其 1980 年以前和 1980 年以后相应的产流量及变化幅度，详见表 8-39。

表 8-39　　王快～口头～新乐区间流域降雨产流及变化幅度成果

$P+P_a$ 值/mm	50	100	150	200	230	250	280	300
1980 年以前产流量/mm	3.0	12.0	27.0	50.0	70.0	80.0	100.0	110.0
1980 年以后产流量/mm	0.5	3.5	11.0	27.0	40.0	55.0	73.0	88.0
减少幅度/%	83	71	59	46	43	31	27	20
$P+P_a$ 值/mm	330	350	400	500	600	700	800	900
1980 年以前产流量/mm	118.0	125.0	145.0	195.4	245.0	295.5	365.0	420.0
1980 年以后产流量/mm	97.0	105.0	125.5	176.0	225.7	276.3	345.9	401.0
减少幅度/%	18	16	13	10	8	6	5	5

根据以上相关数据，点绘王快～口头～新乐区间流域的 $P+P_a$ 值与产流量减少幅度相关图，见图 8-31。根据计算的王快～口头～新乐区间流域 1980 年以前的 $P+P_a$ 值，查王快～口头～新乐区间流域 $P+P_a$ 值与产流量减少幅度相关图，求得各场次洪水的修订幅度。然后，将 1980 年以前各场次的实测洪水（径流深）乘以（1－修订幅度），即可求得该场次洪水（径流深）的修订成果，中小洪水洪峰流量采用峰量同倍比法修订，大洪水采用单位线法

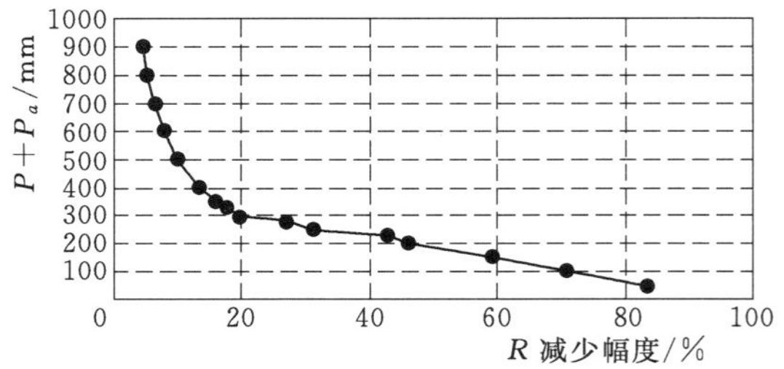

图 8-31　王快～口头～新乐区间流域 $P+P_a$ 值与产流量减少幅度相关图

修订。经计算，王快～口头～新乐区间流域1980年以前洪水下垫面条件变化修订成果见表8-40。

表8-40　　王快～口头～新乐区间流域洪水系列修订成果

洪水场次代码	洪量					洪峰流量				
	实测值/亿m³	统计方法		模型方法		实测值/(m³/s)	统计方法		模型方法	
		修订值/亿m³	变化幅度/%	修订值/亿m³	变化幅度/%		修订值/(m³/s)	变化幅度/%	修订值/(m³/s)	变化幅度/%
19560802	1.2700	0.9200	−28	1.0200	−20	2224	1610	−28	1597	−28
19570828	0.0100	0.0010	−90	0.0001	−99	48	5	−90	3	−94
19580808	0.0500	0.0100	−80	0.0020	−96	440	88	−80	56	−87
19590804	0.2900	0.1400	−52	0.0400	−86	558	270	−52	187	−67
19610821	0.2400	0.1100	−54	0.0800	−67	1100	504	−54	483	−56
19630804	4.6500	4.4600	−4	4.3000	−8	3109	3010	−3	2779	−11
19640812	0.2400	0.1100	−54	0.0700	−71	1133	519	−54	471	−58
19650725	0.0030	0.0004	−87	0.0001	−97	21	3	−87	3	−86
19660813	0.0700	0.0300	−57	0.0200	−71	40	17	−57	9	−77
19680727	0.0100	0.0020	−80	0.0010	−90	15	3	−80	2	−85
19690816	0.0100	0.0020	−80	0.0010	−90	17	3	−80	2	−91
19740807	0.3100	0.1400	−55	0.1500	−52	538	243	−55	223	−59
19760820	0.0300	0.0100	−67	0.0100	−67	77	26	−67	14	−81
19770801	0.5100	0.3900	−24	0.3100	−39	559	428	−24	304	−46
19780826	0.0800	0.0300	−63	0.0300	−63	33	12	−63	9	−74
19790728	0.2100	0.0800	−62	0.0200	−90	80	30	−62	11	−86

2. 模型方法修订

根据王快～口头～新乐区间1956—2008年的暴雨洪水水文资料系列，分1956—1979年、1980—2008年两个时期，并按最大3日洪量系列进行频率分析，然后按照3日洪量的大小进行分级。该区域洪水共分为10年一遇以上、5年一遇至10年一遇以及小于5年一遇3个量级洪水分级。采用改进的河北模型，对该区域1980年以后洪水系列进行洪水模拟，并据此调试模型参数。依据1980年以后的模型参数，对1980年以前的洪水系列进行模拟修订，其修订成果见表8-40。

8.4.2.7 安格庄水库站

安格庄水库位于大清河系北支中易水上游，控制流域面积476km²，占中易水流域面积的40%。流域北部和西北部地势较高，一般海拔约1000m，呈扇形。河道较窄，宽约200～300m，河床纵坡平均为1/200，河床遍布砂砾及大块卵石层，厚约7～10m。流域内共设雨量站6处，分别为大兰、大良岗、黄沙口、富岗、安格庄、上陈驿；水文站1处，为安格庄水库水文站。

1. 相关模式建立与洪水修订

根据实测降雨径流资料，建立了安格庄水库以上流域 1980 年前后的 $P+P_a \sim R$ 相关关系图，见图 8-32。经评定，安格庄水库以上流域 1980 年以前 19 次洪水，合格场次 14 场，合格率为 73.7%；1980 年以后 26 次洪水，合格场次 20 场，合格率为 76.9%。

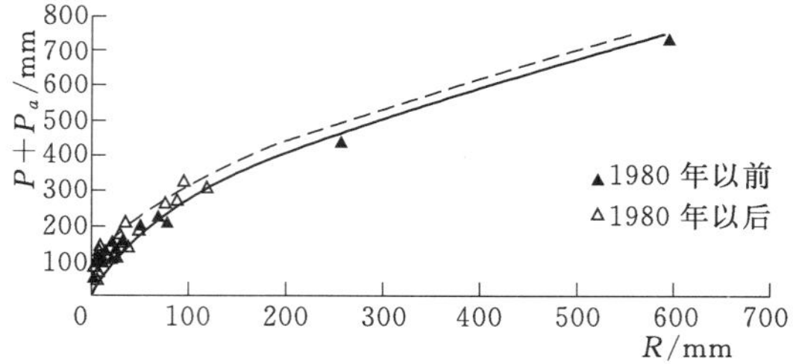

图 8-32　安格庄水库以上流域 $P+P_a \sim R$ 相关关系图

根据建立的安格庄水库以上流域 1980 年前后的 $P+P_a \sim R$ 相关关系图，假定不同的 $P+P_a$ 值，分别查算其 1980 年以前和 1980 年以后相应的产流量及变化幅度，见表 8-41。

表 8-41　　安格庄水库以上流域降雨产流及变化幅度计算成果

$P+P_a$ 值/mm	10	30	50	100	150	200	250	300	350
1980 年以前产流量/mm	2.0	7.0	12.0	25.0	42.0	62.0	85.0	110.0	145.0
1980 年以后产流量/mm	0.1	1.0	3.0	10.0	22.0	38.0	60.0	88.0	124.0
减少幅度/%	95	86	75	60	48	39	29	20	14

$P+P_a$ 值/mm	400	450	500	550	600	650	700	750
1980 年以前产流量/mm	185.0	230.0	280.0	333.0	385.0	445.0	505.0	570.0
1980 年以后产流量/mm	165.0	210.0	265.0	320.0	375.0	435.0	495.0	560.0
减少幅度/%	11	9	5	4	3	2	2	2

根据以上相关数据，点绘安格庄水库以上流域的 $P+P_a$ 值与产流量减少幅度相关图，见图 8-33。根据计算的安格庄水库以上流域 1980 年以前的 $P+P_a$ 值，查安格庄水库以上流域 $P+P_a$ 值与产流量减少幅度相关图，求得各场次洪水的修订幅度。然后，将 1980 年以前各场次的实测洪水（径流深）乘以（1－修订幅度），即可求得该场次洪水（径流深）的修订成果，中小洪水洪峰流量采用峰量同倍比法修订，大洪水采用单位线法修订。经计算，安格庄水库以上流域 1980 年以前洪水下垫面条件变化修订成果见表 8-42。

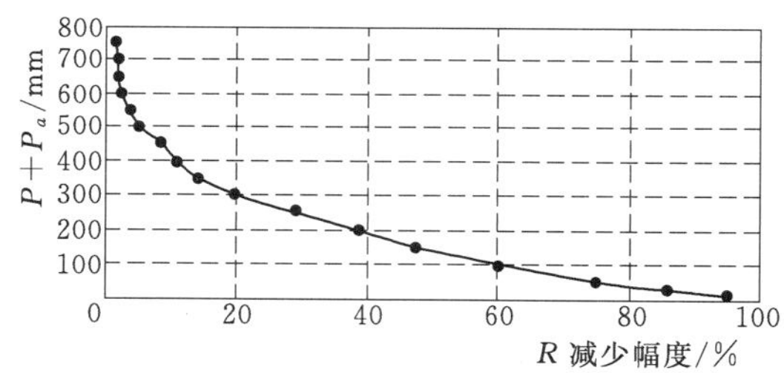

图 8-33　安格庄水库以上流域 $P+P_a$ 值与产流量减少幅度相关图

2. 模型方法修订

根据该流域 1961—2008 年的暴雨洪水水文资料系列，分 1961—1979 年、1980—2008 年两个时期，并按最大 3 日洪量系列进行频率分析，然后按照 3 日洪量的大小进行分级，分为 10 年一遇以上、5 年一遇至 10 年一遇以及小于 5 年一遇三个量级。采用改进的河北模型，对安格庄水库以上流域 1980 年以后洪水系列进行洪水模拟，并据此调试模型参数。根据此参数对 1980 年以前的洪水系列进行修订，其修订成果见表 8-42。

表 8-42　　安格庄水库以上流域洪水系列修订成果

洪水场次代码	洪量					洪峰流量				
	实测值/亿 m^3	统计方法		模型方法		实测值/(m^3/s)	统计方法		模型方法	
		修订值/亿 m^3	变化幅度/%	修订值/亿 m^3	变化幅度/%		修订值/(m^3/s)	变化幅度/%	修订值/(m^3/s)	变化幅度/%
19610822	0.070	0.032	−54	0.030	−57	8	4	−54	3	−61
19620708	0.330	0.215	−35	0.220	−33	515	336	−35	326	−37
19630805	1.230	1.203	−2	1.186	−4	6361	6280	−1	5847	−8
19640812	1.230	1.117	−9	1.193	−3	1769	1606	−9	1636	−8
19650619	0.010	0.002	−80	0.006	−40	39	8	−80	22	−43
19660717	0.050	0.019	−62	0.019	−62	215	82	−62	112	−48
19670810	0.070	0.034	−51	0.017	−76	33	16	−51	13	−62
19680719	0.020	0.008	−60	0.008	−60	79	32	−60	42	−47
19690728	0.120	0.053	−56	0.050	−58	16	7	−56	5	−68
19700825	0.100	0.042	−58	0.038	−62	15	6	−58	3	−79
19710825	0.120	0.054	−55	0.067	−44	36	16	−55	12	−65
19720719	0.010	0.002	−80	0.004	−60	47	10	−80	15	−69
19730625	0.030	0.013	−57	0.009	−70	157	68	−57	66	−58
19740731	0.100	0.054	−46	0.062	−38	317	171	−46	190	−40
19750811	0.040	0.023	−43	0.027	−33	165	95	−43	101	−39
19760718	0.190	0.116	−39	0.103	−46	100	61	−39	55	−45
19770802	0.050	0.022	−56	0.023	−54	240	106	−56	90	−63
19780826	0.370	0.233	−37	0.235	−36	296	186	−37	165	−44
19790810	0.060	0.033	−45	0.021	−65	506	278	−45	302	−40

8.4.2.8 张坊站

张坊站为拒马河的控制站，控制面积 4820km^2。流域内植被情况较差，石门以上属于黄土高原边缘的土石山区，该区河道侵蚀较剧烈；石门以下属于石山区，表层岩石风化严重，水土流失现象较多。流域内共设雨量站 16 处，分别为斜山、石门、东团堡、王安镇、紫荆关、其中口、董家站、赵家蓬、杨家坪、偏道子、邢各庄、峨峪、都衙、蒲洼、十渡、张坊；水文站 2 处，分别为紫荆关、张坊水文站。

1. 相关模式建立与洪水修订

根据实测降雨径流资料，建立了张坊站以上流域 1980 年前后的 $P+P_a\sim R$ 相关关系图，见图 8-34。经评定，张坊以上流域 1980 年以前 26 次洪水，合格场次 19 场，合格率为 73.1%；1980 年以后 19 次洪水，合格场次 15 场，合格率为 78.9%。

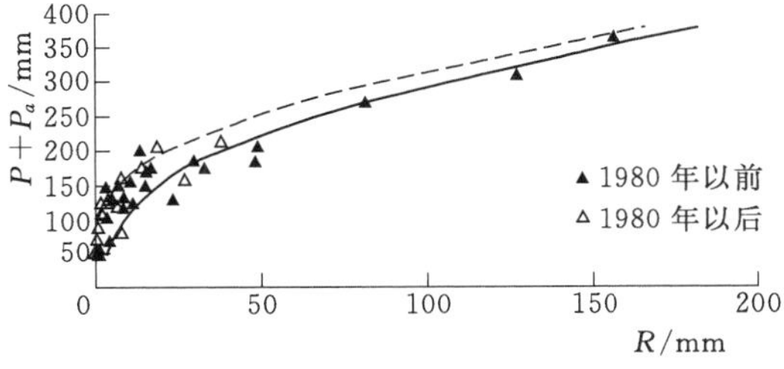

图 8-34　张坊站以上流域 $P+P_a\sim R$ 相关关系图

根据建立的张坊以上流域 1980 年前后的 $P+P_a \sim R$ 相关关系图，假定不同的 $P+P_a$ 值，分别查算其 1980 年以前和 1980 年以后相应的产流量及变化幅度，详见表 8-43。

表 8-43　　　张坊以上流域降雨产流及变化幅度计算成果

$P+P_a$ 值/mm	50	100	150	180	200	230
1980 年以前产流量/mm	4.5	14.0	22.0	30.0	38.0	53.5
1980 年以后产流量/mm	0.1	0.6	8.0	17.5	26.0	42.0
减少幅度/%	98	96	64	42	32	21
$P+P_a$ 值/mm	250	280	300	330	350	380
1980 年以前产流量/mm	66.5	90.0	108.0	135.0	152.0	182.0
1980 年以后产流量/mm	55.5	79.5	98.0	125.5	144.0	175.0
减少幅度/%	17	12	9	7	5	4

根据以上相关数据，点绘张坊以上流域的 $P+P_a$ 值与产流量减少幅度相关图，见图8-35。

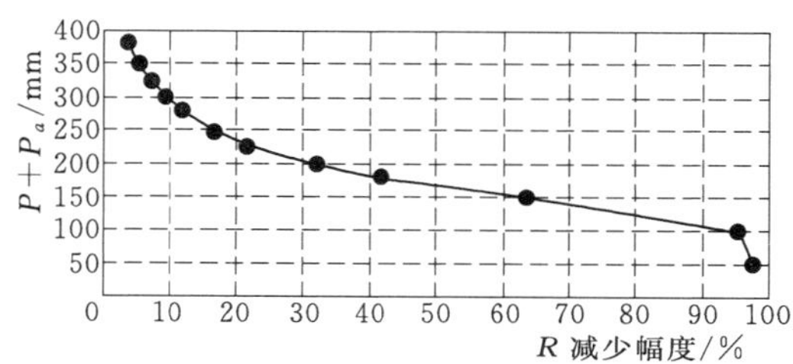

图 8-35　张坊以上流域 $P+P_a$ 值与产流量减少幅度相关图

根据计算的张坊以上流域 1980 年以前的 $P+P_a$ 值，查张坊以上流域 $P+P_a$ 值与产流量减少幅度相关图，求得各场次洪水的修订幅度。然后，将 1980 年以前各场次的实测洪水（径流深）乘以（1－修订幅度），即可求得该场次洪水（径流深）的修订成果，中小洪水洪峰流量采用峰量同倍比法修订，大洪水采用单位线法修订。经计算，张坊以上流域 1980 年以前洪水下垫面条件变化修订成果见表 8-44。

表 8-44　　　张坊以上流域洪水系列修订成果

洪水场次代码	洪量					洪峰流量				
	实测值/亿 m^3	统计方法		模型方法		实测值/(m^3/s)	统计方法		模型方法	
		修订值/亿 m^3	变化幅度/%	修订值/亿 m^3	变化幅度/%		修订值/(m^3/s)	变化幅度/%	修订值/(m^3/s)	变化幅度/%
19560802	7.06	6.48	−8	6.70	−5	4100	3964	−3	3999	−3
19570613	0.40	0.06	−85	0.18	−55	125	20	−84	35	−72
19580710	0.50	0.23	−54	0.25	−50	1050	473	−55	556	−47
19590803	3.92	3.41	−13	3.53	−10	1500	1305	−13	1164	−22
19600705	0.07	0	−100	0.01	−86	39	0	−100	5	−87
19610629	0.10	0	−100	0.03	−70	112	1	−99	15	−87
19620708	0.80	0.43	−46	0.35	−56	689	372	−46	305	−56
19630806	6.07	5.80	−4	5.92	−2	9800	9559	−2	6223	−37
19640812	2.32	1.41	−39	2.25	−3	1660	1013	−39	1450	−13

续表

洪水场次代码	洪量					洪峰流量				
	实测值/亿 m^3	统计方法		模型方法		实测值/(m^3/s)	统计方法		模型方法	
		修订值/亿 m^3	变化幅度/%	修订值/亿 m^3	变化幅度/%		修订值/(m^3/s)	变化幅度/%	修订值/(m^3/s)	变化幅度/%
19650706	0.04	0	−100	0.01	−75	45	0	−100	13	−71
19660815	0.54	0.10	−82	0.22	−59	383	73	−81	103	−73
19670810	0.72	0.28	−61	0.31	−57	338	132	−61	100	−71
19680722	0.03	0	−100	0.01	−67	68	1	−99	12	−82
19690901	0.18	0.01	−94	0.04	−78	73	4	−94	15	−79
19700827	0.20	0	−100	0.04	−80	75	1	−100	12	−84
19710628	0.14	0.05	−64	0.06	−57	82	30	−63	20	−75
19720719	0.04	0	−100	0.01	−75	29	0	−99	5	−82
19730819	1.45	0.92	−37	1.38	−5	992	625	−37	942	−5
19740731	0.27	0.06	−78	0.11	−59	259	62	−76	55	−79
19750811	0.32	0.12	−63	0.15	−53	239	90	−63	110	−54
19760718	0.64	0.44	−31	0.35	−45	295	204	−31	156	−47
19770802	1.12	0.25	−78	0.73	−35	440	99	−78	272	−38
19780827	0.74	0.40	−46	0.51	−31	529	283	−47	397	−25
19790810	2.35	1.66	−29	2.03	−14	672	474	−29	603	−10

2. 模型方法修订

根据该流域1956—2008年的暴雨洪水水文资料系列，分1956—1979年、1980—2008年两个时期，并按最大3日洪量系列进行频率分析，然后按照3日洪量的大小进行分级，分为10年一遇以上、5年一遇至10年一遇以及小于5年一遇三个量级。采用改进的河北模型，对张坊站以上流域1980年以后洪水系列进行洪水模拟，并据此调试模型参数。依据1980年以后的模型参数，对1980年以前的洪水系列进行模拟修订，其修订成果见表8-44。

8.4.2.9　安格庄～落宝滩～北河店区间

大清河北支安格庄～落宝滩～北河店区间流域面积1563km²，流域内建有旺隆、马头、累子等3座中型水库和蔡家井等4座小型水库。流域内地形复杂，既有山区，也有丘陵和平原。流域内共设雨量站12处，分别为易县、东水冶、偏道子、紫荆关、张坊、涞水、东豹泉、旺隆、安格庄、大巨、东茨村、北河店；水文站5处，分别为张坊、安格庄、落宝滩、东茨村、北河店水文站。

1. 相关模式建立与洪水修订

根据实测降雨径流资料，建立了安格庄～落宝滩～北河店区间1980年前后的 $P+P_a\sim R$

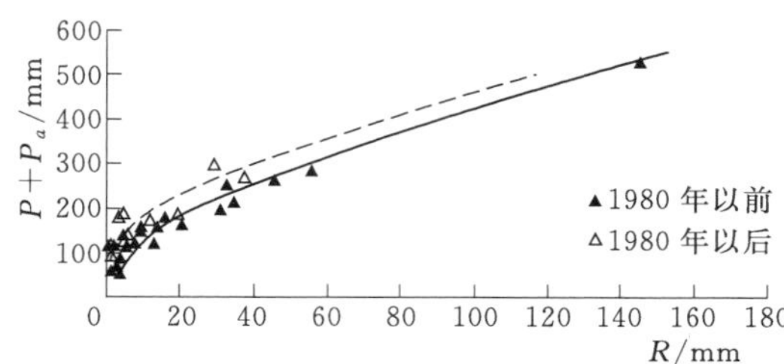

图8-36　安格庄～落宝滩～北河店区间流域$P+P_a$～R相关关系图

相关关系图，见图8-36。经评定，安格庄～落宝滩～北河店区间流域1980年以前31次洪水，合格场次23场，合格率为74.2%；1980年以后15次洪水，合格场次11场，合格率为73.3%。

根据建立的安格庄～落宝滩～北河店区间流域1980年前后的$P+P_a$～R相关关系图，假定不同的$P+P_a$值，分别查算其1980年以前和1980年以后相应的产流量及变化幅度，详见表8-45。

表8-45　　安格庄～落宝滩～北河店区间流域降雨产流及变化幅度计算成果

$P+P_a$值/mm	50	100	150	200	250	300
1980年以前产流量/mm	9.5	10.5	15.0	23.0	38.0	54.0
1980年以后产流量/mm	0.5	2.0	7.0	16.0	31.5	48.0
减少幅度/%	95	81	53	30	17	11

$P+P_a$值/mm	350	400	450	500	550
1980年以前产流量/mm	71.5	91.0	110.5	132.0	153.0
1980年以后产流量/mm	66.0	86.0	106.0	128.0	150.0
减少幅度/%	8	5	4	3	2

根据以上相关数据，点绘安格庄～落宝滩～北河店的$P+P_a$值与产流量减少幅度相关图，见图8-37。根据计算的安格庄～落宝滩～北河店1980年以前的$P+P_a$值，查区间流域$P+P_a$值与产流量减少幅度相关图，求得各场次洪水的修订幅度。然后，将1980年以前各场次的实测洪水（径流深）乘以（1－修订幅度），即可求得该场次洪水（径流深）的修订成果，中小洪水洪峰流量采用峰量同倍比法修订，大洪水采用单位线法修订。经计算，安格庄～落宝滩～北河店区间流域1980年以前洪水下垫面条件变化修订成果见表8-46。

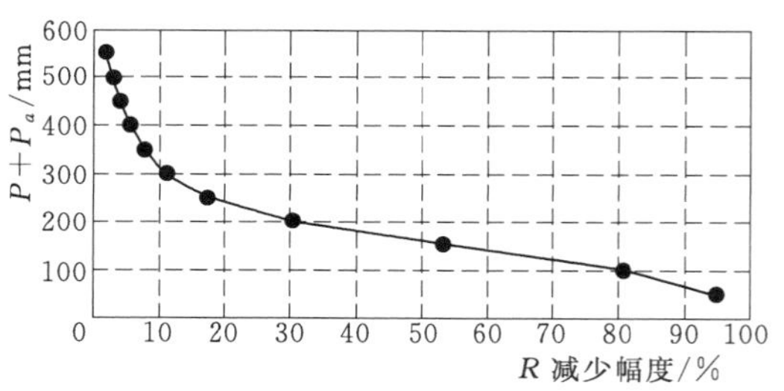

图8-37　安格庄～落宝滩～北河店区间流域$P+P_a$值与产流量减小幅度相关图

2. 模型方法修订

根据该流域1961—2008年的暴雨洪水水文资料系列，分1961—1979年、1980—2008年两个时期，并按最大3日洪量系列进行频率分析，然后按照3日洪量的大小进行分级，分为10年一遇以上、5年一遇至10年一遇以及小于5年一遇三个量级。采用改进的河北模型，对安格庄～落宝滩～北河店区间1980年以后洪水系列进行洪水模拟，并据此调试模型参数。依据1980年以后的模型参数，对1980年以前的洪水系列进行模拟修订，其修订成果见表8-46。

表 8-46 安格庄～落宝滩～北河店区间流域洪水系列修订成果

洪水场次代码	洪量					洪峰流量				
	实测值/亿 m^3	统计方法		模型方法		实测值/(m^3/s)	统计方法		模型方法	
		修订值/亿 m^3	变化幅度/%	修订值/亿 m^3	变化幅度/%		修订值/(m^3/s)	变化幅度/%	修订值/(m^3/s)	变化幅度/%
19560802	1.66	1.43	−14	1.58	−5	1679	1540	−8	1300	−23
19570817	0.03	0.002	−93	0.003	−90	59	3	−95	16	−74
19580807	0.38	0.21	−45	0.37	−3	539	291	−46	286	−47
19590803	0.44	0.33	−25	0.43	−2	334	247	−26	103	−69
19600715	0.05	0.01	−80	0.03	−40	36	9	−75	6	−85
19610821	0.09	0.04	−56	0.06	−33	221	102	−54	125	−43
19620723	0.12	0.04	−67	0.06	−50	444	160	−64	225	−49
19630805	1.45	1.41	−3	1.4	−3	2245	2200	−2	2199	−2
19640812	0.32	0.28	−13	0.3	−6	1301	1106	−15	897	−31
19650619	0.01	0.001	−90	0.001	−90	13	1	−92	5	−59
19660815	0.05	0.03	−40	0.04	−20	98	61	−38	52	−47
19670818	0.13	0.07	−46	0.09	−31	75	39	−48	35	−53
19680917	0.04	0.02	−50	0.03	−25	32	15	−52	11	−67
19690816	0.02	0.01	−50	0.01	−50	76	22	−71	33	−56
19700810	0.07	0.02	−71	0.04	−43	132	40	−70	65	−51
19720719	0.02	0.002	−90	0.01	−50	41	4	−90	15	−62
19730813	0.09	0.05	−44	0.06	−33	83	43	−48	44	−47
19740724	0.005	0.001	−80	0.001	−80	32	8	−76	11	−67
19770730	0.31	0.22	−29	0.2	−35	128	89	−30	65	−49
19780825	0.04	0.02	−50	0.03	−25	60	25	−59	33	−45
19790811	0.66	0.58	−12	0.61	−8	220	194	−12	156	−29

8.4.2.10 落宝滩～东茨村区间

东茨村为大清河水系白沟河控制站，上游由北拒马河、琉璃河、小清河等支流组成。落宝滩～东茨村区间流域面积 2133km²，其中，大石河漫水河以上 653km²，落宝滩、漫水河～东茨村区间 1480km²。流域内共设雨量站 16 处，分别为涿州、东茨村、漫水河、班各庄、霞云岭、大安山、史家营、琉璃河、南新房、崇各庄、张坊、天开、良乡、房山、落宝滩、东茨村；水文站 4 处，分别为落宝滩、东茨村、张坊、漫水河水文站。

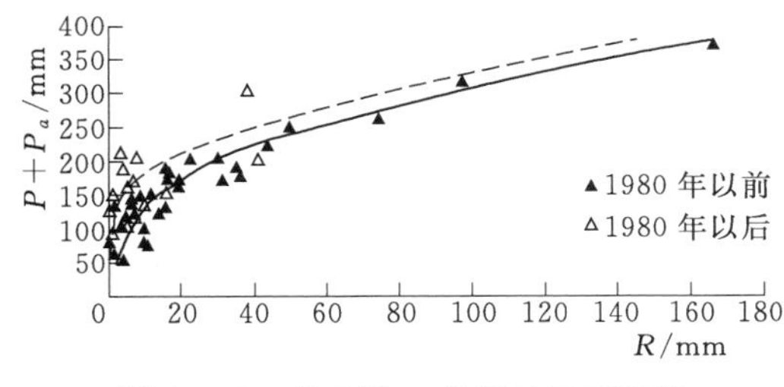

图 8-38 落宝滩～东茨村区间流域 $P+P_a \sim R$ 相关关系图

1. 相关模式建立与洪水修订

根据实测降雨径流资料，建立了落宝滩～东茨村区间 1980 年前后的 $P+P_a \sim R$ 相关关系图，见图 8-38。经评定，落宝滩～东茨村区间流域 1980 年以前 31 次洪水，合格场次 23 场，合格率为 74.2%；1980 年以后 15 次洪水，合格场次 11 场，合格率为 73.3%。

根据建立的落宝滩～东茨村区间流域 1980 年前后的 $P+P_a \sim R$ 相关关系图，假定不同的 $P+P_a$ 值，分别查算其 1980 年以前和 1980 年以后相应的产流量及变化幅度，详见表 8-47。

表 8-47　　落宝滩～东茨村区间流域降雨产流及变化幅度成果

$P+P_a$ 值/mm	50	100	150	180	200
1980 年以前产流量/mm	2.5	9.0	12.0	18.0	26.5
1980 年以后产流量/mm	0.1	0.7	3.0	9.2	18.0
减少幅度/%	96	92	75	49	32
$P+P_a$ 值/mm	230	300	350	380	450
1980 年以前产流量/mm	41.0	93.5	136.0	166.0	266.0
1980 年以后产流量/mm	33.0	86.0	128.7	159.0	256.0
减少幅度/%	20	8	5	4	4

根据以上相关数据，点绘落宝滩～东茨村区间流域的 $P+P_a$ 值与产流量减少幅度相关图，见图 8-39。根据计算的落宝滩～东茨村区间流域 1980 年以前的 $P+P_a$ 值，查落宝滩～东茨村区间流域 $P+P_a$ 值与产流量减少幅度相关图，求得各场次洪水的修订幅度。然后，将 1980 年以前各场次的实测洪水（径流深）乘以（1－修订幅度），即可求得该场次洪水（径流深）的修订成果，中小洪水洪峰流量采用峰量同倍比法修订，大洪水采用单位线法修订。经计算，落宝滩～东茨村区间流域 1980 年以前洪水下垫面条件变化修订成果见表 8-48。

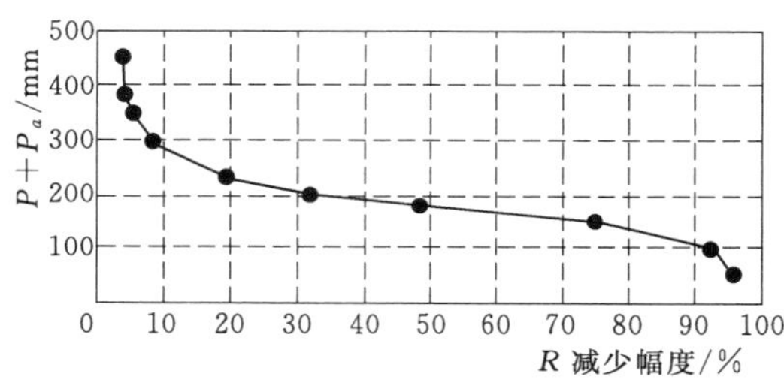

图 8-39　落宝滩～东茨村区间流域的 $P+P_a$ 值与产流量减少幅度相关图

2. 模型方法修订

根据落宝滩～东茨村区间 1956—2008 年的暴雨洪水水文资料系列，分 1956—1979 年、1980—2008 年两个时期，并按最大 3 日洪量系列进行频率分析，然后按照 3 日洪量的大小进行分级。该区域洪水共分为 10 年一遇以上、5 年一遇至 10 年一遇以及小于 5 年一遇三个量级洪水。采用改进的河北模型，对落宝滩～东茨村区间 1980 年以后洪水系列进行洪水模拟，并据此调试模型参数。依据 1980 年以后的模型参数，对 1980 年以前的洪水系列进行模拟修订，其修订成果见表 8-48。

8.4.2.11　大清河平原区沥涝水修订

1. 沥涝水下垫面影响修订方法

由于大清河平原多数河流有径流观测资料，在以往设计洪水分析中，平原沥涝水采用降雨径流相关线估算。经对典型站比较，本书提出海河平原产流模型，比降雨径流相关法有更高的模拟精度，因此选用海河平原产流模型，按照现状地下水埋深和其他代表现状下垫面条件的模型参数，模拟分析历史降水系列在现状下垫面条件下的沥涝水产水量。

表 8-48 落宝滩～东茨村区间流域洪水系列修订成果

洪水场次代码	洪量					洪峰流量				
	实测值/亿 m³	统计方法		模型方法		实测值/(m³/s)	统计方法		模型方法	
		修订值/亿 m³	变化幅度/%	修订值/亿 m³	变化幅度/%		修订值/(m³/s)	变化幅度/%	修订值/(m³/s)	变化幅度/%
19560802	3.55	3.39	−5	3.33	−6	2865	2760	−4	2521	−12
19570817	0.23	0.01	−96	0.07	−70	141	6	−96	25	−83
19580710	0.27	0.19	−30	0.12	−56	445	313	−30	225	−50
19590806	1.84	0.96	−48	1.77	−4	1650	861	−48	1510	−9
19600720	0.04	0.01	−75	0.01	−75	353	88	−75	81	−77
19610722	0.13	0.03	−77	0.06	−54	120	28	−77	57	−52
19620708	0.17	0.02	−88	0.07	−59	323	38	−88	109	−66
19630806	2.08	1.95	−6	1.97	−5	2790	2650	−5	2712	−3
19640812	0.92	0.72	−22	0.87	−5	1130	885	−22	834	−26
19650815	0.04	0	−100	0.01	−75	31	0	−100	4	−86
19660813	0.64	0.54	−16	0.46	−28	194	164	−16	154	−21
19670810	0.13	0.02	−85	0.05	−62	234	36	−85	103	−56
19680917	0.21	0.01	−95	0.08	−62	77	4	−95	9	−88
19690731	0.26	0.07	−73	0.09	−65	125	34	−73	22	−82
19700810	0.30	0.04	−87	0.28	−7	194	26	−87	148	−24
19710626	0.21	0.01	−95	0.04	−81	167	8	−95	18	−89
19720720	0.08	0.005	−94	0.01	−88	113	7	−94	32	−72
19730702	0.12	0.07	−42	0.09	−25	159	93	−42	119	−25
19740806	0.65	0.46	−29	0.51	−22	314	222	−29	253	−20
19750807	0.01	0.0004	−96	0	−100	24	1	−96	4	−83
19760807	0.11	0.01	−91	0.04	−64	113	10	−91	25	−78
19770802	0.66	0.28	−58	0.56	−15	435	184	−58	384	−12
19780825	0.41	0.16	−61	0.28	−32	164	64	−61	79	−52
19790810	1.59	1.38	−13	1.42	−11	648	563	−13	565	−13

2. 测站选择与参数率定

根据资料条件选择清北地区牤牛河上的金各庄站作为清北中上游区域的代表站；选择清南地区任河大渠上的高屯站作为大清河淀东平原洼淀及其周边区域的代表站；选择小白河上的出岸站作为清南中上游区域的代表站。大清河淀西平原区无平原径流专用测站，选用冉庄水资源实验站的观测资料率定分析大清河淀西平原区的模型参数，同时采用白洋淀反推的入淀水量进行校验。各站模型参数率定成果见表 8-49。

表 8-49 现状下垫面条件平原水文模型参数

河流	典型站	模型参数							
		$twmm_1$	$twmm_2$	F_c	f_0	b_1	b_2	给水度	不透水系数
牤牛河	金各庄	60	160	1.5	20	0.2	0.3	0.05	0.15
小白河	出岸	80	160	2	20	0.2	0.3	0.055	0.15
任河大	高屯	80	160	2	20	0.2	0.3	0.05	0.15
冉庄沟	冉庄	170	130	3	25	0.2	0.3	0.065	0.15

牤牛河金各庄站 20 世纪 70 年代以来实测水量大于 1000 万 m^3 的年份共有 4 年，沥水总量模拟成果误差率为－12.9%～1.5%，按洪水预报评价标准，洪量模拟全部合格。

小白河出岸站 20 世纪 70 年代以来实测水量大于 1000 万 m^3 的年份共有 3 年，沥水总量模拟成果误差率为－14.8%～6.1%，洪量模拟全部合格。

任河大排水渠上的高屯站 20 世纪 70 年代以来实测水量大于 1000 万 m^3 的年份共有 9 年，其中 8 年沥水总量模拟成果误差率在－18.1%～18.4%之间变化，洪量模拟合格率为 90%。

冉庄水资源实验站是国家“六五”期间重点科技攻关项目第 38 项“华北地区水资源评价及开发利用研究”设立的“四水”转化研究实验站，1985 年建站，有 1985 年以来的降雨、径流和地下水埋深观测资料。根据实测资料分析，该站自 1985 年以来仅有 1985 年、1988 年、1991 年和 2008 年有径流产生，其中径流深大于 2mm 的仅有 1988 年和 1991 年，2008 年为 0.5mm，1985 年为 0.03mm。从实测资料分析，实测断面观测到的水量均为实测断面附近区域村庄和路面产水，1985 年以来均未发生流域全面产流的情况。由于率定年份实际产生的径流深过小（均小于 3mm），导致模拟成果的相对误差较大，不足以说明模拟参数的合理性。为此又对 1977 年、1979 年、1988 年和 1994 年大清河南支平原区入白洋淀水量分析成果与模型计算成果进行了对比，成果见表 8-50。4 年中有 3 年相对误差在 15%以内，合格率为 75%。这说明采用冉庄实验站确定的模型参数基本可用于大清河淀西平原的产流计算。

表 8-50 大清河南支平原模型计算产水量与实测资料分析平原产水入淀水量对比表

年份	时 段	模型计算产水量 /亿 m^3	实测数据分析水量 /亿 m^3	相对误差
1977	7 月 23 日至 8 月 6 日	14670	16140	－9%
1979	7 月 24—31 日	1120	4800	－77%
1988	8 月 3—17 日	3200	3000	7%
1994	8 月 12—20 日	8020	6990	15%

3. 平原沥涝水的模拟修订

采用 1956—2008 年降雨系列，利用平原区产流模型对现状下垫面条件下的沥涝水产水量进行模拟分析，得到各区域汛期产水总量和相应山区不同时段最大洪量对应的时段沥涝水量。各区域具体模拟成果见表 8-51～表 8-53。

为了分析现状下垫面条件下平原沥涝水的修订程度，将本次水文模型计算的沥涝水量系列与《大清河流域设计洪水分析报告》(1991 年）中的淀西南支平原沥涝水量系列以及

表 8-51 大清河系南支平原洪量成果（相应南支最大） 单位：万 m^3

年份	6 日		15 日		30 日	
	洪量	日 期	洪量	日 期	洪量	日 期
1956	13547	8 月 4—9 日	20621	8 月 2—16 日	20659	8 月 1—30 日
1957	0	8 月 28 日至 9 月 2 日	0	8 月 25 日至 9 月 8 日	0	8 月 18 日至 9 月 16 日
1958	0	8 月 5—10 日	0	8 月 1—15 日	0	7 月 16 日至 8 月 14 日
1959	459	8 月 6—11 日	479	8 月 6—20 日	3388	8 月 3 日至 9 月 1 日
1960	0	7 月 30 日至 8 月 4 日	0	7 月 30 日至 8 月 13 日	0	7 月 17 日至 8 月 15 日
1961	0	8 月 14—19 日	236	8 月 10—24 日	298	8 月 9 日至 9 月 7 日
1962	0	7 月 25—30 日	0	7 月 24 日至 8 月 7 日	0	7 月 24 日至 8 月 22 日
1963	117360	8 月 7—12 日	135826	8 月 6—20 日	135963	8 月 5 日至 9 月 3 日
1964	1801	8 月 13—18 日	1817	8 月 10—24 日	1837	8 月 2—31 日
1965	0	7 月 26—31 日	0	7 月 26 日至 8 月 9 日	0	7 月 6 日至 8 月 4 日
1966	25	8 月 25—30 日	1005	8 月 17—31 日	2957	8 月 14 日至 9 月 12 日
1967	643	8 月 5—10 日	950	8 月 2—16 日	2374	8 月 2—31 日
1968	0	8 月 16—21 日	0	8 月 9—23 日	0	7 月 28 日至 8 月 26 日
1969	0	7 月 28 日至 8 月 2 日	0	7 月 28 日至 8 月 11 日	0	7 月 28 日至 8 月 26 日
1970	0	8 月 1—6 日	0	8 月 1—15 日	0	8 月 1—30 日
1971	0	6 月 27 日至 7 月 2 日	0	6 月 26 日至 7 月 10 日	0	6 月 26 日至 7 月 25 日
1972	0	7 月 19—24 日	0	7 月 19 日至 8 月 2 日	0	7 月 20 日至 8 月 18 日
1973	238	8 月 14—19 日	499	8 月 14—28 日	646	8 月 14 日至 9 月 12 日
1974	514	8 月 8—13 日	554	8 月 1—15 日	555	7 月 24 日至 8 月 22 日
1975	0	8 月 10—15 日	0	8 月 7—21 日	0	8 月 7 日至 9 月 5 日
1976	0	7 月 20—25 日	0	8 月 21 日至 9 月 4 日	0	8 月 19 日至 9 月 17 日
1977	8032	7 月 30 日至 8 月 4 日	14804	7 月 23 日至 8 月 6 日	20230	7 月 22 日至 8 月 20 日
1978	0	8 月 28 日至 9 月 2 日	0	8 月 27 日至 9 月 10 日	0	8 月 26 日至 9 月 24 日
1979	121	8 月 12—17 日	146	8 月 10—24 日	283	7 月 27 日至 8 月 25 日
1980	0	8 月 28 日至 9 月 2 日	0	8 月 18 日至 9 月 1 日	0	8 月 11 日至 9 月 9 日
1981	0	8 月 6—11 日	0	8 月 5—19 日	0	7 月 26 日至 8 月 24 日
1982	545	8 月 1—6 日	582	7 月 31 日至 8 月 14 日	582	7 月 30 日至 8 月 28 日
1983	0	8 月 5—10 日	0	8 月 25 日至 9 月 8 日	0	8 月 5 日至 9 月 3 日
1984	0	8 月 27 日至 9 月 1 日	0	8 月 27 日至 9 月 10 日	0	8 月 4 日至 9 月 2 日
1985	451	8 月 26—31 日	451	8 月 25 日至 9 月 8 日	451	8 月 21 日至 9 月 19 日
1986	0	8 月 6—11 日	0	7 月 29 日至 8 月 12 日	0	7 月 25 日至 8 月 23 日
1987	0	8 月 27 日至 9 月 1 日	0	8 月 27 日至 9 月 10 日	0	8 月 15 日至 9 月 13 日
1988	6842.8	8 月 7—12 日	7766	8 月 3—17 日	8106	8 月 1—30 日
1989	695	7 月 22—27 日	696	7 月 22 日至 8 月 5 日	696	7 月 22 日至 8 月 20 日
1990	0	7 月 31 日至 8 月 5 日	0	7 月 24 日至 8 月 7 日	0	7 月 10 日至 8 月 8 日
1991	0	9 月 16—21 日	0	9 月 15—29 日	0	9 月 2 日至 10 月 1 日

续表

年份	6日		15日		30日	
	洪量	日　期	洪量	日　期	洪量	日　期
1992	0	8月3—8日	0	8月3—17日	0	8月3日至9月1日
1993	0	8月2—7日	0	7月29日至8月12日	0	7月26日至8月24日
1994	762	7月8—13日	1263	7月8—22日	1681	7月8日至8月6日
1995	105	7月19—24日	615	7月19日至8月2日	1979	7月19日至8月17日
1996	13845	8月5—10日	14008	8月2—16日	14095	8月1—30日
1997	0	7月30日至8月4日	0	7月29日至8月12日	0	7月23日至8月21日
1998	0	7月15—20日	0	7月7—21日	0	7月7日至8月5日
1999	0	8月16—21日	0	8月15—29日	0	8月10日至9月8日
2000	0	7月6—11日	0	7月6—20日	0	7月6日至8月4日
2001	0	7月26—31日	0	7月26日至8月9日	0	7月25日至8月23日
2002	0	8月2—7日	0	7月29日至8月12日	0	7月14日至8月12日
2003	0	9月26日至10月1日	0	8月28日至9月11日	0	9月2日至10月1日
2004	0	8月13—18日	0	8月12—26日	0	8月9日至9月7日
2005	0	7月11—16日	0	7月11—25日	0	7月11日至8月9日
2006	0	8月9—14日	0	8月8—22日	0	8月1—30日
2007	0	8月1—6日	0	8月1—15日	0	7月31日至8月29日
2008	0	8月9—14日	0	8月7—21日	0	8月7日至9月5日

表 8-52　　大清河系清南平原洪量成果（相应新镇最大）　　单位：万 m³

年份	6日		15日		30日	
	洪量	日　期	洪量	日　期	洪量	日　期
1956	0	8月5—10日	0	8月1—15日	0	7月31日至8月29日
1957	0	8月29日至9月3日	0	8月25日至9月8日	0	8月13日至9月11日
1958	1511	8月6—11日	1647	7月31日至8月14日	1584	7月12日至8月10日
1959	0	8月7—12日	0	8月6—20日	0	8月3日至9月1日
1960	788	7月31日至8月5日	2102	7月30日至8月13日	2112	7月17日至8月15日
1961	0	8月21—26日	0	8月10—24日	0	7月31日至8月29日
1962	1050	7月26—31日	1072	7月24日至8月7日	1072	7月8日至8月6日
1963	43300	8月6—11日	62815	8月4—18日	64124	8月4日至9月2日
1964	365	8月14—19日	529	8月10—24日	1493	8月2—31日
1965	0	7月27日至8月1日	0	7月26日至8月9日	0	7月6日至8月4日
1966	10466	8月18—23日	11766	8月17—31日	20178	8月14日至9月12日
1967	1117	8月6—11日	4364	8月2—16日	7558	8月2—31日
1968	0	8月17—22日	0	10月6—20日	0	9月17日至10月16日
1969	41809	8月18—23日	67325	8月9—23日	86076	7月28日至8月26日
1970	434	8月12—17日	4357	8月1—15日	4357	8月1—30日
1971	1002	6月28日至7月3日	2878	6月26日至7月10日	2884	6月26日至7月25日

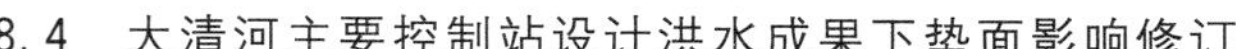

续表

年份	6日		15日		30日	
	洪量	日 期	洪量	日 期	洪量	日 期
1972	7103	7月20—25日	8688	7月19日至8月2日	8236	7月20日至8月18日
1973	0	8月15—20日	328	8月14—28日	2463	8月14日至9月12日
1974	2060	8月9—14日	2068	8月1—15日	2068	7月24日至8月22日
1975	0	8月11—16日	0	8月7—21日	0	8月7日至9月5日
1976	0	7月21—26日	393	7月16—30日	466	7月16日至8月14日
1977	27580	7月31日至8月5日	70280	7月23日至8月6日	78762	7月22日至8月20日
1978	911	8月29日至9月3日	1534	8月27日至9月10日	1825	8月26日至9月24日
1979	3136	8月13—18日	4217	8月10—24日	7033	7月27日至8月25日
1980	0	8月29日至9月3日	0	8月18日至9月1日	0	8月11日至9月9日
1981	0	8月7—12日	5235	8月5—19日	5496	8月2—31日
1982	0	8月2—7日	0	7月31日至8月14日	0	7月30日至8月28日
1983	0	8月6—11日	0	8月25日至9月8日	0	8月5日至9月3日
1984	0	8月28日至9月2日	0	8月27日至9月10日	3202	8月4日至9月2日
1985	1812	8月27日至9月1日	2132	8月25日至9月8日	5787	8月21日至9月19日
1986	0	8月7—12日	0	7月29日至8月12日	0	7月25日至8月23日
1987	450	8月28日至9月2日	450	8月27日至9月10日	6567	8月15日至9月13日
1988	10058	8月8—13日	39656	8月3—17日	43594	8月3日至9月1日
1989	3158	7月23—28日	3494	7月22日至8月5日	3510	7月22日至8月20日
1990	2258	8月3—8日	2408	7月27日至8月10日	5491	7月18日至8月16日
1991	101	6月12—17日	101	6月11—25日	101	6月11日至7月10日
1992	796	8月4—9日	1735	8月3—17日	2258	8月3日至9月1日
1993	1037	8月6—11日	3441	8月1—15日	3634	7月26日至8月24日
1994	12648	8月14—19日	24012	8月9—23日	47137	7月23日至8月21日
1995	2105	7月20—25日	8852	9月3—17日	34503	7月19日至8月17日
1996	21665	8月6—11日	29240	8月3—17日	34245	8月1—30日
1997	0	8月1—6日	0	7月27日至8月10日	0	7月20日至8月18日
1998	0	7月16—21日	0	7月6—20日	0	7月6日至8月4日
1999	0	8月18—23日	0	8月16—30日	0	8月10日至9月8日
2000	0	7月7—12日	0	7月6—20日	0	7月6日至8月4日
2001	354	7月27日至8月1日	618	7月25日至8月8日	618	7月25日至8月23日
2002	1100	8月3—8日	1427	7月29日至8月12日	1427	7月14日至8月12日
2003	0	8月4—9日	0	7月28日至8月11日	0	7月19日至8月17日
2004	736	8月12—17日	1136	8月11—25日	2124	8月12日至9月10日
2005	0	7月11—16日	865	7月11—25日	1582	7月11日至8月9日
2006	0	8月10—15日	0	8月9—23日	0	8月2—31日
2007	0	8月5—10日	0	8月2—16日	0	8月1—30日
2008	0	8月11—16日	0	8月8—22日	0	8月8日至9月6日

表 8-53　　大清河系清北平原洪量成果（相应新镇最大）　　单位：万 m^3

年份	6 日		15 日		30 日	
	洪量	日　期	洪量	日　期	洪量	日　期
1956	0	8 月 5—10 日	1658	8 月 1—15 日	8009	7 月 31 日至 8 月 29 日
1957	0	8 月 29 日至 9 月 3 日	0	8 月 25 日至 9 月 8 日	460	8 月 13 日至 9 月 11 日
1958	611	8 月 6—11 日	1537	7 月 31 日至 8 月 14 日	1555	7 月 12 日至 8 月 10 日
1959	1567	8 月 7—12 日	2754	8 月 6—20 日	2907	8 月 3 日至 9 月 1 日
1960	11523	7 月 31 日至 8 月 5 日	26182	7 月 30 日至 8 月 13 日	27865	7 月 17 日至 8 月 15 日
1961	1531	8 月 21—26 日	1612	8 月 10—24 日	1623	7 月 31 日至 8 月 29 日
1962	9593	7 月 26—31 日	10387	7 月 24 日至 8 月 7 日	10454	7 月 8 日至 8 月 6 日
1963	11400	8 月 6—11 日	12763	8 月 4—18 日	13736	8 月 4 日至 9 月 2 日
1964	11947	8 月 14—19 日	18684	8 月 10—24 日	34772	8 月 2—31 日
1965	0	7 月 27 日至 8 月 1 日	0	7 月 26 日至 8 月 9 日	0	7 月 6 日至 8 月 4 日
1966	16476	8 月 18—23 日	29675	8 月 17—31 日	44047	8 月 14 日至 9 月 12 日
1967	929	8 月 6—11 日	1044	8 月 2—16 日	33773	8 月 2—31 日
1968	0	8 月 17—22 日	0	10 月 6—20 日	0	9 月 17 日至 10 月 16 日
1969	2256	8 月 18—23 日	2560	8 月 9—23 日	3930	7 月 28 日至 8 月 26 日
1970	6811	8 月 12—17 日	12879	8 月 1—15 日	13860	8 月 1—30 日
1971	5378	6 月 28 日至 7 月 3 日	11286	6 月 26 日至 7 月 10 日	12894	6 月 26 日至 7 月 25 日
1972	2169	7 月 20—25 日	8034	7 月 19 日至 8 月 2 日	8413	7 月 20 日至 8 月 18 日
1973	3330	8 月 15—20 日	14036	8 月 14—28 日	31806	8 月 14 日至 9 月 12 日
1974	4163	8 月 9—14 日	12195	8 月 1—15 日	14916	7 月 24 日至 8 月 22 日
1975	0	8 月 11—16 日	0	8 月 7—21 日	0	8 月 7 日至 9 月 5 日
1976	6604	7 月 21—26 日	12582	7 月 16—30 日	16486	7 月 16 日至 8 月 14 日
1977	27916	7 月 31 日至 8 月 5 日	49803	7 月 23 日至 8 月 6 日	54328	7 月 22 日至 8 月 20 日
1978	9185	8 月 29 日至 9 月 3 日	16127	8 月 27 日至 9 月 10 日	17021	8 月 26 日至 9 月 24 日
1979	5149	8 月 13—18 日	6749	8 月 10—24 日	10636	7 月 27 日至 8 月 25 日
1980	0	8 月 29 日至 9 月 3 日	0	8 月 18 日至 9 月 1 日	0	8 月 11 日至 9 月 9 日
1981	0	8 月 7—12 日	2075	8 月 5—19 日	2317	8 月 2—31 日
1982	0	8 月 2—7 日	0	7 月 31 日至 8 月 14 日	4188	7 月 30 日至 8 月 28 日
1983	0	8 月 6—11 日	0	8 月 25 日至 9 月 8 日	0	8 月 5 日至 9 月 3 日
1984	0	8 月 28 日至 9 月 2 日	0	8 月 27 日至 9 月 10 日	7918	8 月 4 日至 9 月 2 日
1985	984	8 月 27 日至 9 月 1 日	1302	8 月 25 日至 9 月 8 日	2602	8 月 21 日至 9 月 19 日
1986	31	8 月 7—12 日	330	7 月 29 日至 8 月 12 日	395	7 月 25 日至 8 月 23 日
1987	0	8 月 28 日至 9 月 2 日	0	8 月 27 日至 9 月 10 日	3893	8 月 15 日至 9 月 13 日
1988	7803	8 月 8—13 日	30561	8 月 3—17 日	32488	8 月 3 日至 9 月 1 日
1989	531	7 月 23—28 日	894	7 月 22 日至 8 月 5 日	971	7 月 22 日至 8 月 20 日

续表

年份	6 日		15 日		30 日	
	洪量	日　期	洪量	日　期	洪量	日　期
1990	2538	8 月 3—8 日	6362	7 月 27 日至 8 月 10 日	8348	7 月 18 日至 8 月 16 日
1991	245	6 月 12—17 日	1395	6 月 11—25 日	2481	6 月 11 日至 7 月 10 日
1992	1883	8 月 4—9 日	2642	8 月 3—17 日	2937	8 月 3 日至 9 月 1 日
1993	41	8 月 6—11 日	333	8 月 1—15 日	412	7 月 26 日至 8 月 24 日
1994	7785	8 月 14—19 日	13787	8 月 9—23 日	29677	7 月 23 日至 8 月 21 日
1995	1016	7 月 20—25 日	11879	9 月 3—17 日	24400	7 月 19 日至 8 月 17 日
1996	27092	8 月 6—11 日	38384	8 月 3—17 日	40421	8 月 1—30 日
1997	1019	8 月 1—6 日	1089	7 月 27 日至 8 月 10 日	1221	7 月 20 日至 8 月 18 日
1998	121	7 月 16—21 日	304	7 月 6—20 日	2603	7 月 6 日至 8 月 4 日
1999	55	8 月 18—23 日	118	8 月 16—30 日	239	8 月 10 日至 9 月 8 日
2000	31	7 月 7—12 日	70	7 月 6—20 日	93	7 月 6 日至 8 月 4 日
2001	1072	7 月 27 日至 8 月 1 日	2397	7 月 25 日至 8 月 8 日	3358	7 月 25 日至 8 月 23 日
2002	2410	8 月 3—8 日	2757	7 月 29 日至 8 月 12 日	3140	7 月 14 日至 8 月 12 日
2003	0	8 月 5—10 日	0	7 月 28 日至 8 月 11 日	0	7 月 19 日至 8 月 17 日
2004	3723	8 月 13—18 日	3839	8 月 11—25 日	3839	8 月 12 日至 9 月 10 日
2005	0	7 月 12—17 日	0	7 月 11—25 日	0	7 月 11 日至 8 月 9 日
2006	0	5 月 31 日至 6 月 5 日	0	5 月 31 日至 6 月 14 日	0	5 月 31 日至 6 月 29 日
2007	168	8 月 7—12 日	345	7 月 31 日至 8 月 14 日	346	7 月 18 日至 8 月 16 日
2008	198	8 月 11—16 日	226	8 月 6—20 日	226	7 月 22 日至 8 月 20 日

《大清河永定河下游地区超标准洪水安排规划》（1997 年）水文分析中采用的淀东平原沥涝水量系列进行了对比分析。

经分析，大清河平原区的下垫面变化对沥涝水的影响是比较显著的。淀西南支平原 1956—1980 年沥涝水量系列，现状下垫面条件下一般年份已没有径流产生，30 天沥涝水量的修订幅度达到了 100%；重现期 3 年一遇至 5 年一遇暴雨年份，沥涝水量的修订幅度在 40%～60%；像 1963 年这样的特大暴雨年份沥涝水量的修订幅度为 30%左右。淀东平原 1956—1980 年沥涝水量系列，现状下垫面条件下一般年份已没有径流产生，30 天沥涝水量的修订幅度达到了 100%，重现期 3 年一遇至 5 年一遇暴雨年份，沥涝水量的修订幅度达 40%～60%，像 1963 年这样的特大暴雨年份沥涝水量的修订幅度为 30%。

8.4.3 主要控制站设计洪水成果下垫面影响修订

8.4.3.1 下垫面一致性修订后的洪水系列构建

以 1980 年为分界点，近似认为 1980 年以前为下垫面变化影响较小的时期，1980 年后为下垫面影响较大的时期，将 1980 年以前的下垫面条件发生的洪水还现为现状下垫面水平。

大清河南支（十方院站），按口头水库、横山岭水库、王快水库、西大洋水库、北辛店、王快～口头～新乐区间、南支无控山区共 7 个计算分区对 1980 年以前各年的最大场次洪水进行了下垫面影响修订，将修订后的各区域的洪水过程线演进至十方院后叠加得到南支总过程线，据此得到各控制时段洪量。

大清河北支北河店站，洪水过程由安格庄水库天然洪水过程、张坊站南落宝滩分流过程以及安格庄～落宝滩～北河店区间过程演进后叠加得到。北支东茨村站，洪水由张坊站北落宝滩分流过程以及落宝滩～东茨村区间过程演进后叠加得到。新盖房站为北支的总控制断面，天然洪水过程由北河店站和东茨村站洪水过程演进后叠加而成。由于北拒马河洪水有多个洼套调蓄，新盖房洪水由兰沟洼调蓄，根据控制断面天然过程线统计得到的时段洪量和洪峰流量均为虚拟量，在实际应用时需根据工程情况进行调蓄计算。

大清河系全流域洪水由南支十方院、北支新盖房和淀东清南平原、清北平原叠加组成，也为不考虑上游洼淀或工程调蓄作用的天然状态下的虚拟洪水。其洪水系列分别以南支洪量最大、北支相应以及北支洪量最大、南支相应逐年统计不同时段洪量，选其大者组成南北支组合后的洪量系列；淀东平原为沥涝水，按相应洪水最大时段产生的沥水与洪量系列组合。

8.4.3.2　洪水频率计算

1. 洪水特大值的重现期考证

1990 年河北省水利水电勘测设计研究院编制的《大清河流域设计洪水分析报告》中，对大清河流域历次大洪水的重现期进行了充分详尽的考证，其中北支考证期最远至 1801 年，南支最远至 1604 年。大清河历史特大水年有 1794 年、1801 年、1872 年、1853 年、1917 年、1939 年、1956 年、1963 年等，其中 1917 年以来的洪水资料较为可靠，在设计洪水分析中重点采用。本次洪水分析未再对历史洪水进行考证，直接将《大清河流域设计洪水分析报告》中历史洪水考证时间长度延长至 2008 年。

大清河流域各站 1956 年、1963 年洪水重现期考证成果见表 8-54 和表 8-55。

表 8-54　　大清河流域“56·8”洪水考证成果

控制站	项目	考证期排序	重现期/年
北河店	洪峰流量	4/(1917—2008 年)	23
	6 日洪量	2/(1951—2008 年)	29
	30 日洪量	5/(1917—2008 年)	18
东茨村	洪峰流量	4/(1871—2008 年)、4/(1917—2008 年)	23～34
	6 日洪量	2/(1951—2008 年)	29
	30 日洪量	5/(1871—2008 年)、5/(1917—2008 年)	18～28
南支	6 日洪量	8～9/(1801—2008 年)、2/(1951—2008 年)	23～29
	30 日洪量	2～3/(1917—2008 年)	31～46
全流域	6 日洪量	8/(1801—2008 年)、2/(1951—2008 年)	26～29
	30 日洪量	2/(1951—2008 年)	29

表 8-55　　大清河流域“63·8”洪水考证成果

控制站	项目	考证期排序	重现期/年
北河店	洪峰流量	1/(1871—2008 年)、1/(1917—2008 年)	92～138
	6 日洪量	1/(1917—2008 年)、1/(1951—2008 年)	58～92
	30 日洪量	2～3/(1951—2008 年)	19～29
东茨村	洪峰流量	6/(1871—2008 年)、6/(1917—2008 年)	15～23
	6 日洪量	6/(1871—2008 年)、2/(1951—2008 年)	23～29
	30 日洪量	8/(1871—2008 年)、4/(1951—2008 年)	15～17
南支	6 日洪量	2/(1801—2008 年)	104
	30 日洪量	7/(1604—2008 年)、3/(1794—2008 年)、1/(1951—2008 年)	58～72
全流域	6 日洪量	4～6/(1600—2008 年)	68～102
	30 日洪量	1/(1951—2008 年)	58

2. 设计洪水计算

据上述重现期考证，以 1951—2008 年新洪水序列为样本，在对各站不同时段洪量系列内的 1956 年、1963 年等特大洪水确定重现期后，对洪水由大到小排序，选用 P-Ⅲ频率曲线法进行适线。同时对洪峰流量及不同控制时段洪量的统计特征参数优化，以及对各站点统计特征参数时空分布特征调整后，得到大清河北支北河店、东茨村、南支白洋淀以上和全流域洪量频率分析成果，与 1990 年成果比较见表 8-56，北支洪峰流量频率分析及与 1990 年的成果比较见表 8-57。其中，1990 年成果是河北省水利水电勘测设计研究院 1990 年编制的《大清河流域设计洪水分析报告》中以 1951—1986 年实测洪水序列为样本，将 1956 年、1963 年洪水作特大处理后的计算成果。另外，本次增加了全流域最大 3 日、6 日、15 日、30 日四个时段洪量的计算成果一并列入表 8-56。

8.4.3.3 成果合理性分析

本次大清河流域设计洪水修订采用 1951—2008 年共 58 年实测资料系列，并对 1956 年、1963 年实测大洪水进行历史洪水调查考证，资料系列长度的代表性符合《水利水电工程设计洪水计算规范》(SL 44—2006) 中的要求。本次计算成果与河北水利水电勘测设计研究院 1990 年编制的《大清河流域设计洪水分析报告》成果相比，其资料系列的代表性得到改善，同时本次分析成果与原成果之间也存在一定的差异。

从时间和空间上，对本次设计洪水计算成果的合理性进行分析论证，主要表现为以下几点。

(1) 本次分析计算采用的 1951—2008 年资料既包括了 1963 年、1955 年、1956 年、1959 年等大水年份，同时也包括了 20 世纪 80 年代的枯水年份，以及其他平水年份。因此，资料系列的代表性进一步改善，计算成果的稳定性和可靠性均有提高。

(2) 与原先的成果相比，全流域各控制站点的洪峰流量及不同控制时段 (3 日、6 日、15 日和 30 日) 洪量的频率统计参数发生一定变化，主要表现在：洪峰流量、洪量的均值均偏小、变差系数 C_V 值变大，C_S 与 C_V 的比值由原先的 2.5 变为 2.6 或 2.7。引起这一变化的主要原因是人类活动加剧、水资源过度开发等综合影响。

表 8-56　　大清河流域设计洪量成果及与 1990 年成果比较

站名	项　目		统计参数			不同频率设计值/亿 m^3					
			均值/亿 m^3	C_V	C_S/C_V	0.5%	1%	2%	5%	10%	20%
北河店	3 日洪量	本次成果	0.68	1.94	2.6	8.51	6.71	5.03	3.00	1.72	0.75
		1990 年成果	0.97	1.7	2.5	10.22	8.27	6.40	4.08	2.54	1.27
		变化幅度	−30%			−17%	−19%	−21%	−26%	−32%	−41%
	6 日洪量	本次成果	0.97	1.84	2.6	11.38	9.07	6.65	4.19	2.47	1.14
		1990 年成果	1.31	1.6	2.5	12.84	10.47	8.16	5.33	3.41	1.78
		变化幅度	−26%			−11%	−13%	−19%	−21%	−28%	−36%
	15 日洪量	本次成果	1.56	1.75	2.6	17.23	13.82	10.57	6.60	3.99	1.93
		1990 年成果	2.1	1.5	2.5	19.03	15.63	12.35	8.23	5.41	2.96
		变化幅度	−26%			−9%	−12%	−14%	−20%	−26%	−35%
	30 日洪量	本次成果	2.05	1.65	2.6	21.08	17.06	13.18	8.42	5.24	2.63
		1990 年成果	2.7	1.4	2.5	22.55	18.65	14.91	10.15	6.82	3.90
		变化幅度	−24%			−7%	−9%	−12%	−17%	−23%	−33%
东茨村	3 日洪量	本次成果	0.76	1.94	2.6	9.51	7.5	5.63	3.36	1.93	0.84
		1990 年成果	1.1	1.8	2.5	12.43	9.97	7.63	4.76	2.88	1.38
		变化幅度	−31%			−23%	−25%	−26%	−30%	−33%	−39%
	6 日洪量	本次成果	1.15	1.88	2.6	13.85	10.98	8.28	5.00	2.93	1.33
		1990 年成果	1.65	1.7	2.5	17.39	14.06	10.88	6.95	4.31	2.16
		变化幅度	−30%			−20%	−22%	−24%	−28%	−32%	−38%
	15 日洪量	本次成果	1.62	1.82	2.6	18.76	14.97	11.35	6.97	4.14	1.93
		1990 年成果	2.3	1.65	2.5	23.37	18.98	14.76	9.54	6.00	3.08
		变化幅度	−30%			−20%	−21%	−23%	−27%	−31%	−37%
	30 日洪量	本次成果	2.06	1.69	2.6	21.82	17.58	13.55	8.57	5.27	2.62
		1990 年成果	2.9	1.5	2.5	26.28	21.58	17.06	11.36	7.47	4.09
		变化幅度	−29%			−17%	−19%	−21%	−25%	−29%	−36%
大清北支	3 日洪量	本次成果	1.5	1.92	2.6	18.54	14.66	11.00	6.60	3.81	1.68
		1990 年成果	1.95	1.75	2.5	21.29	17.15	13.20	8.34	5.11	2.50
		变化幅度	−23%			−13%	−15%	−17%	−21%	−25%	−33%
	6 日洪量	本次成果	2.2	1.82	2.6	25.47	20.32	15.41	9.46	5.62	2.62
		1990 年成果	2.82	1.65	2.5	28.66	23.27	18.09	11.70	7.36	3.78
		变化幅度	−22%			−11%	−13%	−15%	−19%	−24%	−31%
	15 日洪量	本次成果	3.3	1.73	2.6	35.95	28.87	22.14	13.86	8.44	4.10
		1990 年成果	4.2	1.55	2.5	39.60	32.40	25.47	16.78	10.87	5.80
		变化幅度	−21%			−9%	−11%	−13%	−17%	−22%	−29%
	30 日洪量	本次成果	4.15	1.63	2.6	42.07	34.06	26.41	16.95	10.59	5.38
		1990 年成果	5.2	1.45	2.5	45.26	37.30	29.65	19.96	13.31	7.40
		变化幅度	−20%			−7%	−9%	−11%	−15%	−20%	−27%

续表

站名	项目		统计参数			不同频率设计值/亿 m^3					
			均值/亿 m^3	C_V	C_S/C_V	0.5%	1%	2%	5%	10%	20%
大清南支	3日洪量	本次成果	3	2	2.7	39.30	30.72	22.74	13.20	7.32	3.00
		1990年成果	3.6	1.9	2.5	43.41	34.60	26.20	15.98	9.40	4.30
		变化幅度	−17%			−9%	−11%	−13%	−17%	−22%	−29%
	6日洪量	本次成果	4.4	1.85	2.7	52.57	41.59	31.26	18.81	10.92	4.90
		1990年成果	5.5	1.75	2.5	60.05	48.35	37.24	23.52	14.41	7.04
		变化幅度	−20%			−12%	−14%	−16%	−20%	−24%	−30%
	15日洪量	本次成果	6.8	1.72	2.7	74.38	59.54	45.40	28.22	16.99	8.22
		1990年成果	9.2	1.6	2.5	90.16	73.40	57.30	37.46	23.90	12.50
		变化幅度	−26%			−18%	−19%	−21%	−25%	−29%	−34%
	30日洪量	本次成果	8.5	1.55	2.7	81.57	66.17	51.52	33.36	21.06	10.98
		1990年成果	12.5	1.35	2.5	100.00	83.00	66.75	45.96	31.30	18.30
		变化幅度	−32%			−18%	−20%	−23%	−27%	−33%	−40%
新镇以上	3日洪量	本次成果	4.2	1.92	2.6	51.30	40.55	30.44	18.26	10.54	4.64
		1990年成果	5.3	1.85	2.5	61.88	49.45	37.68	23.29	13.89	6.52
		变化幅度	−22%			−17%	−18%	−19%	−22%	−24%	−29%
	6日洪量	本次成果	6.1	1.8	2.6	69.70	55.69	42.33	26.13	15.59	7.35
		1990年成果	8	1.7	2.5	84.30	68.16	52.72	33.70	20.96	10.48
		变化幅度	−24%			−17%	−18%	−20%	−22%	−26%	−30%
	15日洪量	本次成果	9.9	1.68	2.6	103.58	83.55	64.41	40.85	25.18	12.55
		1990年成果	12.9	1.55	2.5	121.62	99.46	78.20	51.54	33.40	17.80
		变化幅度	−24%			−15%	−16%	−18%	−21%	−25%	−29%
全流域	3日洪量	本次成果	4.8	1.85	2.6	56.70	45.12	34.10	20.77	12.24	5.59
	6日洪量	本次成果	7.2	1.72	2.6	77.90	62.61	48.07	30.18	18.42	9.00
	15日洪量	本次成果	11.2	1.54	2.6	106.09	86.59	67.61	44.31	28.43	15.15
	30日洪量	本次成果	14.8	1.4	2.6	125.03	103.11	82.02	55.33	37.01	20.85

（3）从大清河流域设计洪水成果可以看出，本次设计洪水频率计算成果中北河店、东茨村两站均值及设计值之和均大于等于北支（白沟站）相应值，南支、北支洪量均值及设计值之和大于等于白洋淀以上的相应值。这一规律符合流域及河道洪水汇流规律。

（4）单站不同时段洪量间的频率曲线均无交叉现象，各曲线近于平行，符合单站设计洪水频率曲线规律。

（5）从频率曲线统计参数及设计值的时间分布上可以看出，南支、北支及全流域的均值和不同频率的设计值随控制时段的增加逐渐增大，而变差系数 C_V 则随控制时段的增加而逐渐减小。由于下垫面条件的改变，从而使洪量系列调整后的本次成果与河北省水利水

表 8-57 大清河北支主要控制站设计洪峰流量成果与1990年成果比较

站名	修订时期	统计参数			不同频率设计值/亿 m^3					
		均值/亿 m^3	C_V	C_S/C_V	0.5%	1%	2%	5%	10%	20%
北河店	本次成果	750	1.9	2.6	9152	7245	5453	3281	1907	853
	1990年成果	800	1.85	2.5	9340	7464	5688	3512	2096	984
	变化幅度	−6%			−2%	−3%	−4%	−7%	−9%	−13%
东茨村	本次成果	670	1.87	2.6	8018	6366	4805	2910	1707	775
	1990年成果	730	1.8	2.5	8246	6614	5066	3168	1913	913
	变化幅度	−8%			−3%	−4%	−5%	−8%	−11%	−15%

电勘测设计研究院1990年成果相比，北支各控制时段设计值的相对比值随控制时段的增大而逐渐减小；而南支的情况恰好相反，均值和同一重现期下设计值的相对比值随控制时段的增大而逐渐减小，这一规律符合流域下垫面对径流洪水的调蓄规律。

8.5 北四河典型控制站设计洪水成果下垫面影响修订

永定河、北运河、潮白河、蓟运河统称北四河，主要洪水控制站包括永定河上的官厅、三家店，北运河上的通县，潮白河上的密云、苏庄，蓟运河上的于桥、九王庄等。鉴于资料条件和洪水成果修订工作开展情况，本次以永定河河上的三家店（官三区间）、潮白河上的密云、苏密怀区间3个典型控制站为代表，对相关设计洪水下垫面影响修订成果给予介绍。

8.5.1 永定河官厅～三家店区间

8.5.1.1 基本情况

1. 流域概况

永定河官厅～三家店区间，也称为官厅山峡，是指官厅水库至三家店拦河闸之间的永定河上游河谷，流域面积1645km²，河长约109km。主要支沟有沿河城沟、湫河、清水河、下马岭沟、清水涧、苇甸沟、樱桃沟等。支流清水河青白口以上控制面积518km²，官厅至雁翅（不含清水河）控制面积694km²，雁翅至三家店流域面积433km²。本流域地处太行山山脉与燕山山脉交汇处，除沿河两岸有零星黄土平地，三家店附近为浅山区外，其余均为山区，山区占流域面积的94%。流域内地质结构复杂，石灰岩分布较广，尤其是支流清水河石灰岩最多（约占总面积的30%），北部部分地区砂砾覆盖甚厚。流域内植被状况，除清水河较好外，一般较差，官厅至雁翅最差。

官厅山峡区间设有6个水文站，9个雨量站。干流上官厅水库、雁翅、三家店水文站分别建于1925年、1963年、1920年；支沟清水河上清水、斋堂水库及青白口水文站，分别建于1975年、1974年和1951年。

2. 设计洪水成果

官厅山峡现行设计洪水成果为1984年编制海河流域综合规划时的分析成果，在2000

年编制海河流域防洪规划时，将洪水系列延长至 1997 后，对原成果进行了复核。复核成果与 1984 年成果相比，均值减小，C_V 增大，稀遇洪水相差不大，常遇洪水减小较多。如 500 年一遇洪峰流量比原成果小 0.7%，20 年一遇洪峰流量小 9.9%，20 年一遇洪量比原成果小 10%。复核后仍推荐使用 1984 年成果。设计洪水成果见表 8-58。

表 8-58　　官厅山峡设计洪水成果

项目	单位	均值	C_V	C_S/C_V	不同频率设计值				备注
					0.2%	1%	2%	5%	
Q_m	m^3/s	640	1.75	2.5	8860	5630	4330	2740	1984 年成果
W_{24h}	亿 m^3	0.22	1.70	2.5	2.930	1.874	1.450	0.926	
$W_{3日}$	亿 m^3	0.40	1.55	2.5	4.708	3.084	2.424	1.596	
$W_{7日}$	亿 m^3	0.60	1.50	2.5	6.768	4.464	3.528	2.346	
Q_m	m^3/s	550	1.95	2.5	8800	5430	4090	2470	2000 年复核成果
W_{24h}	亿 m^3	0.19	1.82	2.5	2.77	1.74	1.33	0.83	
$W_{3日}$	亿 m^3	0.34	1.75	2.5	4.71	2.99	2.30	1.45	
$W_{7日}$	亿 m^3	0.51	1.65	2.5	6.53	4.21	3.27	2.11	

8.5.1.2 洪水系列下垫面影响修订

通过对官厅山峡流域的历史水文数据分析，下垫面变化对洪水的影响可以划分为 1980 年以前和 1980 年以后两个阶段。分别采用相关分析和水文模型两种方法对下垫面影响进行修订。

1. 相关模式建立与洪水修订

根据实测降雨径流资料，建立了官厅山峡区间 1980 年前后的 $P+P_a \sim R$ 相关图，见图 8-40；1 日洪量与洪峰流量相关图见图 8-41。1980 年以前共选择 11 场水，误差在 20%以内的有 5 场，合格率为 45%；1981 年以后共选择 7 场水，误差在 20%以内的有 5 场，合格率为 71%。峰量关系分析中共选择 19 场洪水，其中 1981 年以后的有 5 场，主要以小洪水为主。

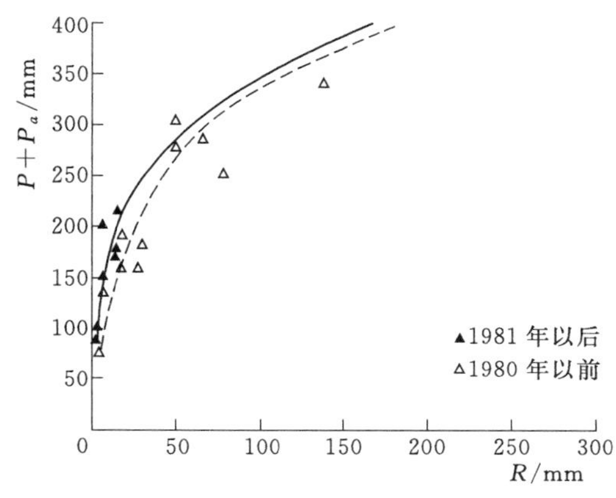

图 8-40　官厅山峡区间 $P+P_a \sim R$ 相关图

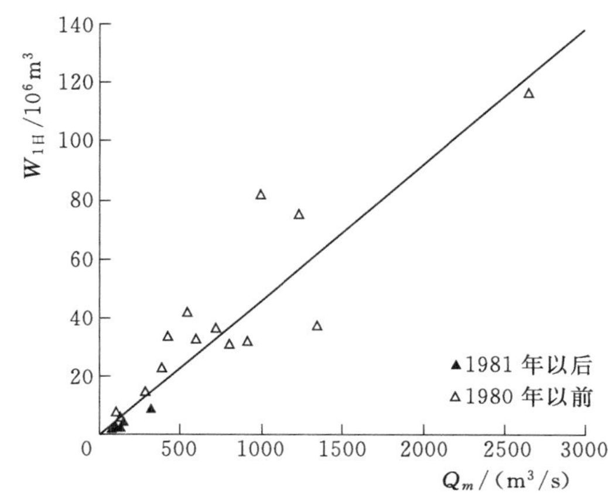

图 8-41　官厅山峡区间 1 日洪量与洪峰流量相关图

2. 模型方法修订

由于官厅山峡流域历史洪水较少，根据当前的资料情况选择 15 场洪水，其中 1980 年以前 10 场，径流深误差合格率为 90%，洪峰流量误差合格率为 50%；1980 年以后，共选择 5 场降雨，径流深误差合格率为 80%，洪峰流量误差合格率为 60%。

与相关分析法比较，模型方法有更好的模拟精度，因此官厅山峡区域采用模型对 1980 年以前洪水系列进行一致性修订，修订成果详见表 8-59。

表 8-59　　官厅山峡流域年特征值模型方法修订成果

年份	洪峰流量		3 日洪量		7 日洪量	
	修订幅度/%	修订值/(m^3/s)	修订幅度/%	修订值/亿 m^3	修订幅度/%	修订值/亿 m^3
1956	13	1969	13	2.802	11	2.882
1957	100	0	100	0	23	0.266
1958	39	770	39	0.269	32	0.526
1959	40	151	41	0.186	35	0.372
1960	100	0	100	0	21	0
1961	100	0	100	0	21	0.007
1962	34	157	34	0.085	40	0.098
1963	38	554	38	0.351	35	0.452
1964	39	134	39	0.162	35	0.259
1965	100	0	100	0	19	0
1966	93	6	94	0.004	38	0.073
1967	27	95	27	0.070	38	0.101
1968	100	0	100	0	37	0.082
1969	100	0	100	0	34	0
1970	100	0	100	0	23	0.060
1971	93	8	94	0.004	38	0.084
1972	100	0	100	0	91	0
1973	42	115	42	0.119	38	0.173
1974	93	7	94	0.004	41	0.076
1975	100	0	100	0	91	0
1976	93	7	94	0.004	39	0.083
1977	34	92	34	0.085	39	0.158
1978	100	0	100	0	39	0.083
1979	16	71	17	0.060	41	0

8.5.1.3 设计洪水成果下垫面影响修订

利用一致性修订的成果对历史系列进行频率计算，得出对历史洪水进行一致性修订前后的频率分析结果对比表，见表 8-60。

表 8-60 官厅山峡设计洪水变化幅度

项目		统计参数			不同频率设计值				
		均值	C_V	C_S/C_V	0.2%	0.5%	1%	2%	5%
洪峰流量/(m^3/s)	1998年成果	550	1.95	2.5	8800	6846	5430	4090	2470
	本次成果	500	2.05	2.5	8536	6599	5195	3883	2294
	变化幅度	-9%			-3%	-4%	-4%	-5%	-7%
3日洪量/亿 m^3	1998年成果	0.34	1.75	2.5	4.71	3.72	2.99	2.30	1.45
	本次成果	0.25	2.00	2.5	4.14	3.21	2.54	1.90	1.14
	变化幅度	-26%			-12%	-14%	-15%	-17%	-22%
7日洪量/亿 m^3	1998年成果	0.51	1.65	2.5	6.53	5.19	4.21	3.27	2.11
	本次成果	0.36	1.95	2.5	5.77	4.48	3.55	2.68	1.61
	变化幅度	-29%			-12%	-14%	-16%	-18%	-24%

8.5.2 潮白河密云站

8.5.2.1 基本情况

1. 流域概况

密云水库为潮白河上的大型水库控制工程，位于潮河和白河的汇流处上游附近，控制流域面积 15788km²，占潮白河流域面积的 88%。其中潮河流域面积为 6716km²，白河流域面积为 9072km²。流域内基本上属于土石山区，一般土层较薄，植被较好，但流域内各地差异较大，不少地方岩石裸露，裂隙较发育。

密云水库流域共有 36 个雨量站，其中有 12 个水文站，均为自动遥测站，蒸发站使用密云水库站。密云水库流域情况见图 8-42。

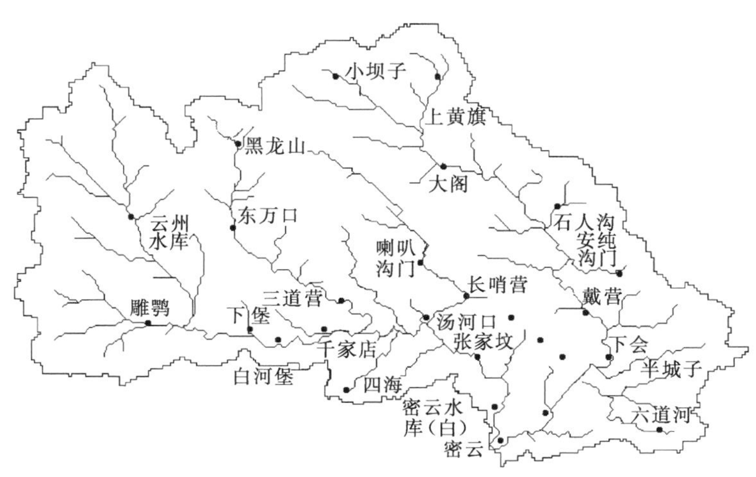

图 8-42 密云水库流域图

2. 设计洪水成果

密云水库初步设计洪水为 1959 年清华大学提出，以后清华大学分别于 1962 年和 1976 年"加固设计"时进行复核修订。中水北方勘测设计研究有限责任公司（原水利部天津水利水电勘测设计研究院）于 1996 年 8 月提出了《密云水库特征水位和运用方式复核水文分析报告》，水利部于同年 9 月审查了该报告，审定了密云水库设计洪水成果，其洪水系列均为 1918—1990 年，该成果沿用至今，见表 8-61。

表 8-61　密云水库设计洪水成果

项目	单位	统计参数			不同频率设计值			备　注
		均值	C_V	C_S/C_V	2%	5%	10%	
Q_m	m^3/s	1500	1.35	2.37	7950	5550	3830	清华大学 1976 年成果
$W_{7日}$	亿 m^3	3.26	1.30	2.23	16.50	11.80	8.35	
$W_{15日}$	亿 m^3	4.58	1.25	2.24	22.40	16.00	11.50	
Q_m	m^3/s	1380	1.37	2.5	7460	5120	3480	天津水利水电勘测设计研究院 1994 年成果
$W_{7日}$	亿 m^3	2.97	1.32	2.2	15.26	10.84	7.65	
$W_{15日}$	亿 m^3	4.19	1.23	2.2	20.14	14.56	10.49	

8.5.2.2　洪水系列下垫面影响修订

首先对占密云水库总面积 88% 的张家坟站和戴营站洪水系列和设计洪水进行分析和修订，然后根据两站不同频率设计洪水的修订幅度，对密云水库设计洪水进行修订。针对两个控制站，应用新安江-海河水文模型，分 1980 年以前和 1980 年以后两个时期分别率定模型参数。采用 1980 年以前和 1980 年以后两组模型参数分别对 1980 年以前的逐年场次暴雨洪水进行模拟计算，模拟成果的差值即为当年的场次洪水修订幅度。戴营站和张家坟站 1980 年以前洪水系列修订成果见表 8-62 和表 8-63。

表 8-62　戴营站和张家坟站径流模拟合格统计

流域	时　间	SM/mm	CS	径流合格率/%
戴营	1980 年以前	44	0.14	76
	1980 年以后	48	0.16	93
张家坟	1964—1980 年	24	0.01	73
	1982—2007 年	35	0.04	79

表 8-63　戴营站和张家坟站以上流域洪水系列一致性修订

年　份	戴　营　站			张　家　坟　站		
	流量 /(m^3/s)	3 日洪量 /万 m^3	7 日洪量 /万 m^3	流量 /(m^3/s)	3 日洪量 /万 m^3	7 日洪量 /万 m^3
1960	108.86	901	1171	47775	2983	3791
1961	128.10	531	910	4225	418	870
1962	26.66	378	622	18400	1895	2779
1963	121.98	1875	2334	63337	10697	13562
1964	629.20	6523	9608	97526	14431	21223
1965	214.23	1404	2372	66190	2827	4133
1966	105.30	720	1222	13930	967	1948

续表

年份	戴营站			张家坟站		
	流量/(m^3/s)	3日洪量/万m^3	7日洪量/万m^3	流量/(m^3/s)	3日洪量/万m^3	7日洪量/万m^3
1967	246.53	828	1854	16134	2587	4766
1968	116.69	695	827	11520	1475	2363
1969	95.70	1723	2948	88689	5985	9577
1970	60.24	1172	1941	14994	2396	4447
1971	16.73	182	346	6669	685	1151
1972	146.93	1097	1295	168750	7591	8484
1973	437.41	8879	13475	75264	13077	20306
1974	528.55	8817	12509	104650	19134	29980
1975	213.00	826	1090	15372	2242	3522
1976	83.37	362	484	13089	828	1160
1977	261.89	2376	4390	29047	4632	8303
1978	415.77	4013	5612	7715	1485	3216
1979	132.98	2670	4668	15398	3786	7318
1980	28.98	292	455	2652	592	1002

利用一致性修订的成果对戴营和张家坟历史系列进行频率计算，得出对历史洪水一致性修订前后的频率分析结果对比表，见表8-64和表8-65。

对密云水库流域的设计洪水修订采用戴营和张家坟流域的修订均值，洪峰流量设计频率平均减少6%，最大3日洪量平均减少18%，最大7日洪量平均减少18%。使用设计洪水的变化幅度对现行设计洪水成果进行修订，成果见表8-66。

表8-64　　戴营站设计洪水修订成果

项目		统计参数			不同频率设计值			
		均值	C_V	C_S/C_V	1%	2%	5%	10%
洪峰流量/(m^3/s)	1994年成果	282	1.22	2.2	8800	6846	5430	4090
	本次成果	240	2.05	2.5	8536	6599	5195	3883
	变化幅度	−15%			−3%	−4%	−4%	−5%
3日洪量/(10^6m^3)	1994年成果	26	1.75	2.5	4.71	3.72	2.99	2.3
	本次成果	20.8	2	2.5	4.14	3.21	2.54	1.9
	变化幅度	−20%			−12%	−14%	−15%	−17%
7日洪量/(10^6m^3)	1994年成果	36.8	1.65	2.5	6.53	5.19	4.21	3.27
	本次成果	29.7	1.95	2.5	5.77	4.48	3.55	2.68
	变化幅度	−19%			−12%	−14%	−16%	−18%

表 8-65　　张家坟站设计洪水修订成果

项目		统计参数			不同频率设计值			
		均值	C_V	C_S/C_V	1%	2%	5%	10%
洪峰流量 /(m^3/s)	1994 年成果	282	1.22	2.2	1635	1347	976	705
	本次成果	258	1.27	2.2	1557	1276	915	654
	变化幅度	−9%			−5%	−5%	−6%	−7%
3 日洪量 /(10^6m^3)	1994 年成果	26	1.43	2.5	184	146	98.9	66.1
	本次成果	20.8	1.48	2.5	153	121	80.8	53.3
	变化幅度	−20%			−17%	−17%	−18%	−19%
7 日洪量 /(10^6m^3)	1994 年成果	36.8	1.60	2.5	294	230	150	95.7
	本次成果	29.7	1.65	2.5	245	190	123	77.5
	变化幅度	−19%			−17%	−17%	−18%	−19%

表 8-66　　密云水库设计洪水修订成果

项目		均值	不同频率设计值		
			2%	5%	10%
洪峰流量 /(m^3/s)	现行成果	1380	7460	5120	3480
	本次成果	1260	7090	4810	3240
	变化幅度	−9%	−5%	−6%	−7%
7 日洪量 (10^6m^3)	现行成果	2.97	15.26	10.84	7.65
	本次成果	2.38	12.67	8.89	6.20
	变化幅度	−20%	−17%	−18%	−19%

8.5.3　潮白河苏密怀区间

8.5.3.1　洪水分析

通过对苏密怀流域的历史沿革和水文数据分析，下垫面变化对洪水的影响主要表现在三个阶段，分别为 1970 年以前、1970—1979 年和 1980 年以后。

本区域的设计洪水修订采用降雨径流相关法和洪量洪峰相关法。经计算，饱和含水量 I_m 为 150mm；土壤含水量衰减系数 K 值在不同月份和天气数值不同，见表 8-67。分别建立降雨径流相关图和洪峰洪量相关图，见图 8-43～图 8-45。

表 8-67　　苏密怀流域不同月份 K 值表

天气	$K6$	$K7$	$K8$	$K9$	$K105$
阴天	0.92	0.94	0.98	0.96	0.90
晴天	0.88	0.91	0.90	0.90	0.84

$P+P_a \sim R$ 误差评估：1970 年以前共 6 场降雨，误差在 20%以内的有 5 场，合格率为 83%；1971—1979 年共有 6 场降雨，误差在 20%以内的有 3 场，合格率为 50%；1980 年以后共有 5 场降雨，误差在 20%以内的有 3 场，合格率为 60%。峰量关系共选择了 35

场降雨，误差在20%以内的有27场，合格率为77%。

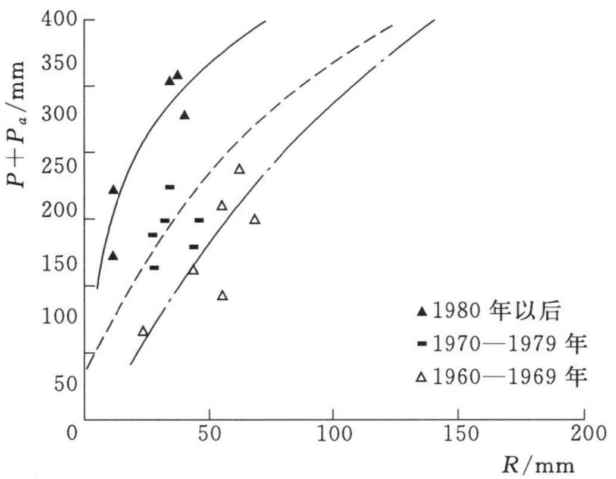

图8-43　苏密怀区间 $P+P_a$～R 相关图

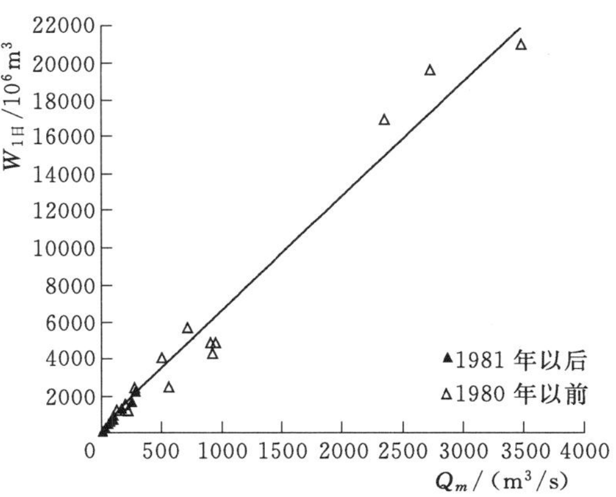

图8-44　苏密怀区间1日洪量洪峰相关图

8.5.3.2　一致性修订

1. *系列修订*

洪量修订采用降雨径流关系进行变幅修订，其中1日、3日、7日洪量使用场次洪量按比例分配；从图8-44、图8-45可以看出，峰量关系基本不随年代变化而变化，所以对于洪峰流量修订采用洪量变幅进行修订。一致性修订成果见表8-68。

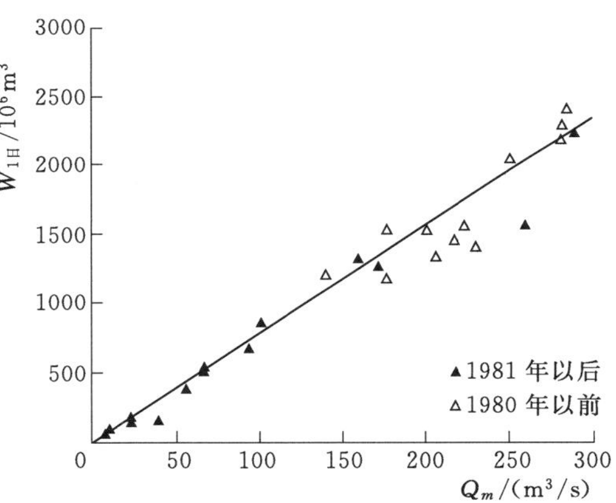

图8-45　苏密怀区间中小洪水1日洪量洪峰相关图

2. *频率分析*

利用一致性修订的成果对历史系列进行频率计算，得出对历史洪水进行一致性修订前后的频率分析结果对比表，见表8-69。

表8-68　　苏密怀区间历史资料一致性修订成果

日　期	流量修订/(m³/s)	最大洪量修订/10^6m^3		
		1日	3日	7日
19600721	15	103.1	228.8	493.6
19610625	0	0	0	0
19620726	130	685.7	1073.7	1435.1
19630810	53	417.0	1127.8	1601.2
19640814	92	415.2	1143.5	2024.6
19650723	12	58.1	129.3	291.0
19660814	49	401.7	893.6	1599.4
19670801	31	198.3	447.4	872.9
19680717	14	109.8	289.5	616.5

续表

日　期	流量修订 /(m^3/s)	最大洪量修订/$10^6 m^3$		
		1 日	3 日	7 日
19690811	198	1019.1	2189.5	3609.6
19700805	63	346.4	781.4	1756.5
19710530	18	156.6	461.9	1047.4
19720728	103	473.7	1018.9	1384.7
19730821	38	267.6	645.6	1047.0
19740726	58	471.7	1327.8	3063.1
19750507	20	171.7	500.4	1125.6
19760808	67	512.0	1340.4	2788.0
19770807	60	510.5	1513.1	3255.9
19780827	48	295.3	751.1	1349.0
19790816	38	242.0	604.7	1206.8

表 8－69　　　　**苏密怀区间设计洪水修订成果**

项　目		统　计　参　数			不同频率设计值			
		均值	C_V	C_S/C_V	1%	2%	5%	10%
洪峰流量 /(m^3/s)	现行成果	185	1.43	2.5	1269	1024	712	490
	本次成果	69.3	1.48	2.5	494	397	273	186
	变化幅度	－63%			－61%	－61%	－62%	－62%
1 日洪量 /($10^6 m^3$)	现行成果	10.9	1.26	2.5	67.5	54.7	38.4	26.9
	本次成果	3.69	1.31	2.5	23.7	19.1	13.3	9.17
	变化幅度	－66%			－65%	－65%	－65%	－66%
3 日洪量 /($10^6 m^3$)	现行成果	26.1	1.12	2.2	138	115	84.8	62.7
	本次成果	8.76	1.44	2.2	60.7	48.9	33.9	23.3
	变化幅度	－66%			－56%	－57%	－60%	－63%
7 日洪量 /($10^6 m^3$)	现行成果	48.7	1.18	2.5	280	229	164	117
	本次成果	15.8	1.36	2.5	106	84.7	58.3	39.7
	变化幅度	－68%			－62%	－63%	－64%	－66%

3. 设计洪水修订成果

此次分析成果所使用的资料系列为 1960—2008 年，成果只反映流域下垫面条件从过去到现在的变化趋势。洪峰流量设计值修订后比修订前平均减少 62%；1 日洪量设计值修订后比修订前平均减少 66%；3 日洪量设计值修订后比修订前平均减少 66%；7 日洪量设计值修订后比修订前平均减少 68%。

使用设计洪水的变化幅度对现行设计洪水成果进行修订，成果见表 8－70。

表 8-70　苏密怀区间本次设计洪水修订成果

类　别	项　目	单位	不同频率设计值		
			2%	5%	10%
现行成果	天然 Q_m	m^3/s	2300	1570	1070
	调蓄后 Q_m	m^3/s	2050	1390	950
	$W_{7日}$	10^6m^3	2.39	1.85	1.44
	$W_{15日}$	10^6m^3	3.65	2.82	2.2
本次修订成果	天然 Q_m	m^3/s	897	597	407
	调蓄后 Q_m	m^3/s	800	528	361
	$W_{7日}$	10^6m^3	0.88	0.67	0.49
	$W_{15日}$	10^6m^3	1.35	1.02	0.75
变化幅度	天然 Q_m		−61%	−62%	−62%
	调蓄后 Q_m		−61%	−62%	−62%
	$W_{7日}$		−63%	−64%	−66%
	$W_{15日}$		−63%	−64%	−66%

8.6　小结

下垫面一定时，暴雨量级及暴雨特性为影响洪水大小的主要因素，反之，当暴雨量级及暴雨特性相近时，流域下垫面条件变化对洪水影响就成为主要因素的基本规律。

1. 海河南系主要控制站设计洪水成果下垫面一致性修订

海河南系包括子牙河系和大清河系，主要控制站设计洪水成果修订，采用模型法及降雨径流经验相关法，对主要水文控制站1980年以前的洪水系列进行了一致性修订，并采用主要控制站1980年以前洪水修订成果和1980—2008年天然洪水系列，构建了新的洪水系列，对主要控制站的设计洪水进行了修订，主要结论如下。

（1）流域下垫面条件变化对洪水影响存在以下基本趋势：对于同一流域，在相同降雨量情况下，洪水减小的幅度与洪水的量级成反比，即洪水的量级越大，减小的幅度越小；在相同降雨量级情况下，洪水减小的幅度与流域面积也有一定关系，一般流域面积越大，减小幅度越大，反则反之；在相同降雨量级和流域面积相近的情况下，平原区洪水减少的幅度最大，丘陵区次之，山区减少的幅度最小。

（2）新洪水系列资料将原有系列延长了23年，其中既包括了1963年、1955年、1956年、1959年及1996年等大水年份，同时也包括了枯水年份和平水年份，资料系列的代表性、一致性和可靠性均有所改善。

（3）由于人类活动影响日益加剧，海河南系流域下垫面条件发生了显著的变化，造成了在相同降雨情况下，流域产生的径流（洪水）不同程度的减少。因此，本次设计洪水成果与原先的成果相比，洪峰流量及不同时段设计洪量均值均变小，变差系数 C_V 值及 C_S/C_V 均呈现偏大的现象。

(4) 受流域下垫面条件变化影响，在同样降雨情况下，海河南系主要控制站产生的洪水均呈减小趋势。对山丘区来讲，大洪水的洪量平均修订幅度一般在10%以内，中等洪水的平均修订幅度一般在10%～50%之间，小洪水的平均修订幅度一般在50%～80%之间。对于平原区，大洪水的平均修订幅度一般在30%以内，中等洪水的平均修订幅度一般在40%～70%之间，小洪水的平均修订幅度一般在70%～100%之间。

2. 北四河典型控制站设计洪水成果下垫面影响修订

本次选取的北四河典型站主要包括永定河官厅～三家店区间、潮白河密云水库以上流域及潮白河苏密怀区间。采用相关分析法或水文模型方法对区域不同年代的暴雨洪水资料进行研究分析，得出不同时期的产汇流变化规律，并按照现状下垫面条件进行洪水系列一致性修订，通过频率分析得出现状条件下设计洪水成果。分析结论主要包括以下几个方面。

(1) 1980年前后产汇流条件变化明显。通过降雨径流相关以及年径流系数等方法分析显示，大部分区域在1980年前后产汇流条件变化较为明显，1980年以后降雨径流相关性较为稳定，所以本次研究对历史资料进行一致性修订时以1980年以后的资料作为当前下垫面条件下的系列对历史资料进行修订。

(2) 对于山区流域，下垫面变化对设计洪水的影响均呈减少趋势。而对于纳入本次分析范围的苏密怀区间流域，处于平原及丘陵区的地下水超采区，由于地下水过度开采使得该区地下水位持续下降，当前地下水埋深已达40m左右，该地区河床以砂卵砾石为主，入渗条件好，目前已很难形成河道地表径流。

(3) 北四河主要控制站洪量修订幅度。永定河官厅～三家店区间修订幅度最小，50年一遇洪水7日设计洪量成果减少18%；苏密怀区间修订幅度最大，50年一遇洪水7日设计洪量成果减少63%；密云水库7日洪量减少17%。

第9章　海河流域典型排涝区排涝模数修订研究

9.1　平原区暴雨特征及典型站暴雨变化趋势分析

9.1.1　暴雨特征

影响海河流域暴雨的主要天气系统有切变线、西风槽、西北涡、东蒙低涡、西南涡、台风及台风倒槽等，其中由切变线和西风槽形成的暴雨次数最多，而台风、台风倒槽和西南涡所形成的暴雨量级最大。

暴雨主要发生在7月、8月，尤以7月下旬至8月上旬为最多。据发生在汛期的158次暴雨资料统计，出现在7月、8月的有147次，占93%；发生在7月下旬到8月上旬的有70次，占44.3%。

海河流域是我国暴雨年际变化较大的地区之一。单站年最大24h雨量均值在80～120mm之间，燕山山前平原及卫河平原较大，为100～120mm，中部平原较小，为80～100mm。单站年最大24h雨量年际间变化较大，变差系数介于0.6～0.8。

9.1.2　典型站暴雨变化趋势分析

9.1.2.1　时段暴雨量随时间的变化趋势分析

本书在大清河平原区选取了新盖房、固安、后奕、北河店、定州、保定、清苑、史各庄、高阳等9个雨量站作为典型站，在黑龙港平原选取了沧州、李村、崔尔庄、东光、建国、景县等6个雨量站作为典型站。根据现有资料分别统计了这些典型站从1956—2005年24h暴雨和3日暴雨，并从中选取8个降雨系列相对完整的雨量站资料，分别绘制24h暴雨和3日暴雨5年平均滑动曲线，分别见图9-1和图9-2。8个雨量站24h和3日降雨量的变化趋势图没有统一的一致性变化趋势，有的呈增加趋势，有的呈减少趋势。但从分区看，大清河平原区的6个雨量站24h暴雨和3日暴雨均呈现随年代减少的趋势，黑龙港平原的2个雨量站24h暴雨和3日暴雨呈现随年代增加的趋势。

9.1.2.2　1980年前后时段暴雨量变化趋势

为了分析时段暴雨量在20世纪80年代前后两个时期的变化情况，对典型雨量站24h暴雨和3日暴雨量分时期降雨量均值进行了对比，24h及3日暴雨量均值比较结果见表9-1和图9-3、图9-4。可以看出，多数站1980年以后24h及3日暴雨量均值呈减少趋势，但有部分站呈增加趋势，没有整体性变化趋势。大清河系9个典型站，24h暴雨量均值，除定州站外，其余8个站24h暴雨均值1980年以后呈减少趋势，与多年平均比较，变化幅度在−5.5%～−17.5%之间；3日暴雨量均值，9个站1980年以后均呈减少趋势，与多年平均比较，变化幅度在−3.3%～−2.13%之间。黑龙港水系的6个典型站，1980年前后，24小时暴雨及3日暴雨的变化趋势不明显，1980年后与1980年前比较，24小时

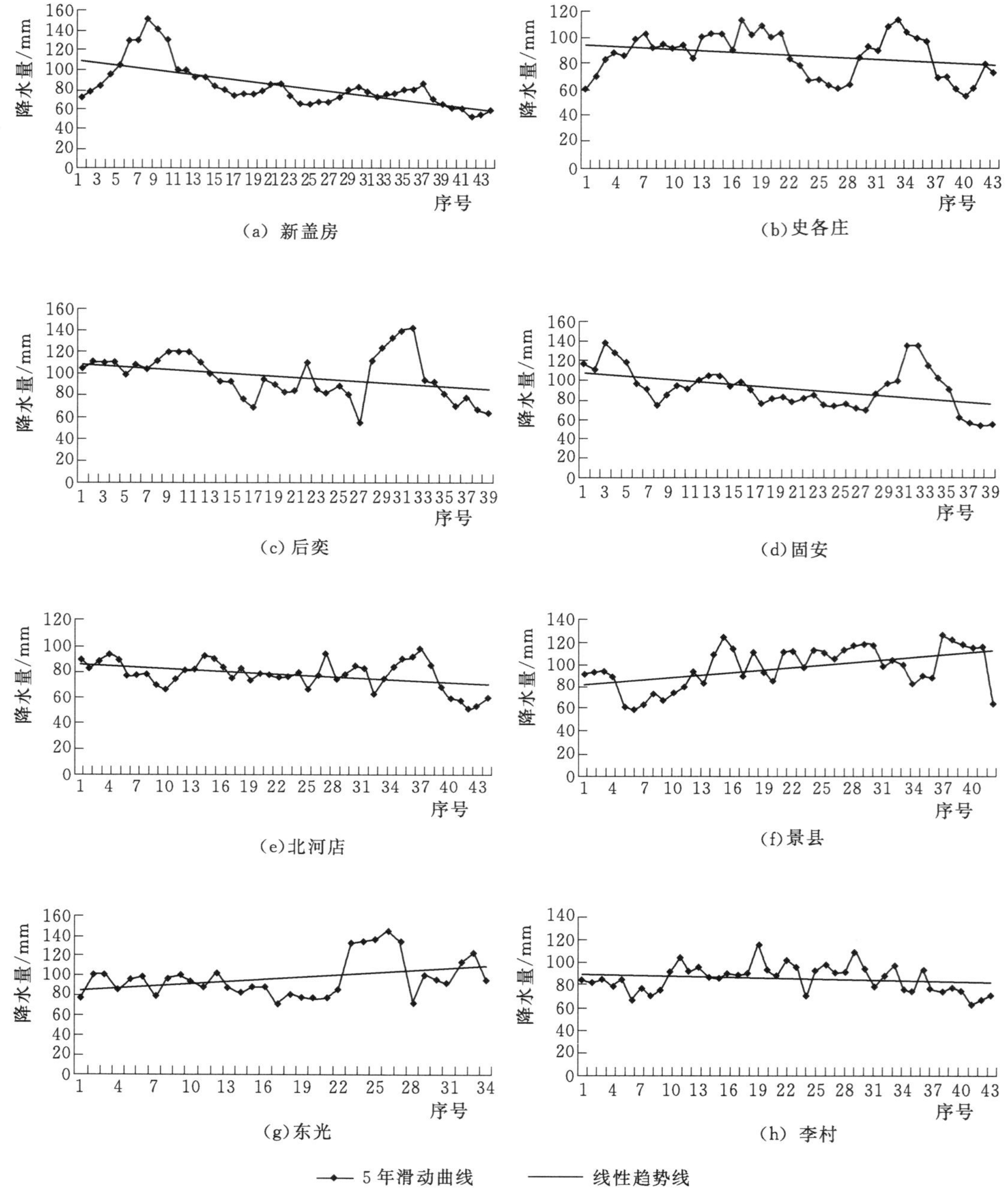

(a) 新盖房

(b) 史各庄

(c) 后奕

(d) 固安

(e) 北河店

(f) 景县

(g) 东光

(h) 李村

—◆— 5 年滑动曲线　　———— 线性趋势线

图 9－1　典型站 24h 暴雨 5 年平均滑动线

暴雨量均值有 3 个站增加，2 个站减少；3 日暴雨量均值有 3 个站增加，3 个站减少。

9.1.2.3　1980 年前后时段暴雨量统计参数变化趋势

以变差系数 C_V 作为暴雨量统计参数的表，对 15 个雨量站 24h 暴雨和 3 日暴雨 C_V 值进行统计，并对 1980 年以前和 1980 年以后两个统计时段暴雨量的 C_V 值变化进行比较分

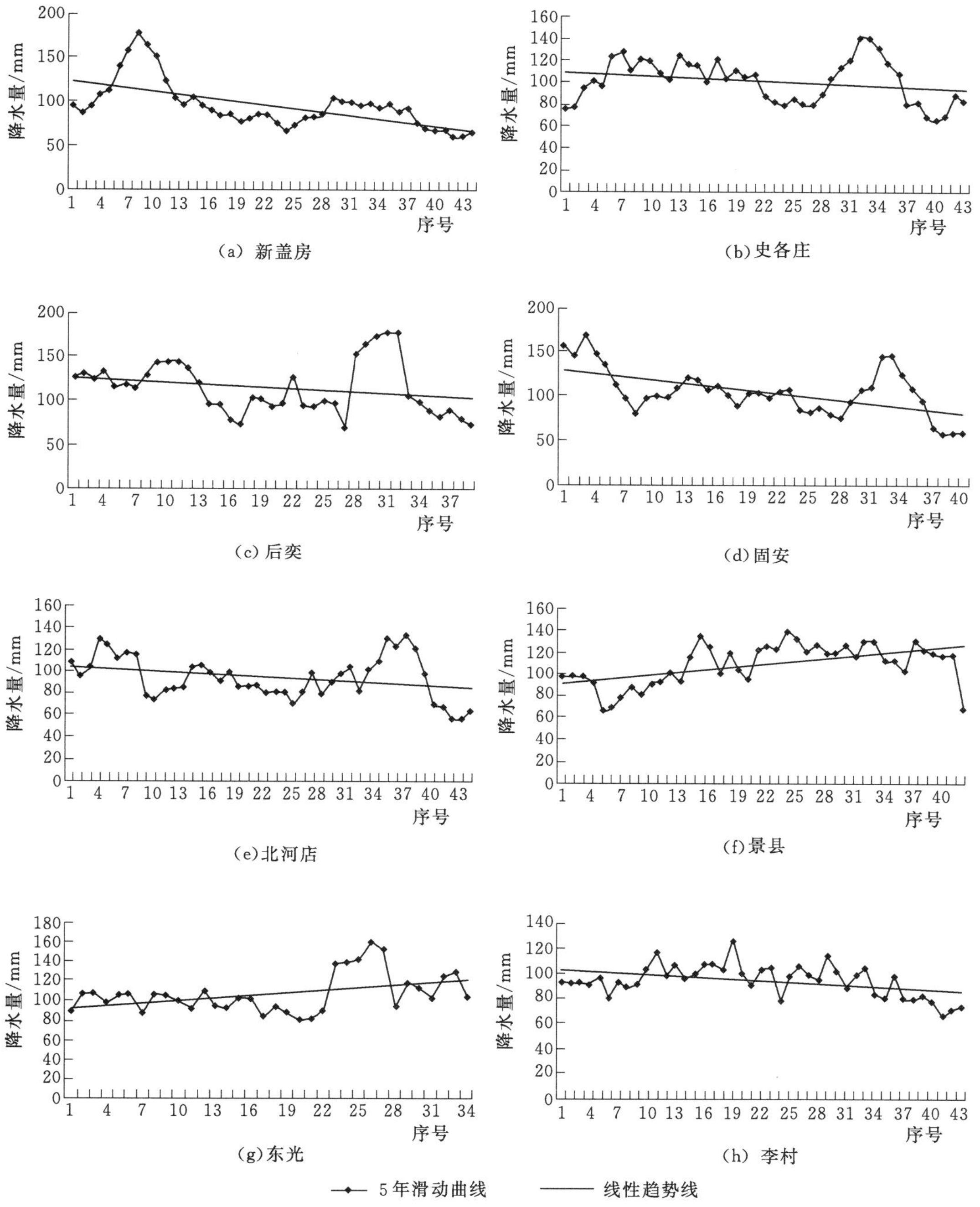

(a) 新盖房　　(b)史各庄

(c) 后奕　　(d)固安

(e)北河店　　(f)景县

(g)东光　　(h) 李村

5年滑动曲线　　线性趋势线

图 9-2　典型站 3 日暴雨 5 年平均滑动线

析，C_V 值比较结果见表 9-2 和图 9-5、图 9-6。可以看出，24h 暴雨和 3 日暴雨的 C_V 值变化趋势不明显，1980 年后与 1980 年前比较，15 个典型站 C_V 值有增有减，没有随年变化呈现有规律的变化。

表 9-1　　1980 年前后 24h、3 日暴雨均值对比表

河系	雨量站	24h 暴雨均值/mm			与多年平均比较变幅/%		3 日暴雨均值/mm			与多年平均比较变幅/%	
		多年平均	1980 年以前	1980 年以后	1980 年以前	1980 年以后	多年平均	1980 年以前	1980 年以后	1980 年以前	1980 年以后
大清河	新盖房	81.4	94.4	68.3	16	−16	94.3	108.8	79.8	15	−15
	固安	89.6	102.4	80.8	14	−10	104.8	123.4	91.9	18	−12
	后奕	96.0	105.9	89.4	10	−7	110.0	116.4	105.6	6	−4
	北河店	77.8	82.9	72.8	7	−6	94.5	100.8	88.1	7	−7
	定州	78.8	76.9	80.0	−2	2	92.8	98.1	89.7	6	−3
	保定	72.5	83.3	68.5	15	−6	84.0	104.6	76.2	25	−9
	清苑	77.5	82.3	63.9	6	−18	101.3	108.9	79.7	8	−21
	史各庄	84.5	91.6	77.6	8	−8	99.9	106.2	93.8	6	−6
	高阳	80.2	92.1	73.3	15	−9	93.8	116.2	80.7	24	−14
黑龙港	沧州	93.7	96.1	92.4	3	−1	104.8	112.4	100.6	7	−4
	李村	85.0	84.2	85.7	−1	1	94.0	97.4	91.3	4	−3
	崔尔庄	95.9	110.0	91.6	15	−5	106.7	128.4	100.0	20	−6
	东光	96.1	89.9	99.8	−7	4	105.6	98.5	109.7	−7	4
	建国	68.7	58.8	70.2	−14	2	76.9	66.8	78.4	−13	2
	景县	95.0	85.9	102.0	−10	7	105.6	95.0	113.7	−10	8

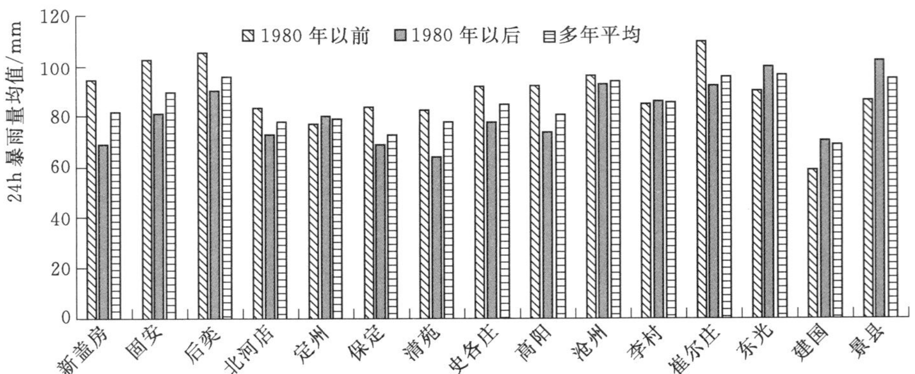

图 9-3　24h 暴雨均值 1980 年前后对比

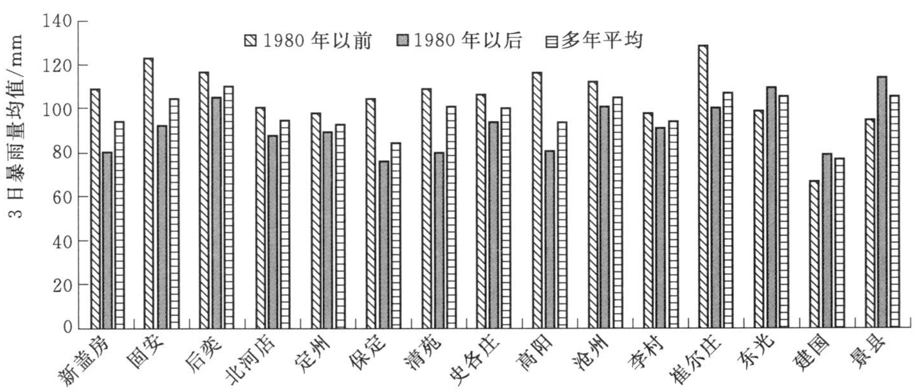

图 9-4　3 日暴雨均值 1980 年前后对比

表 9-2　　　　1980 年前后 24h、3 日暴雨 C_V 值统计成果

河系	雨量站	24h 暴雨 C_V			与多年平均比较/%		3 日暴雨 C_V			与多年平均比较/%	
		多年平均	1980 年以前	1980 年以后	1980 年以前	1980 年以后	多年平均	1980 年以前	1980 年以后	1980 年以前	1980 年以后
大清河	新盖房	0.46	0.47	0.35	2	-24	0.46	0.45	0.39	-2	-15
	固安	0.48	0.41	0.52	-15	8	0.48	0.42	0.50	-13	4
	后奕	0.58	0.31	0.74	-47	28	0.67	0.42	0.82	-37	22
	北河店	0.39	0.35	0.44	-10	13	0.46	0.43	0.50	-7	9
	定州	0.62	0.49	0.69	-21	11	0.66	0.64	0.68	-3	3
	保定	0.43	0.28	0.49	-35	14	0.43	0.31	0.46	-28	7
	清苑	0.45	0.47	0.31	4	-31	0.70	0.74	0.33	6	-53
	史各庄	0.44	0.40	0.48	-9	9	0.42	0.39	0.44	-7	5
	高阳	0.53	0.59	0.45	11	-15	0.53	0.51	0.46	-4	-13
黑龙港	沧州	0.51	0.66	0.42	29	-18	0.47	0.57	0.38	21	-19
	李村	0.46	0.40	0.51	-13	11	0.41	0.36	0.45	-12	10
	崔尔庄	0.46	0.62	0.37	35	-20	0.42	0.49	0.36	17	-14
	东光	0.62	0.48	0.68	-23	10	0.55	0.40	0.61	-27	11
	建国	0.49	0.25	0.51	-49	4	0.45	0.24	0.47	-47	4
	景县	0.56	0.50	0.58	-11	4	0.52	0.46	0.54	-12	4

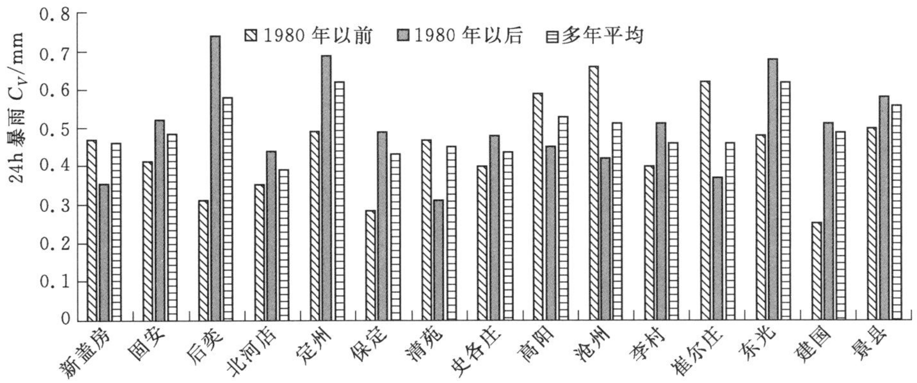

图 9-5　24h 暴雨 C_V 值 1980 年前后对比

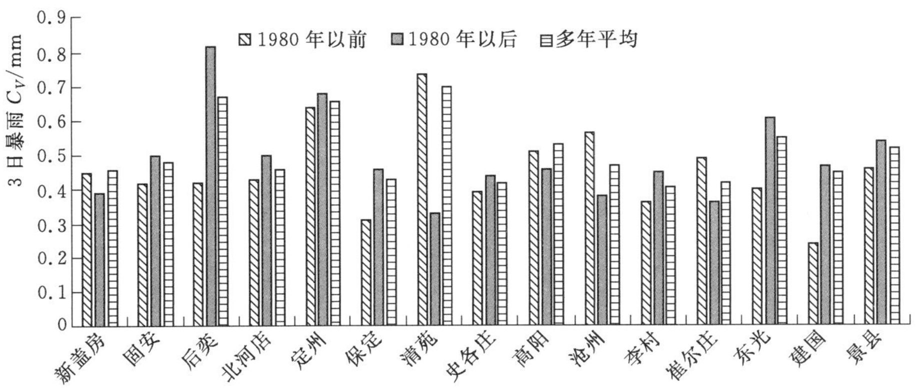

图 9-6　3 日暴雨 C_V 值 1980 年前后对比

9.2　平原沥涝水特点及典型站沥涝水变化趋势分析

9.2.1　平原沥涝水特点

20世纪60年代以来，海河流域发生的全流域涝灾年份有1961年、1964年、1977年。1990年以来发生的1990年和1994年两场涝灾均为局部性涝灾。海河流域平原区沥涝水具有以下特点。

1. 大面积长历时连续性暴雨是产生流域性沥涝水的暴雨条件

沥涝水一般与农田渍害相伴产生，当发生连续性大暴雨时，土壤水饱和，地下水蓄满，导致大量沥水产生。如1961年涝灾，徒骇马颊河中部连续阴雨70多天，暴雨中心区5日降雨量达400mm以上；河北省任丘、沧州一带，7月11—27日出现了4次大暴雨，暴雨中心区降雨量达450mm以上。1964年7月1日至9月中旬降雨连绵不断，黑龙港中部超过1000mm降水量面积达2500km^{2}以上；徒骇马颊流域的德州、滨州地区汛期降雨量也超过1000mm。1977年涝灾，7月中旬至8月上旬黑龙港中游地区连续阴雨20多天，暴雨中心区降雨量超过1000mm。

2. 年际变化剧烈

沥涝水年际变化大。一般平枯水年份没有沥涝水产生，一般丰水年仅有局部区域产生沥涝水。流域性沥涝水仅发生在少数特殊丰水年份。

3. 空间分布具有明显的地域性

海河流域平原区沥涝水具有明显的地域性，太行山、燕山山前平原区，地下水埋深较大，表层土土壤颗粒较粗，有利于降雨量的入渗和存储，很少有沥涝水发生。东部及滨海平原区以及中部平原的湖泊洼淀及其周边地区，地下水埋深较浅区，遇特大暴雨易产生沥涝水灾害。

4. 受下垫面变化影响显著

平原区地面坡度平缓，水分以垂直运动为主。平原区地下水开采和耕地灌溉面积增加，以及城镇建成区面积的增加，改变了平原区降雨径流的形成条件，相同降雨条件下，农村地区径流明显减少，而大城市地区径流明显增加。下垫面变化对平原沥涝水影响相当显著。

9.2.2　典型站沥涝水变化趋势分析

选择高屯、金各庄、周官屯、北昌、高庄等5个典型站，采用降雨径流关系对应较好且相对较独立的场次洪水观测资料，进行平原区沥涝水变化趋势分析，辨别下垫面变化对沥涝水的影响。本书采用线性趋势法和滑动平均法对沥涝水的变化趋势进行分析。各典型站1980年前后的次洪量（沥涝水量）和洪峰流量（最大排水流量）对比见表9-3。各典型站洪量和洪峰流量变化趋势见图9-7～图9-16。

可以看出，各典型站次洪量和洪峰流量均呈减少趋势。1980年后与1980年前比较，高屯站次洪量和洪峰流量减小幅度分别为87%、76%；金各庄站次洪量和洪峰流量减小幅度分别为67%、70%；周官屯站次洪量和洪峰流量减小幅度分别为80%、67%；北昌站次洪量和洪峰流量减小幅度分别为73%、81%；高庄站次洪量和洪峰流量减小幅度分别为59%、64%。

表 9-3　　洪水特性相关参数对比表

典型站	次洪量			洪峰流量		
	1980年以前均值/万 m^3	1980年以后均值/万 m^3	减小幅度/%	1980年以前均值/(m^3/s)	1980年以后均值/(m^3/s)	减小幅度/%
高屯	690.0	89.9	87	37.5	9.0	76
金各庄	533.5	177.8	67	41.6	12.7	70
周官屯	2634.7	531.3	80	115.6	37.8	67
北昌	713.4	193.8	73	54.8	10.2	81
高庄	1740.3	722.1	59	52.5	18.7	64

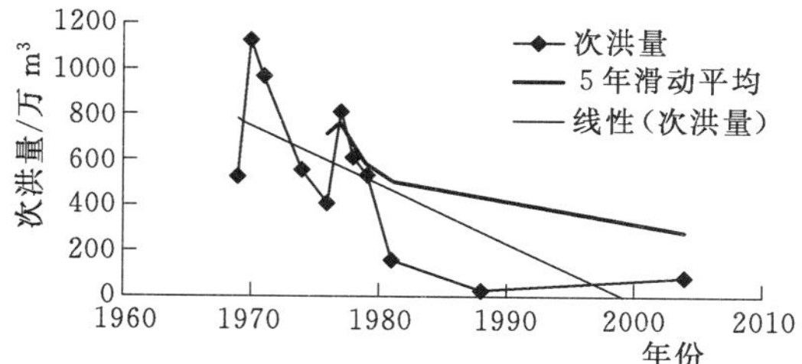

图 9-7　高屯以上流域次洪量系列趋势图

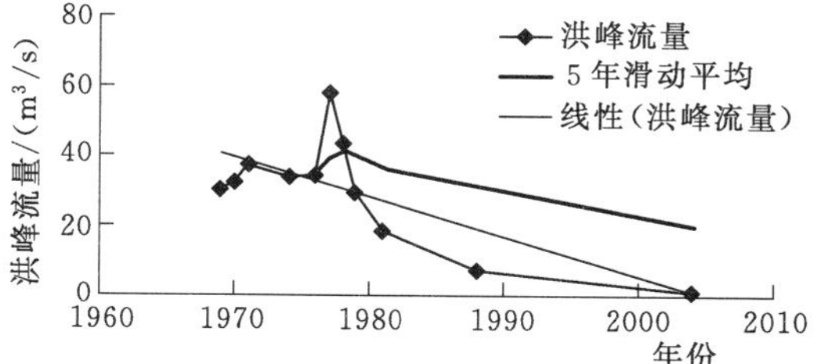

图 9-8　高屯以上流域洪峰流量系列趋势图

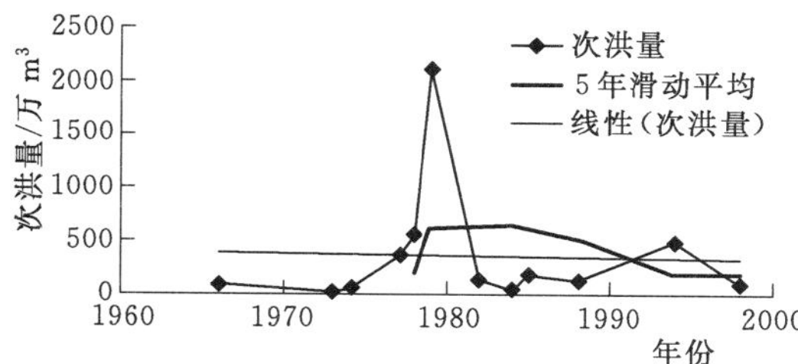

图 9-9　金各庄以上流域次洪量系列趋势图

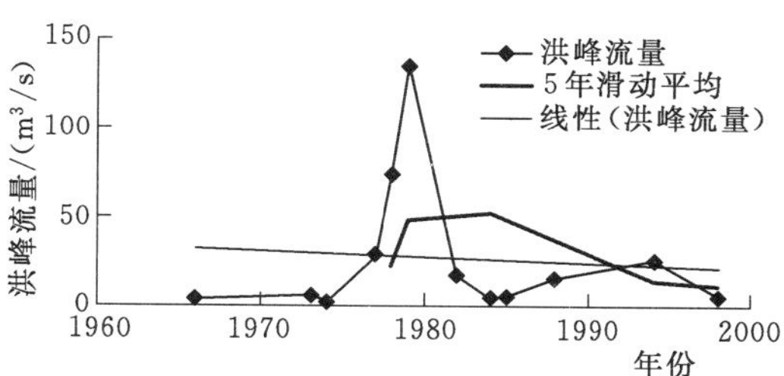

图 9-10　金各庄以上流域洪峰流量系列趋势图

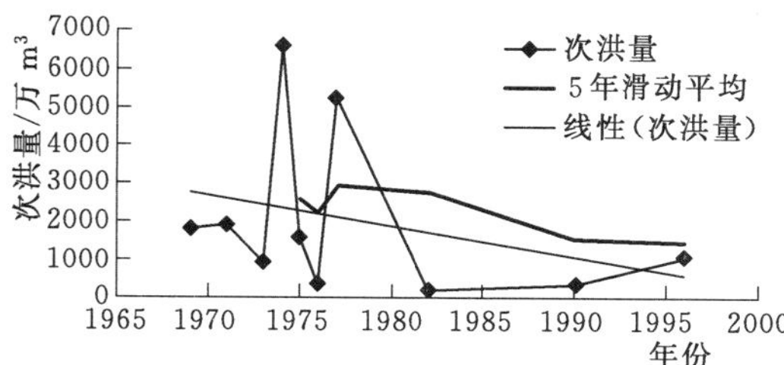

图 9-11　周官屯以上流域次洪量系列趋势图

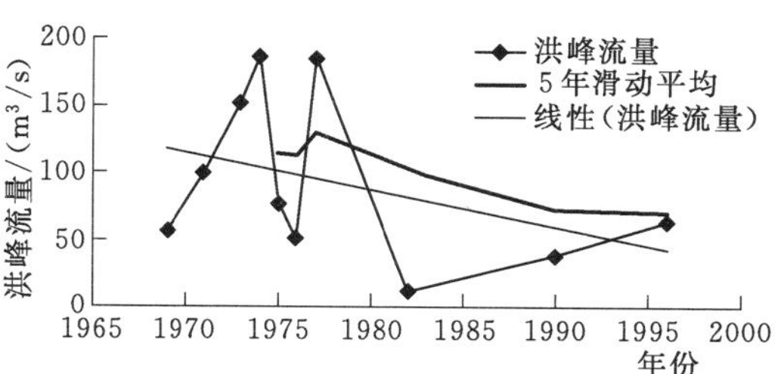

图 9-12　周官屯以上流域洪峰流量系列趋势图

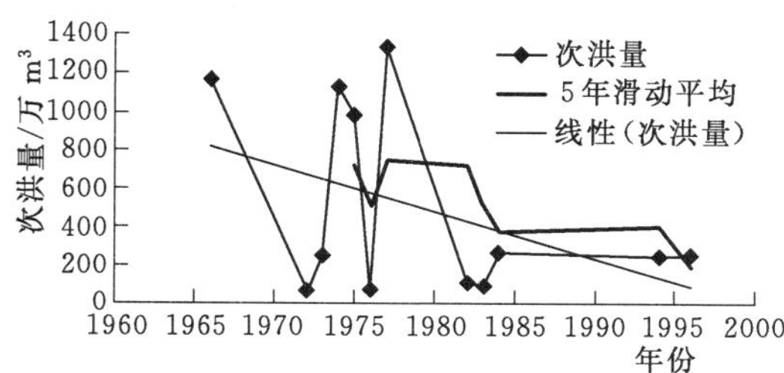

图 9-13　北昌以上流域次洪量系列趋势图

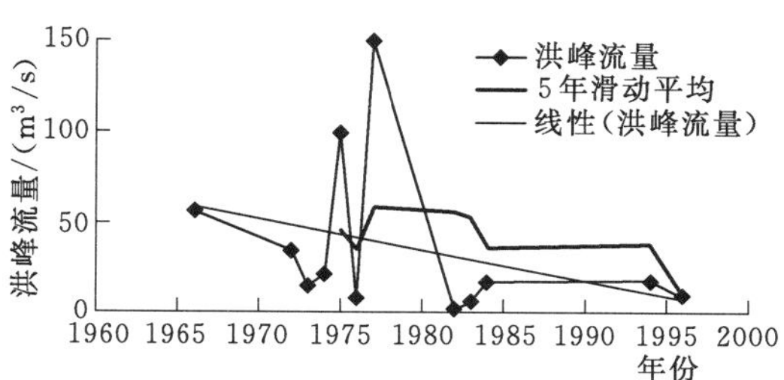

图 9-14　北昌以上流域洪峰流量系列趋势图

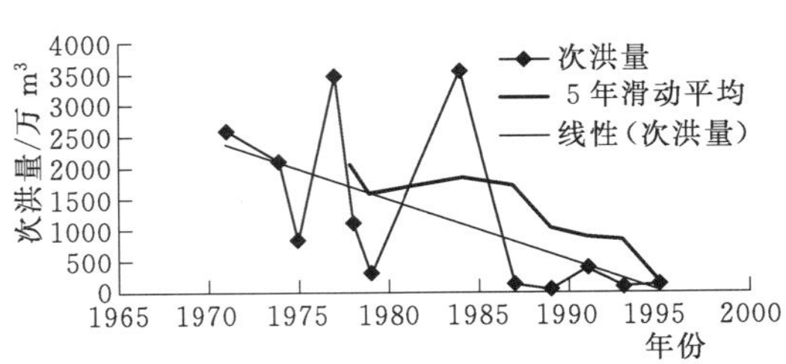

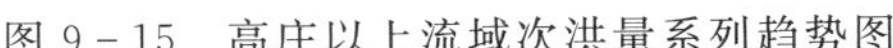
图9-15　高庄以上流域次洪量系列趋势图

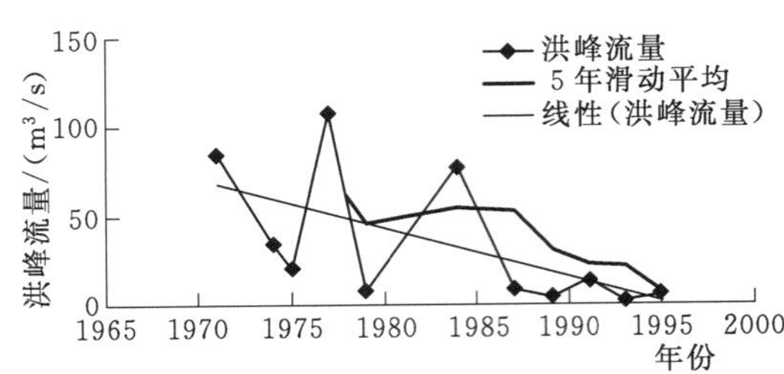

图9-16　高庄以上流域洪峰流量系列趋势图

9.3　平原区典型站暴雨径流关系分析及下垫面影响

9.3.1　以往暴雨径流相关关系成果

1. 河北省平原区暴雨径流关系变化情况

河北省平原区面积72800km²，占海河流域平原面积的56%，河北省平原区暴雨径流关系变化情况可大致反映海河流域平原区的情况。在20世纪80年代初期河北省编制了手册《河北省海滦河流域平原地区小面积除涝水文分析》（简称《1982年手册》），并用于河北省平原区除涝水文计算。20世纪70年代中期以来，海河流域平原区地下水位大幅度下降，耕地灌溉面积增加，下垫面发生了显著变化，平原区暴雨径流系数明显减少。1999年河北省在编制防洪规划时，以80年代和90年代资料为主要依据，对1982年分析的平原区暴雨径流关系进行了修订，并据此编制完成了《2000年河北省除涝水文手册》（简称《2000年手册》）。河北省《2000年手册》与《1982年手册》比较，相同降雨情况下产流量普遍减少，但各产流类型区程度不同，当$P+P_a$为150mm时，减少幅度在9.0%～24.1%，其中以Ⅱ区最少为9.0%，Ⅰ区最大为24.1%。当$P+P_a$为250mm时，减少幅度在12.1%～15.0%。在同一个产流区，降雨量越大减少幅度越小，各区减少情况详见表9-4。河北省《1982年手册》与《2000年手册》$P+P_a$～R关系线对比见图9-17。

表9-4　河北省平原区2000年与1982年降雨～径流关系比较表

区号	分析年份	不同$P+P_a$下的径流深/mm			
		150mm	200mm	250mm	300mm
I_0	2000年	6.2	16.0	35.8	60.0
	1982年	7.6	16.9	42.0	77.8
	变化幅度	-18%	-5%	-15%	-23%
I_1	2000年	11.0	27.4	49.7	77.5
	1982年	14.5	28.9	58.5	97.7
	变化幅度	-24%	-5%	-15%	-21%
I_2	2000年	15.5	38.0	66.0	97.9
	1982年	19.7	42.3	77.4	118.8
	变化幅度	-21%	-10%	-15%	-18%
Ⅱ	2000年	20.7	48.9	83.5	120.5
	1982年	26.2	56.4	95.0	138.5
	变化幅度	-9%	-13%	-12%	-13%

河北省《2000年手册》主要是为规划工作中确定排涝河道的规划治理指标编制的，其降雨径流相关关系线尚未充分反映下垫面变化的影响。

2. 北京市平原区暴雨径流关系变化情况

北京市1975年编制的《北京市水文手册》（简称《1975年手册》）采用 $P+P_a \sim R$ 相关形式建立平原区暴雨径流关系；2005年修订《北京市水文手册》时，在原关系线中加入了地下水埋深参数，重新分析修订了平原区暴雨径流关系。北京市平原区暴雨径流关系对比见图9-18。

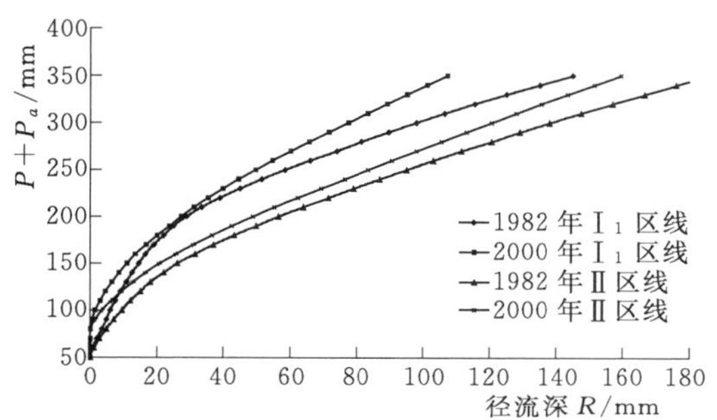

图9-17　河北省《1982年手册》与《2000年手册》$P+P_a \sim R$ 关系线对比图

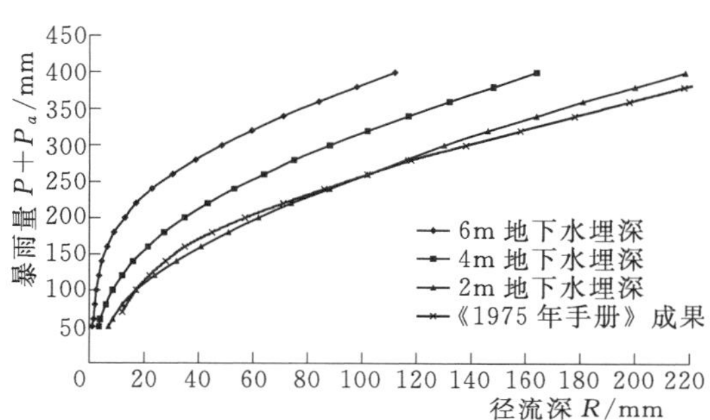

图9-18　北京市平原区不同下垫面条件 $P+P_a \sim R$ 相关图

北京市平原地区的地下水埋深大部分在20m左右，东南部北运河两岸部分地区在6～10m。按连续3年丰水年分析，地下水位上升约为6m左右。因此北京市多数地区致涝暴雨前期的地下水埋深均在6m以上。如按6m地下水埋深时的暴雨径流关系与1975年暴雨径流关系对比，当 $P+P_a$ 为200mm时，径流深减少81%；当 $P+P_a$ 为300mm时，径流深减少62%左右。

3. 天津市平原区暴雨径流关系变化情况

天津市平原除涝水文原来按1974年《天津市农田排水定额（试行办法）》计算，2002年结合河北省相关区域的实测排水资料及天津市封闭区的排水调查资料，编制完成了《天津市平原地区农田除涝水文计算手册》（以下简称《新手册》）。《新手册》与1974年《天津市农田排水定额（试行办法）》成果比较，在降雨量相同的情况下，径流系数比1974年成果有所减小，成果对比见表9-5。

9.3.2　场次暴雨涝水相关参数计算方法

降雨径流关系是指一次降雨与所形成的径流总量（总水量）的相关关系。由于资料限制，本次降雨径流关系仍采用（$P+P_a \sim R$）类型的经验相关关系。选择场次降雨径流对应较好且相对较独立的降雨径流资料及年最大暴雨洪水资料，对1980年以后降雨径流关系对应不好的年份只统计当年的场次最大降雨资料，根据本次降雨的实际产流面积与相应面积上流域的平均降雨量（P）、径流深（R）、前期影响雨量（P_a）来建立降雨径流相关关系。其中，洪水过程线一律不分割基流。

表 9-5　　天津市平原区典型站 2002 年与 1974 年径流系数比较表

分区	站名		5 年一遇			20 年一遇		
			1972 年成果	2003 年成果	径流系数差/%	1972 年成果	2003 年成果	径流系数差/%
$Ⅱ_1$	北里子沽	降雨量	121			171		
		径流系数	0.42	0.3	−29	0.5	0.43	−14
	张头窝	降雨量	103.5			138.5		
		径流系数	0.52	0.26	−50	0.6	0.35	−42
$Ⅱ_2$	表口	降雨量	110			151		
		径流系数	0.47	0.28	−40	0.55	0.38	−31
	芦台	降雨量	110			152		
		径流系数	0.42	0.28	−33	0.47	0.38	−19
Ⅲ	塘沽	降雨量	100			141		
		径流系数	0.4	0.32	−20	0.45	0.44	−2

9.3.2.1　产流面积

流域产流面积是指一次降雨过程中流域内的实际产流面积。本次计算中采用损失量 f_{F_n} 与累积面积 $\sum F_n$ 关系线（$f_{F_n} \sim \sum F_n$）和降雨量 P_n 与累积面积 $\sum F_n$ 关系线（$P_n \sim \sum F_n$）相交的方法，确定流域产流面积。

本方法有两点基本假定：第一，流域内各点入渗能力一致，产流面积发生在降雨量超过损失量的暴雨中心部分；第二，产流面积与降雨强度无关。

由以上假定可知，流域内某一面积上降雨量大于损失量即产流，小于损失量则不产流，等于损失量即为产流界限。通过建立 $f_{F_n} \sim \sum F_n$ 与 $P_n \sim \sum F_n$ 两关系线，其交点对应的面积即为流域最大产流面积。

计算方法如下：

（1）绘制泰森多边形，求解各雨量站的面积权重，得到各雨量站的代表面积。

（2）求解降雨大于某一雨量站降雨量的累积面积 F_1、$\sum F_2$、…、$\sum F_n$，单位为 km²。

（3）求解各累积面积上的平均雨量 $\overline{P_1}$、$\overline{P_2}$、…、$\overline{P_n}$，单位为 mm。

（4）将实测次洪水总量 W 平铺在各累积面积上，得其径流深 R_n，单位为 mm。

$$\left.\begin{aligned} R_1 &= \frac{W}{F_1 \times 1000} \\ R_2 &= \frac{W}{\sum F_2 \times 1000} \\ &\vdots \\ R_n &= \frac{W}{\sum F_n \times 1000} \end{aligned}\right\} \tag{9-1}$$

（5）求解各累积面积上的损失量 f_{F_n}(mm)：

$$\left.\begin{aligned}f_{F_1}&=\overline{P_1}-R_1\\f_{F_2}&=\overline{P_2}-R_2\\&\vdots\\f_{F_n}&=\overline{P_n}-R_n\end{aligned}\right\}\tag{9-2}$$

(6) 绘制 $P_n\sim\sum F_n$、$\overline{P_n}\sim\sum F_n$、$f_{F_n}\sim\sum F_n$ 关系线，如图 9-19 所示。

9.3.2.2 流域平均雨量

全流域产流时，按泰森多边形法推求；局部产流时，按关系线 $P_n\sim\sum F_n$ 与 $f_{F_n}\sim\sum F_n$ 的交点向上延伸与$\overline{P_n}\sim\sum F_n$ 关系线相交，其交点对应的纵坐标即为产流面积上的平均雨量。

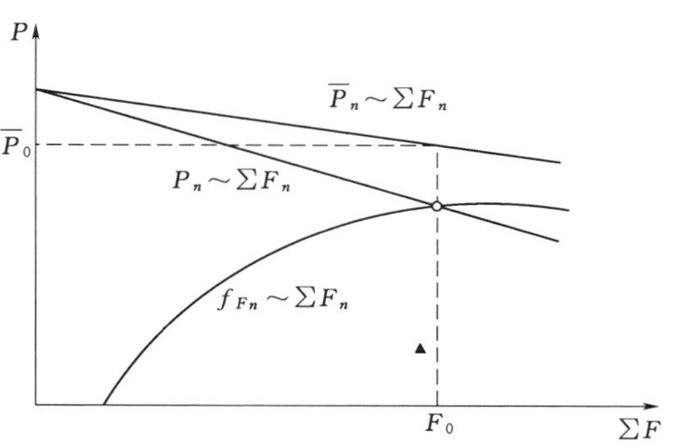

图 9-19 产流面积

9.3.2.3 径流深

径流深按实际产流面积计算，计算公式如下：

$$R=\frac{W}{F_0\times1000}\tag{9-3}$$

式中 W——次洪总量，m^3；

R——次径流深，mm；

F_0——实际产流面积，km^2。

9.3.2.4 前期影响雨量 P_a

全流域产流时：

$$P_{a,t+1}=K(P_{a,t}+P_t)\tag{9-4}$$

式中 P_t——第 t 日的降雨量，mm；

$P_{a,t}$——第 t 日的前期影响雨量，mm；

$P_{a,t+1}$——第 $t+1$ 日的前期影响雨量，mm，应小于等于流域最大蓄水量 WM（取 145mm）；

K——土壤含水量的日消退系数或折减系数，取 0.93。

局部产流时：

$$P_{a,t+1}=K(P_{a,t}+P_{F_n,t})\tag{9-5}$$

式中 $P_{F_n,t}$——第 t 日产流面积 F_n 上的降雨量，mm。

9.3.3 典型站暴雨径流相关关系分析

选择江江河高庄站、沧浪渠孙庄站、龙河北昌站、凤河凤河营、北排河周官屯站、牤牛河金各庄站、任河大排水渠高屯站、小白河出岸站 8 个典型站进行次暴雨径流相关分析。

首先根据实测降雨径流资料，对流域次降雨量 P、流域前期影响雨量 $P+P_a$ 以及次雨量形成的径流深 R 进行分析；然后，以 $P+P_a$ 为纵坐标，以 R 为横坐标，分 20 世纪 80 年代前和 80 年代后两个时段，在同一张图纸上点绘不同时期（1980 年前后）$P+P_a\sim R$ 相关点据，建立相应的相关关系。各典型站历年最大次暴雨、前期影响雨量以及径流分析成果分别见表 9-6～表 9-13。降雨径流关系变化图如图 9-20～图 9-25 所示。

表 9-6　高庄站降雨径流相关要素分析成果　单位：mm

年份	P	P_a	$P+P_a$	R	年份	P	P_a	$P+P_a$	R
1971	77	73	150	36.36	1992	118	51	169	
1974	137	88	225	28.38	1993	31	98	128	3.54
1975	140	24	164	14.39	1994	91	92	183	0.78
1977	129	76	205	40.50	1995	134	68	202	2.25
1978	78	139	217	22.72	1996	142	77	219	1.25
1979	42	63	105	5.16	1997	29	12	41	
1980	34	30	64		1998	126	29	155	
1981	107	30	137	1.25	1999	52	29	81	
1982	52	24	76		2000	190	56	246	
1983	118	54	172		2001	71	63	135	
1984	374	12	385	50.50	2002	23	36	58	
1985	67	32	99		2003	99	81	180	
1986	40	63	103		2004	49	39	88	
1987	195	80	275	4.82	2005	69	33	102	
1988	35	74	109		2006	93	81	174	
1989	179	4	182	1.40	2007	88	75	163	
1990	93	60	153		2008	93	81	174	
1991	55	83	138	5.21					

表 9-7　孙庄站降雨径流相关要素分析成果　单位：mm

年份	P	P_a	$P+P_a$	R	年份	P	P_a	$P+P_a$	R
1971	111	76	187	21.80	1992	111	7	117	
1972	236	5	241	36	1993	73	22	94	
1974	84	86	170	19.40	1994	96	27	123	
1976	67	46	113	17.60	1995	71	117	188	
1977	93	129	222	41.20	1996	41	40	81	
1980	56	21	78		1997	66	4	70	
1981	117	20	136		1998	137	22	158	
1983	54	50	104		1999	50	18	67	
1984	119	13	132		2000	139	60	199	
1985	67	13	80		2001	54	39	94	
1986	27	6	33		2002	122	30	153	
1987	111	117	227		2003	94	50	143	
1988	106	35	141		2004	41	47	88	
1989	108	85	193		2005	175	44	219	
1990	49	92	140		2006	37	38	75	
1991	89	77	167		2007	50	12	62	

表 9-8 北昌站降雨径流相关要素分析成果 单位：mm

年份	P	P_a	$P+P_a$	R	年份	P	P_a	$P+P_a$	R
1966	177	95	272	18.26	1990	60	67	128	
1972	113	3	116	0.98	1991	80	89	169	
1973	139	25	164	3.89	1992	46	36	83	
1974	115	88	203	17.64	1993	40	10	50	
1975	102	84	187	15.35	1994	163	128	291	3.83
1976	45	96	141	1.15	1995	96	24	120	
1977	73	120	194	20.77	1996	211	127	339	3.96
1980	52	5	56		1997	102	7	109	
1981	153	9	162		1998	105	7	113	
1982	87	52	139	1.73	1999	52	18	70	
1983	120	17	137	1.40	2000	53	11	63	
1984	170	53	223	4.22	2001	55	18	73	
1985	52	15	67		2002	67	25	92	
1986	109	15	123		2003	19	15	34	
1987	52	35	87		2004	67	50	117	
1988	104	109	213		2005	48	27	75	
1989	81	48	130		2012	239	28	267	4.65

表 9-9 凤河营站降雨径流相关要素分析成果 单位：mm

年份	P	P_a	$P+P_a$	R	年份	P	P_a	$P+P_a$	R
1971	98	3	101	33.90	1989	114	36	150	12.75
1972	122	3	125	6.77	1990	52	31	83	
1973	141	26	166	23.88	1991	75	78	153	15.93
1974	70	104	174	68.34	1992	103	37	141	13.04
1975	154	88	242	53.48	1993	29	38	68	
1976	92	58	150	107.23	1994	174	116	290	64.15
1977	73	106	179	90.36	1995	76	26	102	
1978	142	57	198	121.46	1996	162	132	294	93.11
1980	49	1	51		1997	61	13	73	
1981	65	9	74		1998	84	5	88	
1982	49	32	81		1999	89	19	108	
1983	135	14	149	41.95	2000	33	3	36	
1984	215	71	285	88.75	2001	86	16	102	
1985	60	70	130	3.55	2002	26	55	81	
1986	80	50	129	8.79	2003	65	18	83	
1987	48	0	48	3.91	2004	82	45	127	
1988	82	104	186	33.85	2005	51	37	88	

表 9-10　　周官屯站降雨径流相关要素分析成果　　单位：mm

年份	P	P_a	$P+P_a$	R	年份	P	P_a	$P+P_a$	R
1969	116	98	214	27.06	1990	170	56	226	7.01
1971	67	109	176	39.39	1991	53	64	118	
1973	37	98	135	12.45	1992	73	5	78	
1974	97	111	208	45.60	1993	75	119	194	
1975	118	38	156	18.64	1994	95	59	154	
1976	48	54	102	4.40	1995	90	110	201	
1977	136	105	240	52.84	1996	24	56	80	3.43
1980	34	32	66		1997	31	10	40	
1981	145	17	162		1998	84	22	106	
1982	72	72	144	3.90	1999	35	16	50	
1983	54	1	55		2000	105	33	138	
1984	105	10	114		2001	49	60	110	
1985	120	42	163		2002	33	14	48	
1986	58	6	64		2003	105	35	140	
1987	171	80	251		2004	63	25	88	
1988	81	67	148		2005	88	51	139	
1989	91	19	110						

表 9-11　　金各庄站降雨径流相关要素分析成果　　单位：mm

年份	P	P_a	$P+P_a$	R	年份	P	P_a	$P+P_a$	R
1966	144	64	208	1.38	1986	71	12	83	
1967	114	59	173		1987	62	68	130	
1968	46	22	68		1988	78	124	202	1.82
1969	111	91	202		1989	72	16	88	
1970	83	90	173		1990	50	34	84	
1971	108	17	125		1991	76	81	157	1.06
1972	118	4	122		1992	55	28	83	
1973	40	109	149	0.32	1993	53	14	67	
1974	73	38	111	0.59	1994	133	126	259	6.91
1975	81	34	115		1995	84	77	161	
1976	76	56	132		1997	130	11	141	
1977	110	92	202	5.11	1998	80	14	94	1.33
1978	125	62	187	7.98	1999	50	18	68	
1979	167	50	217	30.09	2000	80	28	108	
1980	65	39	104		2001	86	22	108	
1981	85	9	94		2002	64	48	112	
1982	47	50	97	1.91	2003	32	24	56	
1983	97	12	109		2004	58	35	93	
1984	225	38	263	0.60	2005	56	29	85	
1985	52	40	92	2.58					

表 9-12　　　　高屯站降雨径流相关要素分析成果　　　　单位：mm

年份	P	P_a	$P+P_a$	R	年份	P	P_a	$P+P_a$	R
1969	89	92	181	6.94	1988	43	109	151	0.36
1970	107	74	181	13.87	1989	76	29	105	
1971	89	23	112	17.67	1990	78	96	174	
1972	247	7	254	51.38	1991	114	41	155	
1973	61	45	106	4.04	1992	65	7	72	
1974	105	28	133	6.80	1993	76	78	154	
1975	46	43	89		1994	135	70	205	21.11
1976	72	75	147	5.02	1995	81	47	128	
1977	24	92	116	10.04	1996	101	82	183	
1978	82	68	150	7.50	1997	41	20	61	
1979	70	66	136	6.55	1998	35	18	53	
1980	71	12	83		1999	55	20	75	
1981	124	43	167	2.00	2000	51	33	84	
1982	62	20	82		2001	38	19	57	
1983	50	28	78		2002	71	45	116	
1984	88	7	95		2003	62	46	108	
1985	77	16	93		2004	49	49	98	1
1986	108	11	119		2005	131	42	173	
1987	123	79	202						

表 9-13　　　　出岸站降雨径流相关要素分析成果　　　　单位：mm

年份	P	P_a	$P+P_a$	R	年份	P	P_a	$P+P_a$	R
1966	126	82	208	6.80	1990	90	70	160	
1967	77	71	148	6.75	1991	56	65	121	
1969	82	38	120	1.30	1992	86	2	88	
1970	53	91	144	4.04	1993	70	51	121	
1972	150	9	159	13.12	1994	234	119	353	
1977	220	57	277	7.63	1995	80	5	85	
1979	108	55	163	6.46	1996	172	56	228	
1980	59	42	101		1997	47	16	63	
1981	110	34	144		1998	35	23	58	
1982	68	10	78		1999	32	36	68	
1983	49	25	74		2000	42	15	57	
1984	77	9	86		2001	45	28	73	
1985	98	55	153		2002	47	2	49	
1986	101	11	112		2003	92	48	140	
1987	78	64	142		2004	74	41	115	
1988	125	71	196		2005	117	57	174	
1989	123	21	144						

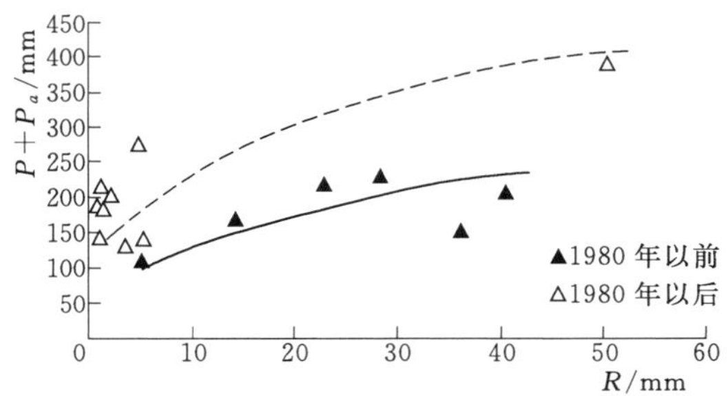

图 9-20　高庄流域 1980 年前后降雨径流关系变化图

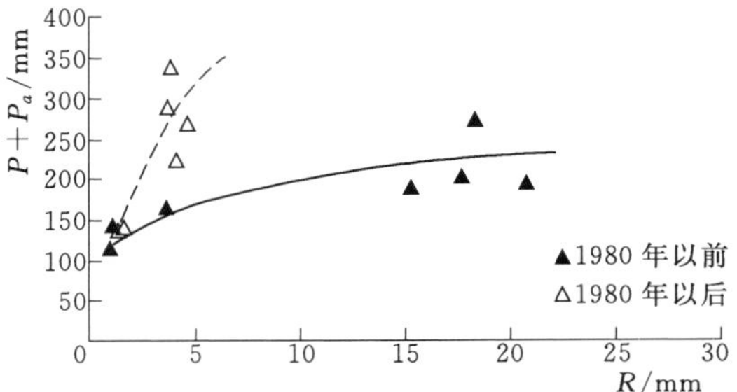

图 9-21　北昌流域 1980 年前后降雨径流关系变化图

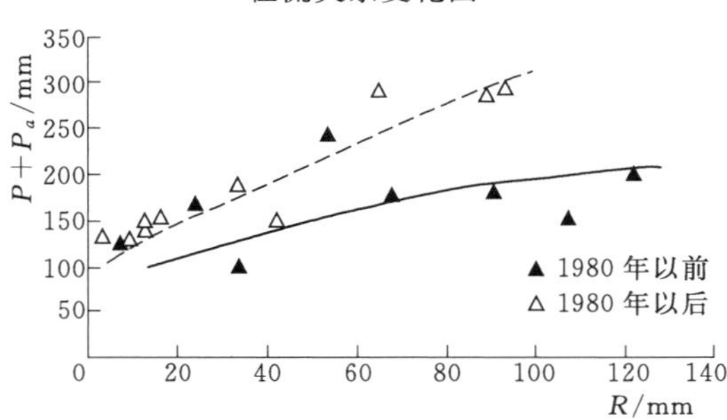

图 9-22　凤河营流域 1980 年前后降雨径流关系变化图

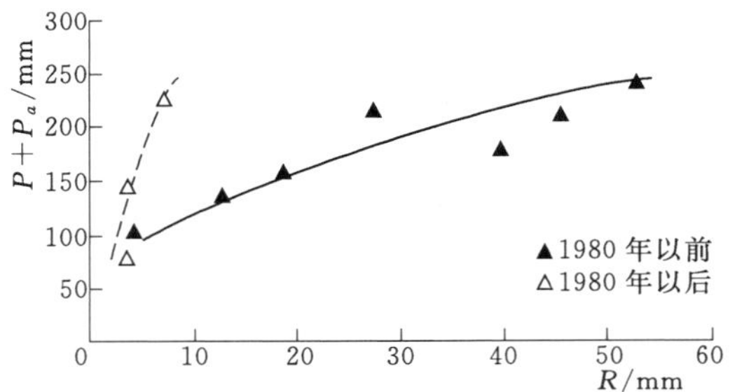

图 9-23　周官屯流域 1980 年前后降雨径流关系变化图

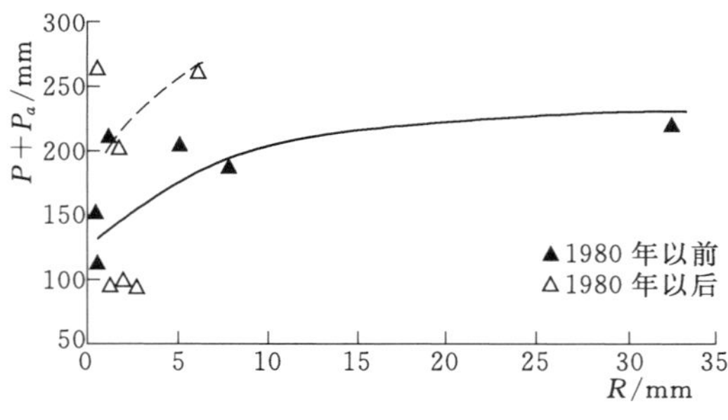

图 9-24　金各庄流域 1980 年前后降雨径流关系变化图

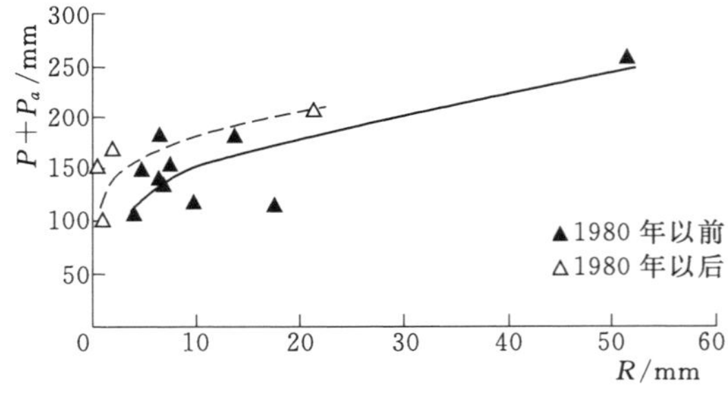

图 9-25　高屯流域 1980 年前后降雨径流关系变化图

从降雨径流相关要素分析成果表可以看出，除了凤河上的凤河营站部分区域受城市化影响外，其他典型站 1980 年以后产流的年份产流明显少于 1980 年以前。特别是 1996 年以后，各站基本无径流产生，而对于 $P+P_a$ 值大于 150mm 以上的次暴雨在 20 世纪六七十年代均会有相当数量的径流产生，可见下垫面影响是比较明显的。从各典型站暴雨径流相关图可以看出，1980 年以前和 1980 年以后的点据具有不同的分布趋势，1980 年以后点据多数位于点群的左上方，说明相同降雨量 1980 年以后产流量明显减少。

9.3.4　本次关系线同以往成果比较

将以上各站关系线分别同北京市 2005 年修订的《北京市水文手册》成果、河北省《2000 年除涝水文手册》成果相比较，结果见表 9-14。可以看出，本书提出的高庄、北

昌、周官屯、金各庄、高屯等各典型站的 $P+P_a \sim R$ 关系成果，较以往成果均有较大程度的减小，其中，高庄站减少了 77.4%～81.6%，北昌站减少了 81.8%～94.6%，周官屯站减少了 76.8%～87.7%，高屯站减少了 47.1%～74.9%。凤河营站与《北京市水文手册》未考虑地下水埋深的 $P+P_a \sim R$ 关系成果比较，本次成果减小幅度在 23.3%～36.1%之间。

表 9-14　　典型站降雨～径流关系线成果比较表

流域名称	水文分区位置	分析阶段	不同 $P+P_a$ 下的径流深/mm			
			150mm	200mm	250mm	300mm
高庄	$Ⅰ_2$	除涝手册	15.5	38	66	97.9
		本次	3.5	7	13	18.8
		变化幅度	−77%	−82%	−80%	−81%
北昌	$Ⅰ_1$	除涝手册	11	27.4	49.7	77.5
		本次	2	2.6	3.8	4.2
		变化幅度	−82%	−91%	−92%	−95%
凤河营		水文手册	31	58	91.8	138
		本次	19.8	44.5	67	92
		变化幅度	−36%	−23%	−27%	−33%
周官屯	Ⅱ	除涝手册	20.7	48.9	83.5	120.5
		本次	4.8	6		
		变化幅度	−77%	−88%		
金各庄	$Ⅰ_1$	除涝手册	11	27.4	49.7	77.5
		本次		1.6	5.2	
		变化幅度		−94%	−90%	
高屯	$Ⅰ_2$	除涝手册	15.5	38	66	97.9
		本次	3.2	20.1		
		变化幅度	−79%	−47%		

9.4 平原汇流经验方法及相关参数分析

9.4.1 现有经验汇流方法

9.4.1.1 简单过程线法

1992 年河北省水文总站编制的《河北省平原地区中小面积除涝水文计算手册（修订）》（简称《1992 年手册》）中，引用了前华东水利学院水文系 1972 年 7 月编译的《最近国外水文文献选译》第一集中关于“简单过程线的分析及应用”所介绍的方法，建立了平原区最大排水流量公式，公式如下：

$$q_0 = 0.278 \frac{RF}{\frac{D}{2}+m} \tag{9-6}$$

式中　q_0——洪峰流量，m^3/s；

R——次洪水径流深，mm；

F——排水河道设计断面控制的排水面积，km^2；

D——净雨历时（假定等于有效降雨历时），h；

m——蓄水系数。

9.4.1.2　瞬时单位线法

瞬时单位线就是在瞬时（无限小的时段）内，流域上降一个单位的地面净雨（水量）在出口断面形成的地面径流过程线，通常以 $u(0,t)$ 表示。瞬时单位线假设流域的汇流作用可以由串联的 n 个相同的线性水库的调蓄作用来代替，那么，流域出口断面的流量过程便是流域净雨经过这些水库调蓄后的出流。根据这个设想，导出瞬时单位线的数学方程为

$$u(0,t)=\frac{1}{k\Gamma(n)}\left(\frac{t}{k}\right)^{n-1}\mathrm{e}^{-\frac{t}{k}} \tag{9-7}$$

式中　n——线性水库的个数；

$\Gamma(n)$——n 的伽马函数；

k——线性水库的调蓄系数，具有时间因次；

e——自然对数的底。

汇流计算和由实测洪水资料优选 n、k，都要求把瞬时单位线转换为时段单位线。实现这种转换，一般采用 S 曲线法。

$$S(t)=\int_0^t u(0,t)\mathrm{d}t=\frac{1}{\Gamma(n)}\int_0^{\frac{t}{k}}\left(\frac{t}{k}\right)^{n-1}\mathrm{e}^{-\frac{t}{k}}\mathrm{d}\left(\frac{t}{k}\right) \tag{9-8}$$

当 n、k 已知时，瞬时单位线的 S 曲线可用积分的方法求出。但为了实用上的方便，已根据式（9－8）制成了以 n、t/k 为参数的 S 曲线查用表，根据 n、k 便能由该表迅速绘制曲线。

如果把以 $t=0$ 为始点的 S 曲线 $S(t)$ 错后一个时段 Δt 向右平移，就可得到始点为 $t=\Delta t$ 的另一条 S 曲线 $S(t-\Delta t)$，这两条 S 曲线间纵坐标的差值为

$$u(\Delta t,t)=S(t)-S(t-\Delta t) \tag{9-9}$$

式（9－9）代表 Δt 内流域上以净雨强度 $i_P=1$ 落下的水量 $\Delta t i_P=\Delta t\times 1$ 在出口形成的流量过程线，称时段单元过程线。于是根据单位线的倍比假定，求得时段单位线。在此，要推求的时段单位线，是 Δt 内流域上降 10mm 的水量（$10F$）在出口形成的径流过程线 $q(\Delta t,t)$，于是由倍比假定：

$$\frac{q(\Delta t,t)}{u(\Delta t,t)}=\frac{10F}{t} \tag{9-10}$$

可得由瞬时单位线推求时段单位线的公式：

$$q(\Delta t,t)=\frac{10F}{\Delta t}u(\Delta t,t) \tag{9-11}$$

当单位线的流量 $q(\Delta t,t)$ 以 m^3/s 计，净雨时段 Δt 以 h 计，流域面积 F 以 km^2 计时，式（9－11）变为

$$q(\Delta t,t)=\frac{10F}{3.6\Delta t}u(\Delta t,t)=\frac{10F}{3.6\Delta t}[S(t)-S(t-\Delta t)] \tag{9-12}$$

采用瞬时单位线的方法来计算流域出口洪水过程步骤如下：

（1）将设计暴雨量（3 日或 24h），按照设计雨型进行分配。

（2）用初损后损法扣除各时段的入渗损失，得到各时段净雨深过程。

（3）根据流域面积和坡度（岩性）查$\overline{m}-i-F$ 图［参见《北京市水文手册·洪水篇》（2005 年）中的附图或附表］，得出 n 与 k 的乘积（一个流域的 n 值比较稳定，可取为常数，北京平原地区 n 值可取为 2，由 n、k 的乘积可以求出 k 的值）。

（4）由瞬时单位线换为时段单位线。

（5）各时段净雨量乘以时段单位线，然后叠加，生成流域的洪水出流过程。

9.4.1.3　模数经验公式法

对于地面坡度平缓的平原区，很难形成大面积的地面汇流，从峰量关系出发，采用模数经验公式计算最大流量，是目前普遍采用的方法，一般形式如下：

$$M=K\cdot R^{m}\cdot F^{n} \tag{9-13}$$

$$Q=M\cdot F=K\cdot R^{m}\cdot F^{n+1} \tag{9-14}$$

式中　M——设计排水模数，$m^3/(s\cdot km^2)$；

Q——设计排水流量，m^3/s；

F——排水河道设计断面控制的排水面积，在此指产流面积，km^2；

R——设计径流深，mm；

K——综合系数（反映河网配套程度，排水河道坡度和流域形状等因素）；

m——峰量指数（反映洪峰流量与洪量关系）；

n——递减指数（反映模数与排水面积关系）。

上述经验公式结构简单，考虑了形成最大流量的主要因素 R 和 F，使用方便，具有一定精度。

（1）峰量指数 m 值的确定。峰量指数 m 值是反映流域滞蓄、河槽储蓄、河道排水能力等因素对最大排水流量的影响，当排水河道排水条件比较好时，m 值大；当排水河道排水条件较差时，m 值小；河道开挖治理后排水条件有所改善，m 值一般比治理前有所增大。

令 $M=K_0R^m$，在双对数纸上用单站建立 $M\sim R$ 关系图，使 M 的对数与 R 的对数成直线关系，则直线的斜率即为 m 值。

（2）递减指数 n 值和综合系数 K 值的确定。在峰量指数 m 值确定后，由 $K_0=KF^n$，在双对数纸上用单站建立 $K_0\sim F$ 关系图，使 K_0 的对数与 F 的对数成直线关系，则直线的斜率即为 n 值，截距即为 K 值。

9.4.2　典型流域汇流模式及相关参数确定

简单过程线法与模数经验公式法均是从峰量关系出发，用实测暴雨径流资料按照相关分析法确定有关参数和系数。瞬时单位线法考虑了雨型分配，而且有洪水过程。而模数经验公式法未考虑雨型分配，是一个平均情况，但是由于平原区的坡度较缓，形不成坡面汇流，其汇流往往跟排涝标准、工程情况等有关，并非自然的汇流关系。因此，本书中推荐山前平原

区采用瞬时单位线法计算汇流，坡度较缓中东部平原区采用模数经验公式计算汇流。

选取高屯、金各庄、江江河高庄、孙庄、北昌等分别为清南地区、清北地区、黑龙港中下游地区、运东地区、北四河平原地区的代表站，在借鉴《北京市水文手册·洪水篇》（2005 年）和《河北省平原地区中小面积除涝水文修订报告》（2002 年）成果的基础上，增加场次洪水，重新进行汇流计算。所选 5 个地区均位于中下游平原区，故采用模数经验公式法进行计算。

1. 选用资料

选用各站共 46 场洪水进行排水流量计算，见表 9－15。

表 9－15　　　　各站实测排水模数（*M*）表

序号	地区	站名	流域面积/km^2	产流面积/km^2	降雨时间		Q/(m^3/s)	M/[m^3/(s·km^2)]	R/mm
					年份	日期			
1	清南	高屯	810	500	1969	8 月 16—17 日	30.1	0.0602	12.8
2				810		8 月 20—21 日	28.4	0.0351	8.8
3				370	1970	7 月 27—29 日	13.5	0.0365	6.8
4				545		8 月 11—12 日	37.1	0.0681	14.0
5				545	1971	9 月 1—2 日	37.1	0.0458	18.2
6	清北	金各庄	704	704	1966	8 月 13—16 日	2.4	0.0035	1.4
7				704	1973	7 月 7—10 日	1.4	0.0020	0.3
8				704	1974	7 月 23—25 日	1.1	0.0016	0.6
9				704	1977	8 月 2 日	11.0	0.0156	5.1
10				704	1978	8 月 26—27 日	30.6	0.0435	8.0
11				704	1979	8 月 14—15 日	35.6	0.0507	30.1
12				704	1994	7 月 11—12 日	9.1	0.0130	6.9
13				704	1998	6 月 30 日至 7 月 1 日	4.3	0.0062	1.3
14	黑龙港中下游	高庄	1348	805	1971	7 月 13—14 日	67.2	0.0835	16.7
15				760		8 月 1—2 日	28.0	0.0368	9.2
16				577	1975	7 月 29—30 日	15.8	0.0274	14.4
17				780	1977	7 月 3—5 日	106.0	0.1359	45.0
18				1348		8 月 5—8 日	83.6	0.0620	21.3
19				493	1978	7 月 28—30 日	24.5	0.0497	22.7
20				543	1979	8 月 3 日	6.0	0.0110	5.2
21				470	1984	8 月 9—14 日	77.9	0.1657	78.7
22				277	1987	8 月 26 日	4.5	0.0161	4.8
23				356	1989	7 月 17 日	2.7	0.0075	1.40
24				712	1991	7 月 28 日	5.1	0.0071	5.2
25				266	1993	7 月 22 日	1.2	0.0045	3.5
26				535	1995	7 月 23—25 日	3.0	0.0057	2.3

续表

序号	地区	站名	流域面积/km²	产流面积/km²	降雨时间		Q/(m³/s)	M/[m³/(s·km²)]	R/mm
					年份	日期			
27	运东	孙庄	191.6	192	1964	7月21—22日	23.4	0.1221	25.2
28				192		8月26—27日	18.2	0.0950	19.4
29				192		9月7日	23.7	0.1237	24.2
30				192		9月11—12日	28.0	0.1461	24.4
31				192		9月17—18日	25.8	0.1347	25.5
32			195	195	1966	8月9—10日	19.2	0.0985	14.3
33				195		8月22—23日	15.6	0.0800	15.1
34				195		8月28—29日	17.0	0.0872	14.0
35				195		8月31日	33.5	0.1718	34.3
36			178	178	1967	8月2日	28.0	0.1573	23.0
37				178		8月22日	30.7	0.1725	31.6
38				178		8月25—26日	13.9	0.0781	15.9
39	北四河平原	北昌	396	396	1966	8月15—16日	47.6	0.1202	19.1
40				342	1967	8月19日	63.5	0.1857	31.2
41				396	1969	7月31日至8月1日	50.4	0.1273	15.1
42				396		8月20—21日	43.8	0.1106	14.9
43				248		8月30—31日	44.6	0.1798	21.1
44				339		9月2日	57.0	0.1681	21.5
45				396	1970	8月11日	142.0	0.3586	52.2
46				396	1974	7月24日	37.2	0.0939	16.9

2. 峰量指数 m 的确定

令 $M=K_0R^m$，并在双对数纸上用单站建立 $M\sim R$ 关系图（图 9-26），从图中可以看出各站的 m 值在 0.8～0.93 之间。《北京市水文手册·洪水篇》（2005 年）和《河北省平原地区中小面积除涝水文修订报告》（2002 年）中的 m 取值相当于 5 个典型站分析成果的外包线，可见用上述报告中的 m 值计算平原河道排水流量是安全的，本次分析高屯、金各庄、高庄、孙庄等站的 m 值采用 0.92，北昌的 m 值采用 0.93。

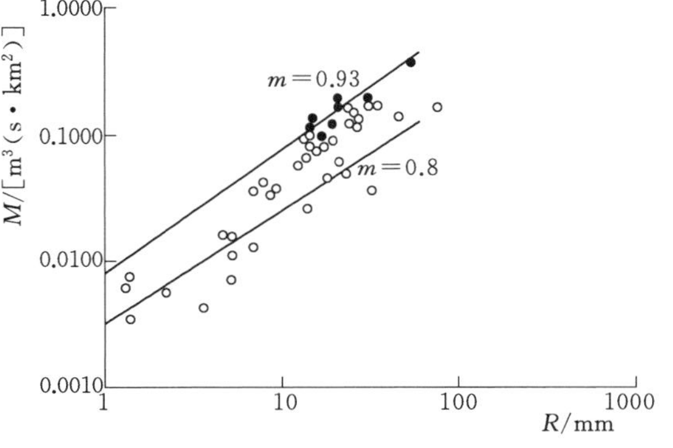

图 9-26 设计排水模数与设计径流深关系图

3. 递减指数 n 值和综合系数 K 值的确定

在 m 值确定的情况下，根据 $K_0=KF^n$ 关系式，在双对数纸上点 $K_0\sim F$ 绘关系图，但点据分析呈带状，目估难以准确定线，经初步定线，再假定不同 n、K 值组合（参照《河北省平原地区排水模数公式分析》中采用的试算公式和《北京市水文手册·洪水篇》中的成果），通过实测点据验算，优选离差平方和最小者，确定 n、K 值，计算结果见表 9－16。

表 9－16　各站 n、K 值

典型流域	项目	数值	典型流域	项目	数值
清南地区高屯	n	−0.25	运东地区孙庄	n	−0.2
	K	0.025		K	0.028
清北地区金各庄	n	−0.25	北四河平原北昌	n	−0.16
	K	0.023		K	0.026
黑龙港中下游地区高庄	n	−0.25			
	K	0.023			

4. 最大排水流量经验公式

经计算，比较得出该区的排涝模数和最大排水流量公式见表 9－17。

表 9－17　排涝模数和最大排水流量公式

典型流域	项目	公式
清南地区高屯	排涝模数/[m^3/(s·km^2)]	$M=0.025R^{0.92}F^{-0.25}$
	最大排水流量/(m^3/s)	$Q=0.025R^{0.92}F^{0.75}$
清北地区金各庄	排涝模数/[m^3/(s·km^2)]	$M=0.023R^{0.92}F^{-0.25}$
	最大排水流量/(m^3/s)	$Q=0.023R^{0.92}F^{0.75}$
黑龙港中下游地区高庄	排涝模数/[m^3/(s·km^2)]	$M=0.023R^{0.92}F^{-0.25}$
	最大排水流量/(m^3/s)	$Q=0.023R^{0.92}F^{0.75}$
运东地区孙庄	排涝模数/[m^3/(s·km^2)]	$M=0.028R^{0.82}F^{-0.2}$
	最大排水流量/(m^3/s)	$Q=0.028R^{0.82}F^{0.8}$
北四河平原北昌	排涝模数/[m^3/(s·km^2)]	$M=0.026R^{0.93}F^{-0.16}$
	最大排水流量/(m^3/s)	$Q=0.026R^{0.93}F^{0.84}$

9.5　海河流域典型排涝区排涝模数修订研究

9.5.1　典型排涝区选择

海河流域平原区地下水位降低后，由于包气带加厚，使得包气带蓄水能力增加，涝灾面积大幅度减少，山前平原区和中部地下水淡水区基本已不存在涝灾发生的条件，涝灾主要发生在中下游平原的地下水非淡水区和滨海平原区。本书在海河流域平原区选择大清河平原清南地区、大清河平原区清北地区、北四河平原龙凤河地区、黑龙港中游地区以及南运河以东地区 5 个易涝区进行现状下垫面条件下平原排涝模数修订研究。清南地区以任河大渠高屯为代表站，清北地区以牤牛河金各庄为代表站，北四河龙凤河地区以龙河北昌为代表站，黑龙港中游现有经验汇流方法地区以江江河高庄为代表站，南运河以东地区以沧

浪渠孙庄为代表站。

9.5.2 设计暴雨

9.5.2.1 前期影响雨量

暴雨前包气带土壤水分的干湿程度是影响径流形成过程的一个重要因素，在暴雨径流关系分析中一般用降雨前期的影响雨量这一指标反映，在水文模型中反映这一指标的变量为流域蓄水量。为了分析前期影响雨量的变化规律，选用沧州、任丘、景县、雄县 4 个典型雨量站历年最大 3 日降雨量的前期影响进行了分析，分析成果见表 9-18 和表 9-19。

从表中可以看出，按最大 3 日暴雨分析，各年的前期影响雨量的变化幅度比较大，前期影响雨量相对值（占最大前期影响雨量的百分数）变化幅度比较大，最小为 4%，最大为 100%，其多年平均值为 50%左右。10%～50%累计频率的暴雨量前期影响雨量相对值，大致在 50%～78%之间变化，除雄县站呈现随着累计频率减少前期影响雨量有逐渐增大的趋势外，其他 3 站最大 3 日雨量的大小没有明显的相关规律。考虑到点雨量要大于流域面雨量，因此实际流域的前期影响雨量也将小于单站计算的数值。在上述分析成果的基础上，参照北京和河北除涝水文分析中前期影响雨量的成果，本次最大 3 日暴雨前期影响雨量及流域蓄水量取表 9-20 中的数值。

表 9-18　典型雨量站不同累计频率最大 3 日暴雨前期影响雨量成果

测站	类别	前期影响雨量/mm	占最大值比例/%
沧州	最大 3 日雨量累计频率大于 10%年份均值	51.3	43
	最大 3 日雨量累计频率大于 20%年份均值	64.9	54
	最大 3 日雨量累计频率大于 33%年份均值	60.5	50
	最大 3 日雨量累计频率大于 50%年份均值	70.2	59
	所有年份均值	63.3	53
任丘	最大 3 日雨量累计频率大于 10%年份均值	65.5	55
	最大 3 日雨量累计频率大于 20%年份均值	69.2	58
	最大 3 日雨量累计频率大于 33%年份均值	67.9	57
	最大 3 日雨量累计频率大于 50%年份均值	67.6	56
	所有年份均值	58.7	49
景县	最大 3 日雨量累计频率大于 10%年份均值	63.6	53
	最大 3 日雨量累计频率大于 20%年份均值	65.7	55
	最大 3 日雨量累计频率大于 33%年份均值	68.6	57
	最大 3 日雨量累计频率大于 50%年份均值	70.8	59
	所有年份均值	61.3	51
雄县	最大 3 日雨量累计频率大于 10%年份均值	94.0	78
	最大 3 日雨量累计频率大于 20%年份均值	81.3	68
	最大 3 日雨量累计频率大于 33%年份均值	69.8	58
	最大 3 日雨量累计频率大于 50%年份均值	68.5	57
	所有年份均值	60.2	50

表 9－19　　典型雨量站最大 3 日暴雨前期影响雨量成果

年份	沧　州			任　丘			景　县			雄　县		
	最大3日雨量/mm	前期影响雨量/mm	占最大值比例/%	最大3日雨量/mm	前期影响雨量/mm	占最大值比例/%	最大3日雨量/mm	前期影响雨量/mm	占最大值比例/%	最大3日雨量/mm	前期影响雨量/mm	占最大值比例/%
1956	70.0	110.1	92	115.2	84.1	70	66.3	95.5	80	101.0	80.0	67
1957	23.0	31.0	26	48.0	59.6	50	41.5	39.6	33	51.0	21.2	18
1958	101.6	53.9	45	103.1	58.5	49	94.9	52.7	44	78.6	36.2	30
1959	70.2	57.3	48	62.9	71.7	60	69.0	55.4	46	46.0	100.2	84
1960	104.9	92.7	77	70.8	96.1	80	161.2	59.1	49	63.4	101.9	85
1961	139.9	81.5	68	45.1	54.8	46	155.7	30.6	26	55.0	32.3	27
1962	198.4	28.1	23	85.9	48.3	40	208.0	54.8	46	53.0	16.2	14
1963	55.7	70.2	59	83.8	120.0	100	72.0	120.0	100	122.8	79.3	66
1964	139.7	98.8	82	151.9	93.8	78	106.4	102.2	85	117.3	82.5	69
1965	88.5	7.8	7	38.9	22.9	19	67.9	19.5	16	131.1	35.5	30
1966	103.0	114.0	95	111.1	78.9	66	46.4	19.3	16	183.6	73.0	61
1967	74.2	57.9	48	71.8	72.3	60	68.5	101.5	85	139.1	86.6	72
1968	28.4	19.0	16	82.8	59.4	50	30.0	24.8	21	64.2	61.1	51
1969	136.5	110.6	92	201.2	107.4	90	92.9	91.1	76	83.7	84.1	70
1970	59.7	115.2	96	134.0	105.6	88	115.5	68.3	57	77.8	62.3	52
1971	134.2	83.8	70	80.8	73.9	62	105.0	75.1	63	66.9	61.4	51
1972	272.5	4.3	4	175.0	28.7	24	30.5	34.4	29	119.5	59.0	49
1973	58.8	87.8	73	146.2	62.5	52	82.5	57.5	48	165.1	92.4	77
1974	96.1	66.7	56	109.7	69.8	58	127.5	89.1	74	84.6	18.6	16
1975	29.8	59.1	49	35.1	55.0	46	81.0	41.0	34	32.8	15.8	13
1976	100.7	55.0	46	98.1	74.5	62	59.0	18.4	15	76.4	117.8	98
1977	125.3	114.0	95	91.2	120.0	100	156.5	58.1	48	203.3	101.6	85
1978	117.9	75.2	63	95.2	26.8	22	171.0	120.0	100	86.0	98.1	82
1979	65.3	50.2	42	175.0	82.8	69	71.6	70.4	59	53.5	92.0	77
1980	72.7	115.2	96	77.2	41.6	35	42.0	31.7	26	76.1	47.0	39
1981	116.1	93.5	78	139.9	68.0	57	157.0	49.2	41	75.2	61.3	51
1982	120.4	60.0	50	46.9	80.6	67	72.0	47.1	39	77.1	49.6	41
1983	20.0	18.0	15	62.5	12.3	10	114.9	35.1	29	28.5	35.9	30
1984	131.8	27.6	23	196.1	14.9	12	222.1	18.1	15	81.8	63.1	53
1985	106.7	74.0	62	57.7	76.6	64	58.0	55.5	46	113.0	19.8	17
1986	30.7	54.2	45	42.2	65.3	54	137.9	75.2	63	23.7	34.1	28
1987	103.0	106.2	89	97.3	81.9	68	168.9	74.5	62	47.6	51.2	43
1988	103.0	31.8	27	124.6	43.8	37	36.0	76.3	64	93.9	112.3	94

续表

年份	沧州			任丘			景县			雄县		
	最大3日雨量/mm	前期影响雨量/mm	占最大值比例/%	最大3日雨量/mm	前期影响雨量/mm	占最大值比例/%	最大3日雨量/mm	前期影响雨量/mm	占最大值比例/%	最大3日雨量/mm	前期影响雨量/mm	占最大值比例/%
1989	115.5	85.1	71	97.1	20.4	17	124.0	114.0	95	112.0	15.9	13
1990	72.6	105.7	88	73.1	66.1	55	94.0	77.9	65	53.4	104.3	87
1991	124.7	45.1	38	81.6	57.9	48	98.9	77.5	65	265.6	89.1	74
1992	121.2	9.0	8	105.0	5.5	5	86.3	110.6	92	71.3	53.1	44
1993	50.4	53.8	45	67.5	61.5	51	106.0	36.1	30	102.4	38.9	32
1994	78.0	67.1	56	107.5	86.9	72	112.0	91.8	77	154.0	114.0	95
1995	110.7	86.6	72	67.0	71.6	60	167.7	97.7	81	98.5	61.0	51
1996	130.3	88.1	73	66.1	22.8	19	81.7	81.1	68	105.1	80.7	67
1997	53.9	15.9	13	53.7	29.3	24	70.1	12.2	10	27.8	21.1	18
1998	119.3	12.3	10	66.1	22.8	19	113.6	97.7	81	65.3	51.3	43
1999	30.8	7.3	6	53.7	29.3	24	56.8	9.9	8	61.9	20.7	17
2000	131.1	71.4	60	53.2	27.2	23	309.0	76.4	64	75.2	44.7	37
2001	49.8	56.2	47	75.2	40.8	34	67.1	64.7	54	71.5	38.5	32
2002	156.8	30.5	25	80.2	46.3	39	48.9	17.1	14	85.4	51.3	43
2003	205.0	76.2	64	24.0	13.6	11	184.0	48.6	41	46.7	7.8	7
2004	40.5	43.8	37	78.4	30.9	26	61.5	66.2	55	48.0	56.4	47
2005	128.4	51.3	43	106.3	88.8	74	62.8	23.7	20	103.0	77.2	64

9.5.2.2　设计暴雨量

表 9-20　设计前期影响雨量成果

暴雨重现期/年	前期影响雨量或流域蓄水量相对值/%
≥10	70
5（含）～10	65
<5	60

1998年3月水利部原水文司布置开展了全国暴雨统计参数等值线图的编制工作，按照统一要求，海河流域内有关省（自治区、直辖市）均编制了本省市的设计暴雨图集，这是目前设计暴雨计算的主要依据。本次选择的5个典型排涝区均位于河北省境内，因此采用《河北省设计暴雨图集》（2002年10月，河北省水文水资源勘测局）进行设计暴雨分析计算。设计暴雨历时选取1h、6h、24h、3d四个时段，各典型区面积分别选取50km^2、100km^2、200km^2、500km^2、1000km^{2}五个面积等级，由《河北省设计暴雨图集》中的暴雨参数计算出各典型区的设计点雨量后，再按点面折算系数计算不同面积的设计面雨量。海河流域典型排涝区设计暴雨量成果见表9-21。

9.5.2.3　设计暴雨雨型

3日雨型分别采用6h、24h、3d三个时段控制，以1994年7月永定河后奕站为典型，其中3日雨量集中前两日，3d～24h雨量集中在24h之间。6h、6～24h及24h～3d之间雨量分配系数直接采用1994年后奕站实际降雨分析成果。设计雨型见表9-22。

表 9 - 21　　海河流域典型排涝区设计暴雨量成果　　单位：mm

分区	时段	重现期/年	不同面积设计暴雨量						
			0	50km²	100km²	300km²	500km²	800km²	1000km²
清南	1h	3	43.2	35.2	33.8	32.4	31.4	30.2	29.4
		5	52.2	42.5	40.8	39.2	38.0	36.4	35.5
		10	63.9	52.1	50.0	47.9	46.5	44.6	43.5
		20	75.3	61.4	58.9	56.5	54.8	52.6	51.2
	6h	3	74.9	67.3	64.3	61.7	60.5	59.1	58.4
		5	92.4	83.0	79.3	76.1	74.7	72.9	72.1
		10	116.2	104.3	99.7	95.7	93.9	91.7	90.6
		20	139.3	125.1	119.5	114.8	112.6	109.9	108.7
清北	1h	3	42.8	34.9	33.5	32.1	31.2	29.9	29.1
		5	52.8	43.0	41.3	39.6	38.4	36.9	35.9
		10	66.4	54.1	51.9	49.8	48.3	46.3	45.2
		20	79.6	64.9	62.2	59.7	57.9	55.6	54.1
	6h	3	75.1	67.4	64.4	61.9	60.7	59.3	58.6
		5	93.3	83.8	80.1	76.9	75.4	73.6	72.8
		10	118.0	106.0	101.2	97.2	95.3	93.1	92.0
		20	142.1	127.6	121.9	117.1	114.8	112.1	110.8
北四河平原龙凤河	1h	3	42.8	34.9	33.5	32.1	31.2	29.9	29.1
		5	52.8	43.0	41.3	39.6	38.4	36.9	35.9
		10	66.4	54.1	51.9	49.8	48.3	46.3	45.2
		20	79.6	64.9	62.2	59.7	57.9	55.6	54.1
	6h	3	76.3	68.5	65.5	62.9	61.7	60.2	59.5
		5	98.8	88.7	84.8	81.4	79.8	78.0	77.1
		10	130.9	117.5	112.3	107.9	105.8	103.3	102.1
		20	163.5	146.8	140.3	134.7	132.1	129.0	127.5
黑龙港中游	1h	3	42.6	34.7	33.3	32.0	31.0	29.7	29.0
		5	53.9	43.9	42.1	40.4	39.2	37.6	36.7
		10	68.8	56.1	53.8	51.6	50.1	48.0	46.8
		20	83.8	68.3	65.5	62.9	61.0	58.5	57.0
	6h	3	76.3	68.5	65.5	62.9	61.7	60.2	59.5
		5	98.8	88.7	84.8	81.4	79.8	78.0	77.1
		10	130.9	117.5	112.3	107.9	105.8	103.3	102.1
		20	163.5	146.8	140.3	134.7	132.1	129.0	127.5

续表

分区	时段	重现期/年	不同面积设计暴雨量						
			0	50km²	100km²	300km²	500km²	800km²	1000km²
运东地区	1h	3	42.8	34.9	33.5	32.1	31.2	29.9	29.1
		5	52.8	43.0	41.3	39.6	38.4	36.9	35.9
		10	66.4	54.1	51.9	49.8	48.3	46.3	45.2
		20	79.6	64.9	62.2	59.7	57.9	55.6	54.1
	6h	3	78.4	70.4	67.3	64.6	63.3	61.9	61.2
		5	101.5	91.1	87.1	83.6	82.0	80.1	79.2
		10	134.5	120.8	115.4	110.8	108.7	106.1	104.9
		20	168.0	150.9	144.1	138.4	135.7	132.6	131.0
清南	24h	3	95.9	92.6	89.7	88.2	87.3	86.2	85.8
		5	121.2	117.1	113.3	111.5	110.3	109.0	108.5
		10	154.8	149.5	144.7	142.4	140.9	139.2	138.5
		20	188.5	182.1	176.2	173.4	171.5	169.5	168.7
	3d	3	117.2	114.4	112.7	111.0	109.7	108.8	108.5
		5	148.1	144.5	142.5	140.3	138.6	137.4	137.1
		10	189.2	184.7	182.0	179.2	177.1	175.6	175.2
		20	230.4	224.9	221.6	218.2	215.7	213.8	213.4
清北	24h	3	100.8	97.4	94.2	92.7	91.7	90.6	90.2
		5	128.6	124.2	120.2	118.3	117.0	115.6	115.1
		10	166.6	160.9	155.8	153.3	151.6	149.8	149.1
		20	205.2	198.2	191.9	188.8	186.7	184.5	183.7
	3d	3	120.3	117.4	115.7	113.9	112.6	111.6	111.4
		5	155.6	151.9	149.7	147.4	145.6	144.4	144.1
		10	206.3	201.3	198.5	195.4	193.1	191.4	191.0
		20	257.6	251.4	247.8	243.9	241.1	239.1	238.5
北四河平原龙凤河	24h	3	104.6	101.0	97.8	96.2	95.2	94.0	93.6
		5	135.3	130.7	126.5	124.5	123.1	121.6	121.1
		10	179.4	173.3	167.7	165.0	163.3	161.3	160.6
		20	224.0	216.4	209.4	206.1	203.8	201.4	200.5
	3d	3	124.3	121.3	119.6	117.7	116.3	115.4	115.1
		5	162.9	159.0	156.7	154.3	152.5	151.2	150.8
		10	219.1	213.8	210.8	207.5	205.1	203.3	202.9
		20	276.0	269.4	265.5	261.4	258.3	256.1	255.6

续表

分区	时段	重现期/年	不同面积设计暴雨量						
			0	50km²	100km²	300km²	500km²	800km²	1000km²
黑龙港中游	24h	3	100.1	96.7	93.6	92.1	91.1	90.0	89.6
		5	128.6	124.2	120.2	118.3	117.0	115.6	115.1
		10	168.5	162.8	157.5	155.0	153.3	151.5	150.8
		20	209.0	201.9	195.4	192.3	190.2	187.9	187.1
	3d	3	115.9	113.1	111.5	109.8	108.5	107.6	107.3
		5	148.9	145.3	143.2	141.0	139.4	138.2	137.9
		10	195.1	190.4	187.7	184.8	182.6	181.1	180.7
		20	242.0	236.2	232.8	229.2	226.5	224.6	224.1
运东地区	24h	3	102.5	99.0	95.8	94.3	93.3	92.1	91.7
		5	132.6	128.1	124.0	122.0	120.7	119.2	118.7
		10	175.8	169.8	164.4	161.7	160.0	158.0	157.3
		20	219.5	212.0	205.2	201.9	199.7	197.3	196.5
	3d	3	120.3	117.4	115.7	113.9	112.6	111.6	111.4
		5	155.6	151.9	149.7	147.4	145.6	144.4	144.1
		10	206.3	201.3	198.5	195.4	193.1	191.4	191.0
		20	257.6	251.4	247.8	243.9	241.1	239.1	238.5

表 9-22　海河流域平原区典型雨型分配表

时段位置	起止时间		降雨量/mm	分配系数
	起	止		
24h～3d	1994-7-11　12:00	1994-7-11　14:00	3.0	0.08
	1994-7-11　21:00	1994-7-11　22:00	27.0	0.69
	1994-7-11　22:00	1994-7-11　23:00	5.6	0.14
	1994-7-11　23:00	1994-7-11　24:00	3.2	0.08
6～24h	1994-7-12　8:00	1994-7-12　10:00	1.9	0.01
	1994-7-12　10:00	1994-7-12　11:00	3.5	0.03
	1994-7-12　11:00	1994-7-12　12:00	37.2	0.28
	1994-7-12　12:00	1994-7-12　13:00	0.5	0
	1994-7-12　15:00	1994-7-12　16:00	6.1	0.05
最大 6h	1994-7-12　16:00	1994-7-12　17:00	32.2	0.15
	1994-7-12　17:00	1994-7-12　18:00	62.4	0.29
	1994-7-12　18:00	1994-7-12　19:00	36.9	0.17
	1994-7-12　19:00	1994-7-12　20:00	41.8	0.19
	1994-7-12　20:00	1994-7-12　21:00	30.7	0.14
	1994-7-12　21:00	1994-7-12　22:00	13.9	0.06

续表

时段位置	起止时间		降雨量/mm	分配系数
	起	止		
6～24h	1994-7-12 22:00	1994-7-12 23:00	11.4	0.09
	1994-7-12 23:00	1994-7-13 0:00	24.9	0.19
	1994-7-13 0:00	1994-7-13 1:00	24	0.18
	1994-7-13 1:00	1994-7-13 2:00	13.1	0.10
	1994-7-13 2:00	1994-7-13 3:00	7.6	0.06
	1994-7-13 3:00	1994-7-13 8:00	3.2	0.02

9.5.3 典型排涝区设计排涝模数修订

9.5.3.1 沥涝水量计算

1. *产流方法*

由设计暴雨数据分析计算沥涝水量，可采用暴雨径流相关分析法和水文模型方法。由于平原区下垫面变化影响，多数地区的暴雨径流相关关系已发生了相当大的变化，尤其是近20年来，浅层地下水全淡区的一些径流测站几乎没有观测的成规模的流量过程数据，这给现状下垫面条件下的暴雨径流关系定线产生了一定困难。从有关典型测站的定线成果看，其定线精度尚不满足现状下垫面条件产流分析要求，如应用于生产实际还需做一些补充工作。海河平原产流模型考虑了地下水埋深、降雨入渗、农田灌溉面积等影响产流的关键因素，从有关典型站模型参数实际率定的精度看，其径流预报精度合格率多数测站均达到了80%以上，基本可用于现状下垫面条件下暴雨产流分析。因此，本书选用海河平原产流模型分析估算典型排涝区设计暴雨产流量。

2. *模型参数及计算条件确定*

（1）地下水设计埋深。地下水埋深是除涝水文计算中的关键参数，也是下垫面变化影响的主要要素。目前海河流域平原浅层淡水区均处于超采状态，超采程度从山前平原向东部逐渐递减。流域下游或滨海区域的浅层咸水区，由于深层承压水位的持续下降，出现了浅层水向深层承压水补给的现象，地下水埋深也有下降的趋势。目前国家正在实施南水北调东、中线工程。中线一期工程已在2014年底向海河平原的大部分区域供水。按照《海河流域水资源规划》分析，南水北调东线一期、二期和中线一期工程通水后海河流域总体上仍处于缺水状态，尤其是以地下水为主要灌溉水源的农业，仍需要超采一定数量地下水维持正常的农业产出需要，因此在未来的一定时期内地下水超采趋势仍将持续，但超采量将逐步减少。

浅层地下水直接接受降雨补给，地下水埋深除受开采量影响外，还与年降水量的大小及周期变化有关，遇到连续丰水年地下水位会出现临时性回升，遇到连续枯水年地下水位下降的速度会有所加快。经用《海河流域水资源规划》地套三级区1956—2000年面雨量系列，按未来地下水采补平衡这一条件分析，遇到连续丰水年，各典型分区地下水上涨幅度在3.5～5.0m之间。考虑到严重的沥涝灾害年往往是在连续丰水年后发生的，因此，在除涝水文计算时，设计地下水埋深可在现状埋深的基础上考虑一定的地下水位升幅。本书中各典型区设计地下水埋深按 2005 年汛前实际地下水埋深叠加 4.0m 地下水位升幅考虑。各典型区设计地下水埋深见表 9-23。

表 9-23　　海河流域典型排涝区设计地下水埋深

典　型　区	分　　区	2005 年地下水埋深/m	设计地下水埋深/m
清南平原	任大公路以上	10～20	6
	任大公路以下	6～10	2～6
清北平原	津保公路以上	8～20	4～6
	津保公路以下	3～10	1.5～6
北四河龙凤河平原		6～10	2～6
黑龙港中游平原	石德铁路以上	10～20	6
	石德铁路以下	6～10	2～6
黑龙港运东平原		2～5	1.5

（2）典型排涝区模型参数确定。本书对清南、清北等 5 个排涝典型区内的代表站进行了参数率定分析，得到了代表站的模型率定参数，将代表站的模型参数作为相应典型区的设计参数进行产流分析。5 个典型区产流模型主要参数见表 9-24。

表 9-24　　海河流域典型排涝区产流模型主要设计参数成果

模 型 参 数	清南平原	清北平原	北四河平原龙凤河	黑龙港中游	运东地区
上层土壤蓄水能力（WM_1）	90	90	70	90	90
下层土壤蓄水能力（WM_2）	120	110	120	120	120
上层土壤孔隙水蓄水能力（WG_1）	10	10	10	10	10
下层土壤孔隙水蓄水能力（WG_2）	10	10	10	10	10
上层蓄水能力不均匀系数 $B1$	0.2	0.2	0.2	0.2	0.2
下层蓄水能力不均匀系数 $B2$	0.3	0.3	0.3	0.3	0.3
初始入渗参数 f_0	20	20	25	20	20
稳定入渗参数 f_c	10	10	10	10	7
流域不透水系数	0.15	0.15	0.15	0.15	0.15

（3）设计净雨量。设计净雨量为 3 日设计暴雨产生的径流深值。按典型雨型分配过程将各区域 3 日设计暴雨量细化为逐小时降雨过程，根据区域设计地下水埋深和设计模型参数，采用平原产流模型对不同设计标准和不同面积的设计暴雨进行产流分析计算，其净雨深成果见表 9-25。

9.5.3.2　典型排涝区设计排涝模数修订

1. 排涝模数计算方法

本次利用典型站实测流量资料，统计分析了排水流量与净流深和流域面积的相关模式，提出了各典型站排水流量计算经验公式。经分析，各典型站经验公式计算成果与《河

表 9-25 海河流域典型排涝区不同标准暴雨设计净雨量成果

典型区	重现期/年	不同面积净流深/mm					备注
		100km²	300km²	500km²	800km²	1000km²	
清南	3	2.5	2.4	2.3	2.3	2.0	任大公路以南区域
	5	4.7	3.6	3.5	3.4	3.4	
	10	22.1	18.9	17.3	15.5	14.6	
	20	36.0	34.6	32.7	30.5	29.5	
清北	3	2.5	2.4	2.4	2.3	2.0	津保公路以北区域
	5	6.7	4.5	3.5	3.5	4.0	
	10	24.5	21.2	19.6	17.8	16.9	
	20	47.8	42.8	40.1	37.8	36.9	
龙凤河	3	2.5	2.4	2.4	2.3	2.3	北四河平原龙凤河地区
	5	14.5	13.1	11.7	10.5	10.1	
	10	60.5	59.3	57.1	55.5	55.2	
	20	112.9	115.7	112.5	110.1	109.7	
黑龙港中游	3	2.5	2.4	2.4	2.3	2.3	黑龙港衡水地区
	5	7.8	5.5	4.4	3.7	3.6	
	10	32.5	28.9	27.1	25.1	24.1	
	20	53.2	48.3	46.2	43.7	42.5	
运东地区	3	7.9	5.7	4.6	3.4	2.9	
	5	35.8	33.8	32.3	31.2	31.0	
	10	116.6	115.5	113.3	112.4	112.7	
	20	178.2	174.3	169.4	169.4	169.4	

北省平原地区中小面积除涝水文计算手册》中给出的经验公式计算成果差别不大。为了便于分析下垫面变化后的排涝流量变化，统一下垫面变化前后的比较基准，本次仍采用《河北省平原地区中小面积除涝水文计算手册》中的最大排水流量公式，其中大清河平原清南地区、大清河平原清北地区、黑龙港中游地区以及南运河以东地区采用以下公式：

$$Q=0.022R^{0.92}F^{0.80} \tag{9-15}$$

北四河平原龙凤河地区采用下述公式：

$$Q=0.030R^{0.92}F^{0.80} \tag{9-16}$$

设计排涝模数为单位面积上的设计排涝流量，大清河平原清南地区等4个典型排涝区排涝模数计算公式：

$$M=0.022R^{0.92}F^{-0.20} \tag{9-17}$$

北四河平原龙凤河地区排涝模数计算公式为

$$M=0.030R^{0.92}F^{-0.20} \tag{9-18}$$

2. 设计排水流量及排涝模数计算

根据平原产流模型计算的不同标准暴雨产生的净雨量，采用前述最大排水流量计算公式和排涝模数计算公式，对 5 个典型排涝区不同标准及不同面积等级的排涝流量和排涝模数进行计算，5 个典型排涝区设计排涝流量成果见表 9-26 及图 9-27～图 9-31，设计排涝模数成果见表 9-27。

表 9-26　海河流域典型排涝区设计排涝流量成果

典型区	重现期/年	不同面积排水流量/(m^3/s)					备　注
		100km²	300km²	500km²	800km²	1000km²	
清南	3	2.0	4.7	6.9	9.9	10.5	任大公路以南区域
	5	3.6	6.8	10.1	14.4	17.1	
	10	15.1	31.5	43.8	57.6	65.3	
	20	23.7	54.9	78.6	107.4	124.4	
清北	3	2.0	4.7	7.0	10.0	10.5	津保公路以北区域
	5	5.1	8.4	10.2	14.5	19.7	
	10	16.6	35.0	49.1	65.3	74.6	
	20	30.7	66.9	94.8	130.7	152.6	
龙凤河	3	2.8	6.5	9.7	13.7	16.2	北四河平原龙凤河地区
	5	14.0	30.6	41.5	54.6	63.0	
	10	52.0	123.0	178.7	253.7	301.7	
	20	92.4	227.5	333.6	476.6	567.7	
黑龙港中游	3	2.1	4.8	7.1	10.1	11.9	黑龙港衡水地区
	5	5.8	10.1	12.5	15.3	18.1	
	10	21.6	46.5	66.1	89.6	103.3	
	20	33.9	74.7	107.8	149.2	173.9	
运东地区	3	5.9	10.4	12.8	14.3	14.9	
	5	23.5	53.8	77.5	109.5	130.3	
	10	69.8	166.7	246.4	356.2	426.7	
	20	103.1	243.3	356.7	519.5	621.0	

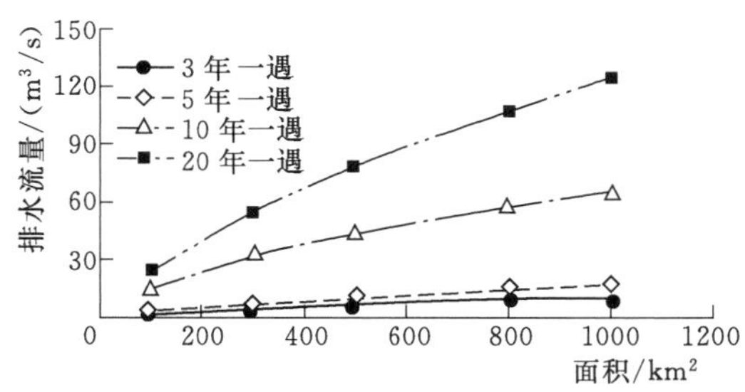

图 9-27　清南平原中上游地区排涝流量关系图

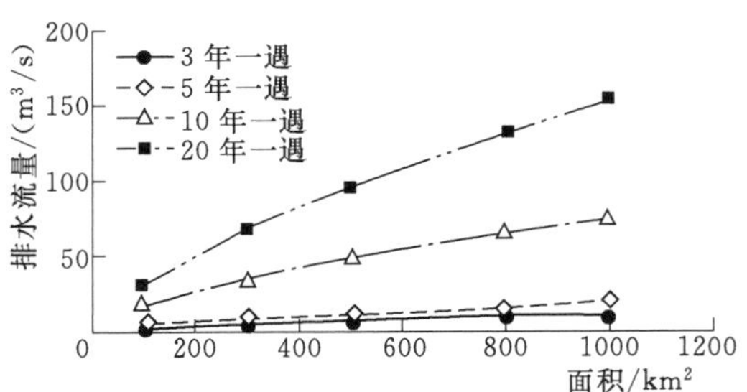

图 9-28　清北平原中上游地区排涝流量关系图

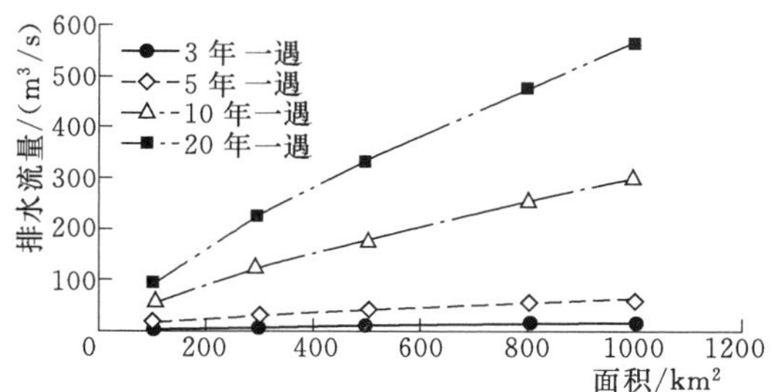

图 9-29 北四河平原龙凤河地区排涝流量关系图

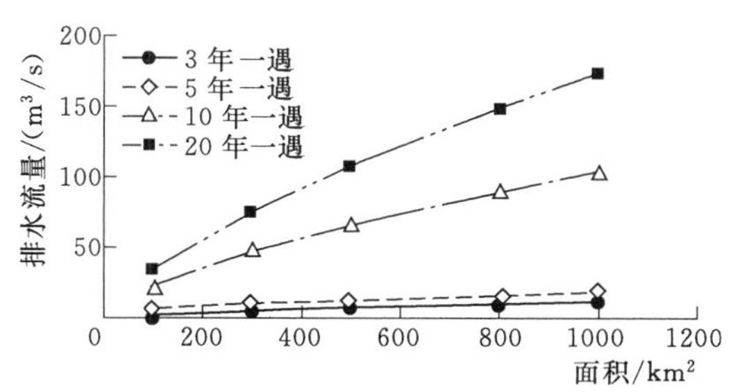

图 9-30 黑龙港中下游地区排涝流量关系图

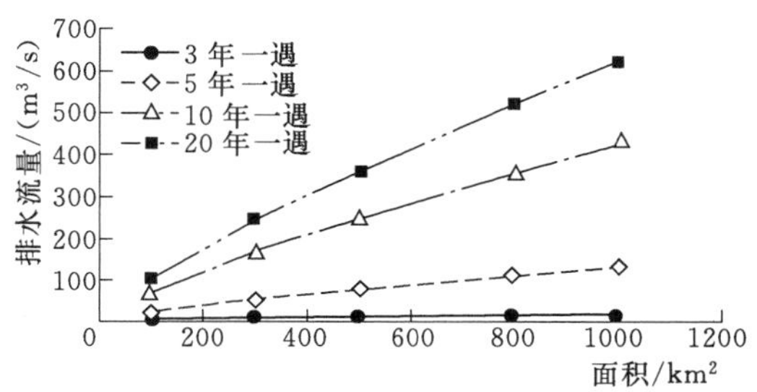

图 9-31 河北南运东地区排涝流量关系图

从排涝流量及排涝模数计算成果可以看出，在 100km^2 标准面积条件下，3 年一遇设计暴雨，最大排涝流量运东地区为 6m^3/s，其他典型区在 2.0～2.8 m^3/s 之间；5 年一遇设计暴雨，运东地区最大排水流量为 23.5m^3/s，龙凤河地区为 14m^3/s，其他 3 个典型区在 3.6～5.8 m^3/s 之间；10 年一遇设计暴雨，运东地区最大排水流量为 69.8m^3/s，龙凤河地区为 52m^3/s，其他 3 个典型区在 15.1～21.6m^3/s 之间；20 年一遇设计暴雨，运东地区最大排水流量为 103m^3/s，龙凤河地区为 92.4m^3/s，其他 3 个典型区在 23.7～33.9m^3/s 之间。

9.5.4 下垫面变化对设计排涝模数影响

《河北省海滦河流域平原地区中小面积除涝水文分析》（简称河北 82 年手册）是采用 20 世纪 50—70 年代实测暴雨和径流资料编制完成的，采用该成果分析计算的排涝流量或排涝模数可以看作下垫面变化前的成果。采用现状下垫面条件下模型参数分析计算的排涝流量或排涝模数可认为是现状下垫面水平下成果。下垫面变化前后设计排涝模数变化表征了下垫面变化对排涝模数影响。表 9-28 为典型排涝区下垫面变化前后排涝流量对比情况。可以看出，现状下垫面条件 5 年一遇及其以下低标准的涝水均比下垫面变化前大幅度减少，其中 3 年一遇标准涝水排涝流量或排涝模数减少了 80%～90%，5 年一遇标准减少了 48%～86%，其中，运东地区由于现状地下水埋深较浅，减少幅度最小，其他 4 个典型区减少幅度在 73%～86%之间。10 年一遇至 20 年一遇标准，除运东地区外，其他典型区现状下垫面条件下的涝水也有较大幅度的减少，10 年一遇标准减少幅度在 39%～64%之间，20 年一遇标准减少幅度在 24%～59%之间。对于运东地区，10 年一遇和 20 年一遇标准，模型计算结果大于河北 82 年手册计算结果的情况，主要原因是模型计算采用的设计降雨前期的初始相对蓄水量为 65%，远大于河北 82 年手册采用的相对设计前期影响雨量的 33%所致。

表 9－27　　海河流域典型排涝区设计排涝模数成果表

典型区	重现期/年	不同面积排涝模数/[$m^3/(s \cdot km^2)$]					备　注
		100km²	300km²	500km²	800km²	1000km²	
清南	3	0.02	0.02	0.01	0.01	0.01	任大公路以南区域
	5	0.04	0.03	0.02	0.02	0.02	
	10	0.15	0.1	0.09	0.07	0.07	
	20	0.24	0.18	0.16	0.13	0.12	
清北	3	0.02	0.02	0.01	0.01	0.01	津保公路以北区域
	5	0.05	0.03	0.02	0.02	0.02	
	10	0.17	0.12	0.1	0.08	0.07	
	20	0.31	0.22	0.19	0.16	0.15	
龙凤河	3	0.03	0.02	0.02	0.02	0.02	北四河平原龙凤河地区
	5	0.14	0.1	0.08	0.07	0.06	
	10	0.52	0.41	0.36	0.32	0.3	
	20	0.92	0.76	0.67	0.6	0.57	
黑龙港中游	3	0.02	0.02	0.01	0.01	0.01	黑龙港衡水地区
	5	0.06	0.03	0.02	0.02	0.02	
	10	0.22	0.16	0.13	0.11	0.1	
	20	0.34	0.25	0.22	0.19	0.17	
运东地区	3	0.06	0.03	0.03	0.02	0.01	
	5	0.24	0.18	0.16	0.14	0.13	
	10	0.7	0.56	0.49	0.45	0.43	
	20	1.03	0.81	0.71	0.65	0.62	

表 9－28　　海河流域典型排涝区下垫面变化前后排涝流量对比表

典型区	重现期/年	净流深			排涝流量		
		河北 82 年手册/mm	现状模型/mm	相对误差/%	河北 82 年手册/(m^3/s)	现状模型/(m^3/s)	相对误差/%
清南	3	24.50	2.50	−90	16.61	2.03	−88
	5	38.50	4.70	−88	25.18	3.62	−86
	10	63.40	22.10	−65	39.84	15.12	−62
	20	95.00	36.00	−62	57.80	23.70	−59
清北	3	25.50	2.50	−90	17.24	2.03	−88
	5	42.00	6.70	−84	27.28	5.06	−82
	10	75.20	24.50	−67	46.62	16.64	−64
	20	116.50	47.80	−59	69.73	30.71	−56

续表

典型区	重现期/年	净流深			排涝流量		
		河北82年手册/mm	现状模型/mm	相对误差/%	河北82年手册/(m^3/s)	现状模型/(m^3/s)	相对误差/%
龙凤河	3	36.20	2.53	−93	32.44	2.81	−91
	5	61.00	14.52	−76	52.44	14.00	−73
	10	103.20	60.49	−41	85.06	52.03	−39
	20	152.00	112.94	−26	121.46	92.41	−24
黑龙港	3	23.20	2.50	−89	15.80	2.06	−87
	5	38.50	7.80	−80	25.18	5.81	−77
	10	67.60	32.50	−52	42.26	21.56	−49
	20	104.00	53.20	−49	62.82	33.92	−46
运东地区	3	46.50	7.90	−83	29.96	5.86	−80
	5	72.40	35.80	−51	45.02	23.53	−48
	10	110.30	116.60	6	66.31	69.76	5
	20	158.00	178.20	13	92.30	103.10	12

9.6 小结

（1）对海河流域平原区15个典型雨量站的年最大24h和3d暴雨量的变化趋势进行了分析，多数站24h和3d暴雨量有减少的趋势，但也有部分站呈增加的趋势，说明海河流域平原区年最大24h暴雨和3d暴雨量，在一些区域有所减少，但尚未出现整体性变小的趋势。典型雨量站1980年前后年最大24h和3d暴雨量的变差系数 C_V 也没有明显的趋势性变化。

（2）对高屯等5个平原测站的沥涝水变化趋势进行了分析，1980年以后与1980年前比较，沥涝水次洪总量和洪峰流量均呈明显减少的趋势，其中高屯站次洪量和洪峰流量减小幅度分别为87%、76%；金各庄站次洪量和洪峰流量减小幅度分别为67%、70%；周官屯站次洪量和洪峰流量减小幅度分别为80%、67%；北昌站次洪量和洪峰流量减小幅度分别为73%、81%；高庄站次洪量和洪峰流量减小幅度分别为59%、64%。

（3）海河流域平原区下垫面变化对暴雨径流关系产生了明显影响。北京市、天津市、河北省相关部门对本区域的暴雨径流关系进行了不同程度的修订。本项目对高屯等6个平原测站的暴雨径流关系进行了分析，1980年以后的暴雨径流系数较以往成果均有较大程度的减小，其中，高庄站减少了77%～82%，北昌站减少了82%～95%，周官屯站减少了77%～88%，高屯站减少了47%～75%。凤河营站减小了23%～36%。

（4）平原区汇流计算方法包括瞬时单位线法、简单单位线法和模数经验公式法，能够产生坡面汇流的山前平原区适合采用瞬时单位线法进行汇流计算，海河流域中下游平原区多采用模数经验公式法估算最大排水流量。经用典型站实测径流资料检验，《河北省平原

地区中小面积除涝水文修订报告》中的模数经验公式仍可用于海河流域中下游平原的最大排水流量计算。

（5）在海河流域平原区选择大清河平原清南地区、大清河平原清北地区、北四河平原龙凤河地区、黑龙港中游地区以及南运河以东地区 5 个易涝区，依据区内水文站实测降雨径流资料率定模型参数，利用海河平原产流模型进行了现状下垫面条件下平原排涝模数修订研究。结果表明，现状下垫面条件 5 年一遇及其以下低标准涝水均比下垫面变化前大幅度减少，其中 3 年一遇标准涝水排涝流量或排涝模数减少了 80％～90％，5 年一遇标准减少了 48％～86％；10 年一遇至 20 年一遇标准，除运东滨海地区外，其他典型区现状下垫面条件下的涝水也有较大幅度的减少，10 年一遇标准减少幅度在 39％～64％之间，20 年一遇标准减少幅度在 24％～59％之间。滨海地区由于地下水埋深较浅，10 年一遇及以上标准沥涝水没有减少。

第10章 城市化对暴雨洪水影响

10.1 城市化水文效应

我国正处于城市化加速的进程中，1980年全国城镇人口1.91亿人，城镇化率只有19.3%，2015年全国城镇人口7.71亿人，城镇化率已达56.1%。海河流域内有北京市和天津市两大直辖市，包括两大直辖市在内的环首都城市圈，是我国三大城市群之一，其城市化水平略高于全国平均水平。截至2015年年底，北京市总人口2171万人，建成区面积1401km^2，按人口排序，是我国第三大城市；天津市总人口1547万人，建成区面积885km^2，是我国第四大城市。据有关规划，到2030年我国城市化率预计将达到65%以上，海河流域城市化率预计将接近70%。随着城市化进程的加快，城市水文效应越来越显著，城市水问题越来越突出，开展相关水文研究的需求也越来越迫切。

10.1.1 城市热岛效应对降雨影响

现代化的大城市，由于高楼大厦的积聚、地面硬化，导致太阳辐射热能的吸收和存储容量的增加，据估算，城市白天吸收储存的太阳能比乡村多80%，而晚上城市降温缓慢。与此同时，城市人口生活、生产所散发出的热量，也比乡村多得多。城市化的发展导致城市中的气温高于外围郊区，即城市热岛效应。

科学家早已开始在城市化进程中对气候变化的影响方面进行了研究。统计分析证实，一些特大型城市年平均气温的增暖幅度明显大于全球平均变暖的幅度，在大城市群地区，近地面气温全年都出现增温效应，增加幅度为0.5～1.0℃，这种增温效应以大城市群为中心向四周比较均匀地扩散。城市热岛效应不仅造成城市及其周边地区气温的升高，城市热岛效应还通过流场的作用，对降水过程产生影响。城市及其周边地区细颗粒物浓度增高，也有利于空气中的凝结核增多，有利于形成降水。

孙继松、舒文军等利用北京地区20个气象观测站1975—2004年冬季（12月至次年2月）、夏季（6—8月）的平均气温、降水量和降水日数资料，研究了城市热岛效应的年代际变化及其对降水的影响。结果表明：①1975—2004年，北京城区与北部山区之间的温度梯度在明显加大，其中，冬季温度梯度的平均增幅为每10年0.6℃，夏季约每10年为0.2℃。②在北京城区南北两侧，冬季和夏季的降水日数、降水量的相对变化趋势明显不同：相对区域平均而言，在城区及南部近郊区，冬季降水日数和降水量都在明显增加；夏季，城区北侧的降水日数呈加速增长趋势，尽管南部平原郊区的相对降水日数变化不大，但降水量在相对减少。③城市热岛效应对不同季节降水分布的影响，可能是城乡温度梯度与盛行风相互作用的结果，就北京地区而言，地形的存在，强化了城区与北部郊区之间的温度梯度：冬季盛行北风气流，在北部郊区，热岛效应强迫产生的边界层下沉运动有可能造成局地降水天气过程相对减少，城区及其南侧则相反；夏季盛行南风气流，随着城市热岛效应的增强，发生在北部近郊区的弱降水天气过程趋于增多。

10.1.2　城市效应对降雨产流影响

城市化使得大片耕地和天然植被由街道、工厂和住宅等建筑物所代替，下垫面的滞水性、渗透性、热力状况均发生明显的变化，集水区内天然调蓄能力减弱，这些都促使市区及近郊的水文要素和水文过程发生相应变化。

城市化增加了暴雨产生的径流量。城市建成区下垫面主要由屋面、厂区及庭院内不透水地面、交通路面等不透水区及绿地等透水区构成。由于屋面、路面等硬化面的增加，使得城市降雨径流量具有产流历时短、径流量大等特点。《建筑与小区雨水利用工程技术规范》（GB 50400—2006）给出了城区不同下垫面条件的年降雨径流系数（表 10-1），城市屋面和地面硬化区域的径流系数在 0.4～0.9 之间，城市绿地径流系数为 0.15 左右，一般城市建成区的综合年径流系数在 0.4～0.5 之间。

表 10-1　不同下垫面条件下的径流系数

项目	硬屋面、没铺石子的平屋面、沥青屋面	铺石子的平屋面	绿化屋面	混凝土和沥青路面	块石等铺砌路面	干砌砖、石及碎石路面	非铺砌的土路面	公园、绿地
径流系数	0.8～0.9	0.6～0.7	0.4～0.7	0.8～0.9	0.5～0.6	0.4	0.3	0.15

按 1956—2000 年系列分析，海河流域全部平原区年降雨径流系数仅为 0.07，农村地区的径流系数不足城市建成区的 1/5。可见，乡村转变为城市化后可使地表径流大幅增加，城市化对降雨产流的影响是巨大的。

城市地区的降雨径流系数不仅与地面的不透水面积所占比例有关，还与降雨量级有关。不透水面积占比越大，降雨过程中产生的入渗量和地面填洼调蓄量相应减少，相同降雨量产生的地表径流量越多。单个场次降雨的量级越大，降雨时段内蒸发损失量以及湿润地面和填洼作用所产生的初损量占次降雨量的比例越小，相应的径流系数也就越大。

贺宝根等采用模型方法分析计算了城市地区径流系数与不透水面积比例和降雨量的关系数据，分析模拟结果见表 10-2 和图 10-1。

表 10-2　城市地区不透水面积比例和降雨量级与径流系数关系

不透水面积比例/%	不同降水量的径流系数				
	10mm	25mm	50mm	100mm	200mm
20	0.06	0.21	0.38	0.57	0.73
30	0.08	0.24	0.42	0.60	0.76
40	0.10	0.28	0.46	0.65	0.79
50	0.13	0.33	0.51	0.69	0.82
60	0.17	0.38	0.57	0.73	0.85
70	0.22	0.45	0.64	0.78	0.88
80	0.30	0.54	0.71	0.83	0.91
90	0.42	0.66	0.80	0.89	0.94
100	0.64	0.82	0.90	0.95	0.97

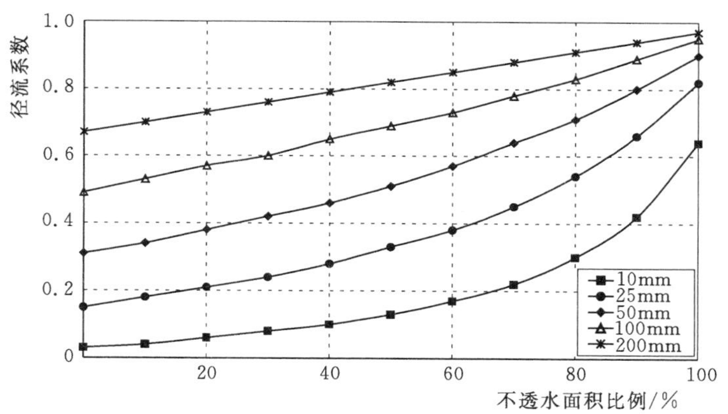

图 10-1 城市地区不透水面积比例与径流系数关系

10.1.3 城市效应对汇流影响

城市化使得流域地表汇流呈现坡面和管道相结合的汇流特点。与天然的下垫面相比，不透水的硬质地表面的粗糙率要小得多，致使地面汇流时间缩短。此外，城市雨水管道的日益完善，如设置道路边沟、密布雨水管网和排洪沟等，加速了雨水向各条内河的汇集。地表径流的汇流历时和洪峰滞时大大缩短，洪水过程线变高、变尖、变瘦，洪峰流量变大，是城市化对汇流影响的主要效应。城市化前后流域汇流过程影响示意图，见图 10-2。

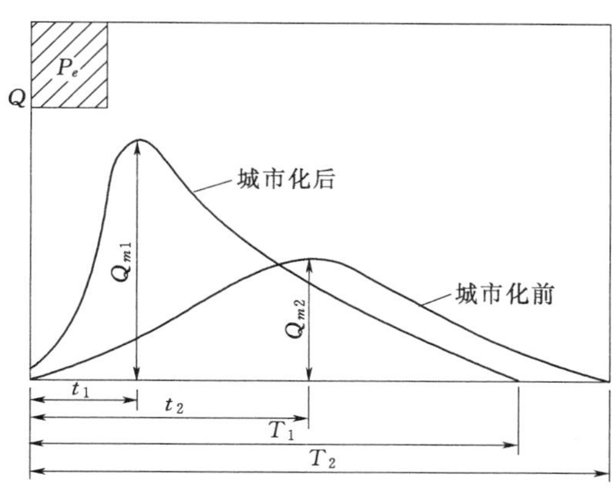

图 10-2 城市化前后流域汇流过程影响示意图

10.2 城市雨洪模型及在北京市城区的应用

10.2.1 城市地表径流计算方法

常用的城市地表径流计算方法有径流系数法、蓄满产流法、下渗曲线法和 SCS 曲线法等。

1. 径流系数法

径流系数法是最简单的降雨产流计算方法，在城市排水计算一直广泛应用。由于城市地面的复杂性，要精确求定径流系数很困难。一般采用加权计算法和综合选取法两种方法。加权计算法，先确定分类地面覆盖的径流系数，再按区域内地面覆盖组成，采用加权平均法求定地面的综合径流系数。综合选取法，是根据类似地区的经验，直接综合选取。一般市区综合径流系数 ψ 取 0.5～0.8，郊区 ψ 取 0.4～0.6。

2. 蓄满产流法

该法可用于地面洼蓄，也可用于土壤蓄水的产流计算。当地面洼蓄或土壤未蓄满前，降雨不产生径流，而蓄满后全部产生径流。由于流域内各点的蓄水容量不均匀，可用蓄水容量面积分配曲线表示，曲线纵坐标为蓄水容量 S_W，横坐标为小于等于某一蓄水容量的累积面积与计算产流区总面积之比。蓄水容量曲线常用如下的指数曲线和 n 次抛物线型。

指数型：
$$\alpha=1-e^{-S_W/S_{av}} \tag{10-1}$$

抛物线型：
$$\alpha=1-\left[1-\frac{S_W}{(1+n)S_{av}}\right]^n \tag{10-2}$$

式中　α——小于等于某一蓄水容量的累积面积与计算产流区总面积之比；

S_W——蓄水容量，mm；

S_{av}——计算产流区平均蓄水量，mm。

n——参数，取值范围为 0.3～3.5，实际中多取 2。

3. 下渗曲线法

在透水地面，下渗是主要的降雨损失，因此常用下渗曲线法计算。为了反映下渗能力在流域上的不均匀性，可引入下渗能力分配曲线。与蓄水容量分配曲线类似，下渗能力分配曲线也可采用指数曲线或抛物线型，但大多数模型中多采用抛物线型：

$$\alpha=1-\left[1-\frac{f}{(1+f_{max})}\right]^n \tag{10-3}$$

式中　f_{max}——流域最大下渗能力，mm/h；

n——指数，一般取 2；

f——下渗能力，mm/h，可用下渗曲线公式进行计算，下渗曲线公式多用 Horton 公式，也有采用 Philip 或 Green - Ampt 公式等。

4. SCS 曲线法

该法是美国土壤保持研究局为了计算无降雨过程记录地区的径流量，研制了径流曲线法，后简称 SCS 法。计算方法中只有一个反映流域特征的综合参数 CN，它与流域土壤类型和土壤利用状况有关。该产流计算方法结构简单，计算方便，不但在天然流域中广泛应用，同时也在城市产流中应用。其计算式为

$$R=\frac{P^2}{P+S_{max}} \tag{10-4}$$

其中
$$S_{max}=1000/CN-10$$

式中　S_{max}——土壤最大蓄水量；

P——扣除初损的累积雨量，mm；

R——径流量，mm；

CN——径流曲线数，与植被、水文、土壤以及前期雨量影响等因素有关，取值范围为 0～100。

10.2.2　城市雨洪模型

城市雨洪模型属于城市水文模型的一种，主要根据城市降雨径流规律，利用现代水文学水力学知识，建立数学模型对暴雨径流和排水系统进行模拟，分析洪水过程、洪水演进和淹没区域等情况，为城市防洪排涝和工程建设等相关问题提供指导。在城市雨洪模拟技术研究方面，美、英、法、德等发达国家从 20 世纪 60 年代起，开始研制满足城市排水、防洪、环境治理、交通运输、工程管理等各方面要求的城市雨洪管理模型，目前在这方面

取得较大进展，许多模型已广泛应用于雨水管道系统的规划、设计和管理。较为知名的模型主要包括：美国环保局的暴雨雨水管理模型（SWMM），美国陆军工程兵团的蓄水、处理与溢流模型（STORM），水文计算模型（HSP），美国地质勘察局的扩散式雨水径流模型（DR3M－QUAL），伊利诺城市排水区域模拟模型（ILLUDAS），辛辛那提大学城市径流模型（UCURM），英国的公路研究所法（TRRL）、沃林福特模型（WALLING-FORD）和中国的城市雨水径流模型（CSYJM），其中主要的一些模型特点如下。

1. SWMM 模型

SWMM 模型是由美国环境保护局发起的，于 20 世纪 70 年代由麦特卡夫—埃迪有限公司、佛罗里达大学和美国水资源有限公司三个单位研制的一个比较完善的城市暴雨的水量水质预测和管理模型。该模型可以模拟降雨和污染物经过地面、排水管网、蓄水和处理设施，最终到达受纳水体的整个运动、变化的复杂过程，可作单一事件或长期连续时期的模拟。模型输出可以显示系统内和受纳水体中各点的水流和水质状况。该模型主要包括径流模块、输送模块、扩展输送模块和调蓄/处理等模块。

2. STORM 模型（蓄水、处理与溢流模型）

该程序可以计算径流过程、污染物的浓度变化过程，适用于工程规划阶段对流域长期径流过程的模拟。该模型根据土壤类别、土地利用情况这些较易确定的资料，便可通过综合指标号（CN）计算出净雨过程，但径流曲线是根据日降雨量～径流量记录经验型确定的，用来估算一次暴雨中净雨增量是有问题的，另外，对于中、低径流事件，此法预报结果偏低。

3. TRRL 模型

这是英国公路研究所根据时间—面积径流演算方法提出的一种城市径流模型，是一种恒定流流量过程线演算方法，该模型在美国称为 RRL 法。这一方法认为只有与雨水排水系统直接连接的不透水地表产生径流，因此忽略全部透水地表和不与排水系统直接连接的不透水地表面积。实践证明，TRRL 模型估算的洪峰流量和径流流量偏低。从演算观点看，TRRL 法基本上是线性运动波演算。它假设管道水流在瞬间是恒定均匀的，它允许某瞬时流量过程线变形和流量衰竭，但是它不考虑回水影响和管道蓄水，该模型在预测透水地表所占比例相当大时的暴雨径流很差。

4. WALLINGFORD 模型

该模型由沃林福特水力学研究所于 1974—1981 年在英国推行的。它是在 20 世纪 60 年代的过程线程序基础上发展起来的，可用于复杂径流过程的水量计算和模拟、管理设计优化，并含有修订的推理方法。该方法将每个子流域分为铺砌表面、屋顶及透水区三部分，在计算各种表面产流量时，必须先计算流域总的出流百分率，以确定各地表的出流率。

5. CSYJM 模型

周玉文对城市排水管网进行了研究，提出了城市雨水径流模型（CSYJM），该模型根据城市雨水径流特点，把径流过程分为地表径流和管内汇流两个阶段。降雨经过地面径流从雨水口进入雨水管网，模型可以计算出雨水口流量过程线，并作为管网的输入。在管网各雨水口输入已知的条件下，采用非线性运动波演算管网的汇流过程。该模型为雨水管网的设计、模拟和工况分析提供了有效工具。

上述 5 种模型，以 SWMM 模型应用最为广泛。该模型在我国的北京、天津、广州、深圳、济南等多个城市得到过应用。

10.2.3　SWMM 模型在北京市典型流域中的应用

10.2.3.1　流域概况

研究区主要位于北京市丰台区境内，部分位于石景山区境内，在北纬 39°48′～39°55′、东经 116°9′～116°24′之间。研究区总面积为 130.21km^2。区内由西部山区向东部平原阶梯下降。研究区内主要水系有水衙沟、新丰草河、造玉沟、马草河、旱河，均为东西走向，见图 10－3。

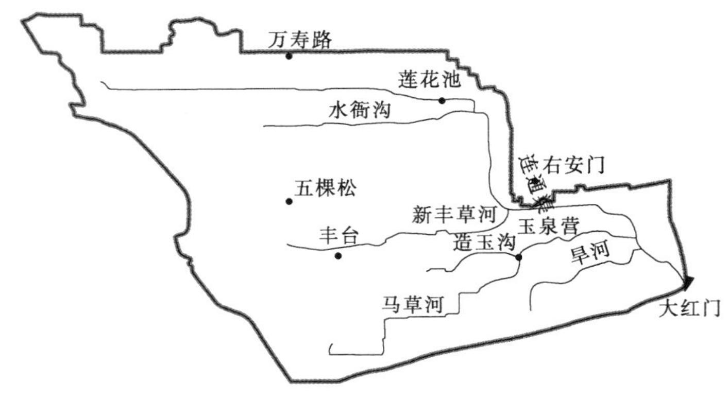

图 10－3　研究区河流水系图

10.2.3.2　模型原理

SWMM 模型功能可通过它所包含的各模块具体体现出来，其主要包括 5 个模块：径流模块、输送模块、扩展的输送模块、调蓄/处理模块、受纳水体模块。

1. 径流模块

径流模块用于模拟排水区域的产水量、水质以及流至主要排水管线的流量演算和污染物过程演算。径流模块可以模拟的时段从分钟到年，短于一个星期的称为单一事件模式，更长时间的模拟称为连续模拟。根据输入的雨量过程、土地利用状况和地形特征，计算出地表径流量，以及排水系统进水口处的流量过程线和污染过程线。

2. 输送模块

输送模块用于估算下渗和无雨天气时的流量及贮蓄水量。该模块可用于排水管、检查井和地表管道在无雨时期或降水时期的流量演算，输送模块将雨水下水道系统看做是一系列由检查井连接的管道。

3. 扩展的输送模块

扩充输送模块的功能，可以模拟一些特殊的水力情况，如回水作用、回路型下水道系统和有压流等。

4. 调蓄/处理模块

主要模拟污水处理设施对“输送”或“扩充输送”模块得到的径流过程线和“污染过程线”的调蓄与降解作用。污水处理设施包括污水蓄水池、拦污格栅、筛网、上浮和气

浮、砂滤、高速过滤、旋流分离器、涡旋浓缩、加氯器以及其他一些化学处理设施等。

5. 受纳水体模块

它的输入是“输送”或“扩充输送”模块的出流（分流制排水系统出流或合流制排水系统溢流），也包括“调蓄处理”模块的出流。

在实际应用SWMM模型时，以上几个计算模块可同时应用，也可以根据用户的需要选用其中的任一个或几个使用。其计算流程如图10-4所示。

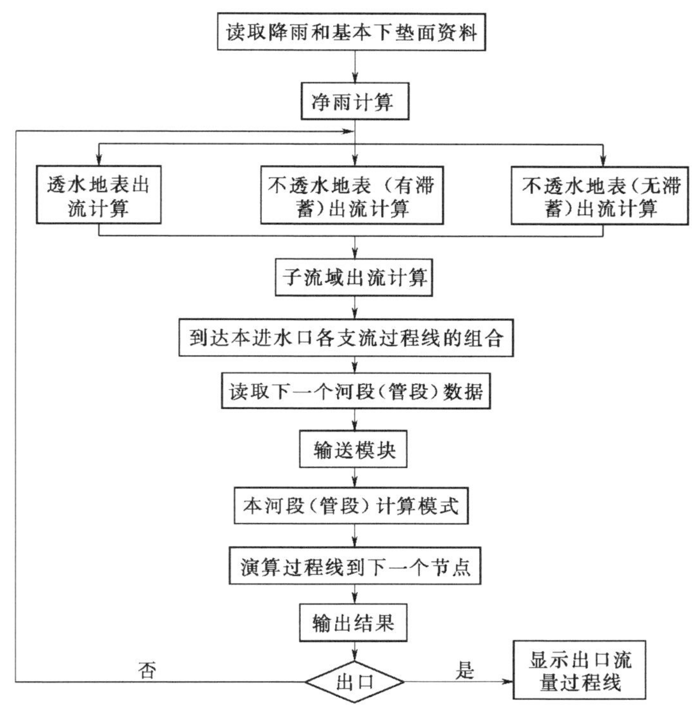

图10-4 SWMM模型计算流程图

10.2.3.3 模型参数

1. 地表输入参数

(1) 子流域漫流宽度W。子流域漫流宽度W是非常重要的地表汇流参数，因为当坡度和糙率一定时，流量演算参数就决定于W。它的大小会影响流域内积水量、流域汇流时间及出流过程线的形状。

(2) 子流域面积。在模型中，对划分子流域面积的大小并无限制，子流域的划分通常依据不同的土地利用状况和排水分界线而定。

(3) 不透水面积百分比。必须确保不透水面积与排水系统是水力（直接）相连的，例如，若屋顶的水流到地面，经草地后再流至下水道进口，则此时该屋顶就不应算作不透水面积。

(4) 坡度。子流域坡度应反映地表水流方向流路的平均坡度。当有几条流路时，应以流路长为权重，取坡度的加权平均值。

(5) 地表糙率。根据各种地面性质，采用不同的糙率，见表10-3。

表 10－3　　　不同地面糙率表

地面性质	曼宁糙率	地面性质	曼宁糙率
光滑的沥青地表	0.012	稀疏的草地	0.2
沥青或混凝土铺砌地表	0.014	浓密的草地	0.35
压实的黏土地表	0.03	浓密的灌木林	0.4

(6) 洼蓄深。包括透水地表和不透水地表的数值大小，由用户估计。

2. 下水道系统输入参数

(1) 传输资料。主要包括管道形状、管径、管长、管道底坡、糙率，以及堰、泵、涵洞、调节池等的几何和水力参数。

(2) 系统内调蓄资料。在模型中，可以在下水道系统内任何有显著调蓄作用的地方，设置“调蓄”单元，调蓄部分或“水库”可为下水道系统自身的一部分。

(3) 下水道系统入渗资料。根据下水道、土壤条件、地下水及降雨资料，估算下水道系统主排水管沿线各点每日平均下渗量。

(4) 无雨期入流资料。下水道系统的无雨期入流，可根据实际情况估算，并将估算值输入到相应的检查井处。

10.2.3.4　模型构建

1. 资料预处理

水文资料：研究区内有右安门、石景山、凉水河大红门水文测站。研究处理的降水资料包括右安门站 1963—2009 年的日雨量和时段降水量以及石景山站 1998—2009 年的日雨量和时段降水量。洪水流量资料包括凉水河大红门站 1980—2005 年的流量。

高程数据：研究区西北高东南低，高程从 111m 逐渐降为 5m（图 10－5）。

土地利用数据：研究区的土地利用数据来源于遥感影像解译。利用 GEtScreen 软件从 Google Earth 上下载包含研究区的遥感影像数据，在此基础上，进行目视解译，得到研究区的土地利用类型数据。由于研究区域主要为城区，且 SWMM 模型中仅将下垫面分为三类，因此解译时，将土地利用分为裸地、城市居民地、草地和水域四种（图 10－6）。各土地利用类型所占面积及百分比见表 10－4。可见，该地区城镇居民地所占的面积达到 87.9%，其次为裸地，再次为草地，除河道外的其他水体则仅占约 0.1%。

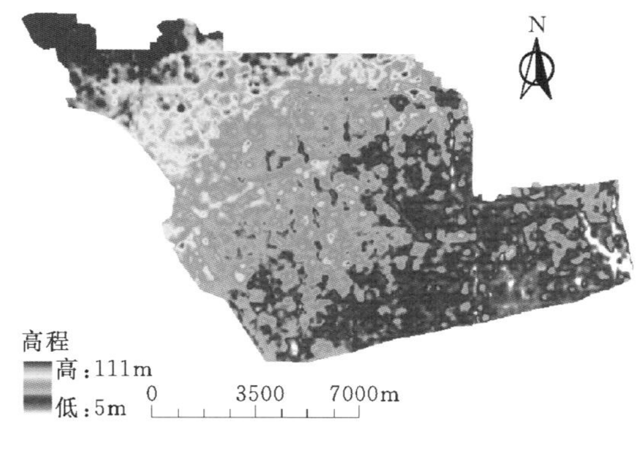

图 10－5　研究区 DEM 图

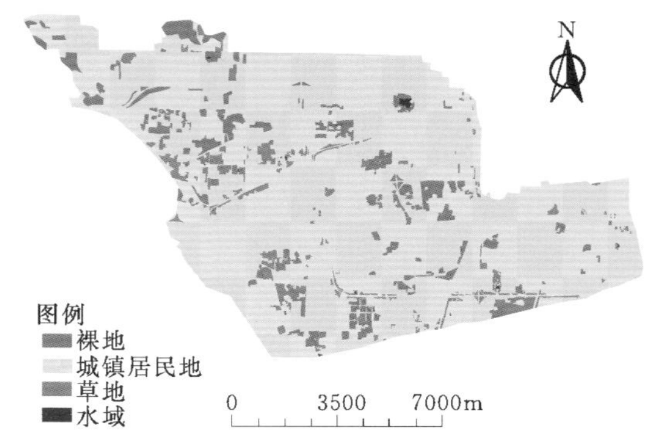

图 10－6　研究区土地利用图

表 10-4　　研究区各土地利用类型及占比

类　型	裸　地	城镇居民地	草地	水域（未含河流）
面积/km^2	9.843	115.645	5.842	0.161
占比/%	7.5	87.9	4.4	0.1

2. 研究区概化

子流域概化：本研究区域为北京市丰台区大红门控制站以上排水片区，集水面积为131.49km^2。利用 Google Earth 上的卫星影像图及现有的大红门流域图，采用基于 DEM 水系划分方法将研究区划分为 13 个河道管网共同控制的子流域，见图 10-7。根据地形资料确定河段地形坡度。

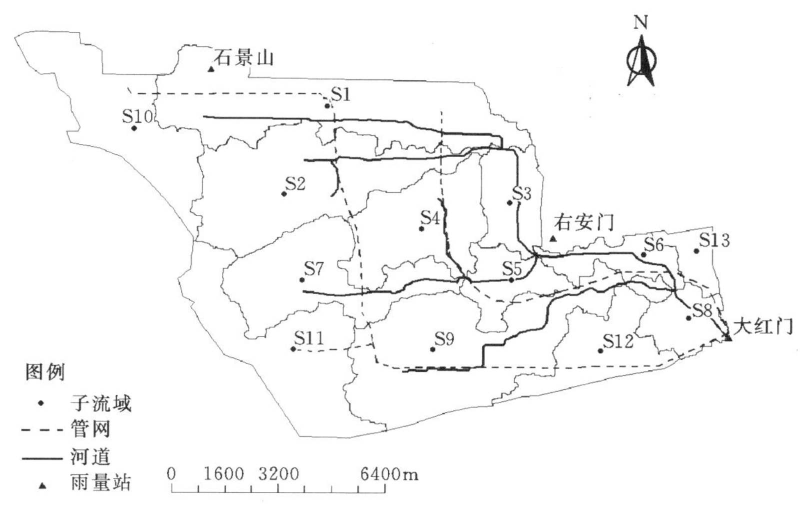

图 10-7　研究区子流域划分图

根据遥感解译的土地利用类型进行概化，研究区内包括建筑物区域、裸土、水面、植被四种。根据 2010 年潘安君等在《城市雨水综合利用技术研究与应用》中的研究表明，北京地区不同土地利用不透水面积百分比分别为：建筑物区域 85%，裸土 50%，水面 100%，植被 25%；根据土地利用和各个土地利用下的不透水面积换算子流域不透水面积百分比见表 10-5。

3. 排水系统概化

城市排水系统是由节点连接而成的排水通道（管道、河道、沟渠等）形成的网络，通常情况下，实际排水通道都极为复杂，不可能完整、精确地模拟一个大的排水片区内的所有排水通道。研究区排水通道分为地下管道、河渠，区内排水管网主要沿道路设置。本次概化的总排水通道数为 22 条，其中河道 11 条，道路排水通道 11 条。根据子流域划分及排水管道布置情况，模型概化后的排水节点总数为 25 个。排水系统概化情况见表 10-6 和表 10-7。

表 10-5　研究区子流域属性

子流域	面积/km²	漫流宽度/km	平均坡度/%	不透水面积比例/%	不透水面积/km²	透水面积/km²
S1	47.882	14.443	3.1	82	39.05	8.83
S2	42.609	13.624	2.1	77	32.62	9.99
S3	12.704	7.439	3.6	81	10.33	2.37
S4	24.913	10.418	2.5	79	19.69	5.22
S5	10.526	6.772	2.0	82	8.65	1.88
S6	9.123	6.304	2.8	83	7.62	1.51
S7	28.785	11.198	2.1	83	24.02	4.76
S8	9.400	6.401	3.3	84	7.88	1.52
S9	51.156	14.928	2.7	80	40.78	10.38
S10	29.835	11.401	4.9	78	23.15	6.69
S11	32.504	11.899	3.9	78	25.21	7.29
S12	17.237	8.665	4.0	77	13.31	3.92
S13	5.086	4.707	7.5	83	4.24	0.84

表 10-6　研究区主要河道情况

名　称	长度/km	坡度	形状	深度/m	底宽/m
RIVER1	4.617	0.0046	矩形	3	4.6
RIVER2	0.314	0.0003	矩形	5	13.2
RIVER3	1.878	0.0019	矩形	5	13.2
RIVER4	4.621	0.0046	矩形	4	6.9
RIVER5	9.357	0.0094	矩形	5	18.1
RIVER6	4.88	0.0049	矩形	3	9.1
RIVER7	2.424	0.0024	矩形	3	9.1
RIVER8	3.779	0.0038	矩形	4	10.9
RIVER9	0.66	0.0007	矩形	3	6.0
RIVER10	5.126	0.0051	矩形	3	6.0
RIVER11	9.065	0.0091	矩形	5	14.2

表 10-7　研究区主要管道情况

名　称	长度/km	坡　度	形　状	最大深度/mm
J1-J2	6.345	0.0063	圆形	1800
J2-J3	4.421	0.0044	圆形	1800
J7-J8	4.595	0.0046	圆形	1800
J8-O1	1.140	0.0011	圆形	1800
J4-J5	4.308	0.0043	圆形	1800

续表

名　称	长度/km	坡　度	形　状	最大深度/mm
J5-J6	4.153	0.0042	圆形	1800
J6-J9	4.892	0.0049	圆形	1800
J9-O1	1.957	0.0020	圆形	1800
J3-J10	3.214	0.0032	圆形	1800
J10-J7	5.488	0.0055	圆形	1800
J11-J10	2.515	0.0025	圆形	1800

10.2.3.5 模型率定和验证

1. 参数自动率定

水文模型中参数众多且常常难以获取，这使得参数率定成为影响水文模型模拟精度的重要因素。以往，模型参数的率定主要通过手工调参完成，参数的取值受人为主观影响很大，参数率定过程要耗费大量的时间和精力。随着计算机技术和数学优化技术的发展，以自动优化算法为基础的参数自动率定技术被引入到水文模型中。参数自动率定就是在模型参数率定过程中，不需要人们判断估计，也就是说，当人们要率定某一个模型的参数时，只要给出模型参数的初始值，就能通过自动率定获得模型参数的最优值。具体而言，可以预先编制好一个参数自动寻优的计算程序，使用者只要将程序资料和参数初始值输入计算机，就可以获得最优的模型参数值。参数率定后，根据模型输出与实测数据的相近程度，评价参数自动率定结果优劣，具体指标有 Nash-Sutcliffe 效益系数、相关系数和相对误差等。

遗传（Genetic Algorithm，GA）算法是一类模拟生物进化过程与机制求解问题的自适应人工智能技术，是模拟自然界生物进化过程的一类自组织、自适应的全局优化算法，先给定初始种群，再对种群进行选择、交叉、变异等操作生成子代，在繁衍过程中采用概率化寻优策略，自动获取和积累有关搜索空间的信息，从而筛选出适应度高的个体。如果把待解决的问题描述作为对某个目标函数的全局优化，则 GA 求解问题的基本做法是把待优化的目标函数解释作生物种群对环境的适应性，把优化变量对应作生物种群的个体，而由当前种群出发，利用合适的复制、交叉、变异与选择操作生成新的一代种群，重复这一过程，直至获得合乎要求的种群或规定的进化时限。

遗传算法不同于枚举法、启发式算法、搜索算法等传统的优化方法，具有如下特点：

(1) 自组织、自适应和智能性。遗传算法消除了算法设计中的一个最大障碍，即需要事先描述问题的全部特点，并说明针对问题的不同特点算法应采取的措施。因此，它可用来解决复杂的非结构化问题，具有很强的鲁棒性。

(2) 直接处理的对象是参数编码集，而不是问题参数本身。

(3) 搜索过程中使用的是基于目标函数值的评价信息，搜索过程既不受优化函数连续性的约束，也没有优化函数必须可导的要求。

(4) 易于并行化，可降低由于使用超强计算机硬件所带来的昂贵费用。

(5) 基本思想简单，运行方式和实现步骤规范，便于具体使用。

2. 率定验证结果

水文模型的模拟精度取决于模型参数是否能如实反映下垫面情况，这是模型应用的关键所在。如何根据实测资料来确定模型参数，是模型应用中的主要问题，对于模型模拟效果至关重要。SWMM 模型中一些参数是有物理意义的，理论上可以通过实际测量来获得，但是在实际中由于受到各种条件的限制，有些模型参数的初始值只能通过经验得到。SWMM 模型参数率定过程中，主要涉及两种类型参数：一类是敏感性参数，如地表曼宁糙率、洼蓄深、Horton 公式中的下渗率等；另一类为非敏感性参数，如管道的曼宁糙率等。在敏感性参数中主要率定的参数是曼宁糙率 n。

根据我国《水文情报预报规范》（SL 250—2000），选用径流总量 Nash - Sutcliffe 效益系数作为预报值总量的评价标准，见式（10 - 5）；由于洪水过程摘录资料有限，难以统计完整洪水过程的实测均值，因此采用相关系数 r 作为预报过程精度的评价标准，见式（10 - 6）。

$$E_{ns}=1-\frac{\sum(y_0-y_c)^2}{\sum(y_0-\overline{y}_0)^2} \tag{10-5}$$

$$r=\frac{\sum(y_0-\overline{y}_0)(y_c-\overline{y}_c)}{\sqrt{\sum(y_0-\overline{y}_0)^2\sum(y_c-\overline{y}_c)^2}} \tag{10-6}$$

式中　E_{ns}——纳西效率系数；
y_0——实测流量；
y_c——模拟流量；
$\overline{y}_0$——实测流量均值；
$\overline{y}_c$——模拟流量均值。

本次在模拟时采用 Horton 下渗和动力波演算通过模拟反复分析和调整参数，每个子流域又分为透水区域和不透水区域，其地表径流的曼宁系数，填洼量设定见表 10 - 8。模型选用 Horton 入渗模型模拟研究区的下渗过程。模拟区土质为壤土，取最大入渗率 f_0、最小入渗率 f_∞ 和衰减系数 α 分别为 93、29、22.9。汇流计算采用线性水库模型进行模拟，利用动力波法进行排水系统流量演算。各子流域的产流参数见表 10 - 9。

表 10 - 8　　模型参数率定结果

洼蓄深/mm		曼宁糙率			
透水区	不透水区	透水区	不透水区	管道	河道
38.2	21.6	0.5	0.1	0.025	0.056

表 10 - 9　　子流域参数

参数	流域 1	流域 2	流域 3	流域 4	流域 5	流域 6	流域 7	流域 8	流域 9	流域 10	流域 11	流域 12	流域 13
集水区面积/km²	19.37	17.24	5.14	10.08	4.25	3.69	11.64	3.80	20.70	12.07	13.15	6.97	2.06
不透水率/%	50.4	50.4	50.4	50.4	50.4	50.4	50.4	50.4	50.4	50.4	50.4	50.4	50.4
坡度 /%	3.1	2.1	3.6	2.5	2.0	2.8	2.1	3.3	2.7	4.9	3.9	4.0	7.5
坡面汇流宽度/km	14.44	13.62	7.44	10.42	6.77	6.30	11.20	6.40	14.93	11.40	11.90	8.67	4.71

续表

参　数	流域 1	流域 2	流域 3	流域 4	流域 5	流域 6	流域 7	流域 8	流域 9	流域 10	流域 11	流域 12	流域 13
透水面洼地滞留量/mm	38.2	38.2	38.2	38.2	38.2	38.2	38.2	38.2	38.2	38.2	38.2	38.2	38.2
不透水面洼地滞留量/mm	21.6	21.6	21.6	21.6	21.6	21.6	21.6	21.6	21.6	21.6	21.6	21.6	21.6
最大入渗率/(mm/h)	93	93	93	93	93	93	93	93	93	93	93	93	93
最小入渗率/(mm/h)	29	29	29	29	29	29	29	29	29	29	29	29	29
衰减率/(1/h)	22.9	22.9	22.9	22.9	22.9	22.9	22.9	22.9	22.9	22.9	22.9	22.9	22.9

模型选用20110814、20110623、20120625、20120721四场暴雨洪水过程资料，采用遗传算法对模型参数进行率定，结果见表10-10和图10-8～图10-11。

表10-10　　**模拟与实测结果**

分析时段	暴雨序号	降水量/mm	模拟平均流量/(m^3/s)	实测平均流量/(m^3/s)	纳西效率系数 E_{ns}	相关系数 r
率定期	20120721	200.2	97.92	104.17	0.97	0.98
	20110623	105.6	89.63	89.34	0.91	0.86
验证期	20120625	63.7	50.20	40.1	0.86	0.83
	20110814	64.9	67.96	65.41	0.88	0.94

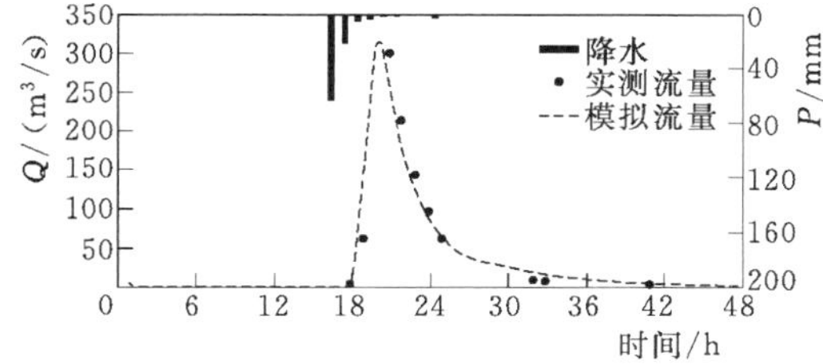

图10-8　20110623暴雨洪水过程模拟结果图

图10-9　20110814暴雨洪水过程模拟结果图

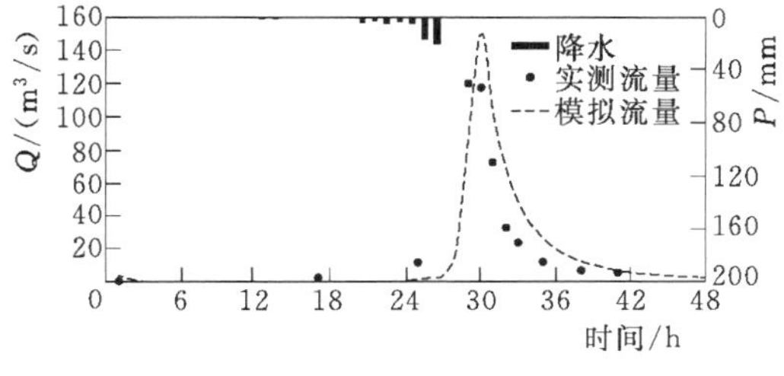

图10-10　20120625暴雨洪水过程模拟结果图

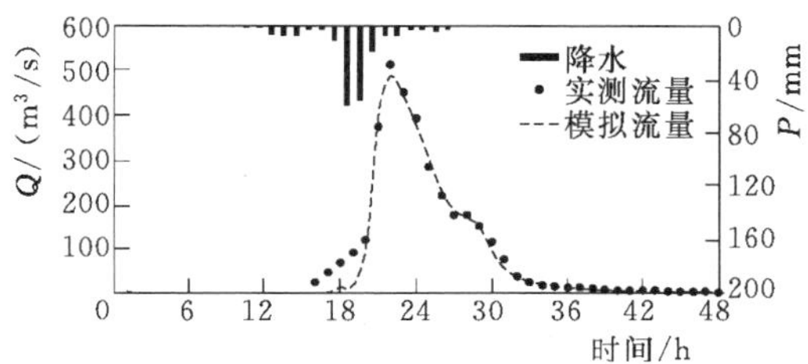

图10-11　20120721暴雨洪水过程模拟结果图

根据我国《水文情报预报规范》（SL 250—2000）中的精度评定方法，流量纳西效率系数大于0.8则模拟精度较好，因此，率定期20110624和20120721两场洪水的纳西效率系数为0.91和0.97，检验期洪水20110814和20120625的纳西效率系数为0.88和0.86，均满足精度要求；模型的相关系数反映了模拟与实测的流量过程线拟合精度，越趋近于

1，相关性越密切；率定期 20110624 和 20120721 两场洪水的流量相关系数分别为 0.86 和 0.98，检验期洪水 20110814 和 20120625 两场洪水的流量相关系数分别为 0.94 和 0.83，流量过程线的相关性较好。

10.3 温榆河设计洪水成果修订

北京市温榆河位于北京市东北部，流域内上游山区由于植被覆盖度增加、水利工程建设及地下水开采等因素，使得同样降雨产流量有所减少，而流域平原区为城市化影响区域，降雨产流受城市化影响明显。对于这样的集合农村和城市化下垫面综合变化影响的流域，本书采用降雨径流相关法对流域设计洪水的修订方法进行了探索。

10.3.1 流域概况

温榆河介于永定河与潮白河水系间，属于北京五大水系之一北运河水系，全长 47.5km，流经昌平、海淀、顺义、朝阳和通州五区，北关闸以上流域面积 2478km^2，其中山区面积 1000km^2。温榆河发源于海淀昌平一带山前地区，它的西面是风景秀丽的北京西山，属太行山脉，北面在昌平区境内是燕山山脉的军都山，著名的八达岭长城就是流域北部的分水岭。这两座山脉连绵不断，形成一道平均约 1000m 的天然屏障，也是北运河和永定河两大流域的分水岭。作为华北大平原北端的北京市冲洪积平原由西北向南展开。温榆河平原区原为农业耕作区，近年来北京市城市化发展迅速，目前平原区的大部分区域已建成为城市建成区。

新中国建立以来，为治理北运河流域洪涝灾害、开发利用水资源，支流建有十三陵、桃峪口中型水库和王家园、响潭、南庄等小（1）型水库。河道上建有沙河、曹碾、鲁疃、辛堡及苇沟（金盏）等中型拦河闸，总蓄水量 1000 多万 m^3，灌溉面积 1.6 万 hm^2。1995 年以来，先后在温榆河干流上修建了尚信、郑各庄橡胶坝，并将原曹碾闸改建成橡胶坝。温榆河流域河系分布状况见图 10-12。

10.3.2 相关模式的建立

温榆河流域出口建有通县水文站，有 1954 年以来的流量观测资料。流域内共有北关闸、沙河、羊坊闸 8 个雨量站，多数有 1954 年以来的观测数据。依据实测降雨和流量资料，分年代建立 $P+P_a \sim R$ 和 W（洪量）$\sim Q_m$（洪峰流量）相关模式，进而分析下垫面变化对降雨产流和洪峰流量的影响。

经分析，温榆河流域降雨径流关系点据呈现 1970 年前、1971—1980 年、1981—2009 年 3 个趋势条带，见图 10-13。1970 年以前流域城市化水平较低，相同降雨产流量最少；随着流域内城市化水平的提高，1971—1980 年间降雨产流系数有明显的增加，1980 年以后由于持续干旱使得地下水开采造成平原区地下水位下降，降雨产流系数又有所降低。未来南水北调向北京供水后，地下水位将有所恢复，同时随着城市化水平的提高，未来该区域降雨径流系数还将有所提高。为了分析温榆河流域下垫面变化对洪峰流量的影响，根据实测流量资料分析点绘了次洪量与洪峰流量相关图，见图 10-14。可以看出，峰量关系在 1980 年前后表现出了明显的差异性，1980 年以后相同洪水量形成的洪峰流量明显增大。

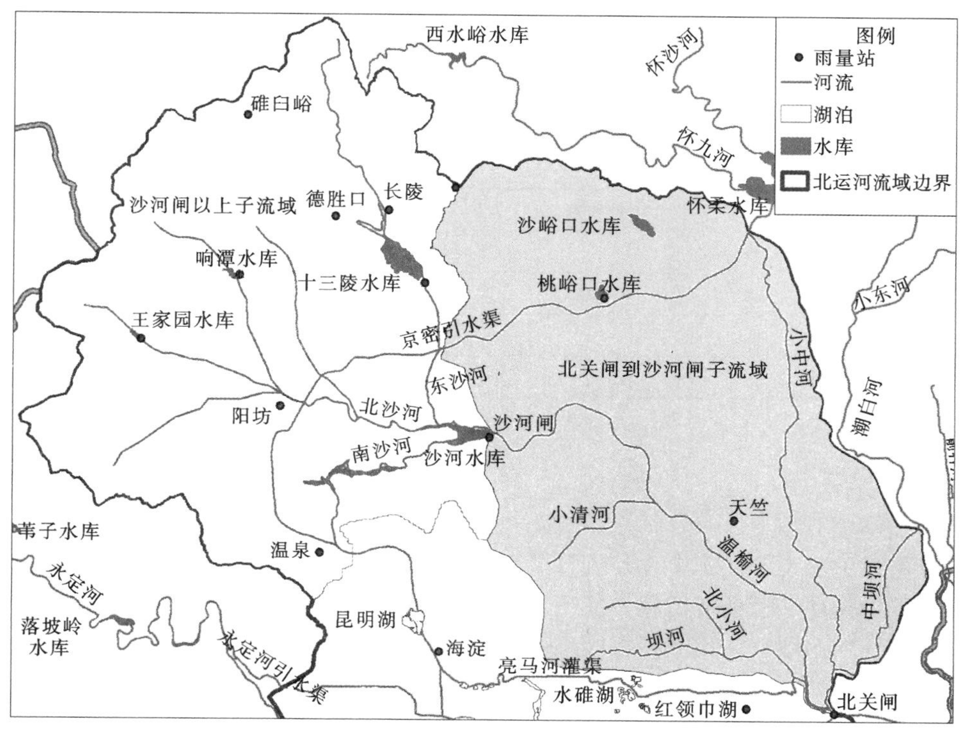

图 10-12 温榆河流域示意图

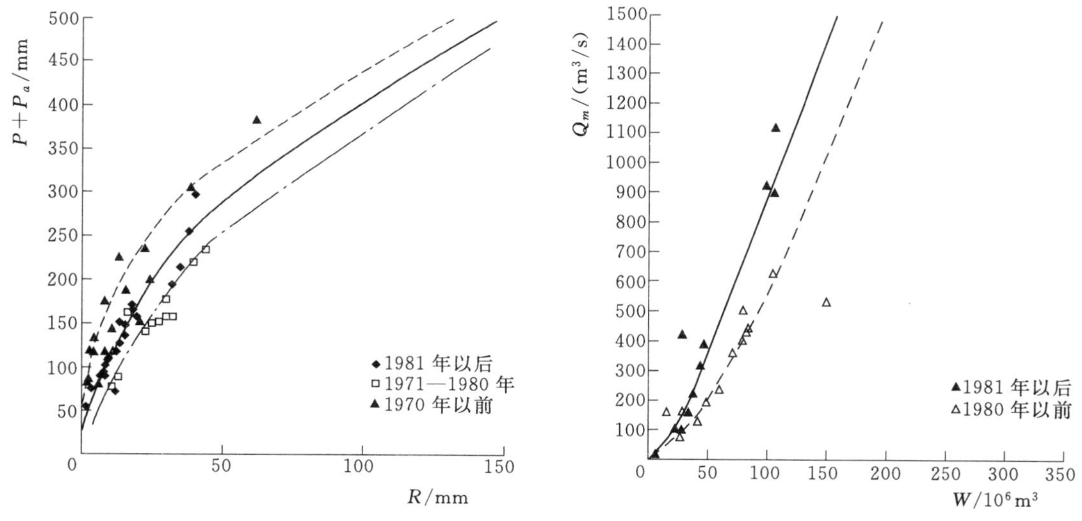

图 10-13 温榆河流域 $P+P_a \sim R$ 相关图

图 10-14 温榆河流域峰量相关图

10.3.3 设计洪峰流量修订

利用 $P+P_a \sim R$ 关系线，根据降雨资料对 1970 年前的历年 1 日、3 日、7 日洪量系列进行一致性修订。利用 $W_{1日} \sim Q_m$（洪峰流量）相关线，依据 1970 年前 1 日洪量修订成果和 1971—1980 年实测 1 日洪量成果，对 1980 年前洪峰流量进行了修订。

利用 1980 年前的洪峰流量修订系列和 1980 年后的实测流量系列，组成设计洪水计算系列，据此系列进行了频率分析，得到考虑下垫面影响的设计洪峰流量成果，温榆河通县站下垫面修订前后设计洪峰流量成果比较详见表 10－11。

表 10－11　温榆河通县站设计洪峰流量修订成果

类别	统计参数			不同频率设计值/(m^3/s)		
	均值/(m^3/s)	C_V	C_S/C_V	2%	5%	10%
修订前	400	1.42	2	2195	1550	1080
修订后	433			2350	1670	1180
变化幅度	8%			7%	8%	9%

10.4 小结

（1）构建了基于 SWMM 的大红门排水片区的洪水预报模型，对 2011—2012 年四场洪水的模拟，验证了模型适用性。基于 SWMM 的大红门排水片区的洪水预报模型能够较好地反映区域洪水特征，模型模拟效果较好。率定期 20110623 和 20120721 两场洪水的纳西效率系数为 0.91 和 0.97，流量相关系数分别为 0.86 和 0.98；洪峰流量相对误差分别为 4.83% 和 4.78%，峰现时间相对误差分别为 1h 和 0h；检验期洪水 20110814 和 20120625 的纳西效率系数为 0.88 和 0.86，流量相关系数分别为 0.94 和 0.83，洪峰流量相对误差为 7.29% 和 26.2%，峰现时间相对误差为 0h 和 1h。模型的率定和检验结果分别符合《水文情报预报规范》(SL 250—2000) 的误差容许范围规定，模型精度较高。

（2）温榆河是集合了农村和城市化下垫面综合变化的河流，降雨受城市化影响明显。本章采用降雨径流相关法对流域设计洪水修订方法，对其降雨形成的洪峰流量和洪量的影响进行了研究。结果表明，城市化水平对降雨径流关系影响较大，随着城市化水平的提高，温榆河流域降雨径流关系点据呈现 1970 年以前、1971—1980 年、1981—2009 年 3 个趋势带，降雨径流系数由 1970 年最小到 1971—1980 年间明显增加，到 1980 年以后有所降低。未来随着城市化水平提高，该区域降雨径流系数将有所提高。此外，温榆河流域 1980 年以后相同洪水量形成的洪峰流量明显比 1980 年以前增大。

第11章 结论与建议

11.1 主要结论

本书在海河流域下垫面变化趋势研究的基础上，以海河流域南、北系山丘区主要控制站和平原典型易涝区为研究对象，开展了大量的基础研究工作，对半湿润半干旱气候区的产汇流机理、流域下垫面要素变化的产汇流响应规律等进行了系统研究；针对海河流域人类活动影响及下垫面变化特点，开展了水文模型在海河流域的适应性研究，对新安江模型和河北模型结构进行改进，增加了对下垫面要素变化的响应结构，能够更好地模拟下垫面变化引起的产汇流影响，明显提高了模拟精度；针对平原地下水超采严重和耕地灌溉率高的特点，首次提出了适合海河流域平原区特点的超渗-蓄满产流模型即海河平原产流模型；以典型站或类型区为研究对象，开展了设计洪水修订理论和方法研究，提出了洪水系列下垫面变化影响的一致性修订方法、设计洪水成果的修订方法，以及平原区排涝模数修订方法；对海河南、北系主要控制站的设计洪水系列进行了下垫面影响一致性修订，提出了主要控制站设计洪水初步修订成果；对海河流域典型易涝区的除涝模数进行下垫面影响一致性修订，提出了相关研究成果。主要结论归纳如下：

（1）根据卫星遥感资料分析，在海河流域土地利用组成中，耕地是主要的土地利用类型，占全流域面积的44.7%，其次为林地，占总面积的28.2%，草地排为第三位，占总面积的13.2%，建筑用地占10.4%。1980—2016年，耕地和草地减少，林地和建设用地增加是海河流域土地利用的变化趋势。建设用地变幅最大，2016年比1980年增加了285%。建设用地尽管变化率比较大，但其增加的面积仅占流域面积的7.7%，建设用地的增加对局部产汇流有较大影响，但对流域总体洪水影响贡献不大。海河流域植被状况明显改善，在1982—2006年的研究期内，海河流域植被总体呈改善状态，河北中部地区的地表植被指数（NDVI）增长趋势为平均10年超过3%，河北东南部为平均10年超过2.5%。

（2）地表、地下水开发利用导致流域下垫面产生了很大变化。山丘区小型蓄水及水土保持工程拦截水量折合流域面积上径流深度在流域山区平均在5～10mm，山丘区地下水开采量折合流域面积上径流深度在15～30mm，平原区地下水已处于全面超采状态，平原区浅层地下水位以上包气带的储水容积已达1100亿m^3左右，包气带厚度多数区域已达10m以上。包气带增厚、耕地灌溉面积增加和植被状况改善是海河流域山丘区洪水和平原区农田沥涝水减少的主要因素。

（3）海河流域为半湿润半干旱地区，流域产汇流条件比较复杂。流域产流既有超渗产流模式，也有蓄满产流模式或先超渗后蓄满混合产流模式。不论何种产流模式，下垫面变

化都对流域产流产生了明显影响。从产流机理上分析，下垫面变化对蒸散发、流域蓄水能力以及场次降雨的平均入渗率均会产生影响。下垫面变化对汇流的影响主要表现在汇流历时和汇流损失增加，出口断面洪水过程变短。

（4）水文模型法是洪水系列下垫面影响一致性修订比较有效的方法。在水文模型比较研究的基础上，针对研究区下垫面变化特点，对新安江模型和河北模型结构进行改进，使模型中的蒸散发、流域蓄水调蓄、界面入渗等产汇流环节与植被状况、小型蓄水和水土保持工程相关的地表径流蓄水影响以及山丘区地下水开采引起的流域蓄水变化建立了联系，使人类活动影响在水文模型得到合理解释。本书提出的新安江-海河模型和改进的河北模型提高了洪水模拟精度，在半湿润半干旱地区设计洪水系列下垫面变化影响的一致性修订中具有很强的实用性。

（5）在海河流域选择典型区，开展了相关分析法在洪水系列一致性修订中的应用研究，对 $P+P_a\sim R$ 、$P\sim P_a\sim R$、$W_{次}\sim Q_m$、$W_{1日}\sim Q_m$ 等多种相关形式的计算精度和适用性进行了评价，对采用经验单位线法由洪量修订成果修订洪峰流量的可行性进行了研究，提出了相关分析法修订洪峰流量、洪量系列的方法。

（6）针对海河流域平原下垫面状况及降雨产流特性，建立了适应地下水大埋深和高耕地灌溉率产流特点的蓄满-超渗产流水文模型（海河平原产流模型），开展了灌溉入渗实验，得到了平原区耕作层以下土层稳定入渗率取值范围，为模型参数取值提供了实验依据。海河平原产流模型在海河平原多个典型流域进行了沥涝水模拟验证，得到了较高的模拟精度，为海河流域平原区沥涝水下垫面影响研究提供一套实用性较强的模型工具。

（7）采用模型法及降雨径流经验相关法，对海河南、北系主要水文控制站的 1980 年以前的洪水系列分别进行了一致性修订。受流域下垫面条件变化影响，在同样降雨情况产生的洪水在多数流域呈减小趋势，受城市化影响比较突出的流域有增加的趋势。对山丘区，大洪水的平均修订幅度一般在 10%以内，中等洪水的平均修订幅度一般在 10%～40%之间，小洪水的平均修订幅度一般在 20%～80%之间。丘陵区修订幅度大于深山区，海河南系修订幅度大于海河北系。

（8）在对海河流域主要控制站设计洪水系列下垫面变化影响一致性修订的基础上，将洪水系列延长至 2008 年，对加入历史特大洪水的控制站，延长了考证期。根据延长后的洪水系列，对于海河南、北系主要控制站的设计洪水成果进行修订，提出了修订后的设计洪水成果，为新时期海河流域防洪工程布局和洪水调度管理提供了基础水文成果。

（9）在海河流域平原区选择大清河平原清南地区、大清河平原清北地区、北四河平原龙凤河地区、黑龙港中游地区以及南运河以东地区 5 个易涝区，依据区内水文站实测降雨径流资料率定模型参数，利用海河平原产流模型进行了现状下垫面条件下平原排涝模数修订研究，提出了现状下垫面条件下典型排涝区排涝模数及排涝流量。结果表明，现状下垫面条件 5 年一遇及其以下低标准涝水均比下垫面变化前大幅度减少，其中 3 年一遇标准涝水排涝流量或排涝模数减少了 80%～90%，5 年一遇标准减少了 48%～86%；10 年一遇至 20 年一遇标准，除运东滨海地区外，其他典型区现状下垫面条件下的涝水也有较大幅度的减少，10 年一遇标准减少幅度在 39%～64%之间，20 年一遇标准减少幅度在 24%～59%之间。滨海地区由于地下水埋深较浅，10 年一遇及以上标准沥涝水没有减少。

11.2 建议

（1）设计洪水成果的准确性直接关系水利工程布局和工程安全，一些工程设计洪水或对流域防洪起关键作用的设计洪水，其成果的修订到实际应用还需要一定的过程。鉴于海河流域下垫面变化已经对设计洪水成果产生了显著影响，建议在本书有关成果的基础上，抓紧对海河流域主要河道控制站的设计洪水进行修订完善，并按设计洪水的审查程序，批准使用。

（2）海河流域平原区沥涝水产生条件已发生了较大变化，排涝模数减少较多，现行排涝模数已不能适应规划和管理需要，建议抓紧编制海河流域平原除涝手册，对海河流域平原区排涝模数进行系统修订。

（3）下垫面变化条件下设计洪水修订技术研究工作，涉及的研究领域比较多，技术问题比较复杂，鉴于资料条件、研究时间等限制，一些研究内容尚未列入研究范围，一些研究成果还不完善，尚需在今后进一步开展研究。

参 考 文 献

[1] Malcolm G Anderson. Encyclopedia of hydrological science. USA：John Wiley & Sons. Ltd，2005.

[2] SINGH V P. Computer model of watershed hydrology. Littleton and Colorado：Water Resources Publications，USA，1996.

[3] KIRKBY M J. Hillslope hydrology. Chichester：John Wiley & Sons，1978.

[4] FREEZE R A，HARLAN R L. Blueprint for a physically - based，digitally - simulated hydrologic response model. Journal of Hydrology，1969 (9).

[5] ANDERSON M G，BURT T P. Hydrological forecasting. Chichester：Wiley，1985.

[6] ABBOTT M B，REFSGAARD J C. Distributed hydrological modeling. Dordrecht：Kluwer Academic，1996.

[7] SINGH V P，Donald Frevert. Mathematical models of large watershed hydrogy. Littleton and Colorado：Water Resources Publications，LLC，2002.

[8] SINGH V P，Donald Frevert. Mathematical models of small watershed hydrogy and applications. Littleton and Colorado：Water Resources Publications，LLC，2002.

[9] BEVEN K J. Rainfall - runoff modeling - the Primer. Chichester：Wiley，2000.

[10] BEVEN K. Towards an alternative blieprint for a physically based digitally simulated hydrologic response modeling system. Hydrological Processes，2002，16.

[11] REGGIANI P，SIVAPALAN M，HASSANIZADEH S M. A unifying framework for watershed thermodynamics：balance equations for mass，momentum，energy and entropy，and the second law of thermodynamics. Advances in Water Resources，1998，22 (4).

[12] REED S，KOREN V，SMITH M，et al. Overall distributed model intercomparsion project results. Journal of Hydrology，2004，298.

[13] WHEATER H，SOROOSHIAN S，SHARMA K D，et al. Hydrological modelling in arid and semai - arid areas. Cambridge University Press，2008.

[14] EILERT R F，CHRISTENSEN R A. Performance of the entropy hydrological forecasts for California water year 1949 - 1977. J of Climate and Applied Meteorology，1983 (22)：1645 - 1357.

[15] LINDA SEE，STAN OPENSHAW. Applying soft computing approaches to river level forecasting [J]. Hydrological sciences - journal - des science hydrologiques，1999，Vol. 44 (5)：762 - 778.

[16] 张建云．中国水文科学与技术研究进展．南京：河海大学出版社，2004 (12).

[17] 于维忠．论流域产流．水利学报，1985 (2)：1 - 11.

[18] 芮孝芳，宫兴龙，张超，等．流域产流分析及计算．水力发电学报，2009，28 (6)：146 - 150.

[19] 芮孝芳，蒋成煌，张金存．流域水文模型的发展．水文，2006，26 (3)：22 - 26.

[20] 晏利斌，刘晓东．1982—2006年京津冀地区植被时空变化及其与降水和地面气温的联系．生态环境学报，2011，20 (2)：226 - 232.

[21] 倪猛，陈波，岳建华，等．洛河流域蒸散发遥感反演及其与各参数的相关性分析．地理与地理信息科学，2007，23 (6)：34 - 37.

[22] 陈沂．对平原地区降雨径流模型问题的探讨．海河水利，1987 (5).

[23] 韩瑞光，丁志宏，冯平．人类活动对海河流域地表径流量影响的研究．水利水电技术，2009，40 (3)：4 - 7.

[24] 张学真，梁俊峰，胡安焱．人类活动对黑河水文过程的影响分析．干旱区资源与环境，2007，21（10）：98-102.

[25] 王国庆，贾西安，陈江南，等．人类活动对水文序列的显著性影响干扰点分析．西北水资源与水工程，2001，12（3）：13-15.

[26] 徐宗学，李占玲，史晓崐．石羊河流域主要气象要素及径流变化趋势分析．资源科学，2007，29（5）：122-126.

[27] 冯利华．浙江洪水的主要特征分析．地理与地理信息科学，2003，19（2）：89-92.

[28] 李养龙．下垫面与河川径流的关系研究．东北水利水电，2007，25（1）：5-6.

[29] 李致家，姚玉梅，张建中等．利用水文模型研究下垫面变化对洪水的影响．水力发电学报，2012，31（3）：5-10.

[30] 胡春歧，刘惠霞，胡军波．紫荆关以上流域下垫面条件变化对产汇流影响分析．南水北调与水利科技，2008，5（1）：50-52.

[31] 胡春歧，刘惠霞，胡春景．大清河水系山丘区下垫面条件变化对洪水影响分析．第十四届海峡两岸水利科技交流研讨会论文集，台北：台湾大学工学院，2010.

[32] 胡春歧．阜平以上流域下垫面条件变化对产汇流影响分析．中国水利学会第四届青年科技论坛论文集．北京：中国水利水电出版社，2008.12.

[33] 中华人民共和国水利部．水利水电工程设计洪水计算规范：SL 44—2006．北京：中国水利水电出版社，2006.

[34] 刘光文．水文分析与计算．北京：中国水利水电出版社，2006.

[35] 芮孝芳．水文学原理．北京：中国水利水电出版社，2004.

[36] 赵人俊．流域水文模型—新安江模型与陕北模型．北京：水利电力出版社，1983.

[37] 芮孝芳．水文学研究进展，南京：河海大学出版社，2007.

[38] 李致家．现代水文模拟与预报技术．南京：河海大学出版社，2010.

[39] M.J. 柯比．山坡水文学．刘新仁，王炳程，译．哈尔滨：哈尔滨工业大学出版社，1989.

[40] 长江水利委员会水文局．水文情报预报技术手册．北京：水利电力出版社，2010.

[41] 丁晶，邓育仁．随机水文学．成都：科技大学出版社，1988.

[42] 水利部海河水利委员会．海河流域水资源综合规划，2007.

[43] 水利部海河水利委员会．海河流域综合规划规划，2010.

[44] 水利部海河水利委员会．海河流域下垫面变化对洪水影响研究报告，2009.

[45] 天津大学．海河流域下垫面因素变化及暴雨洪水演变趋势研究报告，2012.

[46] 孙继松，舒文军．北京城市热岛效应对冬夏季降水的影响研究．大气科学，2007，31（2）：311-320.

[47] 贺宝根，陈春根，周乃晟．城市化地区径流系数及其应用．上海环境科学，2003，2（7）：472-475.

[48] 周玉文，赵洪宾．城市雨水径流模型研究．中国给水排水，1197，13（4）：4-6.

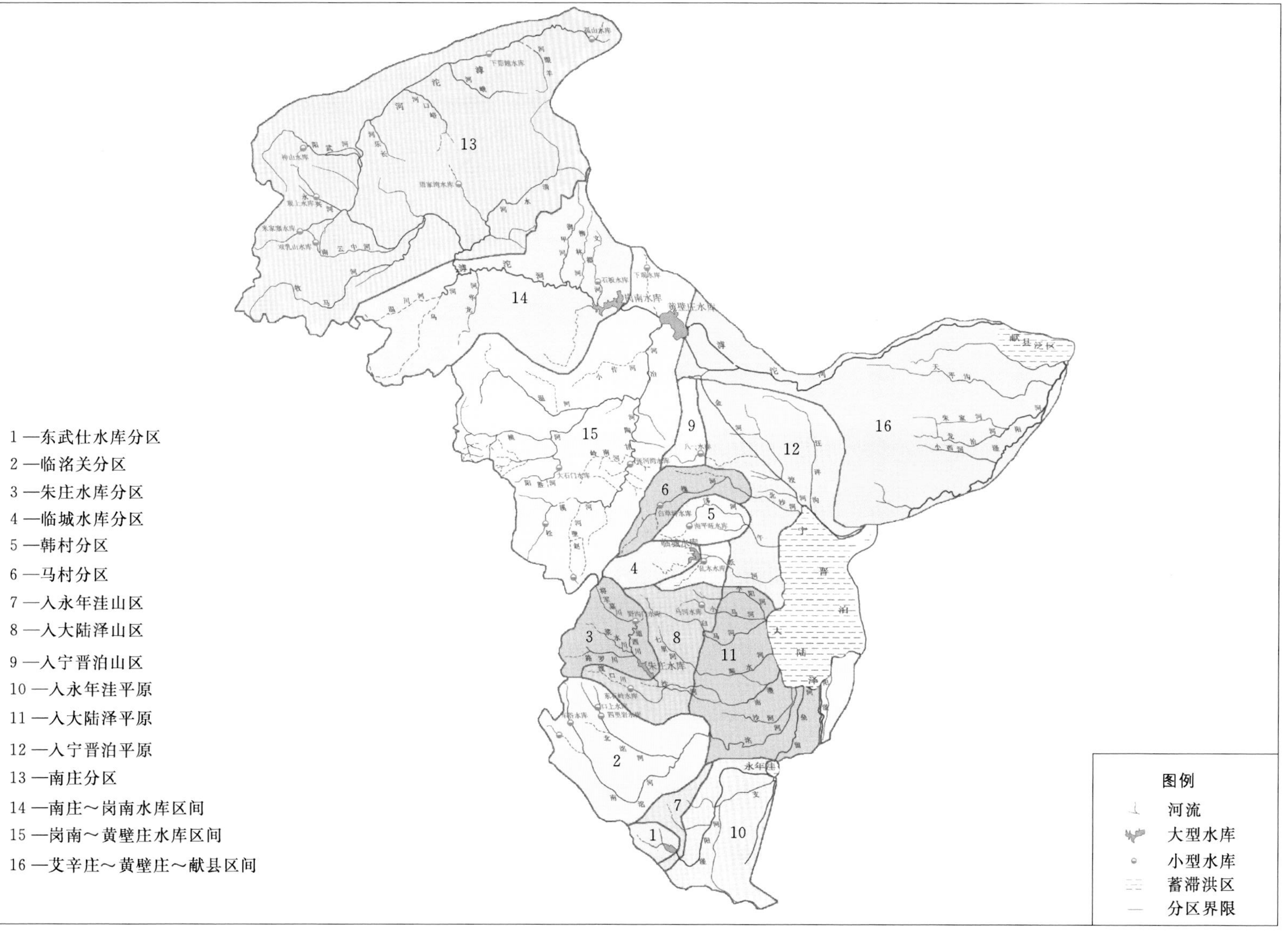
13
14
15
16
12
9
6
5
4
3
8
11
2
7
1
10
岗南水库
黄壁庄水库
临城水库
朱庄水库
永年洼
献县泛区
1—东武仕水库分区
2—临洺关分区
3—朱庄水库分区
4—临城水库分区
5—韩村分区
6—马村分区
7—入永年洼山区
8—入大陆泽山区
9—入宁晋泊山区
10—入永年洼平原
11—入大陆泽平原
12—入宁晋泊平原
13—南庄分区
14—南庄～岗南水库区间
15—岗南～黄壁庄水库区间
16—艾辛庄～黄壁庄～献县区间
图例
河流
大型水库
小型水库
蓄滞洪区
分区界限

附图 1　子牙河流域设计洪水修订分区图

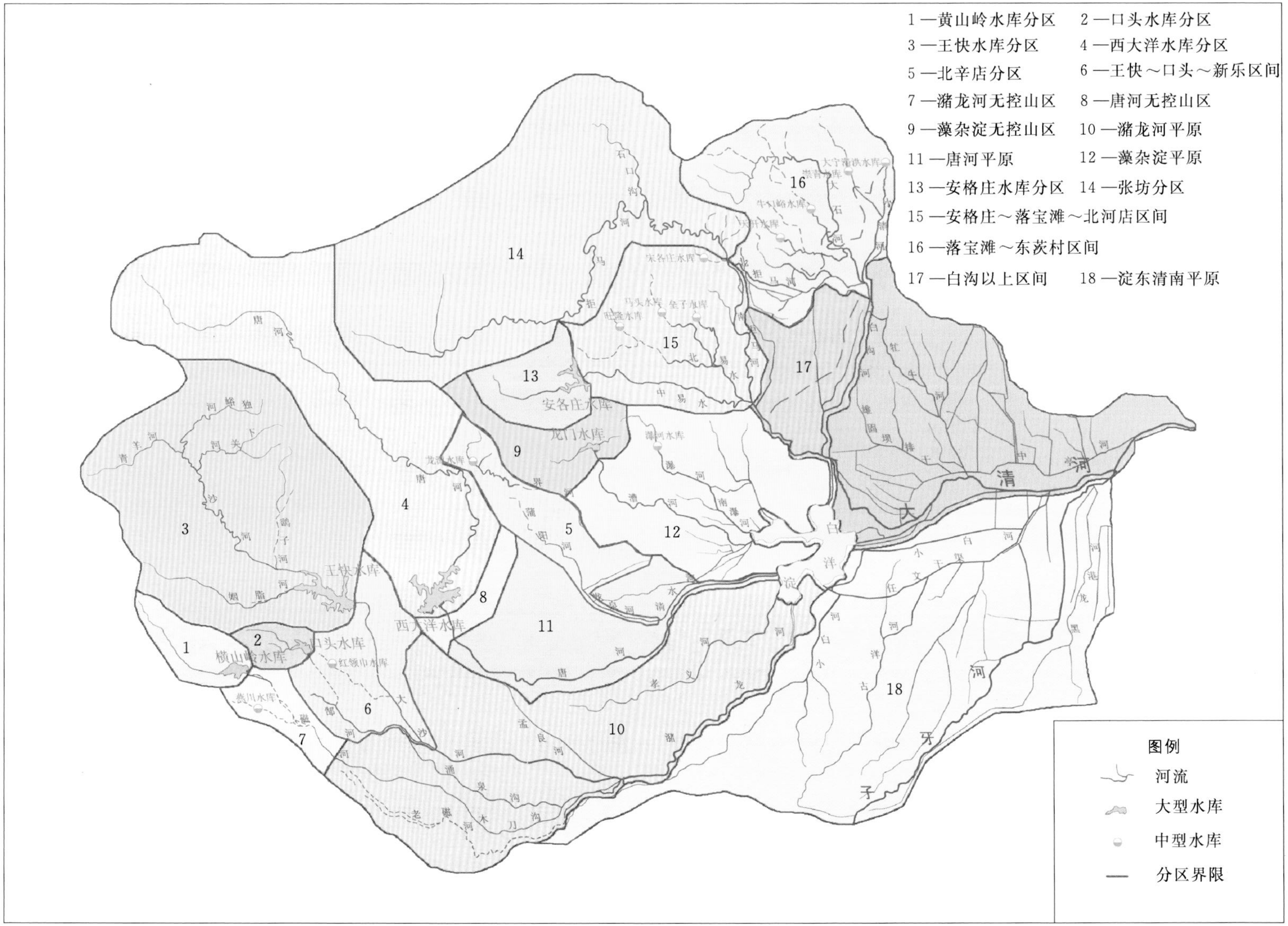
1—黄山岭水库分区
2—口头水库分区
3—王快水库分区
4—西大洋水库分区
5—北辛店分区
6—王快～口头～新乐区间
7—潴龙河无控山区
8—唐河无控山区
9—藻杂淀无控山区
10—潴龙河平原
11—唐河平原
12—藻杂淀平原
13—安格庄水库分区
14—张坊分区
15—安格庄～落宝滩～北河店区间
16—落宝滩～东茨村区间
17—白沟以上区间
18—淀东清南平原
图例
河流
大型水库
中型水库
分区界限
王快水库
西大洋水库
口头水库
横山岭水库
安格庄水库
龙门水库
白洋淀
大清河
子牙河

附图 2　大清河流域设计洪水修订分区图